2012年度宁波市海洋经济发展报告

陈秀忠 主 编
吴建义 农贵新 副主编

海洋出版社
2014年 · 北京

图书在版编目（CIP）数据

2012年度宁波市海洋经济发展报告/陈秀忠主编. —北京：海洋出版社，2014.6
ISBN 978－7－5027－8897－1

Ⅰ. ①2… Ⅱ. ①陈… Ⅲ. ①海洋经济－经济发展－研究报告－宁波市－2012
Ⅳ. ①P74－53

中国版本图书馆CIP数据核字（2014）第130487号

责任编辑：江 波 王 溪
责任印制：赵麟苏
海洋出版社 出版发行
http://www.oceanpress.com.cn
北京市海淀区大慧寺路8号 邮编：100081
北京华正印刷有限公司印刷 新华书店北京发行所经销
2014年6月第1版 2014年6月第1次印刷
开本：787 mm×1092 mm 1/16 印张：29.25
字数：668千字 定价：120.00元
发行部：62132549 邮购部：68038093 总编室：62114335

《2012年度宁波市海洋经济发展报告》
编委会

前 言

宁波位于东海之滨、长江三角洲南翼，陆域面积9 816平方千米，其中市区面积为2 461 平方千米。全市海域总面积为8 233 平方千米，岸线总长1 594 千米。

依托海洋资源优势，发展特色海洋经济，是30余年来宁波市经济发展的主旋律。改革开放初期，宁波选择了利用港口开发走商贸兴市的道路，确立了“以港口促工业、促内外贸易”的发展思路，随后将这一思路提升为“以港兴市”的经济社会发展战略。1998年，市政府召开全市第一次海洋经济工作会议，确立了建设海洋经济大市目标，标志着宁波从港口经济转入海洋经济时代。2005年，宁波市出台《关于建设海洋经济强市的意见》，提出实现“海洋经济大市”向“海洋经济强市”转变，建成浙江省和长江三角洲南翼海洋经济中心。

2011年2月，国务院于正式批复《浙江海洋经济发展示范区规划》，浙江海洋经济发展示范区建设上升为国家战略，为宁波海洋经济发展带来了前所未有的战略机遇。为贯彻落实国家和浙江海洋经济发展战略，宁波市出台了《宁波市海洋经济发展规划（2011—2020）》，描绘了建设浙江海洋经济核心示范区的详细路线图和时间表。根据发展规划，到2015年，宁波市将基本建设成为我国海洋经济发展的核心示范区，海洋经济实力较强、辐射服务功能突出、空间资源配置合理、科教文化体系完善、海洋生态环境良好、体制机制灵活，对浙江海洋经济发展发挥先行示范和龙头带动作用。2015年海洋生产总值突破2 500亿元，使全省海洋经济比重提高到35%左右。到2020年，全市海洋生产总值将达到4 500亿元，海洋三次产业结构进一步优化，形成特色明显、竞争力强的现代海洋产业体系，海洋经济科技贡献率达80%左右，海洋战略性新兴产业增加值达40%左右。全面建成海洋经济强市和浙江海洋经济发展示范区的核心区，并进一步发挥全省海洋经济发展的龙头带动作用。

为实现这个宏伟目标，发展规划提出构建“一核两带十区十岛”的战略空间布局，即打造以宁波—舟山港宁波港区及其依托的海域和城市的核心区；加快推进以环杭州湾产业带及其以近岸海域为主的北部海洋经济产业带，以象山港、大目洋和三门湾及其附近区域为主的南部海洋经济产业带；重点建设宁波杭州湾产业集聚区、梅山国际物流产业集聚区等十大产业集聚区；科学开发利用梅山岛、大榭岛、南田岛等十个重要海岛。

2012年，是宁波建设海洋经济核心示范区的第二年，也是实施《宁波市海洋经济发展规划（2011—2020）》的第二年。总体来看，宁波海洋经济运行态势良好，全市实现海洋总产值3 972.7亿元，实现地区海洋生产总值1 043.1亿元，占全市地区生产总值的16%，海洋三次产业之比为6.7∶58.1∶35.2，石化、电力、船舶工业等已成为海洋经济支柱产业，航运融资、海洋高端旅游等服务业得到发展迅速。同时我们也要看到，宁波海洋经济发展仍然面临着许多困难和问题，建设浙江海洋经济核心示范区任重而道远。

本书以2012年度宁波市海洋经济运行监测与评估报告为主，将宁波市海洋环境公报等相关公报以及近年宁波出台的海洋经济发展政策法规等进行汇编成书。全书共分为综述篇、资源利用篇、产业发展篇、环境公告篇和政策法规篇等五部分，较为全面、客观地分析和评述了宁波海洋经济发展历程和发展成果，并重点分析了2012年宁波海洋经济运行的基本情况。希望本书能让读者朋友们对宁波海洋经济发展历程、现状与发展机遇有更全面、更深刻的认识，进一步形成关心海洋、认识海洋、经略海洋的氛围，推动形成节约集约利用海洋资源和有效保护海洋生态环境的产业结构、增长方式和消费模式，加快推进海洋经济核心示范区建设。

海洋经济是一项庞大的系统工程，由于海洋经济数据统计方面还存在许多盲点，加上我们课题组能力有限，本书难免存在不足之处，恳请各位读者批评指正。

陈秀忠

2013年12月22日

目 次

第一部分 综述

第二部分 资源利用

第三部分 产业发展

第四部分 环境公告

第五部分 政策法规

第一部分　综　述

2012年度宁波市海洋经济发展报告

21世纪是海洋的世纪，发展海洋经济已成为我国解决资源和环境问题的重要途径。宁波市作为浙江建设国家级海洋经济核心示范区，具有得天独厚的海洋资源优势与区位优势，有责任担当起海洋经济先行探索的使命。2012年，宁波市委、市政府坚持以科学发展观统领海洋经济发展全局，深入实施《浙江海洋经济发展示范区规划》和《宁波市海洋经济发展规划（2011—2020）》，稳步推进海洋产业结构调整，海洋经济总量稳步增长、发展态势良好，在国民经济中的重要性日趋突出。

一、宁波市海洋基本情况

宁波市地处我国海岸线中段，长江三角洲南翼，现辖6区3市2县共11个县（市）区，常住人口764万人（户籍人口577.7万人）。全市陆域总面积9 816 km^2，其中市区面积为2 461 km^2。2012年，全市实现地区生产总值6 524.7亿元，完成公共财政预算收入1 536.5亿元，其中地方财政收入完成725.5亿元，市区居民人均可支配收入37 902元，农村居民人均纯收入18 475元。宁波市海洋资源丰富，海洋经济进一步发展的潜力巨大。

1. *海域资源广阔*

宁波市海域海岸线北至宁波绍兴交界、南至宁波三门交界，海域由“五洋三港湾”构成，“五洋”即横水洋、峙头洋、磨盘洋、大目洋、猫头洋，“三港湾”即杭州湾、象山港和三门湾。杭州湾和三门湾分别从北边和南边挟裹，象山港从中间嵌入陆地，岸线曲折，海岛星罗棋布。根据2006年海域勘界时的数据，全市海域面积为8 232.92 km^2（其中内海4 475.94 km^2、领海2 142.23 km^2），海岸线总长1 594.4 km（其中大陆岸线835.80 km，海岛岸线758.60 km）。

2. *海岛资源丰富*

根据2010—2011年市海洋与渔业局海岛普查工作最新结果，宁波市共有海岛614个，海域总面积255.99 km^2。其中乡级以上有居民海岛4个（大榭岛、梅山岛、南田岛和高塘岛），乡级以下有居民海岛15个，无居民海岛595个。

3. *港口优势明显*

宁波市港口岸线总长为1 562 km，占全省的30%以上，其中可用岸线872 km，深水岸线170 km。现有生产性泊位300多座，其中万吨级以上深水泊位60多座，已与世界 100 多个国家和地区，600 多个港口通航。

二、2012 年宁波市海洋经济总体运行情况

2012 年，宁波市主要海洋经济产业在运行质量、投资力度和项目建设等方面都呈现良好的发展态势。全市实现海洋总产值 3 972. 7 亿元，比上年增长 9. 57%；实现地区海洋生产总值 1 043. 1 亿元，比上年增长 9%，海洋生产总值占地区生产总值的 16%（图 1）。

其中，海洋第一产业平稳增长，海洋第二产业企稳回升，海洋第三产业得到较快发展（表 1）。海洋第一产业增加值 70. 2 亿元，比上年增长 7. 5%；海洋第二产业增加值 606. 1 亿元，比上年增长 10. 1%；海洋第三产业增加值 366. 8 亿元，比上年增长 8. 5%；海洋三次产业之比为 6. 7∶58. 1∶35. 2（图 2）。

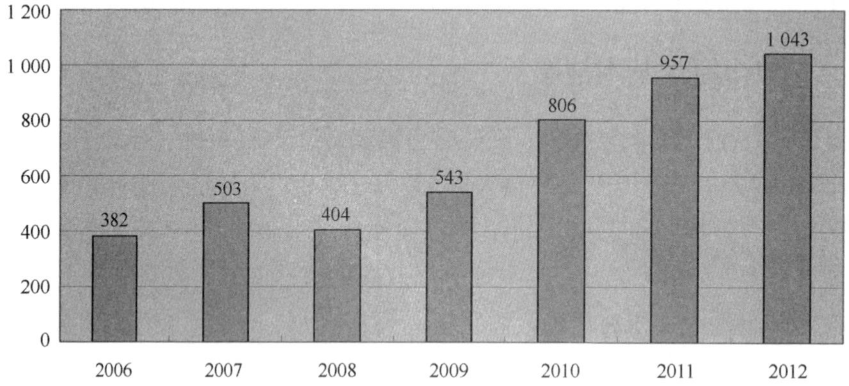

图 1　近 7 年宁波市海洋生产总值（亿元）

表 1　全市海洋主要产业总产值和增加值

	产业名称	总产值/亿元	增加值/亿元
海洋第一产业	海洋渔业	117. 84	70. 16
海洋第二产业	海洋水产品加工	49. 90	7. 50
	海洋油气业	1250. 39	312. 64
	海洋化工业	145. 70	28. 10
	海洋生物医药业	19. 40	3. 78
	海洋电力业	346. 80	92. 15
	海水利用业	563. 67	58. 54
	海洋船舶工业	151. 80	30. 60
	海洋工程建筑业	369. 40	72. 80

续表

	产业名称	总产值/亿元	增加值/亿元
海洋第三产业	海洋交通运输业	241.10	142.31
	滨海旅游业	84.57	35.76
	海洋批零贸易餐饮业	145.25	77.72
	海洋金融保险业	461.32	98.01
	涉海信息服务业	1.52	0.99
	其他	24.01	12.06
	合计	3972.67	1043.12

资料来源：宁波市统计局2012年度统计快报。

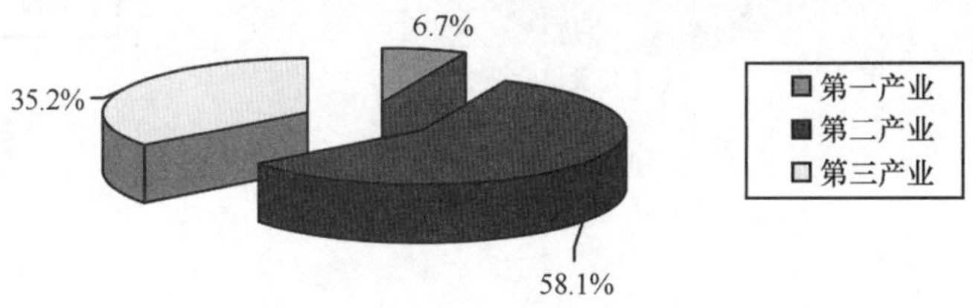

图2 2012年宁波市海洋三大产业比重

1. 海洋第一产业

2012年水产品总产量达到90.36万吨，占全市水产品总量的91.1%；实现渔业产值117.8亿元，比上年增长7.48%。其中，实现海洋捕捞59.94万吨，比上年增长0.77%，实现淡水捕捞1.04万吨，比上年减少5.27%；养殖产量受海葵台风影响比上年略有减少，全年实现海水养殖产量27.69万吨，比上年减少1.06%，实现淡水养殖产量7.76万吨，比上年减少1.98%；远洋渔业产量和产值为2.72万吨和1.72亿元，分别比上年增长11.5%和下降21.3%。受世界经济不景气影响，出口需求减弱，2012年度全市水产品出口总量17.7万吨，比上年同期减少15.8%。

2. 海洋第二产业

近年来，依托深水良港，主动承接国际产业转移，已形成石化、电力、船舶工业等海洋经济支柱产业。2012年，受上半年镇海炼化检修影响，海洋油气业总产值1 250亿元，减少23%；电力业总产值346.8亿元，减少8.2%；海洋化工业总产值145.7亿元，增长2.75%；海水利用业总产值达到563.7亿元；实现水产品加工产值49.9亿元，增长4.52%；实现海洋生物制药业产值19.4亿元，增加10.7%；海洋船舶工业增加较快，实现产值151.8亿元，增长37.1%，目前拥有船舶修造企业

60 多家，其中建造万吨级以上船舶的企业 20 多家，浙江造船的海工船订单占全球总量的 35%。

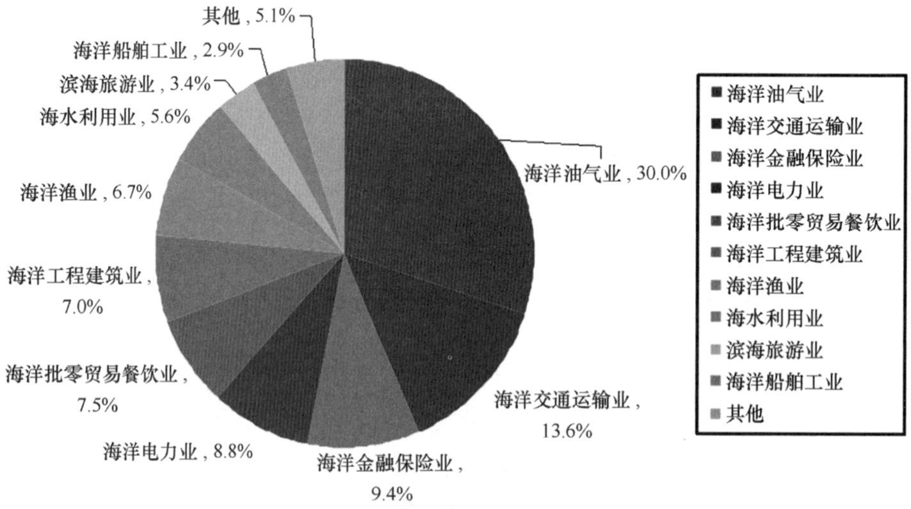

图 3　海洋主要产业所占比重

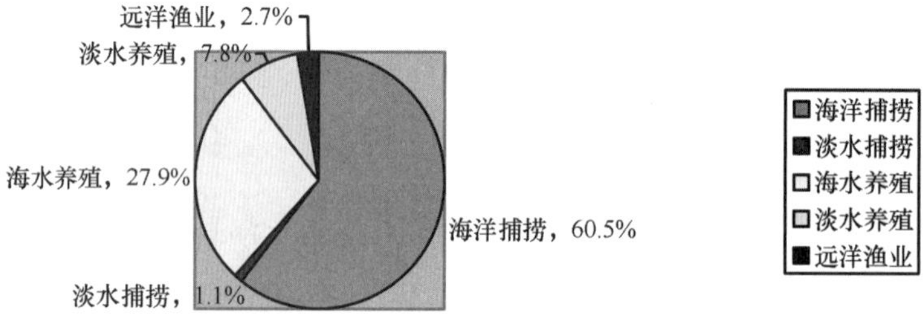

图 4　水产品各生产方式产量所占比重

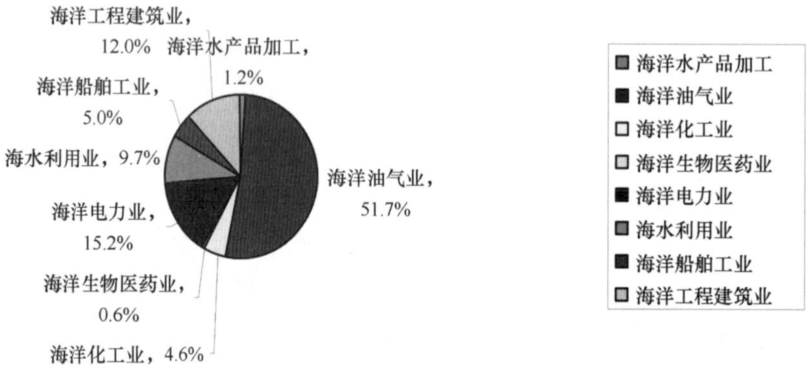

图 5　宁波市海洋第二产业各行业增加值比重

3. 海洋第三产业

2012 年，宁波市海洋服务业稳步发展，以航运融资、航运咨询、海洋展览会、海洋博物馆、海洋影视城、海洋高端旅游、海洋信息服务等高技术海洋服务发展迅速，对海洋经济的贡献不断提高。全年海洋服务业从业人员占全社会从业人员 10%以上，比 2011 年提高了 5. 5 个百分点（图6）。

海洋旅游业，2012 年全市在建投资过亿元的海洋旅游项目有 21 个，投资总额超过 310 亿元，居全省前列。全年海洋旅游共接待游客 1 935. 29 万人次，旅游总收入达 249. 35 亿元，其中，国内游客为 1 898. 95 万人次，旅游收入 238. 6 亿元；入境游客 36. 34 万人次，外汇收入 1. 7 亿美元。

海洋交通运输业，2012 年实现产值 241. 1 亿元，增长 10. 3%，宁波港实现货物吞吐量 4. 53 亿吨，同比增长 4. 5%；完成集装箱吞吐量 1 567 万标箱，增长 8%，货物吞吐量和集装箱吞吐量均居中国内地港口第三位。

2012 年，宁波市把海洋高科技服务业作为海洋经济发展的重要突破口，发展航运服务信息，打造现代航运服务基地，涉海信息服务业总产值 1. 5 亿元，增加值为 1. 0 亿元。2012 年海洋金融保险业实现产值 461. 3 亿元，增长 22%；海洋零售贸易业实现产值 145. 2 亿元，增长 3%。

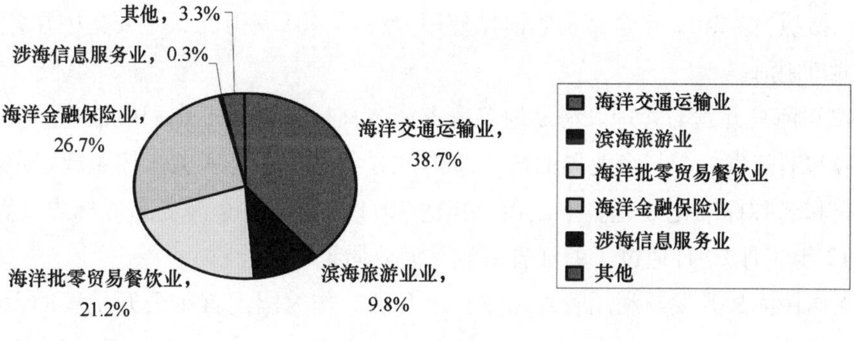

图 6 海洋第三产业各行业增加值比重

三、2012 年宁波市海洋经济发展主要成效

2012 年，宁波市围绕建设浙江省海洋经济核心示范区的基本要求，根据自身发展实际，合理推进海域海岛的保护性开发，大力发展宁波市特色海洋经济，包括汽车、钢铁、能源等临港产业，有些产业虽然不属于海洋产业统计范畴，但它们是宁波海洋经济不可或缺的组成部分，在全市人民的共同努力下，宁波海洋经济取得了一系列新成效。

1. 海域海岛开发与保护有新推进

（1）海域开发与管理。海域使用确权发证制度加快落实。2012年，全市新增海域使用确权面积10.94 km^2（1 094公顷）。其中浙江省政府审批海域使用确权面积8.01 km^2（801公顷）；宁波市政府审批海域使用确权面积1.95 km^2（195公顷）；沿海各县（市、区）政府审批海域使用确权面积0.97 km^2（97公顷）。

围填海计划指标使用得到统筹安排。2012年国家下达给宁波市的建设用围填海计划为8 km^2（800公顷）、农业用围填海计划6 km^2（600公顷），通过省调剂使用后，全市2012年度实际使用建设用围填海计划指标11.96 km^2（1 196.19公顷）、农业用围填海计划指标6 km^2（600公顷），重点保障杭州湾新区、梅山保税港区、余姚滨海园区、鄞州滨海投资园区等宁波市海洋经济建设大平台大项目和存量围垦的建设利用。

积极推进海域管理体制机制创新。印发了《关于凭海域使用手续办理用海项目规划建设审批手续试点工作的通知》（甬政发〔2012〕92号），根据该文件，用海项目可以凭海域使用相关手续进入建设项目审批程序，国家海洋局亦把宁波市列入该项制度的试点地区。加快探索海域使用权公开招拍挂政策，象山县新成立了海洋产权交易中心，被国家海洋局列为全国海洋管理创新试点单位。海域有偿使用制度得到严格执行。2012年全市征收海域使用金为67 481.9万元，主要集中在各类围填海和港口用海。

（2）海岛开发与管理。海岛地名普查和名称标志设置工作积极推进。根据国家海洋局和浙江省海洋与渔业局的统一安排，对全市海岛地理实体按照规定定义进行了调查和名称标准化处理。宁波市承担的2011年度130个海岛名称标志设置工作，于2012年8月20日通过了浙江省海洋与渔业局组织的验收。

无居民海岛开发与利用管理工作有序开展。作为国内首个公开拍卖的无人岛—象山大羊屿岛使用权，于2011年11月11日出让拍卖，宁波市高宝投资有限公司最终以2 000万元的价格拍得该岛。为保障大羊屿岛正常开发及对开发实施全程监管，海洋部门组织完成了海岛拍卖后的后续工作，包括开发利用具体方案编制、无居民海岛使用申请、政策处理和规划建设管理等。象山县、北仑区分别组织编制了象山汰网屿岛和牛栏基岛，北仑太狮山岛等单个岛屿保护与利用规划。

（3）海洋资源与环境保护。海岛整治修复与保护工作稳步实施。象山县韭山列岛、渔山列岛综合整治与保护项目于2010年经财政部和国家海洋局批准，项目总投资2 000万元，其中中央财政补助1 500万元。项目实施内容包括海岛及其周边海域生态系统多样性调查和保护工程、景观岸线综合整治工程两大部分，目前两个项目各项建设工程已经完工。

积极推进海域的中央财政整治修复项目。开展2012年度项目申报，上报项目全部获得批准。其中中央分成海域使用金项目 1 个，即奉化桐照近岸海域海岸带整治修复和保护项目资金 3 000 万元；海洋经济示范区项目 3 个，分别是象山石浦港海域海岸带整治修复和保护项目资金 1 363 万元、松兰山海岸带整治修复和保护项目资金1 523万元、爵溪街道下沙及大岙沙滩修复项目资金 2 000 万元。“甬江口附近海域海底地形整治”项目已开始实施。

加强海洋生态修复和增殖放流活动。象山港马鲛鱼国家级种质资源保护区获得农业部批准成立，岱衢族大黄鱼种质保护成果通过了国内权威专家的鉴定。2012 年累计在象山港、韭山列岛、渔山列岛等海域放流毛蚶 1 200 多万颗、黑鲷 10 万尾、大黄鱼 100 多万尾。

（4）海洋防灾减灾。为防范和减轻海洋灾害影响，保障沿海地区人民群众生命财产安全和海洋经济发展，印发了《关于加强海洋灾害防御工作的意见》（甬政办发〔2012〕225 号），编制了《宁波市海洋灾害应急预案》，成立了宁波市海洋灾害应急指挥部，出台了《宁波市海洋灾害防御规划》，落实海洋防灾减灾机构职能，初步构建海洋灾害应急联动机制。

2. “三位一体”港航物流服务体系建设有新突破

“三位一体”港航物流服务体系是《浙江海洋经济发展示范区规划》的核心内容之一，在浙江省海洋经济发展总体格局中具有重要地位。2012 年宁波市以港口为依托，继续大力构建大宗商品交易平台、海陆联动集疏运网络、金融和信息支撑系统，经过进一步的探索和实践，形成了一定的现实基础。

（1）港口运输业。推进基础设施建设，完成强港重大基础设施建设项目投资 110 亿元，为年度计划的 118%。水铁联运市场进展良好，共完成水铁联运集装箱量 5.95 万标箱，同比增长 27.5%。宁波市至金华和襄阳的集装箱铁水联运班列正式启动。通关效率不断提高，宁波市口岸出口货物当天放行率达 99% 以上，已成为省内企业开展对外贸易的首选口岸。

（2）大宗商品交易。2012 年，全市主要大宗商品交易市场（平台）交易额超过 3 000 亿元。其中，宁波市大宗商品交易所的阴极铜、PTA 两大交易品种实现成交货值超 1 100 亿元；余姚塑料城塑料交易额 853 亿元，增长 4.2%；镇海液体化工市场液体化工品交易额 167.9 亿元，增长 10%。钢材、塑料、液体化工、有色金属等品种市场交易量继续位居全国前列。浙江长三角石油化工交易中心、华商商品交易所有限公司、宁波市甬鑫大宗商品电子交易平台相继投入运行，大宗商品交易规模和平台不断拓展。

（3）金融和信息业。宁波市航交所正式运行，船货网上线；东海银行与象山县政府签署未来 5 年投入 30 亿元信贷额度支持海洋经济的战略合作协议；宁波市通商银行新设立航运金融部，专门支持港航业发展；海洋产业基金已募集资金 12 亿元；

国内首家专业航运保险法人机构——东海航运保险公司申请已正式报送中国保监会；宁波市口岸新推出智慧“物流港”平台，集装箱闸口管理实现由人工方式向无人方式的革命性转变。

3. 临港工业取得新发展

加快沿杭州湾产业带、沿海产业带和环象山港产业带建设，大力推进汽车、装备产业、石化产业、钢铁产业、船舶修造、能源等重点产业发展。2012 年，宁波市石化、钢铁、汽车、修造船、装备等五大临港工业规模以上企业 2 718 家，拥有总资产 4 702 亿元，从业人员 51.4 万。全年完成工业产值 5 792.5 亿元，与上年持平。其中新产品产值 1 114.1 亿元，同比增长 8.8%；完成销售产值 5 625 亿元，同比下降 1.6%，其中出口 788.5 亿元，同比增长 1.4%；实现利税总额 538.1 亿元，同比下降 18.7%，其中利润 235.6 亿元，同比下降 29.9%。全年科技活动经费支出总额 75.6 亿元，同比增长 8.3%。

（1）石化产业。目前已形成以炼油和乙烯为重点，镇海、北仑、大榭三大石化产业集聚区，建成省内石化产业的核心区块和国内石化产业重要生产基地。

2012 年面临市场需求明显下滑和成本上升等因素叠加影响，产能有所下滑，但由于一批重大项目相继投产的支撑效应，逐渐呈现向好势头。2012 年内共完成工业总产值 3 289.9 亿元，同比下降 1.1%，产值增幅低于全市规模以上工业 2.3 个百分点，占全市规模以上工业总产值的 28.2%，在工业各产业中总额最大。完成主营业务收入 3 261.6 亿元，同比下降 7.4%，占全省比值超过四成。完成出口交货值 225.6 亿元，与上年同比增长 1.5%。实现利税 329.3 亿元，同比下降 26.7%。其中，实现利润 92.4 亿元，同比大幅下降 48.7%，全年合计减利 87.5 亿元。

（2）汽车产业。经过 10 多年的高速发展，宁波市汽车产业已成为宁波市优势产业。随着上海大众整车项目在宁波市杭州湾新区落地开工建设，将形成上海大众、吉利两大整车企业为龙头，众多零部件企业协调发展的国家重要汽车生产基地。

2012 年，汽车产业全年完成工业总产值 582.8 亿元，同比增长 16.8%。完成出口交货值 92.1 亿元，与上年同比增长 11.0%。实现利税 73.0 亿元，同比增长 18.6%，其中，实现利润 55.3 亿元，同比增长 18.2%。从行业内部看，整车制造汽车企业，完成工业总产值 123.8 亿元，同比增长 62.0%；销售汽车 13.1 万辆；实现利润 15.9 亿元，同比增长 40.7%。汽车零部件制造企业，完成工业总产值 459 亿元，同比增长 14.1%；实现利润 39.4 亿元，同比增长 7.7%。

（3）装备制造。装备制造业规模显著扩大，产业结构不断优化，形成了具有一定特色的产业格局，已在全国同行中形成明显的区域优势产业或产品，形成了一批具有竞争力的优势产品，成为推动宁波市经济增长的重要动力。

2012 年全市共有装备制造业规模以上企业 1 291 家，从业人员 23.8 万。全年完成工业总产值1 240.1亿元，同比下降0.8%。完成出口交货值374.5亿元，同比下降0.6%。实现利税121.1亿元，同比下降3.0%，其中，实现利润82.3亿元，同比下降10.7%。装备制造业生产略差于全市规上工业水平，但盈利能力相对好于全市水平。在轨道交通装备方面：宁波市有能力为轨道交通建设及运营直接配套的装备制造企业约200家，如宁波市凹凸重工的起重机、浙江广天构件等的盾构管片已经应用于宁波市轨道交通工程1号线。塑料注射成型机、船用小功率柴油机、粉末冶金制品、高压输变电设备等38种拳头产品已在全国同行中形成明显的区域优势，装备产品市场占有率居全国第1位。

（4）钢铁产业。利用宁波港作为全国最大铁矿石中转港这一独特优势，已形成了以宁波市钢铁、宝新不锈钢等企业为生产主导的钢铁产业格局，已经成为宁波市基础工业和浙江省钢铁生产基地建设的重要组成部分。

2012年规模以上钢铁产业企业243家，拥有总资产484.7亿元，从业人员3.9万人，完成工业总产值为560.4亿元，同比下降6.1%。实现销售产值544.3亿元，同比下降7.3%，其中，出口35.8亿元，同比下降12.0%。实现利税8.9亿元，同比大降51.3%，其中利润1.2亿元，同比大降89.1%。

（5）修造船业。以浙江造船、三星重工等重点企业为依托，以北仑港为主要空间载体，积极发展了适合宁波港优势和特色的造船工业体系，积极培育若干符合现代化造船模式的大、中型造船总装厂，以及一批具有“专、特、精、新”特色的中小型船舶修造企业，初步形成国内重要的大中型船舶修造基地。

2012年，全市新建船舶102艘（含鱿钓船等渔船），完成工业总产值119.3亿元，同比略增1%；完成工业销售产值96亿元，同比下降8.6%；完成出口交货值60.5亿元，同比增长3.6%；利润总额4.4亿元，同比下降40.5%。

4. 新兴产业不断壮大

2012年，各类产业聚集区及产业功能区进一步强化对新兴产业发展的引领作用，加大宁波市海洋新兴产业重大平台建设力度，积极打造海洋新兴产业对接平台，新兴产业集聚能力进一步提升。

（1）海洋高技术船舶及海洋装备制造业。初步形成了以石化成套设备、核电设备、特种船舶等为主导产品的产业体系，全市共有造船企业和船舶修造企业65家，制造能力达500万载重吨。其中建造万吨级以上船舶的企业20多家，船舶品种已经发展到技术复杂、自动化程度高的多用途船，并培育出了浙江造船、新乐造船等一批高端装备生产企业，浙江造船的海工船订单占全球总量的35%。2012年海洋船舶工业实现产值151.8亿元，实现增加值30.6亿元。

（2）海洋生物育种及健康养殖产业。科研方面，建立了以宁波市海洋与渔业研究院和宁波大学海洋学院为核心的种苗繁育研究体系；产业方面，可规模化繁育的海洋生物品种达 30 种，拥有海洋生物育种企业 196 家，实现了大黄鱼等产品大规模育种。全市海水养殖面积 54.2 万亩[①]，无公害水产养殖基地、水产健康养殖示范场和海洋生态特别保护区逐步建立。

（3）海洋生物医药产业。截至 2012 年，全市共有海洋生物制品企业 20 余家，年产值 500 万元以上海洋生物医药相关企业有 10 余家，宁波市海浦生物科技有限公司生产的鱼蛋白胨、万联药业有限公司生产的鱼油降脂丸等产品，已在全国占有较大市场份额。宁波市新型海洋生物制品工程研究开发中心、中科院上海药物所宁波市生物产业创新中心、象山海洋生物工程研发及产业化项目等被列为首批 12 个海洋经济创新发展区域示范项目。2012 年海洋生物医药业实现产值 19.4 亿元，实现增加值 3.8 亿元。

（4）海水综合利用产业。沿海大中型企业开始大规模采用海水冷却，全市年海水冷却利用量已超过 70 亿吨；杭州湾新区、象山等地海水淡化试点工程正在积极筹划和建设中。2012 年海水利用业实现产值 563.7 亿元，实现增加 58.5 亿元。

（5）清洁能源产业。慈溪风电场项目已投入运营，装机规模 49.5MW，年发电超过 1 亿千瓦时；穿山风电项目并网成功；象山县风电项目加速推进，相继在涂茨镇的长沙、珠山及檀头山岛、高塘岛等风能资源丰富地区，陆续开发了陆上风电场和海上风电场；宁海县岳井洋潮汐能电站列入浙江省发改委选点规划报告。

（6）海洋新材料产业。借助中科院材料所、兵科院等一批高水平研究机构的研究力量，形成了飞轮造漆、东升科技、大达化学等一批骨干海洋防腐涂料生产企业，宁波市飞轮造漆公司在国内军事舰船等特种船舶用涂料中占据较大份额。以大院大所为龙头，研发中心为支撑，企业为主体的新材料研发和产业化格局初步形成，2012 年海洋新材料产值突破 1 000 亿元。

5. 海洋重点项目建设取得新进展

2012 年全年实际共安排海洋经济项目 179 个，年度投资 410.6 亿元，1—12 月累计完成投资 380 亿元，占年度计划的 95%。58 个重大项目实现新开工，9 个重大项目建成完工，25 个重大项目前期工作稳步推进。

（1）基础设施项目建设。镇海港区 19#、20#液化泊位及后方配套设施、盛宁线丹城至西泽改建工程等项目建成完工，北仑港区多用途码头工程、梅山水道渔业避风锚地工程等项目实现新开工，梅山港区 3# ~ 5#集装箱码头、大榭招商国际集装箱码头等续建项目加速推进，三门湾大桥及接线工程、宁波港大榭和穿山港区铁路支线等项目前期工作有序展开。

（2）重大产业项目建设。加快重大一产项目建设，中国水产科学研究院华东海

① “亩”为非法定计量单位，1 亩≈0.0667 公顷。

水种业工程中心、宁海现代渔业园区等项目前期工作有序推进，象山国际水产物流园等一批项目实现新开工；加快重大二产项目建设，浙江LNG一期工程、万华热电二期扩建等项目建成完工，台塑AA/AE扩建、中金石化年产90万吨芳烃等产业转型升级项目实现新开工，长阳科技、海越股份等一批总投资20亿元以上的重大项目加速推进；加快重大三产项目建设，东海铭城、中国港口博物馆等项目加速推进，檀头山岛、横山岛等重点景区开发建设初见成效。

（3）第二届海洽会。2012年成功举办了第二届中国海洋经济投资洽谈会、第八届中国海洋论坛和首届中国（南方）国际海产品博览会。一批世界500强企业、中央企业、知名企业、国内民营大企业等近1 000多家境内外企业踊跃参加本届海洽会相关活动；上海、广东、青岛等沿海省市均组团参会并设馆；山东、福建、四川、深圳、大连、秦皇岛等省市组团参会。展会共签约了91个海洋经济重大项目，总投资达2 127亿元，其中投资额50亿元以上项目13个，100亿元以上项目4个。宁波市共签约科技含量高、市场前景好、体现海洋经济特色的高端产业项目21个，投资总额689.5亿元。院士专家论剑海洋经济，高层次人才智力项目洽谈会暨海洋经济人才招聘活动，共吸引8 000余名全国各地的人才赴会，7 000余人次达成意向。

6. 重大产业平台建设取得新巩固

根据2011年出台的《宁波市海洋经济发展规划》，宁波市在原有的开发区和工业园区的基础上设立了宁波市杭州湾产业集聚区、梅山国际物流产业集聚区、余姚滨海产业集聚区、慈东产业集聚区、宁波市石化产业集聚区、北仑临港产业集聚区、象山港海洋产业集聚区、大目湾海洋产业集聚区、环石浦港产业集聚区和宁海三门湾产业集聚区等十个产业集聚区。十大产业集聚区以培育经济增长点和竞争制高点为目标，成为推动宁波市经济转型发展的重大平台和城市新区培育的主要载体。

（1）杭州湾产业集聚区。2012年实现全社会固定资产投资170.5亿元，同比增长68.0%，超额完成年度省产业集聚区140亿元的考核目标。在投资拉动下，该区实现工业总产值654.1亿元，同比增长15.5%。新区挂牌成立两年多来，累计引进各类优质项目170多个，其中超亿元项目60多个，总投资近500亿元。上海大众宁波市项目进入设备安装阶段，吉利帝豪整车月产量突破1万辆，同时韩国万都等13家配套高端零部件企业加速发展，千亿级国际汽车产业城已初具雏形。努力培育了兆隆合金、金田铜业等一批新材料企业，打造百亿级产业集群。新区先进制造业、商务新城和湿地休闲三大功能板块实现有序联动开发，产城联动发展的新格局初步形成。

（2）梅山国际物流产业集聚区。2012年梅山保税港区（产业聚集区）开发建设各项工作快速推进、卓有成效。全年完成固定资产投资102.4亿元，同比增长108.2%；新引进企业872家，注册资金170.9亿元；实现一般预算收入20亿元，同比增长102.6%；完成集装箱箱量87.4万标箱，同比增长61%。全区累计引进各类企业 2 400 余家。梅山港区口岸获批正式开放，梅山港区口岸还被国家质检总局批准为进口罗汉松特定口岸，成为华东地区首个进口罗汉松特定口岸，2012 年 10 月，梅山口岸又获准汽车整车进口，梅山产业集聚区的区位、政策和功能优势将进一步发挥。

（3）余姚滨海产业集聚区等。2012 年，余姚滨海产业集聚区（滨海新城）一期招商基本完成，共引进优质项目 49 个，其中投产和试生产企业 10 家，在建企业 14 家。慈东产业集聚区，2012 年累计完成基础设施投资 20 亿元，一期、二期基础建设全部到位。宁波市石化产业集聚区，2012 年大榭开发区实现生产总值 170 亿元，石化经济技术开发区实现自主部分（除炼化、LG 甬兴等）工业总产值 176.8 亿元。北仑临港产业集聚区，2012 年 5 月临港工业实现工业总产值 1 131.82 亿元。象山港海洋产业集聚区，2012 年 10 月奉化市正式启建奉化滨海新区，鄞州滨海创业中心 2012 年实现产值 120.1 亿元，宁海县相继编制完善《西店经济社会发展总体规划》、《宁海湾循环经济开发区总体规划》，象山县编制完成《象山港象山片区空间保护和利用规划》，北仑区扎实推进滨海新城建设。大目湾海洋产业集聚区，2012 年一批大项目陆续签订，如与中国移动公司、华为公司签署“智慧大目湾”开发协议等。环石浦港产业集聚区，2012 年，《浙台（象山石浦）经贸合作区建设方案》获省政府批准，国台办授予象山为浙江省首个“海峡两岸交流基地”，全省首个台湾商城在象山石浦海峡广场正式开业。宁海三门湾产业集聚区，2012 年完成土地征收2 700亩，实现引进项目总投资超 10 亿、全社会固定资产投入超 10 亿。

7. 海洋科技支撑体系建设有新提升

（1）海洋科研。进一步加强和完善中科院宁波市材料所、宁波市海洋与渔业研究院、宁波市海洋开发研究院、宁波大学海洋学院、海运学院等一批涉海科研机构建设。累计培育建成海洋及渔业领域重点实验室 9 家，市级以上涉海企业工程（技术）中心 10 家，海洋科技创新公共服务平台 1 个。全市从事海洋科研的人员超过 4 500人。

（2）海洋科技创新。2012 年，海缆系统研发及产业化创新团队和海洋工程船技术创新团队被认定为涉海科技创新团队。培育了宁波天邦、超星海洋生物等一批海洋高技术龙头企业，涉海类科技型企业已达 160 余家。实施海洋攻关项目 30 项，择优选取“海洋石油勘探开采孔弹关键技术研究及应用”等重大项目；船舶柴油机、橡胶叶轮、海水泵等 3 个创新项目获得国家企业创新资金支持。目前全市从事涉海科技工作人员 14 万人左右。

四、2012 年宁波市海洋经济发展总体评估和问题分析

1. 海洋经济发展总体趋好

2012 年，宁波市海洋经济总体上呈现平稳较快发展的总态势，总体上表现出以

下三个特征。

（1）海洋经济总量得到不断壮大。2012 年海洋生产总值达到 1 043 亿元，比 2006 年（现值）增长了 1.7 倍。海洋生物医药等新兴产业迅速崛起，其中海洋金融保险业增加值达 98 亿元，位居海洋产业前三强。

（2）海洋特色工作比较明显。“三位一体”港航物流服务体系、杭州湾产业集聚区、梅山国际物流产业集聚区、象山“两区”、海洽会等特色工作的不断推进和实施，有效助推了宁波市海洋经济的发展。

（3）区域中的引领作用得到提升。宁波市海洋经济发展在浙江乃至长三角地区的海洋经济发展中的地位和作用日益突出，2012 年宁波市海洋生产总值占全省比重的 21.5%。

2. *海洋经济发展还存在一定差距*

宁波市 2012 年海洋经济发展虽然取得了一定的成绩，但是相对于宁波市建设浙江海洋经济核心示范区要求，与先进城市相比，还存在着不小的差距。

（1）对照“十二五”指标纵向看

对照《宁波市海洋经济发展规划》中“十二五”期间的指标要求，可以看出，宁波市的海洋经济发展差距比较明显（表 2）。

表 2 “十二五”部分主要海洋指标数据

	2015 年目标	2012 年数值	2012 年增长率	完成 2015 年目标需要的增长率
海洋生产总值	2 500 亿元	1 043 亿元	9%	33.9%
海洋生产总值占全省比重	35%	21.5%	0.25%	4.5%
港口货物吞吐量	5.5 亿吨	4.53 亿吨	4.5%	6.67%
港口集装箱吞吐量	2 000 万标箱	1 567 万标箱	8%	8.5%
大宗商品市场交易额	4 000 亿元	3 000 亿元	—	10%

从海洋经济总量来看，2012 年宁波市海洋生产总值为 1 043 亿元，增长 9%，而 2015 年的目标为 2 500 亿元，经过 3 年时间需要增加 1.5 倍，每年的增长率要达到 33.9%。而自 2006 年至 2012 年，宁波市海洋生产总值（现值，下同）平均增长率才达到 18.2%，最高年增长率也不过是 32.6%，要在未来三年内平均增长率达到 33.9%，完成的可能性很小。

2012 年宁波市海洋经济生产总值占全省的比重为 21.5%，而 2015 年的目标为 35%，差距非常大，而要完成目标，每年平均需要增加 4.5 个百分点，也是几乎不可能完成的任务。需要指出的是，临港工业在宁波市海洋经济中不可或缺，但在统计中却排除在海洋经济之外，若将临港工业纳入宁波市海洋经济范畴，2015 年发展目标是能够基本完成的。

从港口和贸易指标来看，2012 年宁波市港口货物吞吐量为 4.53 亿吨、港口集装箱吞吐量为 1 567 万标箱、大宗商品市场交易额为 3 000 亿元，2015 年的目标分别为 5.5 亿吨、2 000 万标箱、4 000 亿元，虽然 2012 年的数值和 2015 年的目标还存在一定差距，但是通过下一步加大工作力度，是可以争取完成的。

此外，2015 年新兴产业增加值占比、海洋研发投入占比、海洋科技进步对海洋经济贡献率的指标分别为 30%、2.5%、70%，但是由于统计口径不同，到目前为止，还没有一个确切的统计方法和统计数据，因此，目前还无法进行有效评估。

（2）对照同类城市横向看（表 3）

表 3　2012 年部分城市海洋经济数据比较

	地区海洋生产总值/亿元	增长率	占 GDP 比重
宁波市	1 043.1	9%	16%
青岛	1 114.4	19.9%	15.3%
大连	1 015	24%	14.5%
舟山	585	12%	68.7%

资料来源：各市海洋与渔业局相关处室提供。

2012 年，宁波市、青岛、大连、舟山海洋生产总值分别为 1 043.1 亿元、1 114.4亿元、1 015 亿元、585 亿元，与 2011 年相比，分别增长 9%、19.9%、24%、12%，海洋生产总值占 GDP 比重分别为 16%、15.3%、14.5%、68.7%。与青岛、大连、舟山相比，宁波市海洋经济总量尚可，但是增长速度为四个城市中最低。

在发展特色和发展优势方面，与其他三个城市相比，宁波市还显得比较薄弱。

青岛，海洋经济发展的最大优势在于科教实力。目前青岛市聚集了全国 30% 的海洋科研机构、50% 的海洋高层次科研人才、70% 以上的涉海两院院士，承担了“十五”以来国家“863”、“973”计划中 55% 和 91% 的海洋科研项目，海洋科学研究多个领域具有国际竞争力，是国家生物产业基地、船舶与海洋工程装备产业示范基地，海洋生物医药产值占全国 40%，雄厚的科教实力为青岛海洋经济的发展提供强大的后劲动力，而宁波市在海洋科教方面是一块“短板”。

大连，海洋经济发展的最大特色在于海洋渔业。辽宁大连现代海洋生物产业示范基地已被国家批准为国家四个科技兴海产业示范基地之一，2012 年大连完成水产品产量 216.8 万吨，实现渔业产值 363.8 亿元，渔业经济总产值 743 亿元，全年完成出口水产品 49.2 万吨，出口贸易额 18.8 亿美元；渔民人均收入达到 2.1 万元。大连水产业在 2012 年新创建国家、省、市渔业著名商标、名牌产品 17 个，全市渔业“中国驰名商标”已增加到 12 个，位居全国计划单列市首位。而宁波市无论在水产品总量和品牌上都与大连有较大差距。

舟山，海洋经济发展的最大动力为政策优势。随着国务院正式批准设立浙江舟山群岛新区，并由副省级新区升为正省级新区，拥有正省级经济社会管理权限，在战略和政策上将更具灵活性。而作为邻近的宁波市受到同类发展的严重冲击，政策优势明显弱化，舟山对宁波市的海洋经济发展将产生一定的虹吸效应。

3. *存在的问题和原因*

（1）产业结构有待优化，转型发展困难多

目前宁波市海洋产业主要以海洋渔业、海洋油气业、海洋运输等劳动密集型和资源开发型产业为主，而属于海洋新兴产业的海洋装备制造业、清洁能源产业、海洋药物及生物制品产业等占海洋经济总产值的占比小，这种产业结构不利于海洋经济快速发展。与此同时，受海洋科技与人才影响，以及 PX 项目风波等影响，全市目前还缺乏新兴产业发展的大项目、大平台支撑，海洋经济转型升级还任重道远。

值得一提的是，大宗商品市场是宁波市促进海洋转型发展的重头戏，但目前面临着较多制约。全球已经形成了以伦敦、芝加哥、纽约为主的世界大宗商品定价中心，国内已形成上海、大连、郑州等大宗商品定价中心，宁波市大宗商品市场在发展空间上受到制约。在国务院〔2011〕38 号文件、商务部〔2012〕59 号文件和国办发〔2012〕37 号文件的压力下，国内大宗商品交易场所整顿工作快速推进，宁波市部分大宗商品交易市场面临清理整顿，亟待转型。而青岛、秦皇岛、张家港等地通过引进国际物流巨头，加强基础设施配套，开展国际合作等方式积极建设大宗商品市场，区域竞争不断加强，宁波市大宗商品市场发展面临巨大挑战。

（2）科教体系建设滞后，海洋人才支撑弱

目前，宁波市科教体系严重滞后于海洋经济发展，海洋科技投入总量、高校涉海学科建设、涉海科研院所建设、涉海企业科技创新等方面，远落后于海洋经济先进地区。海洋科教体系呈现低、散、弱等特点，没有形成能促进海洋经济快速发展的系统性、条理性的科技创新体系，缺少科技成果转化平台等，远不能适应建设浙江省海洋核心示范区的要求。

如青岛市聚集了全国一大批海洋科研机构、海洋高层次科研人才、涉海两院院士，获得国家海洋创新成果奖占全国的 50%。而宁波市这些方面在全国的占比低，与海洋经济发展实际需求相比，海洋人才队伍建设存在结构不合理、专业人才短缺等问题，海洋经济发展的前沿关键领域缺乏高技术产业人才和复合型管理人才，人才不足已成为海洋经济产业升级的一大瓶颈。

（3）资源要素制约明显，海洋投融资乏力

海洋经济发展的土地资源制约进一步加剧，土地征用、拆迁安置等问题难度加大，部分项目建设用地指标未得到落实，如梅东疏港连接线等项目因为土地问题影响进度。另一方面，由于国家对围填海的审批越来越严格，海域使用获批较为困难且时间较长，影响了部分围涂工程的正常推进。

尤其在资金方面，受到国家宏观调控的影响，资金格局总体偏紧，部分项目融资压力较大。目前宁波市涉海企业与金融机构之间信息渠道不畅，信贷结构性矛盾突出。金融机构对海洋经济的支持以传统信贷方式为主，股权、债权融资比重偏小，资金来源渠道单一，创新型金融产品相对缺乏。海洋资产交易市场发展滞后，实践中面临着规范操作难、落实抵押担保难的局面，限制了涉海企业特别是中小企业的融资。宁波市民营资本受到体制、行业准入等因素影响，海洋经济参与度较低，重大项目对民营资本的资金利用不足。

（4）海洋生态压力大，灾害防御基础薄弱

受到来自陆地污染源、海上工程及交通运输、海水养殖等因素影响，宁波市近岸海域的生态环境问题日益突出，近海生态污染严重，部分海域水质已不能满足环境功能区划要求，海洋资源浪费严重、海洋生物多样性减少、海洋生态系统遭受破坏等现象不同程度存在，海洋资源和环境承载力有所下降。

海洋防灾减灾机构建设不够完善，人员短缺，难以满足全面开展海洋防灾减灾工作需求。灾害综合观测预警预报还存在着技术力量不足，观测站点少，实时数据缺乏，预报数值技术依然相对薄弱和信息服务水平较低的情况。预报产品单一，信息发布相对落后，海洋灾害预报产品制作还满足不了海洋防灾减灾工作的需求。

（5）体制机制尚未健全，发展刚性约束多

受各上位法规的制约，在海洋开发建设过程中，面临着海域海岛开发建设步调难统一，海上执法和口岸通关各自为政，海洋生态治理和海铁联运困难重重，统筹发展难以维系等等问题，这些刚性约束的体制机制，地方政府无能为力，只能进行非常有限的创新。

受行政区划管理体制等方面影响，在宁波市域范围内，统筹发展海洋经济还难以形成。如同在象山港湾的鄞州与北仑、奉化、宁海等县（市、区），因行政管理体制问题，形成多方管理、多头开发、难以保护、难成合力的格局，在海洋生态保护、海洋资源利用、海洋产业布局、滨海城镇建设等方面，难以推动融合发展、快速发展。

此外，宁波市区域内的财政转移支付、海域使用、海岛开发、海洋金融服务、海洋生态补偿、海洋综合管理等方面的政策法规体系，以及相应体制机制，也尚未建立健全。

五、2013 年宁波市海洋经济发展预测

纵观 2013 年的国内外海洋经济形势，2013 年是海洋经济调整经济结构、转变发展方式的重要攻坚年，是宁波市海洋经济大有作为的重要一年。

1. 面临机遇与挑战

（1）国际环境。21 世纪是人类挑战海洋的新世纪，世界沿海国家纷纷将目光从外太空转向海洋，抢占海洋经济的制高点，各种海洋科学技术和海洋管理理念将逐步成熟，沿海各国对海洋科技投入将不断增加，海洋产业的国际竞争更趋激烈。在《联合国海洋公约》指导下，全球海洋管理制度将进一步完善，管理内容将由各种海洋开发利用扩展到自然生态系统等。总的来看，宁波市海洋经济发展的机遇大于挑战。

（2）国内环境。我国的《国民经济和社会发展第十二个五年规划纲要》明确强调要坚持陆海统筹，制定和实施海洋发展战略，提高海洋开发、控制和综合管理能力。《国家“十二五”海洋科学与技术发展规划纲要》明确将技术发展与创新作为加速转变海洋经济发展方式的重要支撑。《全国海洋经济发展规划（2011—2015）》提出海洋经济发展重点方向是强化海洋发展的宏观调控和规划指导，为扩展国民经济发展空间、推进经济结构的战略性调整以及促进海洋资源的有效利用奠定了有利条件。

特别是国务院批准了《浙江海洋经济发展示范区规划》，浙江海洋经济发展示范区建设上升为国家战略，浙江海洋资源开发利用、海洋生态环境保护、海洋公共服务体系等得到有效加强，形成了对海洋经济发展的强力支撑。这些国家层面政策的继续推进实施将对宁波市海洋经济发展提供了很好的政策环境。

长三角经济区地处我国海岸带中部，具有天然的地理区位优势。目前已基本形成陆海空三位一体的立体交通运输网络，为区域海洋经济发展提供了有利支持和保障。区内集中了大批科研机构和高等院校，是全国资源创新和科研成果产出最突出的地区，科技发展的资源和潜力巨大。区内教育、科技、文化、卫生等社会事业发展迅速，呈现出经济、社会发展齐头并进的有利局面。长三角区域的良好发展局面为宁波市海洋经济的快速发展提供了优质的区域发展环境和广阔的发展空间。

同时也要看到，近年来，上海、大连、青岛、深圳、舟山等沿海城市加大海洋经济发展力度，传统海洋产业呈现出井喷式增长，各种新兴海洋产业迅速崛起，海洋经济的国内竞争日益激烈，宁波市传统优势海洋产业和新兴产业面临着严峻挑战。

（3）宁波市自身环境。2013 年是宁波市实施“六个加快”发展战略、实现现代化国际港口城市新跨越的关键时期，宁波市将全力以赴发挥海洋资源优势，全力推进海洋经济发展。在海洋经济发展中，在前几年海洋重大项目不断谋划、建设的基础上，2013 年宁波市将继续加大海洋重大项目建设力度，而陆续建成、投产的海

洋重大项目，海洋经济发展的基础条件和发展动力将得到进一步提升，有力助推宁波市海洋经济发展速度。

随着“三位一体”港航物流服务体系、杭州湾产业集聚区、梅山国际物流产业集聚区、象山“两区”、海洽会等特色工作的持续推进和实施，将进一步拓展宁波市海洋经济的发展空间和发展优势。而海洋科技创新体系的投入，也成为宁波市海洋经济发展的重要智力支持、科技支撑和人才支撑。

同时也要清醒地认识到，2013 年宁波市海洋经济发展还将面临着体制机制不健全、要素制约明显、海洋生态压力增大等问题和困难，唯有积极把握发展机遇，克服各种挑战和困难，才能有效推进海洋经济大发展。

2. 主要经济指标预测

根据 2012 年主要海洋产业的运行状况和当前社会经济形势分析判断，2013 年宁波市海洋经济发展态势将继续保持平稳较快的发展态势。其主要指标预测分析如下：

（1）经济发展趋势分析

近年来，宁波市的生产总值增长趋势放缓，保持和全国拉平、低于全省平均水平的特点。根据近几年宁波市海洋生产总值增长率（现价）与宁波市生产总值增长率（现价和可比价）之间的比较分析，从图 7 可以看出每次生产总值的增长率攀升或下行，对海洋生产总值增长率的影响比较大，具有较大的放大效应。

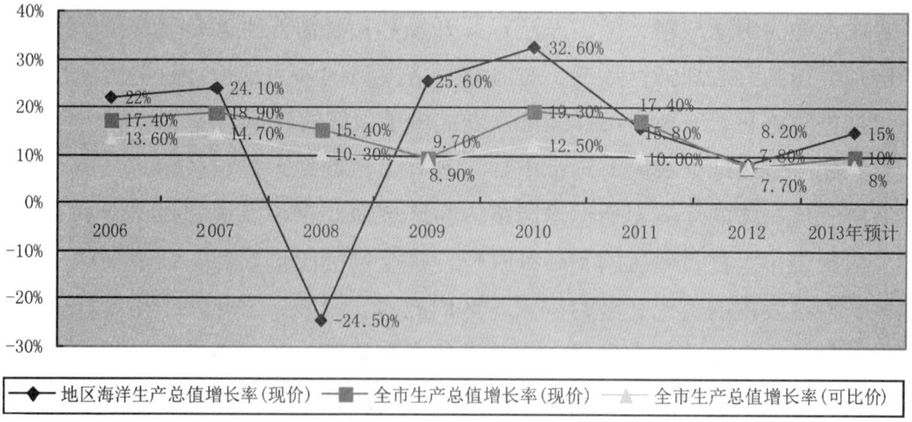

图 7　宁波市近几年生产总值和海洋生产总值增长率比较

此外，从图 8 可以看出，海洋生产总值占生产总值的比重正在稳步增长，按照趋势，2013 年应该到 17% 左右。2012 年宁波市生产总值的增长率为 7.8%，而 2013 年的估计增长率为 9%，因此以海洋生产总值占比 17% 左右计算，2013 年海洋生产总值为 1 200 亿元左右，增长率为 15% 左右，也正好满足了生产总值 9% 的增长率对海洋生产总值的放大效应。

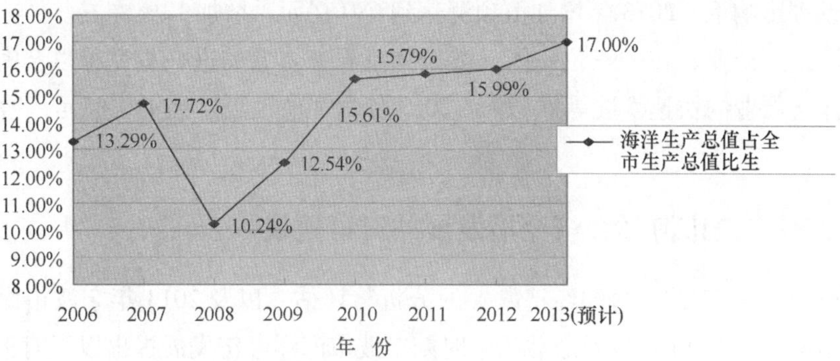

图 8 宁波市海洋生产总值占生产总值比重

（2）经济支撑条件分析

2013 年经济发展的宏观因素将逐渐向好，海洋经济发展的政策环境将继续保持宽松，扶持政策将陆续出台，对宁波市海洋经济的发展会有较大的刺激作用。此外前几年的海洋重大项目建设对海洋经济发展的作用将逐渐凸显出来。一些海洋基础设施建设如镇海港区 19#及 20#液化泊位及后方配套设施、盛宁线丹城至西泽改建工程等项目的建成完工，产业方面如浙江 LNG 一期工程、万华热电二期扩建等项目建成完工，檀头山岛、横山岛等重点景区深度开发建设。这些都将对 2013 年的海洋经济发展带来新的增长点，支撑 2013 年的海洋经济能保持在 15% 左右的增长。

（3）部分经济指标预测

基于上述分析，我们认为，2013 年宁波市主要海洋产业总产值将达到 4 600 亿元，增长 16% 左右，主要海洋产业增加值达到 1 200 亿元，增长 15% 左右（图 9）。

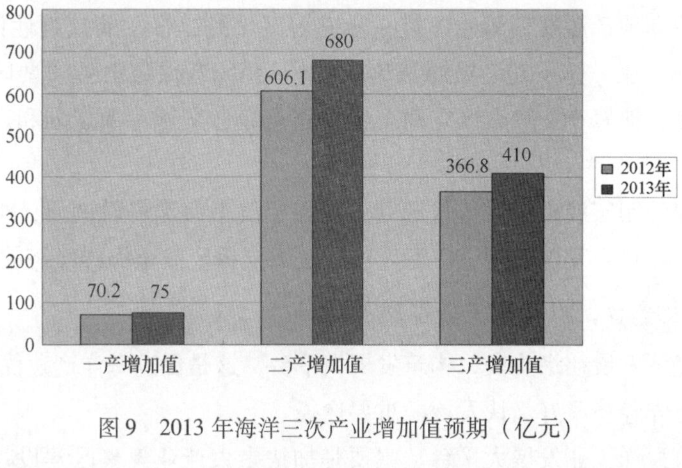

图 9 2013 年海洋三次产业增加值预期（亿元）

其中，海洋第一产业，在新建的优质水产品养殖示范区以及渔业科技进步等推动下，2012 年增加值预测达到 75 亿元，增加 6% 左右。

海洋第二产业，在临港工业、海洋新兴产业的加速发展以及十大产业集聚区的加速建设等影响下，2013年增加值预测达到680亿元，增加13%左右。

海洋第三产业，在“三位一体”港航物流服务体系的进一步完善以及海洋旅游业、海洋会展业的快速发展等推动下，2013年增加值预测达到410亿元，增加20%左右。

六、对宁波市海洋经济今后发展的对策建议

根据2012年宁波市海洋经济发展的分析与评估，以及2013年宁波市海洋经济发展的预期，对2013年以及今后一个时期宁波市海洋经济发展提出以下对策建议。

1. 聚焦大战略，健全完善规划体系

港口是宁波市最大的优势，早在改革开放初期，宁波市就提出了“以港兴市，以市促港”的发展战略，在长期的实践中，这一发展思路得到不断的深化和完善。在海洋经济发展大潮中，港口依然是宁波市海洋经济的关键支点，港口产业、临港产业在海洋经济中占据重要地位。因此，应将发展海洋经济作为新时期宁波市“以港兴市，以市促港”的具体发展战略，以发展海洋经济来统领全市经济工作，引导各方面聚集到海洋经济发展大计中，推动海洋经济成为全市经济增长点和增长极。

聚焦海洋经济发展大战略，首先要完善海洋经济规划体系，引导宁波市海洋经济规范有序发展。

一是加强已编规划的落地实施。以《宁波市海洋经济发展规划》和《浙江海洋经济发展示范区规划宁波市实施方案》等已编规划的目标、路径为依据，对各项任务进一步细化，落实部门和相关地区的责任和任务，加强督查考核，实现规划蓝图的落地实施。

二是加快专项产业规划编制。进一步完善区域海岸带发展控制性详规、“三位一体”港航物流服务体系发展规划等专项规划，组织督促象山县“两区”建设各专项规划的编制，抓好产业集聚区空间布局规划、综合交通专项规划和产业发展专项规划的编制。

三是加快编制宁波市海洋科教规划。加强宁波市海洋科教调研，组织力量加快编制宁波市海洋科教发展规划，以海洋科教实力支撑宁波市海洋经济的加速发展。

2. 构筑大平台，推动经济转型发展

在海洋经济发展初级阶段，构筑发展大平台，这是促进海洋产业优化结构调整，推动宁波市海洋经济又好又快发展的重要途径。

一是构筑海洋工业发展大平台。主要是加快十大产业集聚区建设，做好招商引资工作，将十大产业集聚区打造成临港工业和海洋新兴产业发展的大平台。在产业集聚区建设中，加大临港工业大项目引进力度，如加大上海大众、吉利汽车北仑春晓扩建等项目的建设进度力度，做好海洋高技术产业的行业牵头推进工作，扶持海

洋装备制造、清洁能源等海洋新兴产业发展。

二是构筑海洋渔业发展大平台。主要是加快象山港、韭山列岛、渔山列岛等海洋牧场建设，加大名优海洋生物良种场、海洋生物工厂化养殖场等的建设，突出保供给、促增收、拓休闲、护生态这四个重点，强化渔业基础设施建设，发展碳汇渔业，推进渔业组织化、产业化、标准化进程，提高渔业综合生产能力和抵御风险能力。

三是构筑海洋服务业发展大平台。主要是加快发展宁波市航运服务中心、航运交易所、大宗商品交易市场、航运金融机构等重大平台建设，巩固航运物流业、海洋文化产业、海洋旅游业等海洋服务业重点领域，创新拓展海洋服务业领域，推动海洋服务业进一步发展壮大。

3. 寻求大突破，推动高端服务发展

建立完善“三位一体”的港航物流服务体系，做大做强港口高端服务业，这是推动海洋经济跨越发展的重要突破口。

一是打造综合贸易港。培育重点商品进口市场，完善贸易服务体系，促成进口与出口、内贸与外贸的联动发展。健全大宗商品交易市场管理体制机制，加快大宗商品交易市场聚集发展，促成以港口为核心的大宗商品交易聚集区。

二是打造现代物流港。进一步完善海陆联动集疏运网络，建设集便捷运输、大型仓储、快速配送、电子商务、购物天堂等一体的现代物流港。重点加强港口集疏运基础设施建设，加速三门湾大桥及接线工程、栎社机场三期等重大项目开工建设，增加远洋班轮航线和航班密度，建设以远洋干线为骨干、近洋支线和内支线为支撑、空港支援为补充的海陆贸易桥头堡。

三是打造高端高效服务港。着重发展高端航运服务，鼓励航运金融创新，大力发展航运保险、船舶融资、资金结算等航运金融服务。整合提升宁波市电子口岸与四方物流平台服务功能，进一步完善航运物流信息系统。接轨国际口岸管理通行规则，优化监管资源配置，积极推进分类通关改革、管检分离改革，探索第三方检验检测市场化运作模式，提升口岸通关服务水平。

4. 强化大支撑，促进科教跨越发展

针对宁波市海洋人才支撑薄弱的实际，优化整合宁波市海洋科教资源，加强政策扶持和引导，建立健全海洋科教支撑体系，以增强海洋经济发展动力。

一是加强海洋科教政策引导。加快编制和实施《宁波市海洋科技人才发展总体规划》、《关于加强宁波市海洋经济科教支撑体系建设的若干意见》，引领宁波市科教和人才支撑。

二是谋划建设宁波市海洋科教四大基地。依托现有宁波市海洋科教资源，引进国内外优质海洋科教资源，高起点规划、高标准建设国内一流的海洋科技城、海洋科教岛、海洋高科技产业岛、国家级科技兴海示范基地等四大基地，成为宁波市海洋科教的重要平台和载体。

三是加快建设以科研院所和公共平台为主体的海洋科研体系。加大海洋公共服务平台建设支持力度，整合提升全市涉海研究院所水平，建设综合性、高层次的海洋研究机构。

四是打造企业科技创新和产品开发相融合的海洋技术创新体系。支持涉海企业自建或共建研发中心、工程技术研究中心等各类海洋研发机构。引导有实力的涉海企业建立重点实验室、博士后工作站、院士工作站等。支持涉海企业与高校、科研院所合作共建研发机构。

五是提升涉海重点学科建设和产学研一体的海洋教育体系。开展与国家海洋局等部委和重点涉海高校的科教合作，加强高等院校的涉海研究机构建设，明确在甬高校重点学科涉海方向建设，实现特色发展、错位发展。

5. 实施大保护，确保经济持续发展

加强各级政府部门之间的合作，动员全社会力量，加大海洋资源与环境保护力度，加强海洋生态监管与综合防治，为海洋经济可持续发展提供坚实保障。

一是加强生态保护。强化对象山港区域、海洋自然保护区和特别保护区等重点区域综合管理和执法监督，坚决查处违法围填海、违法排放等行为。强化海洋污染综合防治，进一步完善陆海污染综合防治网络体系，加快建立入海污染物总量与浓度控制制度和海洋与海岸工程环保管理制度。

二是加强防灾减灾工作。加强海洋灾害防御应急管理，逐步开展海洋防灾减灾综合观测网、预警网、信息服务网、应急指挥平台以及风险评估与区划等工作，有序落实海洋灾害的防范和应急处置。

三是注重规范建设。实施“310”海洋生态保护区建设计划，按照规划和产业准入目标，实施项目联审制度，规范投资项目审批程序，严格禁止与区域功能定位不相符合、高耗能、高污染、低效益的项目落户。

四是强化协同监管。建立涉海部门协同监管机制，协调环保局、海洋与渔业局、海事等部门制定海洋环境保护的目标责任管理制度，落实工作责任。

6. 推动大改革，促成发展强大合力

加大改革创新力度，以区域开发体制、要素投入体制、综合管理体制、区域合作体制等为重点，加强海洋管理立法，促成顺应海洋经济发展规律的体制机制，为加快海洋经济发展提供重要保障。

一是创新重点区域开发体制机制。以行政区域调整为突破口，打破目前县（市、区）各自为政、规划孤立、分散开发、步调不一的模式，整合象山港、三门湾等重点开发区域，建立起诸如“象山港新区、三门湾新区”等的统一领导、统一管理、整体规划、整体开发的管理体制，促成全市海洋经济一盘棋规划与开发建设的新格局。

二是创新要素投入体制机制。创新财政转移支付体制，将海域使用金、围涂造地土地出让金等，通过转移支付形式，专项用于海洋生态保护、海岛基础设施建设，或用于设立海洋开发专项资金。创新金融服务体制，支持金融租赁公司从事船舶、旅游融资等经济业务，支持保险机构从事国内、国际航运保险等。建立健全海域使用的一级、二级市场体系，探索海洋用地出让的分阶段实施、分批缴付方法等。

三是创新综合管理体制机制。完善海洋管理政策法规体系，尤其是深水岸线管理、海洋生态损害补偿管理等政策法规，促成配套完整、协调统一的政策法规体系。积极探索海上综合执法试点，完善海上突发事件快速反应的多方联动工作机制。完善审批权限配置，简化行政许可程序，适当下放审批权限，缩短项目前置审批周期。

四是创新宁波市舟山合作体制机制。加快推进宁波市舟山港口一体化，共同推进国际航运发展综合试验区建设，共享上海国际航运中心建设的配套支持政策。统筹宁波市、舟山产业规划布局，联手推进宁波市梅山——舟山六横保税物流平台建设。推进宁波市舟山政策一体化，实施“同心同策”策略，即宁波市与舟山同为浙江海洋经济核心区域，共享优惠政策，以此促进浙江海洋经济核心区域的共同发展。

第二部分　资源利用

2012年度宁波市海域利用发展报告

一、前言

海域及海岸线资源是海洋经济发展的物质基础和重要载体。《联合国海洋法公约》将地球上的海洋分为国家管辖的海域和公海，同时，该公约将沿海国家管辖的海域区分为法律地位各不相同的区域，包括内海、领海、毗连区、专属经济区和大陆架。海域是与陆地相对应的概念，它是指与陆地相连的一定界限内的近海区域。《中华人民共和国海域使用管理法》第二条中将“海域”明确定义为：中华人民共和国内水、领海的水面、水体、海床和底土，其中的“内水”是指中华人民共和国领海基线向陆地一侧至海岸线的海域，即内海水。“海岸线”是陆地与海洋的分界线。关于海岸线的确定问题，从现代国家的立法来看，海陆分界线多以高潮线为准。我国现行的地形图图式国家标准中规定，“海岸线是平均大潮高潮的痕迹所形成的水陆分界线，一般可根据当地的海蚀坎部、海滩堆积物或海滨植被来确定”；我国现行的海图图式国家标准中规定，“海岸线是指平均大潮高潮时水陆分界的痕迹线，一般可根据当地的海蚀阶地、海滩堆积物或海滨植物确定”。另外，在已经修建了防潮坝的海域，如果平均大潮波及防潮坝，那么防潮坝就是人工海岸线；如果平均大潮不能波及防潮坝，仍应以平均大潮线为海岸线。

在《海域使用管理法》中，“海域使用”系指“在中华人民共和国内水、领海持续使用特定海域三个月以上的排他性用海活动”。海域使用管理是海洋管理的一个重要组成部分，是国家海洋行政主管部门和法律法规授权的组织依照国家有关法律法规并运用国家法定权力，为维护国家海域所有权和海域使用权人的合法权益，促进海域的合理开发和可持续利用，对在中华人民共和国内水、领海从事生产经营活动或开展公益事业使用海域行为实施的行政管理的活动。

二、宁波海域资源利用发展概况

（一）宁波海域基本概况

宁波市地处我国海岸线中段、长江三角洲南翼，宁绍平原的东端，地理坐标界于28°51′—30°33′N，122°16′—120°55′E之间，东临东海，西与绍兴市的上虞、嵊州和新昌交界，南与台州市的三门和天台相邻，北与上海和舟山隔海相望。根据

《浙江省海洋功能区划（2011—2020 年）》，宁波海域海岸线北至宁波绍兴交界、南至宁波三门交界，海域由“五洋三港湾”构成，“五洋”即横水洋、峙头洋、磨盘洋、大目洋、猫头洋，“三港湾”即杭州湾、象山港和三门湾。杭州湾和三门湾分别从北边和南边挟裹，象山港从中间嵌入陆地，岸线曲折，海岛星罗棋布。

宁波港是我国沿海主要港口之一，是上海国际航运中心的重要组成部分。杭州湾跨海大桥建成通车，使长三角中心地区上海与宁波的相互辐射和融合进一步加强，所形成的优越区位优势，为宁波市作为长三角南翼的经济中心，接轨大上海，融入长三角，建设海洋经济强市提供了良好的外部条件。

根据市政府公布数据和《关于公布内部使用的浙江省海涂、内海、领海面积及大陆海岸线长度数据的通知》（浙测发〔1989〕62 号）的数据，全市陆域总面积 9 816. 23 km^2，海域总面积为 9 758 km^2，岸线总长为 1 562 km，其中大陆岸线为 788 km，岛屿岸线为 774 km。

近些年来，由于沿海县（市、区）实施滩涂围垦工程，宁波市海域面积减少较多，相应的陆域面积有所增加。根据《国务院办公厅关于开展勘定省县两级海域行政区域界线工作有关问题的通知》（国办发〔2002〕12 号）要求，宁波于 2002 年至 2006 年开展了海域行政区域界线勘定工作。海域勘界初步测算，全市海域面积为 8 232. 92 km^2（其中内海 4 475. 94 km^2、领海 2 142. 23 km^2），海岸线总长 1 594. 4 km（其中大陆岸线 835. 80 km，海岛岸线 758. 60 km）。在县（市、区）中，象山县海域面积最大，为 6 618. 17 km^2，包括北部象山港海域、东部大目洋海域和南部三门湾、石浦港海域，占宁波市海域面积的 80. 39%，其中内海 4 475. 94 km^2，领海 2 142. 23 km^2。鄞州区海域面积最小，为 53. 65 km^2，仅占宁波市海域面积的 0. 65%，全部位于象山港内。余姚市岸线从黄家埠到慈溪的西三闸以西，水域面积 177. 25 km^2（注：江、海分界尚未确定）；慈溪市海域面积为 629. 13 km^2。余姚线未勘定镇海区岸线自慈镇分界线到甬江口，属灰鳖洋海域，面积 161. 74 km^2。北仑区岸线从甬江口以东沿穿山半岛到洋沙山与鄞州区分界，包括了金塘水道到峙头洋和象山港部分海域，海域面积 227. 45 km^2。奉化市海域位于象山港中部到铁港北侧，海域面积 94. 68 km^2。宁海县海域面积 270. 85 km^2，包括象山港海域 84. 54 km^2 和三门湾海域 186. 31 km^2。全市海域行政区域勘界面积、海岸线长度如图 1、表 1 所示。

表 1　宁波市海域行政区域勘界面积、海岸线长度（2006 年）

县（市、区）	海域面积 /km^2	面积百分比 /%	大陆海岸线长度 /km	岛屿海岸线长度 /km	海岸线长度 /km
余姚市	177. 25	2. 15	20. 97	0	20. 97
慈溪市	629. 13	7. 64	78. 61	0	78. 61

续表

县 （市、区）	海域面积 /km^2	面积百分比 /%	大陆海岸线长度 /km	岛屿海岸线长度 /km	海岸线长度 /km
镇海区	161.74	1.96	18.34	3.87	22.21
北仑区	227.45	2.76	102.84	92.98	195.82
鄞州区	53.65	0.65	20.30	1.33	21.63
奉化市	94.68	1.15	68.23	44.12	112.35
宁海县	270.85	3.29	177.77	40.36	218.13
象山县	6 618.17	80.39	348.73	575.94	924.67
总　计	8 232.92	100.00	835.80	758.60	1594.4

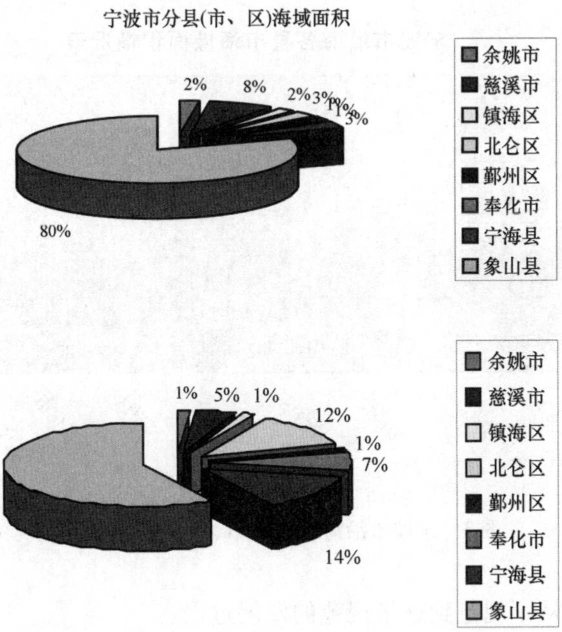

图1　宁波市分县（市、区）海域面积、海岸线统计（2006年）

根据最新自然和人工岸线量算，宁波大陆岸线长818.2 km，海域面积8 355.8 km^2。各县（市、区）海域海岸线基本情况如图2、图3所示。

（二）宁波海域使用管理发展历程和海域利用状况

1. 海域使用管理工作的发展历程

宁波市的海域使用管理工作的发展与沿海各地大体相近。海域管理制度经历了

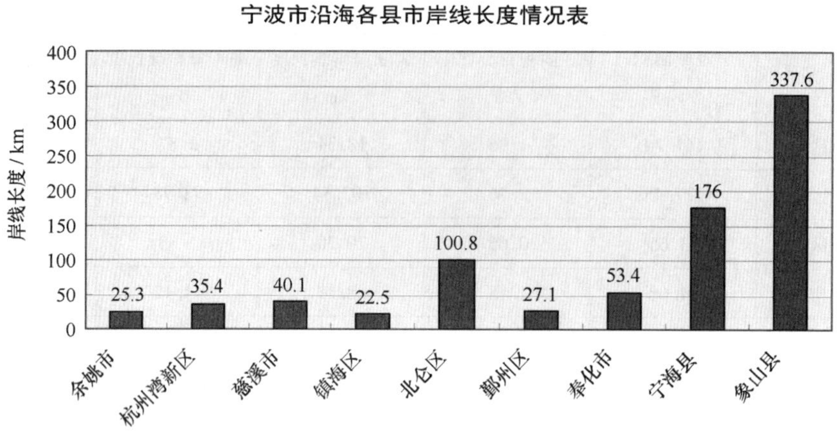

图2　宁波市沿海各县（市、区）岸线长度情况

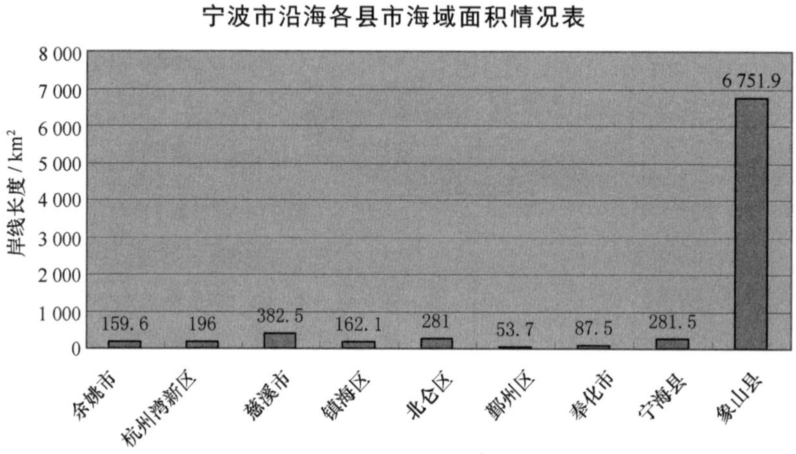

图3　宁波市沿海各县（市、区）海域面积情况

一个从无到有、从不规范到逐步规范的发展过程。

宁波市海域使用管理工作从20世纪90年代末起步。1998年4月1日，浙江省人民政府发布《浙江省海域使用管理办法》，并于当年5月1日起实行，作为全国沿海早期海域使用管理立法文件之一，为依法管理海域提供了依据。2002年《海域使用管理法》施行后，宁波市的海域使用管理工作得到了快速发展，海洋功能区划制度、海域权属管理制度和海域有偿使用制度作为法律规定的海域使用管理三项基本制度在宁波市得到了认真贯彻，使全市的各类用海活动逐步纳入依法、规范、有序的轨道，以往海域使用中的无序、无度、无偿问题得到了有效遏制。主要有以下几个方面工作。

（1）严格实行海洋功能区划制度

海洋功能区划是根据海域的自然资源条件、环境状况和地理区位，并考虑海洋开发利用现状和区域社会经济发展需要，把某一海域科学划分为具有特定主导功能，有利于资源的合理开发利用，能够发挥最佳效益的功能区的一项基础工作。海洋功能区划制度是《海域使用管理法》确立的三项基本制度之一，是海域使用管理的基础依据。

《宁波市海洋功能区划》（简称《区划》）于2000年12月5日经市政府批准施行。随着宁波市海洋经济的快速发展和海洋生态资源环境保护工作的不断深入，迫切需要对宁波市海洋功能区划进行调整修编。2005年5月，根据国家和省有关部门的要求和宁波市的实际，市、县两级启动了海洋功能区划修编工作，并于2007年5月上报省政府，2007年11月6日获浙江省人民政府批准实施。宁波市及县级海洋功能区划，其核心内容是设定各个特定海域的海洋主导功能和海洋环境保护等海洋功能使用要求，规范各类海洋开发利用活动的地点、方式和规模，实现海洋资源环境的可持续利用。2007年省政府批准的《宁波市海洋功能区划》，将宁波市海域划分为172个海洋功能区。其中，杭州湾海域的区域主导功能是围海造地、兼顾海水养殖等功能；镇海北仑海域的区域主导功能是港口航道、兼顾海底电缆管道和海洋倾废等功能；象山港海域的区域主导功能是海洋渔业资源保护和海洋旅游，兼顾港口航道等功能；象山东部海域的区域主导功能是海洋旅游和海洋渔业资源保护，兼顾滩涂围垦等功能；三门湾海域的区域主导功能是围塘养殖，兼顾渔港和港口航道。

《海域使用管理法》施行十余年来，宁波市严格按照海洋功能区划实施海域使用管理，认真落实《区划》确定的目标任务，较好地规范了海域使用秩序，为“海洋经济强市”和海洋经济发展示范区建设提供了有力保障。

（2）依法实施海域权属管理制度

宁波市的海域权属管理工作紧紧围绕政府工作主线，主动为经济建设服务，注重纳入管理、规范程序、主动服务，依法保障了海域使用权人的合法权益。

第一，规范海域使用权申请批准程序。宁波市的海域使用权申请批准工作采用属地受理、海洋行政主管部门和人民政府逐级审查、报有批准权限的人民政府审批的程序。在海域使用项目审查中，海洋行政主管部门严格执行海洋功能区划制度，各类用海项目全部符合海洋功能区划。除养殖用海外，各类项目都按规定开展了海域使用论证。在用海项目审查中，海洋行政主管部门按照“三到场五清楚”的要求，做到论证项目选址时到场，确定界址时到场，项目竣工时到场，项目相邻关系清楚，界址清楚，用途清楚，使用期限清楚，使用金标准清楚。项目初审时认真开展权属核查，按规定在项目所在地和省局网站上进行公示，并委托资质单位同步开展海籍测量，项目呈报时附上初审机关的实地踏勘报告，项目批准后依法进行公告，并按规定建立海域使用权登记表册及有关档案。全市建立并启用海域管理信息系统，目前全市沿海各地用海项目的申请受理到最后发证都在海域管理信息系统上完成。整个海域使用管理工作程序都按规定实行政务公开，接受监督。

第二，积极推行海域使用权抵押。海域使用权是《物权法》明确规定的用益物权，通过海域使用权抵押融资是海域使用权的重要功能之一。2007 年，宁波市海洋部门会同中国人民银行宁波市中心支行开展了海域使用权抵押贷款工作调研，并联合出台了关于印发《海域使用权抵押贷款实施意见》（以下简称《意见》）的通知（甬银发〔2007〕70 号），市海洋部门出台了《宁波市海域使用权抵押登记办法》（甬海〔2007〕81 号）。《意见》规定：申请人可以以依法取得的宁波市政府审批及辖区内县（市）区政府审批的海域使用权为抵押物向银行申请贷款，银行将根据海域使用权的评估价格来确定抵押贷款额度，抵押期限要小于海域使用权有效期一年以上。此举在国内属首创，该项业务的启动充分发挥了海域使用权的融资功能，切实解决海域使用权人融资难的问题，更好地支持海洋经济发展。截至 2011 年末，宁波市海域使用权抵押贷款总额 6. 99 亿元。

第三，逐步加强区域用海管理。作为节约集约利用海域资源的一种有效管理模式，宁波市按照国家和省海洋部门的要求，从 2006 年起，依据省《淤涨型高涂围垦养殖用海管理试点工作实施办法》、《淤涨型高涂围垦养殖用海项目规划编写大纲和要求》、《关于进一步加强区域用海规划管理的通知》等制度，开展了淤涨型高涂围垦养殖用海管理试点工作和区域建设用海规划管理工作，使区域用海成为宁波市的主要用海形式，有效地保障了市委市政府大力推行的产业集聚区建设。

第四，探索开展凭海域使用权证书办理项目建设手续试点。国务院办公厅批准的《浙江海洋经济发展示范区规划》指出，要开展凭海域使用权证书按程序办理项目建设手续试点，做好海域使用管理与土地管理的衔接。宁波市作为浙江海洋经济发展核心示范区，2011 年 10 月，国家海洋局将宁波市确定为凭海域使用手续直接办理建设项目规划建设审批的试点单位。宁波市人民政府于 2012 年 9 月 17 日发布《关于凭海域使用手续办理用海项目规划建设审批手续试点工作的通知》，为试点工作的开展和推进提供了重要依据。该通知规定，凭用海项目海域使用相关手续可进入建设项目审批程序，其中以土地审批手续为前置条件的，可以用海域使用相关手续予以替代。

第五，认真实施围填海规划计划管理。根据《国家发展改革委国家海洋局关于加强围填海规划计划管理的通知》（发改地区〔2009〕2976 号），自 2010 年开始实行年度围填海计划指标管理并纳入全国国民经济和社会发展年度计划。年度围填海计划指标是指年度最大围填海规模，年度围填海计划指标包括地方年度围填海计划和中央年度围填海计划指标两部分，地方年度计划指标只下达到沿海省、自治区、直辖市（计划单列市指标单列）。宁波市根据国家发改委、国家海洋局有关规定，结合宁波市实际提出了贯彻落实措施，市政府同意并转发了市海洋与渔业局制定的

《宁波市区域建设用海规划管理工作实施方案》，明确了区域建设用海规划编制和论证、报批和实施、管理工作任务分工、组织保障措施等具体要求。市海洋与渔业局围绕宁波海洋经济发展需求，积极向国家、省海洋部门争取用海指标，2011 年、2012 年分别获得建设用围填海计划指标 1 050 hm^2、1 196 hm^2。（2010 年 826 hm^2）市、县发改和海洋部门认真研究分析用海形势，合理调剂指标，较好地满足了重点项目的用海需求，支持了海洋经济建设，促进了海域资源集约节约利用。

（3）认真落实海域有偿使用制度

2001 年 5 月浙江省政府出台了《浙江省海域使用金征收管理暂行办法》，为实行海域有偿使用制度创造了条件。在《海域使用管理法》实施后，浙江省又两次调整海域使用金征收标准，至 2009 年，按照国家的最新规范，全面明确了各类用海的海域使用金征收标准和管理要求，随后，浙江省又分别制定了《浙江省海域使用金减免管理办法》、《关于加强海域使用金征收管理有关具体问题的通知》等文件。宁波市、县两级积极实施和海域有偿使用制度，强化海域使用金征管，推进海洋资源从无偿使用向有偿使用过渡。目前，宁波市的各类海域使用金均做到应收尽收，征缴的海域使用金按照分成比例统一由银行划转国库，各级无截留（2009 年《宁波市海域使用金征收管理办法》）。

（4）严格执行配套法规制度

为了保证《海域使用管理法》顺利实施，省政府先后制定了《浙江省海域使用管理办法》、《浙江省海域使用金征收管理办法》、《浙江省人民政府办公厅关于审批项目用海有关问题的通知》、《浙江省人民政府关于科学开发利用滩涂资源的通知》、《浙江省人民政府关于进一步加强海洋管理工作的通知》、《关于做好浅海滩涂使用权证处理工作的通知》等规章和规范性文件，明确了海域使用管理审批权限、海域使用金征收标准、滩涂围垦的管理要求等迫切需要解决的问题。省发改、财政、海洋等部门相继制定了实施细则和相关配套制度，有力地保证了海域管理工作正常开展。

宁波市、县两级严格执行各项配套制度，使海域使用管理程序逐步规范，海域使用论证制度、公示公告制度、现场踏勘制度、权属核查制度等海域使用管理程序中的主要环节都得到了较好的落实。两级海洋部门都成立了海域使用项目审核委员会，落实了审核委员会和办公会议两次会审制度，进一步规范了海域使用管理工作，保证了海域使用审核审批中的集体决策、民主决策。

（5）海域动态监视监测系统初步建成

按照国家海洋局的统一部署，宁波市海域使用动态监管系统自 2007 年开始建设以来，市级中心按照系统建设要求，落实办公场所、配备技术人员及购置软硬件设备，中心现已具有测绘资质。自 2009 年开展系统业务化工作以来，积极参与技术审核，切实服务海域使用审批环节；加强地面监视监测，实现海域使用管理静态向动态转变；推进县级终端建设，提升基层动态监管能力；建立海域管理档案，加强海域权属信息管理；开展海籍调查，全面准确掌握海域使用现状。

2. 海域使用基本状况

2003 年 9 月经国务院批准立项的“我国近海海洋综合调查与评价专项”（简称“908 专项”）是迄今为止我国最大的海洋调查专项。“海域使用现状调查”是“908 专项”的重要组成部分，专项内容包括用海项目的海籍基础调查、海域使用与海洋功能区划的一致性调查以及海域使用金征收情况调查。浙江省“908 专项”海域使用调查项目于 2005 年底启动，宁波市海洋部门按照省海洋与渔业局的部署和要求，开展实施“908 专项”相关工作，2009 年底全面、翔实地完成海域使用现状调查任务（资料及现状调查截止日期为 2008 年 12 月 31 日），2011 年 3 月通过了国家海洋局验收。

（1）海域使用分类

海域使用分类体系是海域使用管理领域的基础性规范，是界定用海类型和用海方式的统一依据，对于规范海域使用管理和相关技术工作，统一各环节海域使用数据口径，促进海域使用信息共享等具有重要的现实意义。2008 年，为加强海域使用管理，进一步完善海籍管理制度，国家海洋局发布了《海域使用分类体系》，修订了《海籍调查规范》，并于 2009 年上升为海洋行业标准。

海域使用类型名称和编码如表 2 所示。

表 2　海域使用类型名称和编码

一级类		二级类	
编码	名称	编码	名称
1	渔业用海	11	渔业基础设施用海
		12	围海养殖用海
		13	开放式养殖用海
		14	人工鱼礁用海
2	工业用海	21	盐业用海
		22	固体矿产开采用海
		23	油气开采用海
		24	船舶工业用海
		25	电力工业用海
		26	海水综合利用用海
		27	其他工业用海

续表

一级类		二级类	
编码	名称	编码	名称
3	交通运输用海	31	港口用海
		32	航道用海
		33	锚地用海
		34	路桥用海
4	旅游娱乐用海	41	旅游基础设施用海
		42	浴场用海
		43	游乐场用海
5	海底工程用海	51	电缆管道用海
		52、	海底隧道用海
		53	海底场馆用海
6	排污倾倒用海	61	污水达标排放用海
		62	倾倒区用海
7	造地工程用海	71	城镇建设填海造地用海
		72	农业填海造地用海
		73	废弃物处置填海造地用海
8	特殊用海	81	科研教学用海
		82	军事用海
		83	海洋保护区用海
		84	海岸防护工程用海
9	其他用海		

(2) 海域使用状况

根据浙江省"908 专项"调查结果，至2008 年年底宁波全市海域使用项目共计为1 459 宗（个），海域使用总面积达457. 982 9 km^2。其中，确权项目（取得海域使用权证的用海项目，以宗为单位）共1 002 宗，用海面积364. 906 9 km^2；未确权项目（因各种原因暂未取得海域使用权证的用海项目，以个为单位）共457 个，用海面积93. 076 0 km^2。因公共用海项目（主要为航道、锚地、海底管线、倾倒区）具有占用海域面积大、用海类型单一的特点，其结果不能很好地反映宁波市海域使用的特点。为避免以偏概全，以下统计数据中未将公共用海纳入。

宁波市海域使用项目的用海类型较为丰富，共有8 个一级类，21 个二级类用海类型（表3、表4）。

① 一级类用海类型状况

按照海域使用面积统计，渔业用海面积最大，为234. 982 5 km^2，占全市用海总面积的 51.3%。其次为造地工程用海，用海面积为 140.389 0 km^2，占全市用海总面积的 30.7%。交通运输用海、工业用海和特殊用海次之，用海面积分别为 29.976 2 km^2、28.976 2 km^2 和 19.827 6 km^2，所占比例为 6.6%、6.3% 和 6.4%。旅游娱乐用海、海底工程用海和排污倾倒用海的用海面积相对较小，占全市用海总面积的比例均低于 1%。

表 3　宁波市一级类用海类型海域使用状况统计

用海类型	确权项目		未确权项目		合计	
	用海项目数/宗	用海面积/km^2	用海项目数/个	用海面积/km^2	用海项目数/个	用海面积/km^2
渔业用海	454	236.706 5	201	8.276 0	656	234.982 5
交通运输用海	87	29.519 3	75	0.456 9	162	29.976 2
工业用海	231	27.343 0	80	1.494 6	311	28.837 5
旅游娱乐用海	9	0.469 6	10	0.407 1	19	0.876 7
海底工程用海	12	3.054 3	4	0.006 6	16	3.060 9
排污倾倒用海	3	0.031 2	1	0.001 3	4	0.032 5
造地工程用海	27	58.384 0	13	82.004 9	40	140.389 0
特殊用海	179	19.399 0	73	0.428 5	252	19.827 6
总计	1 002	364.906 9	457	93.076 0	1459	457.982 9

表 4　宁波市二级类用海类型海域使用状况统计

用海类型		用海项目数/宗，个	用海面积/km^2
一级类	二级类		
渔业有海	开放式养殖用海	470	196.070 5
	围海养殖用海	88	35.215 9
	渔业基础设施用海	97	3.696 2
交通运输用海	港口用海	150	9.540 6
	路桥用海	11	20.320 3
	航道用海	1	0.115 4
工业用海	电力工业用海	16	5.778 3
	其他工业用海	215	19.062 1
	船舶工业用海	77	3.990 0
	盐业用海	3	0.007 2
旅游娱乐用海	浴场用海	1	0.004 1
	旅游基础设施用海	17	0.863 9
	游乐场用海	1	0.008 7

续表

用海类型		用海项目数/宗，个	用海面积/km²
一级类	二级类		
海底工程用海	电缆管道用海	16	3.060 9
排污倾倒用海	污水达标排放用海	4	0.032 5
造地工程用海	城镇建设填海造地用海	18	21.591 9
	农业填海造地用海	22	118.797 1
特殊用海	军事用海	30	0.554 9
	海岸防护工程用海	218	18.568 0
	海洋保护区用海	1	0.133 1
	科研教学用海	3	0.571 7

按照海域使用项目个数统计，渔业用海的项目数量最多，为655宗（个），占全市总项目数的44.9%。其次为工业用海和特殊用海，用海个数分别为311宗（个）和252宗（个），占全市总项目数的21.3%和17.3%。交通运输用海次之，项目个数为162宗（个），所占比例为11.1%。造地工程用海、旅游娱乐用海和海底工程用海相对较少，用海个数分别为40宗（个）、19宗（个）、16宗（个），占全市总项目数的2.7%、1.3%和1.1%。排污倾倒用海的项目个数最少，仅为4宗（个），所占比例为0.3%。

② 二级类用海类型现状

A. 渔业用海

按照海域使用面积统计，开放式养殖用海的用海面积最大，为196.070 4 km²，占渔业用海总面积的83.4%。其次为围海养殖用海，用海面积为35.215 9 km²，所占比例为15.0%。渔业基础设施用海次之，用海面积为3.696 2 km²，占1.6%。

按照海域使用项目个数统计，开放式养殖用海的用海项目数量最多，为470宗（个），占渔业用海总项目数的71.8。其次为渔业基础设施用海，用海个数为97宗（个），所占比例为14.8%。围海养殖用海相对较少，有88宗（个）用海项目，占13.4%。

B. 交通运输用海

按照海域使用面积统计，路桥用海的面积最大，为20.320 3 km²，占交通运输用海总面积的67.8%。其中，舟山大陆连岛工程金塘工程用海面积最大，为16.169 5 km²。其次，为港口用海，面积为9.540 6 km²，所占比例为31.8%。航道用海的用海面积仅为0.115 4 km²，占0.4%。

按照海域使用项目个数统计，港口用海的用海项目数量最多，为150宗（个），占交通运输用海总项目数的92.6% 。其次为路桥用海，用海个数为11宗（个），占 6.8%。航道用海仅有 1 宗，所占比例仅为 0.6%。

大型用海项目为杭州湾跨海大桥、宁波港北仑港港区四期集装箱码头工程和宁波大榭招商国际集装箱码头工程等。

C. 工业用海

按照海域使用面积统计，其他工业用海的用海面积最大，为 19.062 1 km^2，占工业用海总面积的 66.1%。其次，为电力工业用海和船舶工业用海，用海面积分别为 5.778 3 km^2 和 3.990 0 km^2，所占比例为 20.0% 和 13.8%。盐业用海的用海面积相对较小，为 0.007 2 km^2，仅占 0.02%。

按照海域使用项目个数统计，其他工业用海的用海项目数量最多，为 215 宗（个），主要为企业专用码头，占工业用海总项目数的 69.1% 。其次为船舶工业用海，用海个数为 77 宗（个），所占比例为 24.8%。电力工业用海和盐业用海相对较小，分别为 16 宗（个）和 3 宗用海项目，分别占 5.1% 和 1.0%。

用海面积较大的项目有宁波港北仑矿石码头、北仑台塑二线及三线码头工程和浙江国华宁波电厂等。

D. 旅游娱乐用海

按照海域使用面积统计，旅游基础设施用海的面积较大，为 0.869 3 km^2，占旅游娱乐用海总面积的 98.5%。浴场用海和游乐场用海的面积相对较小，分别为 0.004 1 km^2 和 0.008 7 km^2，仅占 0.5% 和 1.0 %。

按照海域使用项目个数统计，旅游基础设施用海的用海项目数量最多，为 17 宗（个），占旅游娱乐用海总项目数的 89.5% 。浴场用海和游乐场用海的用海项目数各为 1 宗（个），合计占 10.5%。

主要用海项目为松兰山海滨浴场、象山石浦珍珠岛海上乐园、奉化峰景湾海涂开发利用、宁海湾游艇码头及俱乐部工程。

E. 造地工程用海

按照海域使用面积统计，农业填海造地用海的面积较大，为 118.797 1 km^2，占造地工程用海总面积的 84.6%。城镇建设填海造地用海的面积相对较小，为 21.591 9 km^2，占 15.4%。

按照海域使用项目个数统计，农业填海造地用海的用海项目数量最多，为 22 宗（个），占造地工程用海总项目数的 55.0%。城镇建设填造地用海的用海项目数为 18 宗（个），占 45.0% 。

大型用海项目数有象山县大目涂围垦二期工程（已转建设填海）、象山县东海明珠岛围海工程、北仑区洋沙山围海造地工程和慈溪市陆中湾闸围垦工程等。

F. 特殊用海

按照海域使用面积统计，海岸防护工程用海的面积最大（宁波市海岸防护工程资料较齐全），为 18.567 9 km^2，占特殊用海总面积的 93.7%。其次为军事用海和科研教学用海，用海面积分别为0.554 9 km^2 和0.571 7 km^2，所占比例分别为2.8%和2.90 %。海洋保护区用海的面积相对较小，为0.133 1 km^2，仅占0.7%。

按照海域使用项目个数统计，海岸防护工程用海的用海项目数量最多，为218宗（个），占特殊用海总项目数的86.5% 。其次为军事用海，用海项目数为30宗（个），所占比例为11.9%。科研教学用海和海洋保护区用海的用海项目较少，分别为3宗和1宗，占特殊用海总项目数的1.2%和0.4%。

（3）海域空间使用状况

海域使用总面积为所有单个项目用海面积的和，海域使用总面积所占海域总面积比例定义为海域使用率。

实际上，大多数用海项目的邻近海域已不再具有独立开发使用的价值，如在成片开发的区域，相邻项目之间的空白海域已失去了继续开发利用的价值，另有一些项目保护范围远大于实际使用范围，其周边海域也不再适合其他用海活动的进行。为了准确了解全市海域实际可持续开发利用的空间，采用概化的方法对以上区域重新进行处理，将失去利用价值的空白海域也纳入统计范围，得到的数值定义为海域开发利用总面积，其占海域总面积比例定义为海域利用率。

根据浙江省“908专项”调查地理统计数据和海域使用现状调查结果（截至2008年年底），全市海域总面积为8 038.925 km^2，用海项目共计为1 459宗（个），海域使用总面积达457.982 9 km^2，海域使用率为8.7%；海域开发利用总面积为1 129.484 4 km^2，海域利用率为14.1%。

为了更好地了解全市海域使用的空间分布情况，下面按照不同等深线（依据海洋自然地理特征）和离海岸线不同距离（依据人类活动范围）两种方式对海域进行划分，分别对不同等深线间海域和不同离岸距离海域内的使用情况进行分析。

① 不同等深线区域内海域使用状况

宁波市海岸线0 m等深线区域内海域总面积为744.676 5 km^2，已使用海域面积351.131 1 km^2，海域使用率为47.2%；已开发利用面积378.201 6 km^2，海域利用率达50.8%。调查结果表明，在本区域中，宁波市的海域使用率最高，而舟山市、温州市和台州市的海域使用率相近，在39%～43%之间；宁波市海域利用率与温州市（54.7%）、台州市（48.8%）相近，低于舟山市（72.9%）。

宁波市海岸线0～10 m等深线区域内海域总面积为2 463.350 5 km^2，已使用海域面积220.765 8 km^2，海域使用率为9.0%；已开发利用面积485.712 4 km^2，海域利用率达19.7%。调查统计显示，在本区域中，宁波市的海域使用率与舟山市（9.5%）、温州市（10.2%）相近，低于嘉兴市（12.6%），高于台州市（4.2%）。

宁波市海岸线10～20 m等深线区域内海域总面积为11 812.477 3 km^2，已使用海域面积120.423 3 km^2，海域使用率为6.6%；已开发利用面积263.172 2 km^2，海域利用率达14.5%。调查结果表明，在本区域中，宁波市的海域使用率低于舟山市

(13.4%)、温州市(8.3%)和台州市(9.3%);海域利用率与台州市(14.8%)、温州市(12.4%)相近,低于舟山市(34.7%)。表 5 为宁波不同等深线区域内海域使用状况。

表 5　海岸线至不同等深线范围内用海面积统计

范　围	海域总面积 /km^2	使用海域总面积 /km^2	海域使用率 /%	海域开发利用总面积/km^2	海域利用率 /%
海岸线至 0 m 等深线	744.676 5	351.131 1	47.2	378.201 6	50.8
海岸线至 10 m 等深线	2 463.350 5	220.765 8	9.0	485.712 4	19.7
10 ~ 20 m 等深线	11 812.477 3	120.423 3	6.6	263.172 2	14.5

② 不同离岸距离区域内海域使用状况

宁波市离岸 500 m 区域内海域总面积为 654.838 6 km^2,已使用海域面积 342.191 0 km^2,海域使用率为 52.3%;已开发利用面积 409.741 8 km^2,海域利用率达 62.6%。在本区域中,宁波市的海域开发利用强度在全省处于中游水平,海域利用率低于嘉兴市(70.7%)和温州市(69.8%),高于舟山市(43.1%)和台州市(40.3%)。

全市离岸 500 ~ 1 000 m 区域内海域总面积为 493.562 km^2,已使用海域面积 103.542 3 km^2,海域使用率为 21.0%;已开发利用面积 162.540 5 km^2,海域利用率达 32.9%。调查表明,在本区域中,宁波市的海域开发利用强度较低,海域利用率仅高于台州市(17.1%),低于嘉兴市(34.5%)、舟山市(35.0%)和温州市(39.2%)。

全市离岸 1 ~ 2 km 区域内海域总面积为 522.156 6 km^2,已使用海域面积 107.950 2 km^2,海域使用率为 15.0%;已开发利用面积 191.390 6 km^2,海域利用率达 26.6%。在本区域中,宁波市的海域开发利用强度在全省处于中游水平,海域利用率低于嘉兴市(33.3%)和舟山市(33.1%),高于温州市(24.9%)和台州市(14.3%)。

全市离岸 2 ~ 3 km 区域内海域总面积为 522.156 6 km^2,已使用海域面积 55.672 9 km^2,海域使用率为 10.7%;已开发利用面积 89.252 8 km^2,海域利用率达 17.1%。在本区域中,宁波市的海域开发利用强度与台州市(12.2%)、温州市(14.3%)相当,低于嘉兴市(32.6%)和舟山市(30.4%)。

全市离岸 3 ~ 5 km 区域内海域总面积为 743.764 1 km^2,已使用海域面积 40.168

8 km², 海域使用率为5.4%；已开发利用面积84.829 8 km², 海域利用率达11.4%。在本区域中，宁波市的海域开发利用强度与台州市（9.8%）、温州市（8.5%）相当，低于嘉兴市（32.6%）和舟山市（28.3%）。表6是宁波不同离岸距离区域内海域使用状况。

表6 离岸不同距离范围内用海面积统计

范 围	海域总面积/km²	使用海域总面积/km²	海域使用率/%	海域开发利用总面积/km²	海域利用率/%
离岸 500 m	654.838 6	342.191 0	52.3	409.741 8	62.6
离岸 500～1 000 m	493.562	103.542 3	21.0	162.540 5	32.9
离岸 1～2 km	718.395 1	107.950 2	15.0	191.390 6	26.6
离岸 2～3 km	522.156 6	55.672 9	10.7	89.252 8	17.1
离岸 3～5 km	743.764 1	40.168 8	5.4	84.829 8	11.4

（4）海岸线利用情况

根据“908专项”调查海洋地理统计数据，全市海岸线总长度1 533.639 km，已占用岸线长度为554.219 km，岸线利用率为36.1%。按照岸线性质，全市海岸线又可分为人工岸线、基岩岸线、砂质岸线、河口岸线。其中人工岸线和河口岸线的利用率较高，已利用人工岸线和河口岸线达443.726 km和3.136 km，占人工岸线总长度的60.3%，占河口岸线总长度的60.2%；其次为砂质岸线，已利用岸线为2.945 km，占砂质岸线总长度的20%；基岩岸线的利用率较低，已利用岸线为104.413，占基岩岸线总长度的13.4%。

三、2012年海域管理和海域利用工作主要做法及成效

（一）海域管理工作进一步加强，服务海洋经济建设的能力得到提升

1. 海域使用管理工作得到各级高度重视和支持

市委副书记、市长刘奇于2012年1月在市政府信息上做出批示，认为市海洋与渔业局加强部门沟通协调、积极争取上级部门支持，为解决宁波市建设用地做了大量卓有成效工作。2月24日，国家海洋局局长刘赐贵带领局海域管理司、海岛管理司等部门领导由省委常委副省长葛慧君、宁波市市长刘奇等省市领导陪同调研考察宁波海洋管理工作（图4）。7—8月，王辉忠书记、刘奇市长、寿永年常务副市长、马卫光副市长等对《市咨询委关于宁波市海洋经济重大项目建设中若干重点问题研究的咨询报告》和郑杰民主任的意见分别作出批示，要求各部门认真研究和深入思考，从严把关一些项目建设。11月6日，刘奇市长批示要求市级有关部门抓紧与省

有关部门就加快推进我省海洋经济发展重大战略举措深化研究工作衔接联系。11 月 14 日，马卫光副市长批示市海洋与渔业局就浙江海岸线和沿海滩涂资源科学利用与保护对策研究等课题进行阅研与衔接。11 月 22 日，《宁波人大》第四期发表主任接待代表日意见，要求千万不能扩容象山港内电厂，在规划象山港周围部分区域开发建设时应建立综合利益共享机制。

图 4　国家海洋局局长刘赐贵在宁波调研考察

10 月 17 日，市政府印发《宁波市凭海域使用手续办理用海项目规划建设审批手续试点工作的通知》。11 月 29 日，省十一届人大常委会第 36 次会议通过《浙江省海域使用管理条例》，并于 2013 年 3 月 1 日起施行。

2. 服务海洋经济核心示范区建设取得新业绩

一是海洋经济发展空间进一步扩大。积极争取国家海洋局和省海洋与渔业局支持，加强县（市）、区政府的沟通协调，余姚市杭州湾区域已被 2012 年 10 月 10 日国务院批复的《浙江省海洋功能区划》纳入海域管理；省海洋与渔业局于 2012 年 11 月 12 日下发《关于下放部分省级海洋管理事项和简化相关内容的通知》（浙海渔发〔2012〕28 号），下放了海域使用论证审查等前期手续办理、海域使用、竣工验收等事项管理，简化了存量围填海论证要求；存量围填海利用、有了突破性进展，成功解决了当前制约宁波市海洋经济发展的部分体制机制，拓展了海洋经济发展空间。二是保障海域资源供给积极有力。在省海洋与渔业局支持下，2012 年完成建设用围填海计划指标使用 1 196 hm^2、农业用围填海指标使用 600 hm^2，建设用围填海占全省比例超过 50%，比去年增加 2 600 hm^2，比国家下达指标多 6 000 亩，确保了海洋经济核心示范区建设稳步推进。

3. 跨部门合作机制取得新进展

2012 年 6 月，市海洋与渔业局与市测绘与地理信息局签订了海洋测绘资源共享协议，市测绘与地理信息局按照协议提供市海洋与渔业局所需的地理信息数据、海洋测绘数据以及长期的数据更新信息。市海洋与渔业局联合市国土资源局组织开展存量围填海调查，结合国土资源部低丘缓坡试点，按照各自职责共同促进全市存量围填海的利用。市海洋与渔业局与法制、国土资源、规划、建设等部门的多次讨论和商议并达成一致意见，《宁波市凭海域使用手续办理用海项目规划建设审批手续试点工作的通知》提请市政府常务会议审议并获得通过。

4. 海洋管理创新试点稳步开展

象山县推进海域使用权市场体系建设取得一系列成果，象山县海洋产权交易中心开展全国海洋管理创新试点，编制了《象山县海域海岛基准价格测算成果》，开展了大目湾新城综合服务中心项目海洋产权登记制度创新及与使用权分割变更实践，完成43公顷海域收储。

5. 涉海项目规划和报批工作扎实推进

市海洋与渔业局多次赴沿海各地就用海需求和存在的问题进行调研指导，多次组织用海单位、环评论证、县级海洋部门召开重点项目用海座谈会以协调解决用海报批问题，及时跟踪、协助区域用海规划报批。顺利完成了2012年度建设用围填海计划指标使用，为杭州湾新区、梅山、慈溪、北仑、鄞州、奉化、象山等区域提供了1 196 hm^2 可用建设用地，解决了一些大平台大项目的建设空间问题。参与三门湾区域发展战略和规划编制、宁波石化产业区重大项目前期、沿海高速公路复线前期、宁波机制砂项目码头建设协调等研究与决策相关工作，支持奉化和北仑避风锚地和旅游开发项目、象山鹤浦养殖围垦、奉化海岸带整治和峰景湾项目处置以及其他一些符合海洋功能区划和产业政策的项目用海并办理相关手续，配合国家海域使用金征管调研和用海产业指标控制调研。区域用海规划报批基本顺利，宁海西店新城已经国家海洋咨询中心组织审查通过，梅山七姓涂建设、象山大港口、宁海双盘和三山、镇海泥螺山北侧农业、象山大港口等规划用海已经完成省级层面的审查，获得国家局海域司的规划论证通知并正在待审，慈东滨海、慈溪水云浦、杭州湾十二塘和三八江等规划用海正在开展前期工作。

6. 海域管理基础性工作和整治修复工作有序实施

一是组织开展海域调查。部署开展了海域使用权复核验收换证，已基本完成了现场调查和海籍量算，对发现的问题及时研究出相应的对策办法，组织编制三门湾海洋综合调查方案。二是积极推进中央财政整治修复项目。开展2012年度项目申报，上报项目全部获得批准。其中中央分成海域使用金项目1个，即奉化桐照近岸海域海岸带整治修复和保护项目3 000万元；海洋经济示范区项目3个，分别是象山石浦港海域海岸带整治修复和保护项目1 363万元、松兰山海岸带整治修复和保护项目1 523万元、爵溪街道下沙及大岙沙滩修复项目2 000万元。“甬江口附近海域海底地形整治”项目已开始实施。

（二）海域使用审批工作进一步规范，依法用海得到全面落实

2012 年全市核发海域使用权证书 33 本，新增确权海域面积 1 093.8 hm^2，用海项目类型主要是工业用海，征收海域使用金 6.75 亿元。注销海域使用权证书 7 本，注销面积 942.7 hm^2。办理海域使用权抵押登记 6 本，抵押金额 7 475 万元。使用围填海计划指标 1 796.19 hm^2，其中建设用围填海计划指标 1 196.19 hm^2，农业用围填海计划指标 600 hm^2。

1. 海域使用确权发证制度得到落实

2012 年，全市新增海域使用确权面积 1 093.806 hm^2。其中省政府审批海域使用确权面积 801.970 9 hm^2；宁波市政府审批海域使用确权面积 194.909 3 hm^2；沿海各县（市、区）政府审批海域使用确权面积 96.926 2 hm^2，见表 7。

表 7　2012 年全市新增海域使用确权发证情况

用海类型		证书/本	面积/hm^2	面积小计/hm^2
渔业用海	渔业基础设施用海	0	0	193.744 3
	围海养殖用海	4	193.744 3	
	开放式养殖用海	0	0	
	人工鱼礁用海	0	0	
工业用海	盐业用海	0	0	883.647 4
	油气开采用海	0	0	
	电力工业用海	1	84.368 5	
	船舶工业用海	0	0	
	其他工业用海	24	799.278 9	
交通运输用海	港口用海	4	16.414 7	16.414 7
	路桥用海	0	0	
旅游娱乐用海	旅游基础设施用海	0	0	0
	游乐场用海	0	0	
海底工程用海	电缆管道用海	0	0	0
特殊用海	海岸防护工程用海	0	0	0
其他用海		0	0	0
合　计		33	1 093.806 4	1 093.806 4

2012 年，全市各沿海县（市、区）新增海域确权面积如下：杭州湾新区 386.912 3 hm^2，占全市的 35.37%；奉化市 278.863 5 hm^2，占全市的 25.49%；北

仑区 214.613 4 hm^2，占全市的 19.62%；象山县 194.651 2 hm^2，占全市的 17.8%；镇海区 17.601 hm^2，占全市的 1.61%；大榭经济开发区 1.165 hm^2，占全市的 0.11%；鄞州区、余姚市、慈溪市、宁海县无新增确权发证，如图 5 所示。

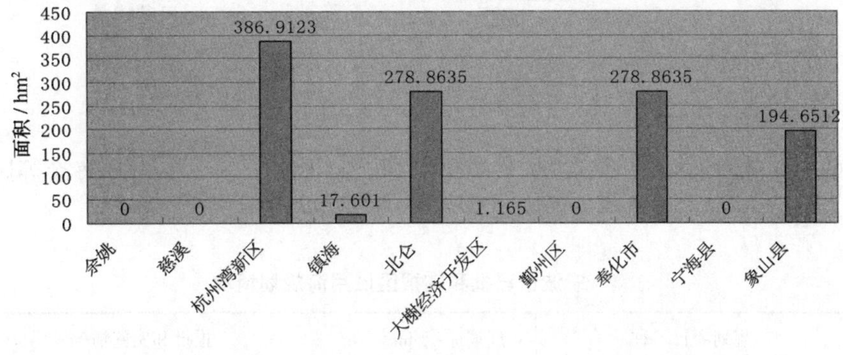

图 5　2012 沿海各县（市、区）新增海域使用确权面积统计

2. 围填海计划指标使用得到统筹安排

2012 年国家下达给宁波的建设用围填海计划为 800 hm^2，农业用围填海计划 600 hm^2，通过省调剂使用国家局追加后，全市 2012 年度实际使用建设用围填海计划指标 1 196.19 hm^2，农业用围填海计划指标 600 hm^2，重点保障杭州湾新区、梅山保税港区、余姚滨海园区、鄞州滨海投资园区等宁波市海洋经济建设大平台大项目和存量围垦的建设利用，如图 6、图 7 所示。

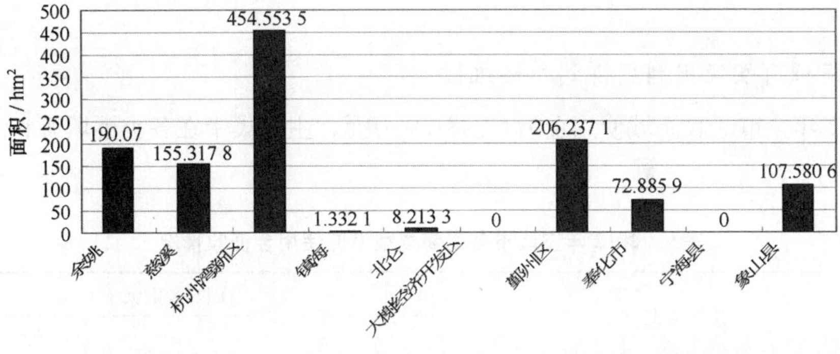

图 6　2012 沿海各县（市、区）建设用围填海计划指标使用情况

3. 区域用海规划报批工作稳步推进

目前宁波市已经国家海洋局批准正在实施建设的有镇海泥螺山北侧区域建设用海规划面积 776 hm^2，正在向国家海洋局报批的区域建设用海规划有 4 个，面积合计约 4 376 hm^2，区域农业用海规划有 3 个，面积合计约 2 272 hm^2，正在开展规划前

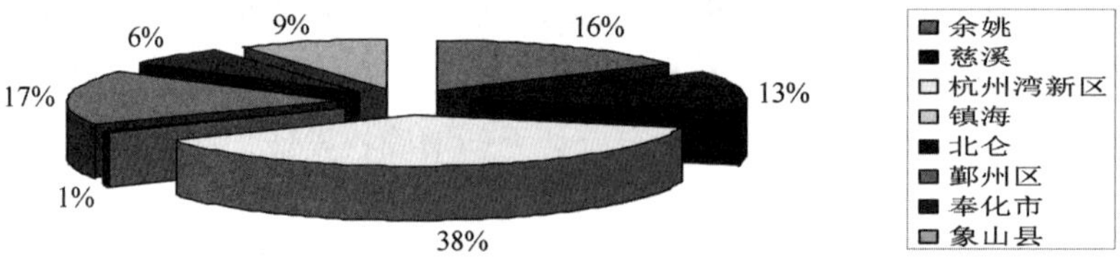

图 7　2012 年宁波建设用围填海各县（市、区）所占比例

期研究的有杭州湾钱塘江两侧、杭州湾十二塘、慈溪水云浦、象山东海涂等区域用海规划（表 8）。

表 8　宁波市已批和在报区域用海规划情况

	规划项目名称	规划面积/hm^2	报批和实施情况
1	镇海泥螺山北侧区域建设用海	776	2010 年 5 月批复，正在建设
2	宁海西店新城区域建设用海	280	已通过国家海洋局评审
3	梅山七姓涂区域建设用海	904	已报国家海洋局待审
4	宁海双盘区域农业用海	1 055	已通过国家海洋局评审
5	宁海三山区域农业用海	1 788	已通过国家海洋局评审
6	慈东滨海区域建设用海	2 766. 71	已报国家海洋局待审
7	象山大港口区域建设用海	425. 2	已报国家海洋局待审
8	镇海泥螺山北侧区域农业用海	483. 73	已报国家海洋局待审

4. 海域有偿使用制度得到严格执行

2012 年全市征收海域使用金为 67 481. 9 万元，主要集中在各类围填海和港口用海（表 9）。

表 9　2012 年宁波市各用海类型海域使用金征收情况

用海类型		征收金额/元	
			小　计
渔业用海	渔业基础设施用海	150 517. 10	876 295. 52
	围海养殖用海	723 979. 42	
	开放式养殖用海	1 799. 00	
工业用海	盐业用海	0. 00	607 393 484. 06
	油气开采用海	0. 00	
	船舶工业用海	642 522. 31	
	其他工业用海	606 750 961. 75	

续表

用海类型		征收金额/元	
			小 计
交通运输用海	港口用海	47 120 995. 14	47 305 794. 75
	航道用海	0. 00	
	路桥用海	184 799. 61	
旅游娱乐用海	旅游基础设施用海	27 772. 54	73 582. 54
	浴场用海	45 810. 00	
	游乐场用海	0. 00	
海底工程用海	电缆管道用海	773 735. 71	773 735. 71
排污倾倒用海	污水达标排放用海	74 070	74 070
	倾倒区用海	0. 00	
造地工程用海	城镇建设填海造地用海	18 322 641	18 322 641
特殊用海	科研教学用海	0. 00	0. 00
	海岸防护工程用海	0. 00	
其他用海	其他用海	0. 00	0. 00
合计		674 819 603. 6	674 819 603. 6

5. 存量围填海资源得到充分合理利用

宁波市海洋与渔业局联合市国土资源部门和沿海各县（市、区）政府，对全市存量围填海基本情况进行了调查据调查，宁波市自 2002 年《海域使用管理法》施行以来，累计实施了 22 个围垦项目，面积达 43 万亩。由于历史原因，这些围垦大部分既没有纳入海域管理范围也没有纳入土地管理范围。市海洋与渔业局积极争取国家海洋局、浙江省海洋与渔业相关政策支持和计划指标倾斜。2012 年，合计解决了 1 239 公顷存量围填海的建设利用问题。

四、海域管理和海域利用存在的主要问题及对策建议

（一）海域管理和海域利用存在的主要问题

1. 海域综合管控保障能力亟待加强

随着海洋经济建设的推进，海域管理作为海洋经济服务保障的地位和作用越来越得到体现，海域管理事务和内容不断增加。但全市海域管理人员严重不足，市、县两级编制紧张，海域管理的专门人才队伍还没有完全形成，海域海岛管理专职人员只有 10 余人，与当前海域工作任务不相适应，严重影响海域管理和服务保障工作。

2. 推进海域资源市场化配置难度大

2013年3月1日起施行的《浙江省海域使用管理条例》（简称《条例》），明确规定今后海域实行属地出让和市场配置，面临着当前粗放性被动管理向精细化主动管理的要求过渡，涉及大量的制度建设和人财物支撑。但目前无论是在队伍力量配置、组织机制建设等各方面，还难以满足该条例施行的要求。

3. 行业用海需求增加，用海矛盾日益突出

行业用海矛盾突出，统筹协调难度依然很大。近年来，临港工业、旅游业和现代服务业等用海需求明显增加，对海域资源的刚性需求急剧上升，供需矛盾日趋紧张。而重大项目、重点工程建设用海规模不断扩大，渔业可利用海域范围逐渐缩小，项目建设与渔业用海矛盾也日益突出。

4. 海域资源开发利用不尽合理

海域空间资源存在着粗放利用和不合理利用现象。有的地方过度开发海洋滩涂资源，不科学地填海造地，在增加了土地资源的同时，也对海洋环境及海洋资源造成了一定的负面影响。有的海域围而不填，填而不建，造成海域资源的浪费；有的项目未批先建、边批边建，违法违规用海；还有的行业单位用海面积经济效益差，占用岸线长，资源利用水平低下。

（二）对策建议

1. 强化保障，全力做好海洋资源服务保障工作

围绕海洋经济示范区建设和创新驱动发展的战略需求，及时了解掌握国家和省政策动向，重点服务宁波市海洋经济发展大平台大项目建设，支持用海规划和重大项目用海报批，用足用好用活区域用海政策，有序安排海域出让，用好年度计划指标并积极争取国家追加计划指标，争取省里调剂计划指标。积极推进海域直通车试点，逐步理顺部门间工作机制，加强海陆衔接管理，共同推进存量围填海利用。推进历史海域使用权属数据整理、复核验收和换证工作，组织落实地方审批项目用海属地登记发证管理。

2. 着眼落实，抓好《条例》宣传培训工作

切实加强《浙江省海域使用管理条例》宣传培训工作。充分运用各种宣传形式，开展面向全社会的深入宣传，使各级领导、用海者、管理者熟悉新条例、运用新条例、遵守新条例。《条例》规定了很多新的管理要求，与原来的管理模式相比有了较大变化，尤其是海域使用权招标、拍卖、挂牌工作大部分县（市）区还未开展过，要加强人员培训，尽快适应新的管理要求。要按照条例规定的原则要求，本着有利于资源管理和可持续开发利用，有利于海洋生态环境保护，有利于海洋强市

建设的总体目标，创新管理、优化流程，不断提高海域管理工作效率。做好条例施行前已投资项目的用海报批，组建各县（市）区海洋资源综合管理中心，探索出让论证、海域整理、市场配置等机制，争取海域价值评估管理试点。

3. 立足当前，着眼长远，加强区划规划和法制建设

按照国家局和省局部署，开展市县两级海洋功能区划修编，完成宁波市无居民海岛保护与利用规划编制。海域使用管理涉及权属管理，关系到海域使用权人的切身利益和国家权益，必须要依法行政、规范管理，要根据《条例》要求，建立完善各项规章制度，确保海域使用管理工作符合法定程序和要求。积极推进《宁波市海域海岸带管理办法》立法工作进程。

4. 着力强化海洋综合管控能力建设，保障海洋经济持续健康发展

围绕推进海洋强市建设这一中心任务，进一步加强与国家海洋局、省海洋与渔业局的联络沟通，积极争取国家和省里政策支持；加强海洋强市建设战略性研究，积极为市委、市政府重大决策部署建言献策。

整合海洋系统相关力量，最大限度地发挥海洋部门现有力量的整体效能，并积极争取机构编制。着力加强海洋监察队伍建设，提升海洋执法能力，建立健全海洋执法重大案件督查机制，提升海洋执法业务和装备水平，组织实施“碧海”、“海盾”等专项执法行动，严厉打击各类涉海违法行为，努力维护好沿海群众的合法权益。

2012 年度宁波市海岛利用发展报告

一、前言

海岛，在现代汉语中的意思是指被海水环绕的小片陆地。在地质学上的定义，根据我国的国家标准《海洋学术语 海洋地质学》（GB/T18190—2000），海岛是散布于海洋中面积不小于 500 m^2 的小块陆地。“海岛”的法学定义一直以来在国际上存在争议，历经多次修改，现在通常是引用 1982 年《联合国海洋法公约》第 121 条的明确规定：“岛屿是四面环水并在高潮时高于水面的自然形成的陆地区域”。2010 年 3 月 1 日起施行的《中华人民共和国海岛保护法》沿用了《联合国海洋法公约》关于海岛的规定，所称海岛，是指四面环海水并在高潮时高于水面的自然形成的陆地区域，包括有居民海岛和无居民海岛，而无居民海岛是指不属于居民户籍管理的住址登记地的海岛。因此，海岛是否作为居民“户籍管理的住址登记地”是区分有居民海岛与无居民海岛的唯一标准。不作为居民户籍管理的住址登记地的海岛，即使有人常年在岛上进行海水养殖、旅游、军事等活动，也被视为无居民海岛。

海岛是海洋经济发展中的特殊区域，海岛及邻近海域的资源优势主要是渔业、旅游、港址和海洋可再生能源等，在国防、权益和资源等方面有着很强的特殊性和重要性。随着对海洋利用的深入和海洋经济的高速发展，不少海岛的开发蓝图已被列入沿海区域经济发展规划之中。充分发挥海岛的自然资源、生态环境、地理区位和战略优势，加强海岛开发利用，不仅可以改变海岛本身的社会、经济面貌，而且也是地区经济的新增长点，将带动整个地区经济的腾飞。

《宁波市海洋经济发展规划（2011—2020 年）》提出，立足于丰富的海岛资源优势，切实加强对海岛资源的分类管理、有效保护、科学开发，完善基础设施体系，加强科学有效开发，把海岛建设成为海洋经济发展新的增长点。在保护好海岛及其周围海域生态环境的前提下，坚持高标准规划、分阶段开发、市场化运作的思路，推进南田岛、高塘岛、檀头山岛等海岛资源科学开发，形成综合利用岛、港口物流岛、临港工业岛、海洋旅游岛、海洋科技岛、现代渔业岛、清洁能源岛、海洋生态岛等主体功能岛。

二、宁波海岛资源及其保护与利用概况

（一）海岛概况

根据2007年宁波市海洋与渔业局、宁波市发展和改革委员会联合发布的《宁波市无居民海岛功能区划》、《宁波市无居民海岛保护与利用规划》显示，截止到2006年年底，宁波有500 m^2 以上的海岛516个，其中有居民海岛13个，无居民海岛503个；海岛陆域总面积255.99 km^2，其中有居民海岛面积202.93 km^2，无居民海岛陆域面积53.06 km^2。

根据2010—2011年市海洋与渔业局海岛普查工作最新结果，宁波有海岛614个，总面积266.3 km^2，岸线长752.7 km。其中乡级以上有居民海岛4个（大榭岛、梅山岛、南田岛和高塘岛），乡级以下有居民海岛15个，无居民海岛595个。面积500 m^2 以上的海岛为538个，比2006底统计结果多22个。宁波各县（市、区）海岛数量、面积情况见表1。

表1 宁波市海岛面积分类（1 km^2 =100 hm^2）

面积分类/hm^2	海岛个数/个						合计面积/hm^2					
	镇海	北仑	鄞州	象山	奉化	宁海	镇海	北仑	鄞州	象山	奉化	宁海
≥100	—	4	—	13	2	1	—	6 060	—	17 386	508	167.5
10～100	—	7	—	36	4	8	—	217	—	1 223	182.5	269.7
1～10	1	5	1	106	6	16	3.08	19.5	1.71	309.3	23.4	42.2
0.1～1	—	17	2	216	6	17	—	7.64	0.53	73.8	2.4	6.52
0.05～0.1	1	3	1	60	2	3	0.07	0.25	0.07	4.36	0.16	0.23
≤0.05		6		111	1	3		0.2		2.76	0.04	0.07
合计	2	27	4	542	21	48	3.15	6 304.5	2.30	18 999	716.8	486.3

注：宁海包括田湾岛、灶窝山、满山、木蛇岛；北仑包括大榭开发区。

1. 海岛资源状况

国家海洋局将于2013—2016年开展第二次全国海岛资源综合调查。本次海岛调查包括四项基本任务：一是开展全部海岛基础调查，包括基础地理要素、资源与生态环境、海岛经济社会、海岛景观文化等；二是对部分重要海岛在开展基础调查的基础上，进行周边海域专项调查，包括周边海域地形地貌和水文状况等要素；三是建设海岛数据库；四是开展调查成果汇总、分析与评价。

因此，本报告仍应用2006年年底的海岛统计数据。

（1）无居民海岛资源状况

① 无居民海岛分布特征

宁波市无居民海岛主要分布在东部海域，以北—南向排列展开。北起镇海区城关镇七里峙，南至象山县石浦镇南渔山，介于 28° 51′ 34″—30° 03′ 53″ N，121°27′00″—122°16′10″E 之间。

宁波市无居民海岛的分布基本轮廓呈带状分布。按照其相对集中的状态可分成 4 片：穿山半岛两侧、象山港内、三门湾内和象山东部沿海（包括渔山列岛和韭山列岛）。穿山半岛两侧共有无居民海岛 28 个，占全市无居民海岛 5.56%；象山港内共有无居民海岛 56 个，占全市无居民海岛 11.13%；三门湾内共有无居民海岛 123 个，占全市无居民海岛 24.45%；象山东部沿海共有无居民海岛 296 个，占全市无居民海岛 58.86%。

宁波市无居民海岛一般呈数十个近岸群状分布。除渔山列岛、韭山列岛离大陆较远外，其余大都分布在以某一大岛为中心、水深小于 20 m、距大陆 10 km 以内的近岸海域和港湾内，且主要集中在穿山港区、象山港区、石浦港区、三门湾区以及象山东部沿海（图 1）。

从行政地域划分，宁波市无居民海岛分属镇海、北仑（包括大榭）、鄞州、奉化、宁海和象山等县（市、区），其中象山县有无居民海岛 408 个，占全市总数的 80% 以上，见表 2、表 3。

表 2　宁波市无居民海岛分海区分类

海　区	个数	所属行政区
穿山半岛两侧	28	镇海 1 个，大榭 6 个，北仑 21 个
象山港内	49	鄞州 4 个，奉化 18 个，象山 13 个，宁海 14 个
东屿山海区	20	象山
大目洋海区	161	象山
檀头山海区	38	象山
石浦港内	15	象山
南田岛南部	53	象山
韭山列岛	55	象山
渔山列岛	43	象山
三门湾内	24	宁海
白礁水道	17	宁海 7 个，象山 10 个

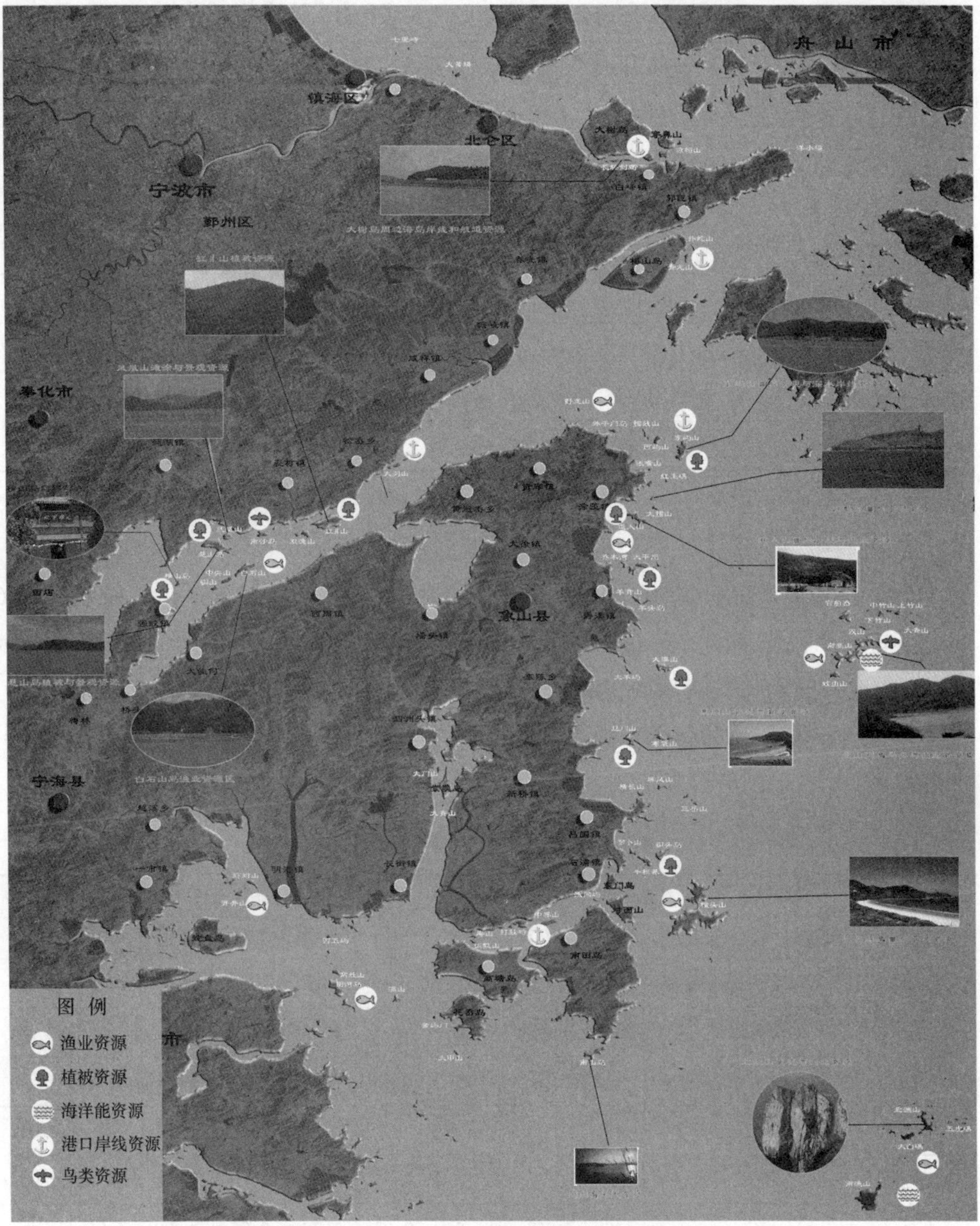

图1　宁波市无居民海岛分布图

表3　宁波各县（市、区）无居民海岛统计

所属区域	岛屿数量		岛屿面积	
	数量	占总数/（%）	面积/km²	占总数（%）
镇海区	1	0.199	0.03	0.056
北仑区	27	5.368	1.33	2.507
鄞州区	4	0.795	0.05	0.094
奉化市	18	3.579	7.51	14.154
宁海县	45	8.946	5.05	9.518
象山县	408	81.113	39.09	73.671
合　计	503		53.06	

② 岛屿面积

宁波516个（面积≥500 m^2）海岛陆域总面积为255.99 km^2，岸线长758.6 km，其中无居民海岛陆域总面积为53.06 km^2，岸线长503.8 km。无居民海岛陆域总面积占全市所有海岛陆域面积的20.88%。无居民海岛面积普遍偏小，超过1 km^2的仅有11个，最大的为檀头山岛，面积约11.03 km^2。在其他无居民海岛中，面积在0.01～1 km^2之间的有211个，0.01 km^2以下的有281个，见表4。

表4　宁波市无居民海岛面积分类

面积分类/km²	海岛/个						合计面积/km²					
	镇海	北仑	鄞州	象山	奉化	宁海	镇海	北仑	鄞州	象山	奉化	宁海
≥1	—	—	—	7	2	2	—	—	—	21.77	5.27	2.56
0.1－1	—	5	—	37	4	8	—	0.96	—	13.35	1.93	1.89
0.01－0.1	1	11	3	115	6	21	0.03	0.33	0.047	3.43	0.28	0.54
0.001－0.01	—	11	1	195	5	10	—	0.04	0.003	0.51	0.02	0.057
≤0.001	—	—	—	54	1	4	—	—	—	0.03	0.0005	0.003
合计	1	27	4	408	18	45	0.03	1.33	0.05	39.09	7.51	5.05

③ 无居民海岛资源与环境特征

A. 土地类型特征。宁波市无居民海岛陆域以自然林地和荒草地、裸石砾地为主，岛屿滩涂以泥涂为主，只有少量的砂砾质涂，主要分布在檀头山等海岛。无居民海岛陆地面积占全市海岛（包括有居民海岛）总面积1/5，滩涂面积占全市海岛滩涂的1/3。无居民海岛一般土地贫瘠，其中陆域土地资源主要集中在大于1 km^2的大岛，如象山港内的缸爿山、悬山、白石山，象山东部的东屿山、道人山、大平岗、旦门山、檀头山以及南韭山岛等。滩涂资源集中在港湾岛屿和近岸大岛。海岛土地结构组合多样，主要由丘陵坡地、平地和滩涂组成，分别占到58.5%、11.9%、30.4%，陆域水面几乎为零。

B. 地质地貌特征。宁波海岛从地质构造上属于浙江东北部丘陵的入海延伸，在地貌上以低丘陵为主，地势低缓，一般海拔50～100 m，多由火山凝灰岩构成。无居民海岛岸线主要有基岩岸线、泥涂岸线、砂砾质岸线和少量的人工岸线，其中基岩岸线占到70%左右，离大陆较远的海岛基本上为基岩岸线；泥涂岸线主要分布在港湾和近岸的一些大岛，如三门的开井洋岛、象山港的凤凰山以及象山近岸的道人山等；砂砾质岸线主要分布于岛屿的岬湾、平地；人工岸线主要分布于迁移岛上筑坝池塘养殖。

C. 气候特征。陆海过渡性气候明显，大风及雾日频繁。无居民海岛区属亚热带气候系统下的大陆气候向海洋系统转换的过渡性气候，温暖湿润，灾害天气类型多、频次高，较沿海大陆年平均风速高出近1倍，年大风日数高出近5倍，年雾日数也明显偏多。

D. 环境质量特征。由于无居民海岛为海水所隔，人为影响相对较小，与大陆海岸带相比，海岛的环境质量明显要好。宁波市海岛资源调查表明：无居民海岛陆域地表水和浅层地下水水质、土壤均为无污染因子超标类型，水质良好，土地受污染程度低。海域环境质量包括海岛滩涂和周边海水受陆域污染物和近岸海水水质影响，地域性差别较大，北仑大榭周边无居民海岛超四类海水水质标准，主要污染物为石油类和铜；外海岛屿周边水质大多符合一类海水水质标准；近岸和象山港和三门湾岛屿周边海水主要超标污染物为氮、磷。

E. 自然资源特征

植被资源保护较好，但林相树种单一。无居民海岛植被保护较好，除了裸岩比例较大的岛礁外，宜林岛约有175个，占岛屿总数的1/3，但面积却占到80%，多数宜林岛植被丰茂，景观宜人，总体上仍然保留着基本原始风貌和独特的海岛生态景观。据初步统计，无居民海岛植被覆盖面积（以山林和灌木为主）占到海岛陆域总面积的70%左右，但有林地较少，树种单一。在分布上，港湾和近岸岛屿植被覆盖率高，如象山港缸爿山植被面积占到岛屿面积的90%以上，而外海和一些基岩岛则相对贫瘠荒芜。

旅游资源丰富，有利于构建海岛旅游网络。宁波市无居民海岛旅游资源内容丰富，分布相对集中，有岸上旅游区作依托，便于组成海洋旅游网络。资源类型包括了海蚀岸线景观、海岛地貌、海洋渔业资源、沙滩泥涂、港湾等，比较集中地分布在象山港内和象山东部黄金海岸旅游线近岸岛屿。

淡水资源贫乏，不利于海岛保护与利用。绝大多数无居民海岛淡水资源较贫乏，主要依靠降水量，地表水拦蓄困难，除了檀头山、道人山、中央山等为数不多的迁移岛上有人工建造的山塘水库，没有地面河流和水库，受地势所限，一般无居民海岛没有建造蓄水的工程条件。港湾和近岸海岛浅层地下水以山丘区的基岩裂隙水为主，深层地下水则开采难度大，且易造成海水倒灌。

岸线资源丰富，具有一定的开发利用潜力。全市无居民海岛海岸线总长度为 503. 8 km，约占全市海岸线长度的 1/3，岸线资源较丰富，很多海岛周围也广泛分布有 10 m 以上的深水岸线，具有峡道型港口特有的地质、水文动力特点，近港航道多，有利于不同船舶多方位自由通航。从岛屿周边的水深条件来分，拥有深水岸线和周边航道资源的岛屿主要有：大榭岛周边无居民海岛、象山港内的大、小列山、悬山、白石山，象山东北部的东、西屿山，石浦港内岛屿，韭山和渔山列岛等，具有一定的开发潜力。

渔业资源结构多样，要保护与利用并举。无居民海岛附近一般海洋初级生产力较高，是海洋生物的索饵、产卵、繁殖场所，也是定居性鱼类和贝类栖息、生长、繁衍地。渔山列岛、韭山列岛及白石山等海岛形成了独特的岛礁生态系统，是岩礁性鱼类（如黑鲷、鲈鱼、梭鱼、褐菖鲉、鬼鲉等）和洄游性鱼类（大小黄鱼、带鱼、乌贼、马鲛鱼、鳓鱼等）的繁殖区，是资源保护的重点区域。海岛滩涂贝类资源较为丰富，且有不少是天然苗种场，如开井洋山滩涂的缢蛏、泥蚶苗种自然繁殖区等，可在保护的前提下适度利用。

矿产资源结构单一，砂石开采不利于海岛保护。宁波市无居民海岛多由火山凝灰岩构成，尚未发现具有规模化开采价值的矿产资源，包括金属矿和非金属矿，仅在涨八礁发现松脂岩，但规模较小；海岛砂石料资源比较丰富，但砂石开采既影响海岛自然景观也不利于海岛资源保护。

风能资源比较丰富，但开发利用程度低。无居民海岛陆域可再生能源以风能为主，据宁波市海岛资源调查统计，海岛年平均有效风时（3 m/s < 风速 < 17 m/s）的频率大大高于陆上，达到 68% ~75%，平均风速大于 5 m/s，其中南部海岛有效风时大于北部，以渔山列岛最大。利用丰富的风能资源进行风力发电，对于缓解无居民海岛能源紧张状况，改善海岛保护与利用的基础条件具有十分重要的意义。目前宁波市无居民海岛仅限于渔民用小型风力发电机进行风力发电，尚未有规模化利用。

（2）有居民海岛资源状况

宁波市共有有居民海岛 13 个（有行政建制），分别隶属于大榭开发区（3 个）、北仑区（3 个）和象山县（7 个）。有居民海岛基本情况见表 5。

表5 有居民海岛基本情况

岛名	行政建制	行政隶属	海岛面积/km²		岸线长度/km
			陆地	滩涂	
大榭岛	开发区	大榭	28.37	2.5	26.1
外神马岛	村	大榭	0.58	0.21	3.69
内神马岛	村	北仑	0.58	0.09	2.99
穿鼻山岛	村	大榭	1.81	0.35	6.56
外峙岛	村	北仑	1.37	0.22	4.92
梅山岛	乡	北仑	26.9	12.19	24.5
南田岛	镇	象山	84.4	16.5	78.3
高塘岛	乡	象山	39.1	8.6	46.1
花岙岛	村	象山	12.62	11.41	29.9
东门岛	村	象山	1.86	0.51	8.92
铜钱礁	村	象山	0.11	0.039	1.3
对面山岛	村	象山	3.4	1.94	14.18
崇堍岛	村	象山	1.83	大陆滩	8.6

① 大榭岛。位于宁波东约40 km，南隔穿山港与穿山半岛相望，西临北仑港、北濒金塘水道，东为峙头港，离大陆最近处约400 m，全岛南北宽6.5 km，东西长6.8 km，总面积28.37 km²，是宁波市第三大海岛。大榭岛民国时属舟山定海县，1951年划归镇海县，建制大榭乡，1958年撤乡归柴桥公社，1983年恢复乡建制，1987年改为北仑区大榭乡，1993年国务院批复同意由中信公司成片开发大榭岛，享受国家级经济技术开发区政策。

海岛地形以丘陵为主，山体呈东高西低、南北相当的趋势，以低丘陵为主，一般高程100～150 m左右，最高峰七顶山海拔334 m，平原地主要包括位于坡麓和沟谷出口处的堆积平原和东西岙沿岸的海积平原。潮间带地貌主要为潮滩，水下地貌有潮流浅槽和潮流深槽，分别位于穿孔山港、穿鼻港、穿山港西北和穿山、螺头、金塘等水道。

除海岛的土地、植被以及海岛周边海洋生物资源外，大榭岛的主要自然资源有港口岸线资源，岛屿西北至东北沿岸潮滩狭窄，200～600 m外水深超过20 m，是良好的深水岸线，岛屿周边有金塘、螺头等水道，水深、流顺、浪小，10万吨级船舶可以自由进出。大榭岛东南侧穿山港及东侧穿孔鼻港是主要的水上通道。另外在珍稀物种方面，岛上曾发现国家珍稀植物舟山新姜木子。

② 外神马岛。穿鼻岛与大陆之间，西北濒大榭岛，向东由穿山港入峙头洋，离

大陆最近处430 m。岛呈东西向，长1.2 km，宽0.8 km，面积0.58 km^2，因形似卧马、处在穿山港出海口外侧而得名。隶属大榭开发区，行政建制村。

③ 内神马岛。位于大榭岛东南、穿山港中，北距大榭岛430 m余，南离大陆最近处330 m。岛呈东西向，长1.0 km，宽0.7 km，面积0.58 km^2，最高峰里神马山海拔107 m。岛因形似立马、处在穿山港出海口内侧而得名，隶属北仑区白峰镇，行政建制村。

④ 穿鼻山岛。大榭岛东约0.8 km处，离大陆最近处1.4 km，岛屿呈西北—东南向，长1.83 km，宽1.51 km，面积1.81 km^2，最高峰穿鼻山海拔175 m。因岛西北有一岩石形似象鼻伸入大海，中间贯穿一洞，称穿鼻洞，岛因洞得名。岛屿西侧以穿鼻港与大榭岛相望，水深13 m以上，南部水深20 m以上，东侧凉帽山间水流湍急，有漩涡，水深13 m，北侧为深水区。隶属大榭开发区，行政建制村。

⑤ 外峙岛。北为穿山港，东、南、西三面隔牛轭港与大陆相望，最近处距陆地仅70 m，因岛屿北向大海为外、耸立于牛轭港中故名外峙岛。岛屿呈南北向，长1.8 km，宽1.0 km，面积1.37 km^2，最高峰大山海拔115 m。隶属北仑区白峰镇，行政建制村。

⑥ 梅山岛。位于宁波东约45 km，象山港口门东北部，西北隔梅山港与穿山半岛相望东南隔佛渡水道与舟山六横、佛渡岛相望。海岛长约9 km，宽5 ~6 km，面积26.9 km^2，以平地为主，滩涂面积12.19 km^2，是宁波市第四大岛，原为若干小岛，经长期泥沙沉积、构筑海塘相连而成。清时称海晏乡，属鄞县管辖，后划归镇海县，民国时改称梅山乡，建国后划分梅东、梅西两乡，1956年合并为梅山乡，1987年起隶属北仑区。

海岛陆域地貌以海积平原为主，占岛屿面积和81.96%，岸滩以淤泥质为主，淤泥质岸线长14.49 km，基岩海岸长6.07 km，潮间带均为黏土质粉砂，遍布岛屿四周。水下浅滩分布在岛的东北、西南两侧；水下缓坡主要位于汀子门、青龙门、双屿门等水道的西口外；潮流浅槽有梅山水道、佛渡水道、汀子门水道等浅水区；潮流深槽主要位于汀子门水域，水深大于20 m。

海岛深水岸线主要位于盘峙山西南岸段，长约3 km，距10米等深线仅300 ~500米，梅山港与大陆间的梅山水道水深在5 ~10 m间。梅山岛的水资源量平均1 614.1 ×10^4 m^3，地下水资源量184.6 ×10^4 m^3，人均水资源量990 m^3。海岛森林覆盖率较低仅为9%，岛上发现的珍稀植物有徐长卿、百仙子、刺子莞等。

⑦ 南田岛。位于象山县的南端，东临东海、南濒三门湾、西隔林门港与高塘岛相近，北滨石浦港、西北隔下湾门水道与对面山相望。海岛东西宽10.9 km，南北长14.6 km，陆地面积84.4 km^2，滩涂面积16.5 km^2，岸线总长783 km，其中基岩岸线54.5 km，人工或淤泥质岸线22.5 km。是宁波市第一大岛。全岛山体高峻，丘陵遍布，最高峰大片山海拔405.4 m，鹤浦、四都、吉港等沿海平原是昔日围涂而

成。清朝末年到到民国期间南田八岛曾设南口县，属会稽道，1940 年南田县废划归三门县，1952 年设南田区辖鹤浦、樊岙、高塘等 10 个乡，1958 年成立公社，1972 年撤区划归石浦区管辖，1984 年改为建制镇，由象山县直辖。

海岛的陆域地貌主要是侵剥蚀丘陵地地貌。岸滩主要为基岩岸线占 69.5%，主要分布在岛的东部，岸线曲折，海蚀地貌发育。砂砾质岸线有 1.4 km，分布在东部和西南的小海湾。淤泥质和人工海岸主要分布在海岛西北和西南侧。潮间带地貌主要为潮滩，黏土质粉砂为主，分布于南田涂、水糊涂以及海岛西北、东北侧水道边。岛周边水下地貌主要有潮汐浅槽、潮汐深槽和水下浅滩或边滩，分别位于石浦、林门港；林门、金七门、中界山；南田湾、水湖涂、南田涂等边滩。

岛屿周围港道众多，环境隐蔽，不少地方是渔船停泊和避风港。海岛深水岸线长、港湾资源丰富，北部鹤浦港及南部的金七门均是良好的建港区。岛上还有形态各异的海蚀地貌，具有潜在的旅游资源。

⑧ 高塘岛。位于石浦水道西段与花岙岛之间，东隔林门港与南田岛相邻，西濒三门湾。东西长 10.9 km，南北宽 3.9 km，陆地面积 39.1 km^2，滩涂面积 8.6 km^2，是宁波市第二大岛，岸线总长 46.1 km，其中基岩岸线 20.0 km，人工或淤泥质岸线 26.1 km。1940 年时曾属三门县，1952 年划归象山县，1983 年建制高塘乡。

岛屿丘陵地主要成因是侵剥蚀地貌，最高峰笔架山海拔 282 m。平原地为堆积地貌，主要为海积平原。基岩岸线主要分布在岛屿的东南部，岸线曲折，海蚀地貌发育。人工或淤泥质海岸全岛均有分布。潮间带地貌有黏土质粉砂、沙砾滩等，主要分布在岛屿北、西部和石浦水道东侧及珠门港沿岸。水下地貌主要有三门口、珠门、金高椅等潮流深槽；石浦水道、珠门、林门等水道水深小于 20 m 的潮流浅槽；水下浅滩主要是水道交汇处的浅滩。

海岛周围有箬渔洋、石浦、林门、珠门等航道和锚地，具备优良的航行和锚泊条件，岛北侧有深水岸线 5 km，可开发港区。

⑨ 花岙岛。位于高塘岛的西南、东隔南田湾与南田岛相望、扼三门湾之要冲。距大陆最近处 7.14 km。东西宽 1.97 km，南北长 5.0 km，面积 12.62 km^2，滩涂面积 11.41 km^2。岛上除西北由滩涂围成的平原外均为山地，地势高峻陡峭，最高峰雉鸡山海拔 308.5 m。1940 年南田县废时曾划归三门县，1952 年划归象山县，现建制村，属高塘乡管辖。

海岛陆域地貌主要是高丘陵为主，海岸以基岩岸线为主，长 22.86 km 占 76.4%，岸线外发育潮滩或沙砾滩。水下地貌主要有与高塘岛之间的水下深槽和岛西的水下浅滩。

海岛旅游资源丰富，岛周苍岩峭壁、海蚀地貌发育，更有大佛山景象雄伟，是海上石林的主要景观。

⑩ 东门岛。隔石浦港与石浦镇对峙，东望檀头山岛、南临对面山岛，北濒铜瓦

门水道，东西宽0.46 km，南北长3.7 km，海岛面积1.86 km^2，滩涂面积0.51 km^2，岸线长8.92 km，最高点南汇山海拔127.7 m。东门岛开发较早，曾设东门乡，1992年撤乡并入石浦镇，现只有建制村。

在地质分布上属象山活动区、岳井火山凹陷的东部，岛上以山地为主。滨海平原的成因类型包括残积、坡洪积和海积。岸滩沉积物以粉砂质黏土为主，但在水道航门的深水处为砂质粉砂，在北侧深槽有少量砂砾贝壳和硬黏土。

东门岛是石浦港的主要渔港区之一，周边海域北控铜瓦门水道、南临东门水道，与石浦相隔构成理想的避风港。

铜钱礁。位于石浦港北端，距大陆最近处250 m，海岛长0.67 km，宽0.15 km，面积0.11 km^2，岛上地势平坦，最高峰53.6 m。岛的东西北三面是小型船只的避风锚地，南为石浦港航道。隶属于象山县石浦镇，行政建制村。

对面山岛。位于东门岛的正南，与东门、南田构成东门、下湾门两水道，东望檀头山，是石浦港的天然屏障。东西宽1.1 km，南北长3.75 km，海岛面积3.4 km^2，滩涂面积1.94 km^2，岸线长14.18 km，最高点眼睛山海拔196.4 m。历史上曾划归南田县管辖，1940年撤南田县后归象山县东门乡管辖，1992年撤乡后并入石浦镇，现行政建制村。

在地质分布上属象山活动区、岳井火山凹陷的东部，岛上以山地为主。滨海平原的成因类型包括残积、坡积，岸滩及周边海域沉积物主要类型为粉砂质黏土和黏土质粉砂。

崇塊岛。位于岳井洋内，介于马岙门水道与崇门头水道之间，距大陆最近点460 m。海岛南北长3.5 km，东西宽0.12 km，面积1.83 km^2，岸线总长8.6 km，其中基岩岸线1.61 km，人工岸线（主要是淤泥质岸线）7.6 km。全岛主要为海积平原，有小山四座，最高峰稻桶山海拔83.2 m，潮间带主要为粉砂黏土或黏土粉砂。隶属于象山新桥镇，行政建制村。

（二）海岛管理工作发展历程

宁波海岛管理工作经历了从无法可依、无章可循到有章可循、无法可依，再到有法可依、有章可循的历程。

国家海洋局、民政部和总参谋部于2003年6月17日联合下发的《无居民海岛保护与利用管理规定》（国海发〔2003〕10号）。之后，国家海洋局组织开展了海岛开发与利用管理试点工作。为加强宁波市海岛特别是无居民海岛的保护与利用管理工作，宁波市高度重视无居民海岛保护与利用法制建设，建立完善无居民海岛功能区划和保护与利用规划制度，积极实施海岛保护区建设和岛礁生态系统修复工程。

1. 加强无居民海岛保护与管理法制建设

宁波市先后于2004年、2005年和2006年制定了《宁波市无居民海岛管理条例》、《宁波市象山港海洋环境与渔业资源保护条例》、《宁波市韭山列岛海洋生态保护区条例》等三个地方性法规，宁波市政府于2008年印发了《关于进一步加强无居民海岛管理工作的实施意见》，市政府规章《宁波市渔山列岛国家级海洋生态特别保护区管理办法》于2012年1月1日正式施行。

其中，《宁波市无居民海岛管理条例》明确了无居民海岛利用审批管理制度，规定了无居民海岛保护和利用的基本要求，赋予了海洋行政主管部门关于无居民海岛保护与利用综合管理和协调的职责，同时将林业、环保等部门的部分行政执法权相对集中到海洋行政主管部门。

2. 编制宁波市无居民海岛区划规划

宁波市政府于2007年9月17日批准实施了《宁波市无居民海岛功能区划》和《宁波市无居民海岛保护与利用规划》。《无居民海岛功能区划》明确了各个无居民海岛的功能定位，即明确了哪些海岛是属于保护的、不可以利用，哪些海岛是可以进行适度开发的。《无居民海岛保护与利用规划》则提出了无居民海岛保护与利用的具体目标和要求以及相关配套设施建设和环境保护的规划目标，以指导和约束具体的无居民海岛保护与利用行为。

根据一些海岛开发利用的需要，先后编制了《宁波阳光海岸概念性规划》、《宁海湾旅游度假区控制性详规》、《渔山列岛国际海钓基地规划》等重点海岛概念性规划和海岛区域控制性规划。《宁波阳光海岸概念性规划》向国内外公开招标进行了委托编制，规划面积17 km^2，包括悬山岛、凤凰山岛等两个无居民海岛以及毗邻的海域和内侧陆域，目标是建设成为集游艇俱乐部、滨水度假酒店、海洋博物馆、滨海住宅等为一体的大型滨海休闲旅游度假区。《宁海湾旅游度假区控制性详规》中规划面积60 km^2，利用强蛟半岛得天独厚的海山、海滩和海湾等优势，以海滨度假为主导方向，将海岛休闲、海滨观光、海滨度假、渔家风情、水上体育运动及陆地康体活动等有机结合起来，争取建设成为大型综合性的休闲娱乐度假基地。

3. 建立宁波市无居民海岛管理工作制度

为加强组织领导和部门间协调，建立由宁波市人民政府为总召集人，市发改委、民政、国土资源、交通（港口）、林业、环保、海洋与渔业、国家安全、公安边防、军队等21个部门和单位组成的宁波市无居民海岛管理联席会议制度和联络员会议制度。联席会议制度的主要职责和任务是，协调解决无居民海岛管理工作中的难点问题，研究制订本市无居民海岛保护与利用管理的有关制度和相关措施，会审无居民海岛保护与开发利用项目的申请审核。

无居民海岛管理联席会议制度的建立，为各地各部门在无居民海岛保护与利用管理工作方面建立了很好的沟通协调和会商平台，有助于发挥各部门积极性，形成工作合力，提高工作效率。

4. 实施海岛保护区建设和岛礁生态修复工程

先后于 2003 年和 2008 年分别经浙江省人民政府、国家海洋局批准，建设了韭山列岛省级海洋生态自然保护区和渔山列岛国家级海洋特别保护区。其中，韭山列岛省级海洋生态自然保护区主岛距大陆约 18.5 km，由 76 个岛礁及附近海域组成；渔山列岛国家级海洋特别保护区主岛距大陆约 46 km，由 54 个岛礁及附近海域组成。两个海洋海岛保护区的重要保护对象是岛礁生态系统、海洋渔业资源和海岛鸟类。2011 年 4 月 16 日，国务院批复同意韭山列岛为国家级海洋生态自然保护区。

目前，两个保护区都成立了保护区管理局，现有工作人员 30 人，配备了船艇和相关设备，开展了保护区管理立法工作、韭山列岛护岛爱鸟专项行动、渔山列岛专项整治行动，以及人工渔礁投放和岛礁生态系统修复、渔业资源增殖放流等工作。

5. 开展海岛地名普查和海岛名称标志设置工作

为贯彻落实《海岛保护法》，查清宁波市海岛地理实体及名称，掌握地名基础数据及其位置分布，根据国家海洋局、浙江省海洋与渔业局的统一部署，2010 年启动海域海岛地名普查工作。按照《全国海域海岛地名普查实施方案》要求，开展海岛地名现场调查、海岛名称标准化处理，以及海岛名称标志设置。截至 2011 年底，普查工作的外业调查基本完成，首次实现了全部海岛的现场调查，获取了有史以来最准确的海岛第一手资料，普查整体登岛率达到 80%。完成了所有海岛的命名、更名、注销等名称标准化处理。2011 年全市完成了 130 个海岛名称标志设置。

6. 开展无居民海岛利用监督检查

宁波市在沿海地区和一些岛屿上安装了视频监控系统和雷达监控系统，目前已经建成了 3 座大型视频系统和 18 套小型视频监控系统、1 套雷达监控系统，能够满足当前海岛海域视频监管需要，并能实时掌握海岛周围船只活动情况，有效地降低了海岛巡查监管成本，提高了监管质量和监管效率。中国海监宁波市支队也会同沿海各海监大队开展经常性的无居民海岛巡查工作。

（三）海岛利用状况

1. 无居民海岛利用情况

宁波无居民海岛传统利用主要以林业开发、航标灯塔、零星海洋渔业为主，其中沿海渔农村拥有一些近岸海岛的林地所有权证和林地使用权证。进入 21 世纪，随着海洋经济的快速发展，无居民海岛利用已经成为宁波市海洋经济的重要组成部分。大量资本进入无居民海岛临港产业开发和海岛旅游开发，主要集中在象山东部和石浦港内、北仑穿山半岛。据 2010—2011 年的海岛普查，目前宁波市已开发利用无居民海岛 150 多个。2010 年 3 月 1 日《海岛保护法》实施以来，宁波市在旦门山岛发放全国首本无居民海岛使用权证书，在大羊屿岛拍出全国首个无居民海岛使用权，在依法保护和科学开发无居民海岛上迈出坚实的步伐。

目前宁波市无居民海岛利用状况，主要有以下几个特点：一是主要开发离大陆较近的海岛；二是开发基础设施相对较好的海岛；三是以发展海洋旅游观光业为主，渔业基地和临港产业基地协同开发；四是建设航标灯塔较多。由于围填海或连岛工程建设，致使部分无居民海岛灭失。宁波市无居民海岛利用主要类型如下。

（1）公共服务

① 航标、灯塔、灯桩主要有：七里峙、大黄蟒、中门柱岛、涂泥门岛、凉帽山、洋小猫、鹊礁、万礁、狗山、毛礁山、田螺头、燕礁、乌龟山、双德山、小东屿、瓦牌礁、鸡娘礁、大青山、红生礁、小漠山、练杵山、大蚕岛、矮旗山、寡妇礁、百亩地礁、一岳山、半洋礁、萝卜山、铜板礁、金龙礁、秤捶礁、草鞋礁、汰网屿山、黄胖礁、中界山、饭甑山、碗盏礁、牒屿山、水屿、满山、北渔山、弥陀岛等。

② 输电塔主要有凉帽山、长腰剑岛、大黄蟒岛等。

③ 水文监测站：大礁（鄞州区咸祥）。

（2）农林牧业

① 农业：蛇场（悬山岛）、畜禽养殖（悬山岛）、果树种植（悬山岛有 9 家）、东屿山开发茶场 500 多亩、中央山岛等。

② 林业主要有：悬山岛、青龙山、扑蛇山、串塆山、盘池山、中央山岛等。

③ 牧业：象山县东部大漠山、羊背山、乔木湾、大平岗、竹湾、大岩洞、大羊屿、小羊屿等 12 个岛上放养特种野猪、羊、鸡、獭、兔等，象山港的中央山是外来物种隔离饲养场，缸爿山、龙洞山有野生动物养殖场，檀头山岛饲养牛羊。

（3）渔业用岛

① 海涂养殖：青龙山、扑蛇山、东屿山。

② 水产养殖：悬山岛有 4 家、凤凰山、缸爿山（池塘养殖 300 余亩）、双德山（围塘养殖 200 多亩）、白石山、开井山岛、西五屿、大门山、檀头山岛、道人山（紫菜养殖）。

③ 海带（养殖）管理房：悬山岛有 10 余家，凤凰山 2 家，南沙山。

（4）工业用岛

① 冷冻厂：悬山岛有 3 家。

② 造船厂：大列山、打鼓峙岛、中界山。

（5）仓储用岛

油库：悬山岛、汰网屿山等。

（6）城乡建设用岛

山林管理房、海带管理房：悬山岛、凤凰山、南沙山、盘池山。

（7）旅游娱乐用岛

铜山岛、横山岛、双山（铁港）、东屿山、旦门山、毛蚶山、北渔山（海钓），檀头山岛、大羊屿（打猎场）。

（8）交通运输用岛

七里峙、大黄蟒岛、太狮山、长腰剑岛、凉帽山、中央山岛、白石山岛、汰网屿山。

（9）可再生能源

风力发电设施：中央山岛、檀头山、双德山。

（10）围海造地用岛

大黄蟒岛、太狮山、青门山、大平岗、竹岙、乌吱、地保山、羊背山、牛轭礁等。

（11）特殊用岛

包括领海基点（伏虎礁）、国防用岛（军用航标及军事训练基地海岛）、海洋自然保护区（韭山列岛）、海洋特别保护区（渔山列岛）、历史文化遗迹（横山岛、缸爿山、凤凰山和满山）。

2. 重点海岛利用情况

（1）梅山岛

2008 年 2 月 24 日经国务院批准设立宁波梅山保税港区，成为继洋山、天津东疆、大连大窑湾、海南洋浦之后的中国第五个保税港区。

宁波梅山保税港区规划面积 7.7 km^2，具有独特的土地开发条件、丰富的岸线资源和雄厚的腹地经济实力，外向型经济发达，是建设保税港区的天然良址。梅山保税港区重点发展以国际贸易为龙头、以港航运营为基础、以现代物流业为支撑、以离岸服务和休闲旅游为配套的现代服务业，致力于建设亚太地区重要国际门户城市的核心功能区、浙江深化对外开放和实施“港航强省”战略的先导先行区、长三角建设资源配置中心和上海国际航运中心的重要功能区、国家建设自由贸易区的先行试验区。

宁波梅山保税港区已于 2010 年 6 月 29 日通过国务院联合验收组的正式验收，并于 2010 年 8 月 26 日开港试运行。截至今年，已有韩国、西非、南美等 26 条国际航线挂靠梅山保税港区，并启动开展保税业务，取得了良好开局。

（2）大榭岛

1993 年 3 月经国务院批准设立宁波大榭开发区，由中国中信集团公司（CITIC）成片开发，享受国家级经济技术开发区政策。大榭开发区包括大榭本岛和周围 7 个小岛组成。规划面积约 36 km^2，其中大榭本岛面积 30.84 km^2，平地面积为 16.6 km^2；东西宽 7.5 km，南北长 6 km。中部是山地，山地面积约 14.2 km^2，是开发区内石油化工区、港口仓储区与行政商务区、生活居住区的自然隔离带。周围7个小岛的面积总和约为5 km^2，其中最大的穿鼻岛面积约为2.16 km^2。国内首座公路、铁路建于同一平面的跨海大桥—大榭跨海大桥，于2001年4月27日通车。大榭第二大桥于2012年11月底合龙。

大榭开发区拥有海岸线26 km，其中深水岸线10.7 km，20～30 m的等深线离岸不到100 m，建港条件得天独厚，具有发展临港大工业和港口运输业的优良资源禀赋。开发区规划建设各类泊位61座，设计年吞吐能力1.5亿吨。现已引进了香港招商国际集装箱码头、英国BP液化石油气基地站、思多而特液体化工仓储等码头仓储项目，建成了45万吨原油码头、10万吨级液体化工码头和10万吨级集装箱泊位等各类泊位40座，其中万吨级以上泊位21座，设计年吞吐能力为9 388万吨。2012年大榭港区港口完成货物吞吐量7 178万吨，集装箱吞吐量202.2万标箱。油品是大榭港区的主要经营货物之一，大榭开发区已引进了中石化原油中转基地、中国石油油品中转基地等油品仓储中转项目，成为华东地区重要的能源中转基地。

经过十多年的开发建设，目前开发区基础设施完备，现代化港区和临港能源石化基地的框架已经形成，为发展能源、液体化工和集装箱中转、物流产业奠定了良好的基础。

2012年中国中信集团公司正式退出大榭，大榭开发区正式由宁波市政府单独开发。

（3）南田岛

南田岛是宁波最大的海岛，位于海洋经济核心区最南端，受辖于鹤浦镇。唐代时，南田岛已得到开发利用，农林渔资源丰富，被称为乐土。改革开放30多年，南田岛夯实了进一步发展海洋经济的基础。近年来，根据海岛实际，实施“农业稳镇、工业强镇、海洋兴镇、港口立镇、商贸拓镇”的发展战略，南田岛经济和社会各项事业取得较好的发展，逐步成为拥有海洋捕捞、水产养殖、船舶修造、机械加工等十大支柱产业和泥螺、紫菜、梭子蟹、脱脂黄鱼、枇杷等十大主导产品的新兴海岛。现有船舶修造企业13家，其中大型企业4家，能制造各种散货轮，集装箱船、成品油轮和化学品船，已具备建造5万吨级货轮能力，年满负荷生产能力为155万载重吨。

现已形成了以蔬菜、枇杷、柑橘、紫菜、梭子蟹四个万亩基地，并拥有全市唯一的大型紫菜育苗中心，被誉为“浙江省紫菜之乡”，集蓝天、碧海、松林、飞瀑于一体的海岛风光带动鹤浦镇旅游业发展，风门口景区和大沙沙滩等重点区域开发正在有序推进。

（4）高塘岛

高塘岛位于象山县最南端，面积为39.1 km^2，是以渔业和农业为主要经济支柱的海岛，岛上设立高塘岛乡。近年来，高塘岛充分发挥资源优势，着力培育发展蔬菜、水果、水产养殖业等具有本地特色的优势主导产业。

梭子蟹养殖业迅速发展，2001 年 2 月该乡被浙江省海洋与渔业局命名为“浙江省梭子蟹之乡”。2012 年，8 200 亩梭子蟹完成自繁自养，并基本实现亩产超 100 斤、亩产值近 1 万元、年产值近 1 亿元的目标。

紫菜养殖为该乡农业中的第二大主导产业。2008 年，全乡紫菜养殖面积达到 5 500余亩，其中新品种紫菜达 1 000 余亩。大面积的紫菜养殖给本地养殖户带来了稳定的收入。

柑橘种植是该乡农业的第三大主导产业。全乡拥有一万余亩柑橘种植面积，并形成绿色农产品柑橘基地。4 000 亩大象山牌温州蜜橘得到国家无公害产地和产品认证。纱帽绿村长大涂 1 200 余亩紫菜养殖基地已被确立为县七大主导产业基地，并获国家级无公害产地认证。

（5）花岙岛

花岙岛位于象山县南部的高塘岛乡，别名大佛岛、大佛头山，面积 12. 62 km^2，平地占 1/3，最高点雉鸡山海拔 308. 5 m，属高塘乡管辖。被誉为世界三大火山岩景观地貌。

岛上山峦叠翠、景色迷人，尤为出名的一道自然景观便是石林。石林悬壁陡峭，岩石柱状节理发育，号称“石林”，岩层或巍然挺拔，或斜倚横仆，尤其是海蚀地貌景观堪称东南一绝，如图 2 所示。

图 2　象山花岙岛石林

花岙岛另一大亮点为是张苍水抗清兵营遗址。明清鼎革之际，花岙岛是东南沿海抗清据点之一，著名民族英雄张煌言聚兵处。尚有二处遗址：一距雉鸡山顶 200 m 处的长方形营房遗址，面积 7 000 余平方米；不远处山梁有一块 1 300 m^2 的广场，似为练兵场地。另一营房遗址在雉鸡山和北面山之间的高度岙，房址约 30 间。

20世纪70年代，花岙岛北岸建起盐场码头，成为唯一的交通枢纽，每日有渡船通航高塘岛金高椅埠头。1986年架通跨空高压线路，给岛民生产、生活带来极大方便。为了发展旅游业，修通盐场码头经花岙到天作塘的环岛公路、花岙宾馆、石林天桥等基础设施。在雉鸡山兵营遗址重建张苍水庙等。

花岙岛被宁波市政府列为重点科学开发利用“十大海岛”之一，且定格为“海洋旅游岛”。

（6）檀头山岛

石浦镇檀头山岛，位于象山县石浦镇东部的大目洋与猫头洋交界海面上，是宁波最大面积的无居民海岛。西南近南田岛，北距象山县城丹城镇37.5 km，离石浦8 km。岛呈南北向，东西长6.6 km，南北宽1.6 km，面积10.5 km^2。全岛原有10个自然村，3 000多人口，以海洋捕捞为业。群众内迁石浦后，现在大约还有几十位本土老人留守故土。

檀头山岛自然风光独特，旅游资源丰富，生态环境未受破坏，自然气息浓郁，青山碧海，鸟语蝉鸣，金沙雪浪，奇礁怪石，被誉为“中国檀香山”。中部是狭颈状地貌，东、西两个相背的海湾各孕育一个沙滩，两滩最近处仅相距数十米，俗称“姐妹滩”。东沙滩面向东海，平缓舒展，滩长约1 700 m。

檀头山岛被宁波市政府列为重点科学开发利用“十大海岛”之一，定格为“海洋旅游岛”，被列入浙江省海洋休闲旅游基地。

由浙江东海德迦风力发电有限公司投资建设的象山县檀头山风电场项目于2011年4月份开工动建，是省级重点工程、象山县“十二五”重点民生工程，也是象山县首个开工建设的风力发电场项目。该项目总投资3.5亿元，将在檀头山岛上安装30台单机850 kW的风电机组，装机容量为25.5MW。建成投产后对缓解该县能源短缺现状、改善电网结构、减少环境污染、促进地方经济发展具有重要意义。项目预计到2013年能够全面完工并正式并网发电。

（7）对面山岛

象山县石浦镇对面山岛现为对面山村驻地。对面山村成立于2004年7月，由原对面山、湖礁湾、上布袋、下布袋四个自然村组成，现有行政区域4.8 km^2，人口900多人，耕地面积552亩，山林3 361亩，拥有大马力钢质渔船58艘，海水养殖面积730亩。

对面山岛具有良好的海域生态环境，渔业资源丰富，是宁波市政府列为重点科学开发利用“十大海岛”之一，定格为“现代渔业岛”。

（8）东门岛

东门岛位于象山县石浦镇东面，岛上有东门渔村，渔业经济发达，被誉为“浙江渔业第一村”。现有人口3 800多人，果园面积274亩，山林面积1 799亩，海水养殖面积200亩，全村80%以上青壮年从事海洋捕捞业。东门渔村山海兼备，风光旖旎，海防历史悠久，岛上古迹、古貌、人文景观众多，海洋文化历史遗存丰富，渔家风情浓厚，是一个“活炭”的渔文化博物馆，以“渔家乐”为主题的旅游业发展势头良好。2007 年东门渔村经济总收入超过 3 亿元，其中渔业产值 2 亿元，村级集体资产达 1 800 多万元，农渔民人均纯收入 1. 38 万元。

（9）悬山岛

奉化桐照村悬山岛位于宁波象山湾港区，桐照村东南角，东与南沙岛相望，南有象山港主航道与宁海的白百山岛隔海相望，北有鸿峙港与凤凰山，西与桐照村相隔，离桐照码头约 2 km，为无居民海岛。悬山岛面积约为 0. 5 km^2，岛高约为 70 m，岛上的植被覆盖率达 90% 以上，植被以竹林和松柏为主。悬山岛的西面是猕猴岛，岛上现活动着约 500 只猕猴。悬山岛区位山海资源丰富，旅游业基础及发展前景好。

奉化市正在推进悬山企业国际生态岛整体开发项目，项目功能定位为集休闲、度假、娱乐、观光、餐饮“五位一体”的海滨旅游休闲度假区。2009 年 3 月成立阳光海湾开发建设指挥部，负责包括悬山岛在内的整个区块的前期工作，目前项目已于 2010 年初奠基开工，启动区块项目建设快速推进并初具轮廓，政策处理工作全部完毕。

（10）田湾山岛

宁海三门湾内的田湾山岛附近水深条件较好，岛屿前沿水深 15 m，共有岸线约 12. 6 km，与上洋涂直接距离约 4 km，可通过田湾山岛大桥连通，可建 3. 5 万 ~5 万吨散杂货泊位 8 个，规划年吐量 1 000 万吨以上。若将宁海土地资源与三门湾港口资源有效衔接，发展空间更为广阔。

根据《浙江省宁波市和台州市海域行政区域界线协议书》，三门湾海域的田湾山岛和满山岛属宁海县和三门县共同开发区域。

三、2012 年海岛保护与利用管理工作主要做法及成效

（一）海岛保护与利用规划编制工作启动

海岛保护规划是《海岛保护法》用专门章节确立的一项重要制度，是保护和开发海岛的最重要依据。浙江省人民政府继 2011 年印发《浙江省重要海岛开发利用与保护规划的通知》后，2012 年印发《浙江省无居民海岛保护与利用规划》和《浙江省海岛基础设施建设“十二五”规划》。根据《海岛保护法》和省政府要求，宁波市启动了无居民海岛保护与利用规划编制，着手宁波市海岛资源综合调查和开发利用适宜型研究课题前期工作，对规划涉及的有关问题组织开展专题论证和研究。

（二）海岛地名普查和名称标志设置工作积极推进

海域海岛地名普查和名称标志设置工作，是做好海岛保护管理的重要基础性工

作。为搞好这项工作，宁波市及沿海县（市）、区对这项工作给予了高度重视，并取得了显著成效。根据国家海洋局和浙江省海洋与渔业局的统一安排，对全市海岛地理实体按照规定定义进行了调查和名称标准化处理。宁波市承担的2011年度130个海岛名称标志设置工作，于2012年8月20日通过了浙江省海洋与渔业局组织的验收（图3、图4）。

图3　浙江省海岛名称设置宁波项目验收会

图4　礁尾屿岛碑

（三）无居民海岛开发与利用管理工作有序开展

作为国内首个公开拍卖的无人岛——象山大羊屿岛使用权，于2011年11月11日出让拍卖，宁波高宝投资有限公司最终以2 000万元的价格拍得该岛。为保障大羊屿岛正常开发及对开发实施全程监管，海洋部门组织完成了海岛拍卖后的后续工作，包括开发利用具体方案编制、无居民海岛使用申请、政策处理和规划建设管理等。象山县、北仑区分别组织编制了象山汏网屿岛和牛栏基岛、北仑太狮山岛等单个岛屿保护与利用规划。

（四）海岛整治修复与保护工作稳步实施

一是积极推进已批整治与修复项目实施。象山县韭山列岛、渔山列岛综合整治与保护项目于2010 年经财政部和国家海洋局批准，项目总投资 2 000 万元，其中中央财政补助 1 500 万元。项目实施内容包括海岛及其周边海域生态系统多样性调查和保护工程、景观岸线综合整治工程两大部分，目前两个项目各项建设工程已经完工（图 5、图 6），验收前的各项工作准备就绪。

图 5　韭山列岛码头和道路整治修复前后对比

图 6　新建北渔山蓄水山塘及渔山列岛保护区标志牌

二是认真开展年度中央财政项目申报。2012 年全市组织申报海岛带整治修复类项目共 2 个，分别是象山檀头山岛整治修复与保护项目、宁海县横山岛整治修复与保护，均获得财政部和国家海洋局批准，中央财政补助资金达 4 636 万元。

（五）海岛执法监督检查收效明显

2012 年市、县两级海洋主管部门切实履行《海岛保护法》赋予的职责，积极组织所属海监队伍开展海岛执法监督检查行动，圆满完成了年度海岛执法工作任务。据不完全统计，各海监执法部门组织海岛定期巡查 24 个航次，历时 95 天，航程 6 842海里，完成对全市所辖659 个海岛至少巡查一次的海岛定巡工作。发现违法行为 1 起，作出行政处罚 1 件，收缴罚款 3.5 万元。根据上级海洋监察执法部门对海岛执法基础资料管理的要求，在 2011 年海岛巡查档案的基础上，结合最新海岛普查成果，组织各县（市、区）海监大队完善海岛执法基础资料，建立一岛一档纸质和电子化执法档案，共建成海岛执法基础信息档案 659 份，建档率达 100%（图 7）。

图 7　中国海监巡查海域海岛

四、海岛保护与利用存在的主要问题及对策建议

（一）海岛保护与利用存在的主要问题

宁波有居民海岛已被不同程度的开发利用，无居民海岛的保护与开发尚有较大空间。近几年，除大榭岛和梅山岛作为国家级开发区和国家保税港区建设从而各方面发展较快以外，宁波市大部分海岛地区的社会经济发展和海岛生态保护还存在着不少问题。一些已建设的海岛长期侧重于开发，海岛自身及周边海域资源和生态环境受到一定程度的破坏，海岛开发、保护和管理仍面临一些亟待解决的问题。

1. 海岛法规和管理制度不健全

长期以来，由于海岛保护、管理和开发利用的法律、法规不健全，在管理体制上也未理顺，致使海岛管理形成了空白区。海岛保护与科学开发面临的困难很大，同时也存在着机遇。《海岛保护法》的实施，不但从立法的角度界定了海岛保护与海岛开发利用，而且为海洋工作者创造了海岛管理有法可依的新局面。2005 年 1 月 1 日起施行的《宁波市无居民海岛管理条例》与《海岛保护法》所确立的海岛保护与开发利用的制度和规定不相适应，应依据宁波海岛保护与利用的特点和实际情况，及时研究并修改《宁波市无居民海岛管理条例》。

2. 海岛地区财政收入有限，海岛建设基础相对薄弱

宁波市大部分海岛地区经济主要以渔农业为主，财政收入有限，经济基础薄弱，海岛建设资金短缺，基础设施落后，除少数较大海岛已经通过海底管道与陆地通水、通电外，大部分海岛交通设施短缺，电力、淡水供应困难，需要投入大量的资金开展海岛基础设施建设。无居民海岛开发基础设施建设成本较高，给排水、电力通讯、交通码头等各项生产生活配套设施建设难度较大。资金短缺已经成为海岛发展的主要瓶颈之一。宁波市位于东海沿海，台风和热带风暴等灾害性天气较多，经常会对岛内生产生活和海岛旅游业的发展带来很多不便。

3. 无居民海岛历史关系复杂，开发利用方式多样

由于历史的原则，无居民海岛上的产权关系较为复杂，既有沿海农村农民的薪炭林、沿海渔农民历史构建的捕捞养殖作业临时生产生活设施、航标灯塔通讯等公益性基础设施，也有“大岛建、小岛迁”后留置的房产和其他资产。无居民海岛开发利用的方式也比较多样，有些是整岛规划利用、有些是局部利用，有些则是群众性农业利用，有些只是在岛上建设灯塔航标等基本不会对无居民海岛构成生态环境影响的小型构筑物，而有些是对无居民海岛周边岛礁贝类等附着海洋生物资源的利用。

4. 对海岛地位和作用认识不高，缺乏统筹规划和科学论证

由于海岛位于孤立、荒芜和边远地区，而且海岛生态保护和修复投入大、成本高、回报少，一些地区和部门海岛保护意识淡薄，存在重开发轻保护的现象，缺乏海岛保护的主动性和积极性。在海岛开发中缺乏科学合理的规划和针对性开发措施，开发方式比较粗放，利用层次不高，盲目性和随意性较大，直接影响了海岛资源的可持续利用和海岛经济的健康发展，个别地区占岛为主的现象时有发生。

5. 海岛生态破坏严重

海岛开发中的盲目性和近期利益，使海岛生态破坏得比较严重。不合理的开山采石，破坏了海岛的天然植被，损害了海岛自然景观；在无居民海岛不经论证滥建临时建筑，随意开发，随意放弃，导致有些海岛的废弃物、遗弃物和垃圾较多；在海岛滥捕、滥采珍稀生物资源，特别滥采鸟蛋的现象时有发生，致使海岛生态环境

急剧恶化；炸岛、采石、砍伐和挖砂等现象严重地改变了海岛地形、地貌，致使海岛人为丧失，海岛数量不断减少。

6. 海岛管理力量薄弱，与形势发展不相适应

宁波市海岛数量较多，由于受交通条件等影响，监管行政成本较高，目前除一些大岛的监管还比较好外，大部分海岛的保护与利用监管难度较大，经常出现监管不到位的现象。当前宁波市在海岛管理机构设置和人员配备不够科学合理，管理力量薄弱。全市海域海岛管理与执法人员专职人员只有10余人，要管理659个海岛，还有广阔的海域。人员缺乏不仅影响海岛管理工作，也影响着海域管理工作。

（二）对策建议

海岛保护与开发利用是海洋经济的重要内容，是一项长期、复杂的艰巨任务。在海岛经济建设时，应当坚持“在规划中开发，在开发中保护”原则，建立有效的海岛保护与利用对策和管理措施。

1. 提高全民海岛保护意识

市、县海洋主管部门和海洋执法部门，要组织开展内容丰富、形式多样的海岛保护宣传教育活动，广泛宣讲《海岛保护法》的重要性和严肃性，大力宣传海岛保护和海岛开发利用的重要意义，使广大民众了解和认知《海岛保护法》，提高全社会对海岛地位和价值的认识，充分认识海岛的战略地位和海岛在海洋国土中的重要性，充分认识海岛资源的稀有和海岛生态环境的不可替代，提高对海岛生态环境的保护意识和对海岛领土主权保护意识，营造全社会“爱岛、护岛”的良好氛围。

2. 建立海岛保护体系，实现海岛规划开发

一是做好海岛保护开发的基础研究。海岛开发，基础研究先行。通过海岛普查，全面查清宁波海岛数量，调查海岛权属、开发利用现状、基础设施条件和环境资源状况。对海岛的重要功能进行细化与分类，确定海岛保护对象，确定海岛可开发利用对象。在实施保护与开发利用的对象中进行保护目标的侧重研究和开发时序研究。推出有主导功能的海岛进行重点保护或开发，做好海岛保护与开发的示范。

二是建立海岛保护体系。在海岛保护与开发研究的基础上，根据海岛的区位特征和自然特点，进行海岛保护体系建设。海岛保护体系建设应以保护和修复为主，对需要保护的对象，要进行分层次研究。出台海岛保护体系名录，对海岛保护目标中遭到破坏的生态环境开展相应的修复研究，海岛保护目标确定以后，海岛的监管与保护措施必须到位。

三是实现海岛规划开发。海岛开发必须按照功能定位和海岛保护与规划实施，改变海岛开发的无序状态。编制并严格实施无居民海岛保护与利用规划，把海岛保护与开发纳入规范化管理，真正做到在规划中开发，在开发中保护，创建和谐的海

岛经济。

3. 完善海岛管理法制建设，加强海岛监管队伍力量

根据海岛资源开发现状，修订《宁波市无居民海岛管理条例》，规范海岛开发管理保护行为，真正把海岛管理工作纳入规范化、法制化和制度化轨道。加强海岛管理专业队伍建设，配备管理技术设备，加强海岛监管力度。加大海岛执法检查力度，建立健全海岛定期检查制度，利用卫星遥感、航空遥感和地面监视监测等技术定期检查全市海岛，加强对海岛生态环境的保护力度，控制海岛开发强度，合理利用海岛资源。

4. 强化科技支撑

加强海岛的科技支撑，要体现在海岛的监管系统建设，实现全市海岛全覆盖、高精度的监控；建立并完善海岛管理信息系统和海岛基础地理数据库。在深化研究海岛传统优势项目的同时，鼓励海岛水电、风能、太阳能、海水淡化和海水综合利用等科技研发。支持和引导海岛开发者同国内外高等院校和科研机构开展科技合作，积极引进国外先进技术，共同对海岛进行创新式的研发，为海岛经济的可持续发展走出创新之路。

第三部分　产业发展

2012年度宁波市海洋渔业发展报告

一、宁波海洋渔业发展背景

海洋渔业是现代农业和海洋经济的重要组成部分。海洋渔业泛指海洋水产业，是以海洋为依托，充分利用海洋生物资源（包括海洋植物资源、海洋动物资源和海洋微生物资源）的生长发育等一系列生理活动的产物获取产品的物质生产活动，包括利用海水进行鱼、虾、贝、藻和其他水生动植物的养殖以及对海洋天然水生动、植物的捕捞。

近年来，宁波面对国际金融危机爆发、国际贸易壁垒加剧、国内农产品价格剧烈波动、过度捕捞导致海洋渔业资源锐减等诸方面的挑战，通过转变渔业发展方式，不断优化渔业产业结构，努力推进从传统渔业向现代渔业转变，使渔业得到健康发展。

但海洋渔业资源的衰竭以及面临的国际、国内激烈市场竞争和自身发展在空间资源、生态环境、基础设施及经营机制等多种因素的交叉制约，对海洋渔业发展提出了更大挑战和更高要求。

未来宁波海洋渔业的发展要以发展为主题，以渔业增效和渔民增收为中心，以渔业结构调整为重点，以科技创新和体制改革为动力，加快发展设施渔业、生态渔业、休闲渔业，促进渔业资源、生态环境、渔民致富相统一的和谐渔业发展。

宁波市“十二五”现代渔业发展规划纲要中提出，至2015年，宁波现代渔业建设深入推进，渔业经济稳定发展，产业结构进一步优化，产品质量安全进一步提高，渔业生态环境得到初步改善，渔业社会事业稳步推进，科技教育对渔业的支撑作用明显增强，渔业管理体系进一步优化与完善，渔业生产组织化程度进一步提高，渔民收入稳定增长。

现阶段，宁波海洋渔业应以构建养殖渔业设施化、远洋渔业国际化、休闲渔业都市化为目标，突出保供给，促增收，拓休闲，护生态四个重点，进一步强化渔业基础设施建设，加快渔业生产方式转变，不断提高水产品质量安全水平，优化海洋经济与现代渔业发展环境，使海洋渔业得到健康发展。

二、宁波海洋渔业发展现状

近年来，宁波通过转变渔业发展方式，不断优化渔业产业结构，努力推进从传统渔业向现代渔业转变，使渔业得到健康发展。

（一）宁波海洋渔业主要经济指标

2012年宁波继续加大渔业投入，加快现代渔业建设，全市渔业经济保持健康运行和持续稳定发展的态势。据市海洋与渔业局统计，去年全市实现水产品总产量99.15万吨，比上年增长0.23%，实现渔业总产值117.8亿元，比上年增长7.48%，其中：实现海洋捕捞59.9万吨，比上年增长0.77%；养殖产量受海葵台风影响比上年略有减少，全年实现产量3.54万吨，比上年减少1.2%；远洋渔业产量和产值为2.72万吨和1.72亿元，分别比上年增长11.5%和下降21.3%。海洋渔业主要产量指标比例如图1所示。

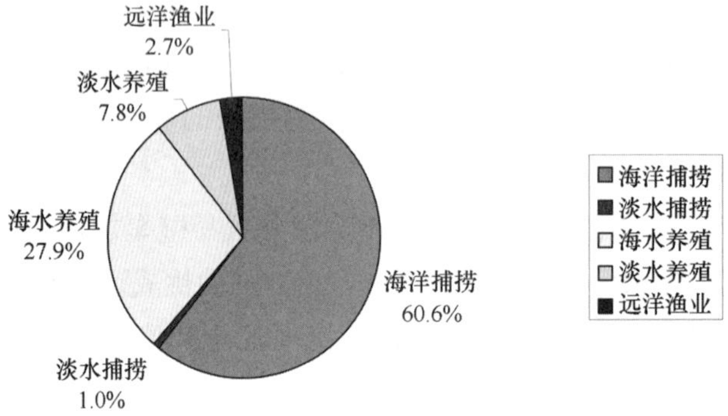

图1　2012年海洋渔业主要产量指标所占比例

1. 宁波海洋渔业历年产量发展趋势

从表1和图2可以看出，宁波海洋渔业水产品产量2006—2012年中，除2007年出现较大波动外，总体表现出平稳上升的趋势。

表1　水产品产量（2006—2012年）　　单位：万吨

年份	2006	2007	2008	2009	2010	2011	2012
产量	93.20	79.78	93.87	93.95	97.78	98.93	99.15

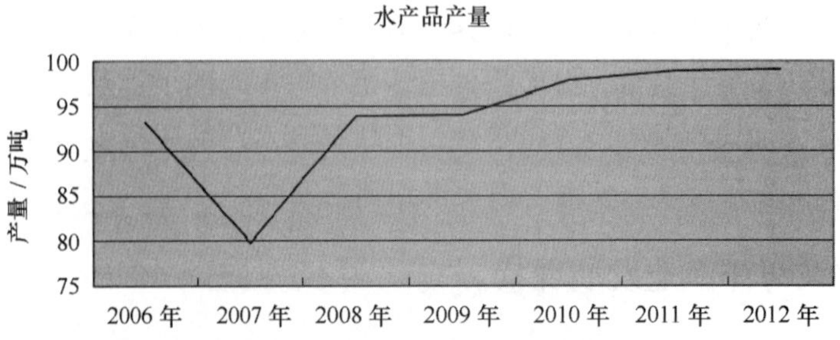

图2　水产品产量变化曲线

2. 渔业总产值发展趋势

从表 2 和图 3 可以看出，宁波海洋渔业 2005—2012 年的渔业总产值呈快速上升的趋势。

表 2　渔业总产值（2005—2012 年）　　单位：亿元

年份	2005	2006	2007	2008	2009	2010	2011	2012
产值	0.75	0.81	0.73	0.83	0.91	1.06	1.28	1.72

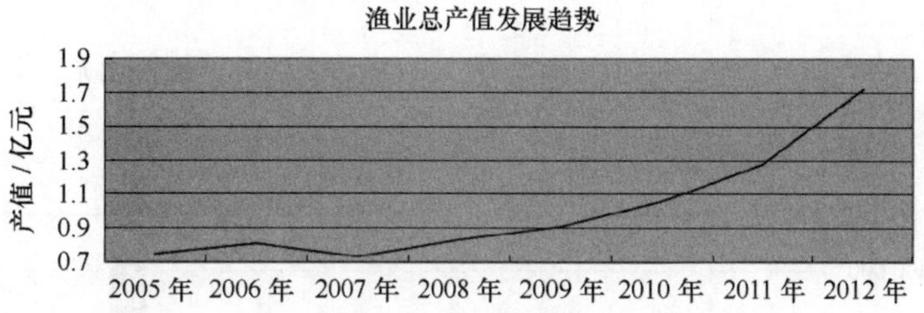

图 3　渔业总产值变化曲线

3. 渔业增加值发展趋势

从表 3 和图 4 可以看出，宁波海洋渔业 2006—2011 年的渔业增加值同渔业总产值一样，均呈快速上升趋势。

表 3　渔业增加值（2006—2011）　　单位：万元

年份	2006	2007	2008	2009	2010	2011
增加值	443 487	441 849	498 723	545 645	629 810	755 754

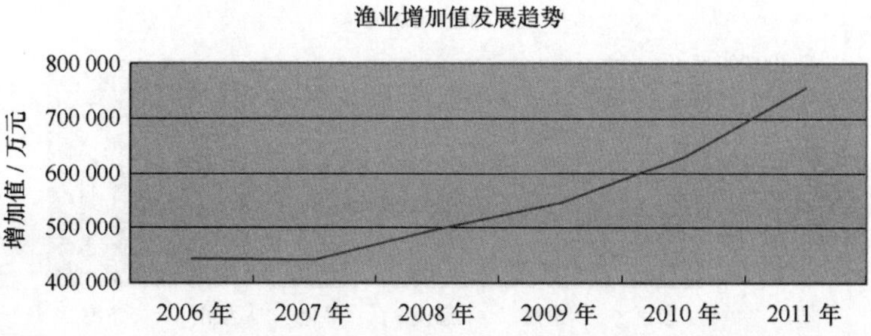

图 4　渔业总产值变化曲线

4. 各县市区主要渔业经济指标

从表 4 和图 5 各县市区主要渔业经济指标对比来看，宁波市海洋渔业总产值排在前 3 位的是象山、宁海、奉化。从表 5 和图 6 渔业增加值对比来看，排在前 3 位的是象山、宁海、慈溪。

表 4　2012 年各县市区渔业产值　　单位：万元

地区	江北	北仑	镇海	鄞州	余姚	慈溪	奉化	宁海	象山
产值	8 488	10 810	1 659	58 227	53 098	110 721	132 415	234 510	666 851

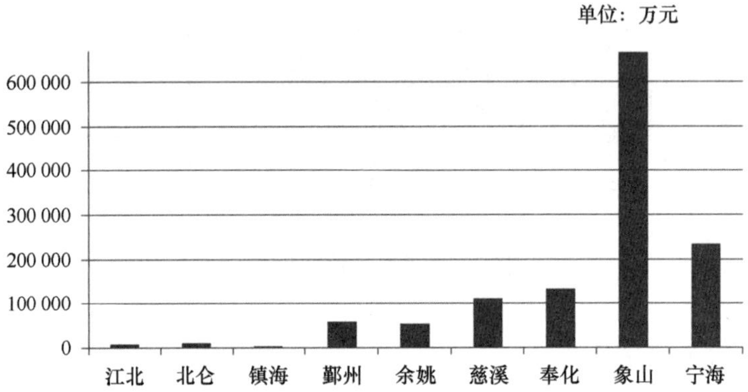

图 5　2012 年各县市区渔业产值

表 5　2012 年渔业增加值　　单位：万元

地区	市区	余姚	慈溪	奉化	象山	宁海
增加值	38 439	39 414	74 688	61 691	349 225	192 297

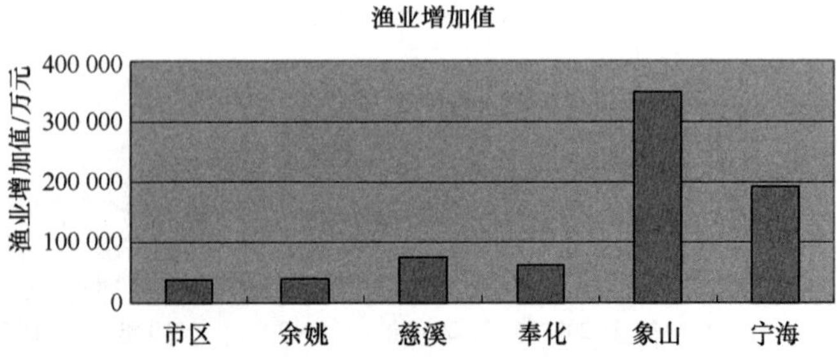

图 6　2012 年各县市区渔业增加值

（二）海洋渔业主要发展情况

1. 海洋捕捞

宁波临近海域内渔业资源种类多，数量大，种群恢复能力强，尤其是象山港是我国不可多得的鱼虾贝藻等海洋生物栖息、生长、繁殖的优良场所。宁波投入海上捕捞的渔船，大小有近九千艘，从2006—2012年海洋捕捞产量来看，除2007年出现较大波动外，其他年份总体表现比较平稳。海洋捕捞产量在宁波水产品产量中始终占到50%以上的份额（表6、图7）。

表6　海洋捕捞历年产量（2006—2012年）　　单位：万吨

年份	2006	2007	2008	2009	2010	2011	2012
产量	57.51	44.72	56.32	55.94	58.17	59.49	59.95

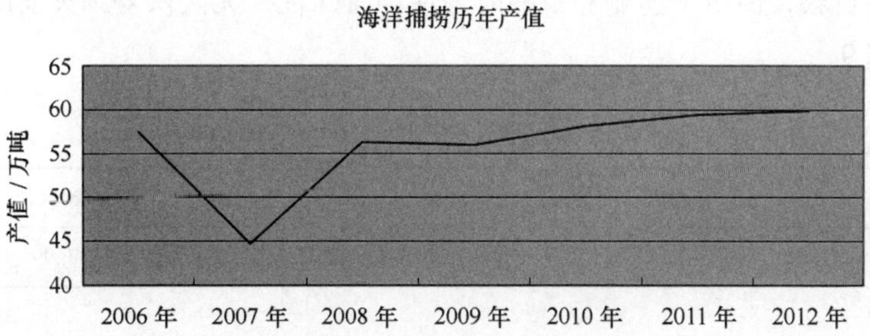

图7　海洋捕捞历年产量曲线

2. 淡水捕捞

宁波区域内陆江河水网纵横，湖塘水库棋布，丰富的渔业资源和良好的区位条件为渔业发展提供了得天独厚的条件。2006—2011年淡水捕捞产量呈快速上升的趋势，2012年由于受台风影响，产量略有下降，见表7、图8。

表7　淡水捕捞历年产量（2006—2012年）　　单位：万吨

年份	2006	2007	2008	2009	2010	2011	2012
产量	6 403	6 501	7 086	7 674	8 124	10 968	10 400

3. 海水养殖的发展情况

宁波近海的海域资源非常丰富，水产养殖是宁波渔业中十分重要的一部分，海水养殖业的发展改变了仅靠海洋捕捞的海洋渔业发展局面，这个变化有利于渔业资

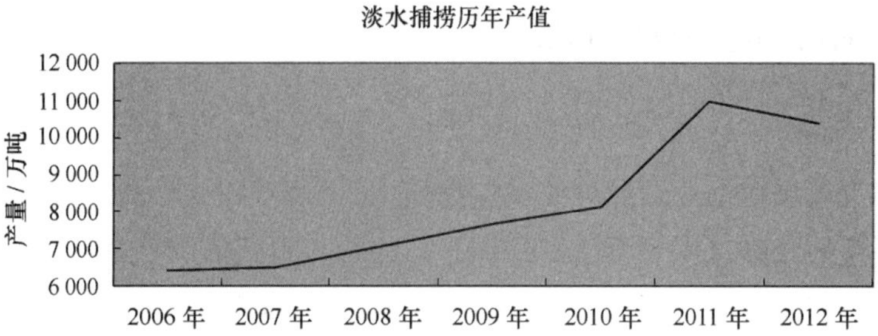

图 8　淡水捕捞历年产量曲线

源的恢复和渔业产量的稳定，同时也改善了海洋渔业的构成比例，从而使海洋渔业结构不断优化。从 2006—2012 年海水养殖产量变化可以看出，宁波海水养殖总体呈现出在波动中上升的趋势。2012 年产量的减少主要是受去年第 11 号特大台风海葵的影响，使宁波市海水养殖和淡水养殖都有不同程度的损失，虽然投入的大量的人力开展灾后自救，但由于渔业养殖的时间性和特殊性，无法恢复到灾前的生产水平。见表 8 和图 9。

表 8　海水养殖历年产量（2006—2012 年）　　单位：万吨

年　份	2006	2007	2008	2009	2010	2011	2012
产　量	27.49	27.5701	26.66	27.47	27.10	27.99	27.69

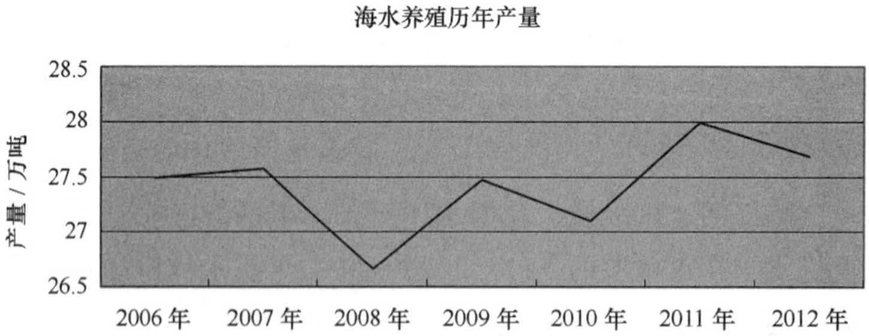

图 9　海水养殖历年产量曲线

4. 淡水养殖的发展情况

宁波内陆湖塘水库棋布，良好的自然条件促进淡水养殖业持续稳定、健康发展。从表 9 和图 10 中 2006—2012 年淡水养殖产量来看，除 2007 年有一个较大的波动外，总体表现出波动上升的趋势。

表 9　淡水养殖历年产量（2006—2012 年）　　单位：万吨

年　份	2006	2007	2008	2009	2010	2011	2012
产　量	7.56	6.84	7.18	7.54	8.12	7.92	7.76

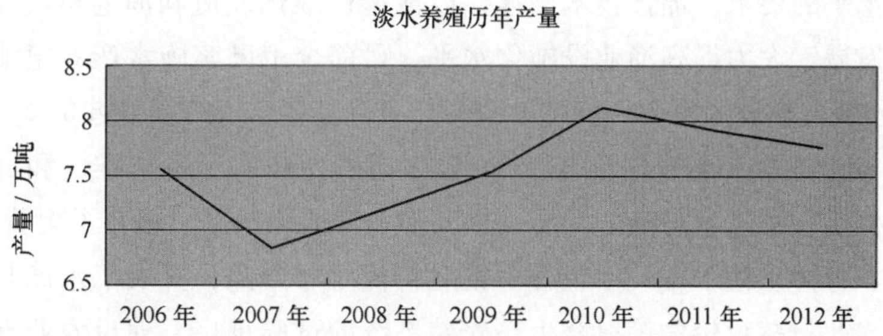

图 10　淡水养殖历年产量曲线

5. 远洋渔业的发展情况

宁波远洋渔业经过 20 年的艰难发展之后，目前有远洋企业 7 家，拥有各类远洋渔船共 29 艘，作业海域涉及北太平洋、日本海、乌拉圭海域、西南大西洋和东南太平洋。

远洋渔业在宁波市渔业生产中所占比重虽然不大，但却是全市渔业中不可缺少的重要组成部分，它关系到宁波市渔业结构的调整，有利于拓展宁波渔业发展空间，恢复和保护我国的近海资源（表 10、图 11）。

表 10　远洋渔业历年产量　　单位：万吨

年　份	2008	2009	2010	2011	2012
产　量	2.99	2.24	3.58	2.44	2.72

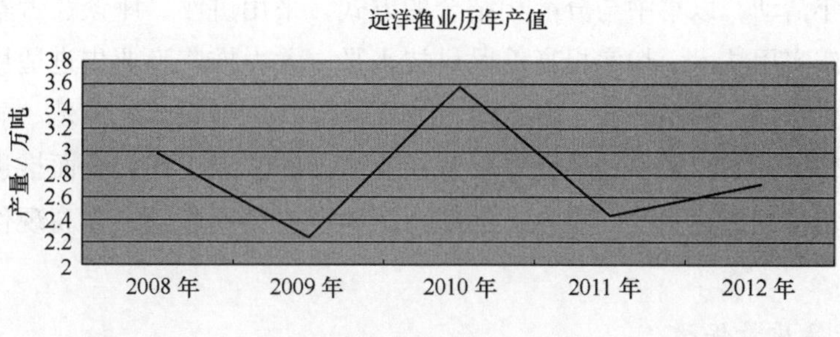

图 11　远洋渔业历年产量曲线

（三）宁波海洋渔业的生产条件

1. 基础设施建设

2012 年，新投资建设 15 个优势水产品养殖示范园区，按照园区建设上台阶、上档次、上水平的要求，加强技术支撑，以池塘标准化改造和渔港建设为抓手，推进设施渔业发展，大力提高渔业设施化水平。目前全市已实施水产养殖池塘标准化建设 4 000 公顷，建设国家中心渔港 1 个、一级渔港 3 个、二级渔港 8 个、三级渔港 10 个、贸易渔港 5 个和避风锚地 33 个。以生态养殖技术示范与推广和健康养殖示范区建设为抓手，推进生态渔业发展，提升渔业产业化水平。培育了大黄鱼、鲈鱼、南美白对虾、青蟹、梭子蟹、甲鱼等一批名特优主导产品，开展了水产与水生经济植物共生、渔业与畜牧轮作等复合生态养殖系统的试验推广，建设农业部水产健康养殖示范区（场）29 个、市级农业产业渔业基地 15 个。同时，以水产标准框架体系和标准化示范园区建设为抓手，建立水产标准化技术委员会，编制了市级地方标准体系框架，建立了 15 家市级渔业标准化示范区。

同时，加强国家级、省市级水产原良种场建设，经专家组评审讨论，共组织申报 2 个省级水产原种场和 1 个省级规模化育苗场，开展对梭子蟹国家级苗种场项目建设方案论证，组织申报了泥蚶国家级原种场项目，并通过农业部初审。种苗生产从虾蟹单一结构向虾蟹贝多品种转变，育苗时间从短期的 3—7 月份转为基本实现全年生产。同时，加大新品种引种力度，开展了赤点石斑鱼、岱衢族大黄鱼、越南白蛤、江珧和贻贝等引种繁育和龙胆石斑鱼、笋壳鱼、四指马鲅鱼等新品种引种养殖试验，积极开展健康养殖示范区建设等活动，努力拓展养殖领域，使养殖产品质量上一个档次。

2. 科技支撑体系

近年来，宁波围绕主导产业，以渔（农）民增收和渔业提质增效为目标，进一步加大渔业科技支撑力度，组织实施“科技进村入户、助力增产增收”为主体的渔业科技促进年活动，以集中与分散相结合的方式，采用讲座、座谈、考察等多方式的培训，推广实用技术，切实提高养民科技水平。大力推广渔业先进适用技术，深入开展青蟹生态高产养殖试验、海水池塘鱼虾蟹贝共生等模式化养殖、病害测报和科技入户工作，开展水质在线监测等智慧渔业建设的试点工作，全面推进渔业科技进村入户。培育和组建水产养殖科技创新团队和产业创新联盟，提高现代渔业科技保障能力。

3. 水产品质量保障

水产品质量关系到千家万户的食品安全，为此，宁波市十分重视初级水产品的质量安全问题，加强渔业养殖的无公害绿色基地建设，目前，获得无公害基地认定的养殖单位已经达到63家。

——加强初级水产品质量法律、法规宣传，开展水产品质量安全知识培训，切实提高养殖户水产品质量意识和水平。

——完善品牌食品源头追溯体系。加强流通环节的联合监控，与出入境检测检疫部门建立出口活鱼养殖基地“区域化管理”新模式联合监控机制，定期交流、联手监测、联合培训和共同检查等，促进出口活鱼的“宁波品牌”含金量。

——组织开展初级水产品质量安全隐患大排查行动。在加强日常排查的基础上，集中力量对全市“三品一标”基地及育苗企业、规模化养殖场等单位进行现场全面隐患排查，对发现的问题进行现场或限期整改。

——强化执法检查与现场抽样，严厉打击非法添加行为。采取日常巡查和专项检查结合方式，督促养殖户规范苗种采购及投入品使用，依法查处水产品质量违法违规案件。继续保持严厉打击非法添加行为的高压政策，明确“发现一起、追溯一起、打击一起”，严格执行抽检程序，合理扩大受检单位范围和品种，提高抽检的科学性和可靠性。

4. 渔业安全生产

近年来，宁波不断加强渔业安全生产监管力度，致力于保障渔业安全生产。一是探索成立渔业人力资源服务管理中心，实行渔业从业人员招工、培训、用工一条龙服务，强化培训准入，加强安全宣传和技术培训，提高渔民安全生产意识。实施从业人员准入制度，确保职务船员和从业人员持证上岗率达分别达100%和95%以上。二是在渔业乡镇成立渔船基层服务站，明确职责和任务并真正开展工作发挥作用，加强宣传教育和安全技能培训，把渔船日常管理工作的重心进一步前移。三是完善渔业安全生产基础硬件建设。加强执法装备日常维护和保养，加快渔政船（艇）等装备更新。提升渔船安全救助信息系统建设水平，全市现有AIS避碰终端设备615套，北斗终端设备数为575套，在省内率先实行救助信息系统终端统保制度，保障系统终端有效使用。同时指挥中心加强海上作业渔船信息联系工作，仅去年就向全市渔船发送短信200多组，包括天气预警、涉外警告、事故通报、象山港货轮进出港情况等。四是强化机制建设。完善台风及渔船事故应急预案，健全渔业生产安全管理制度，深化“定人联船”制度，并严格抓住渔业安全主体责任，按照“四不放过”原则健全渔船安全事故调查制度，强化安全责任到点到人。对检查中发现的安全隐患，采取现场纠正、限期整改等措施，有效排除安全隐患。落实乡镇（街道）及船主的渔船安全责任，督促其落实排查整治措施，消除安全隐患。进一步推进合作社规范化，发挥基层渔业服务组织作用，积极探索渔船安全管理的新机制。

（四）宁波海洋渔业发展面临的主要问题

随着城市化、工业化进程的加快，沿海、城郊优良的渔业水域、滩涂被大量占用，传统的养殖区域不断缩小，水产品质量安全面临严峻挑战，海洋渔业资源日渐衰竭，海洋生态环境恶化加剧，渔业生产成本上升，渔民生产生活面临较大困难，同时渔业经营体制也逐步暴露出深层次的问题和弊端，亟待得到解决。

一是现代渔业发展与国家用地政策制约的矛盾。从当前渔业发展的趋势来看，温室、大棚等设施是实现现代渔业发展的重要手段，但在实际建设中，由于政府编制土地规划中，没有把渔业养殖用地纳入其中，再加上相关规定过于原则，操作难度大，造成现代渔业发展设施建设用地难以落实，现代渔业设施建设的推进速度大大延缓，而土地农转非更是受到指标的限制很难实现，成为阻碍渔业快速发展的重要问题。

二是技术支撑体系建设滞后，人才缺乏。现代渔业是高效益、高投入、高技术、高风险的产业，需要一定资金动作能力、一定技术储备的人才。而当前宁波市渔业从业人员大多年龄偏大，文化程度低，年轻、高素质的新型渔民少，懂管理、会经营的人才更少。队伍年龄结构不很合理，青黄不接，缺乏学科带头人。

三是渔业安全生产形势不容乐观，监管责任仍然重大。当前，宁波市渔业安全监管力量薄弱局面依旧突出，渔业生产单位点散面广，“三无”小型船舶大量存在，渔业安全面临海上渔场拥挤、灾害性气候增多、渔船装备设备不同程度老化以及渔民素质、基层安全管理不尽到位等问题，安全隐患始终存在，渔业安全生产监管压力加大。

四是渔业发展方式相对粗放，组织化、产业化水平有待提高。无论是捕捞业还是养殖业，仍过多依赖于资源、环境消耗，渔业生产低、小、散、弱状况尚未得到有效改变，渔业龙头企业规模小，水产品加工龙头企业数量少，辐射带动能力不强，渔业产业化发展水平偏低。渔业专业合作社自我管理、自我服务、自我发展能力偏弱。

五是渔业发展空间缩小、环境恶化。随着宁波市社会经济的快速发展，城市化、工业化进程的不断推进，渔业发展空间不断受到挤压，宜渔面积逐年减少。而且受到生活污水、工业污水等排放量增多的影响，一些水域污染严重，渔业资源逐步衰竭，一些传统水域的养殖功能已经丧失。在城区河道实施禁养由于受政策、资金等因素制约难以落实。在近海养殖或捕获的水产品中，经常检测出重金属超标，由此引起的水产品质量安全问题不容轻视。

六是水产品质量安全监管任务繁重。各级政府和消费者对食品安全水平的要求不断提高，与宁波市水产生产面广量大、养殖户质量安全意识普遍不强的矛盾日趋尖锐，管理对象数量大、涉及面广，加强水产品质量安全监管的任务十分艰巨。

三、2013 年宁波市海洋渔业发展趋势预测

宁波海洋渔业在 2012 年发展的基础上，2013 年渔业经济稳定发展，产业结构进一步优化，产品质量安全进一步提高，渔业生态环境得到初步改善，渔业社会事业稳步推进，科技教育对渔业的支撑作用明显增强，渔业管理与支撑体系进一步优化与完善，渔业生产组织化程度进一步提高，渔民收入稳定增加。

——渔业综合生产能力明显增强，渔业产业结构得到优化。全市水产品产量达到 99.5 万吨，渔业产值达到 100 亿元；渔业产值在大农业中的比重提高到 35%。

——初步建立起结构优化、生态和谐、环境友好适应社会主义市场经济要求的渔业运行机制和管理体制。渔业社会化服务水平明显提高，水产品商品率达到 90% 以上，形成城乡贯通的水产品市场流通网络；渔业生产要素市场基本形成；普遍运用市场经济的手段管理渔业，建立健全政府对渔业的支持保护体系。

——渔业基础设施明显改善，渔业生产设施化、机械化水平明显提高。工厂化养殖 1 万平方米，标准化水产养殖节能保温大棚示范 100 公顷，新增标准化池塘改造 500 公顷，改造完成海水养殖网箱 1 000 只大网箱、削减 2 万只小网箱，新增池塘底增氧设施 500 公顷，渔港、码头等渔业重要基础设施得到全面整治。

——基本形成区域化布局、专业化生产、产业化经营、社会化服务的渔业生产经营格局，水产养殖规模经营面积进一步扩大。全市建设现代渔业综合示范区 2 个，特色水产精品园 12 个，健康生态养殖示范基地 60 个。

——渔业生态环境得到初步改善，渔业资源衰退趋势得到遏制，基本实现渔业产业与生态环境的协调发展。初步建成象山港海洋牧场示范区。

——水产品质量安全水平进一步提高，产地抽检合格率达到 98%，无公害覆盖率达 50%。

——科技教育对渔业的支撑作用明显增强。渔科教紧密结合，科技进步成为渔业增长的主要因素，科技成果转化率达 50%，水产良种覆盖率达 90%，广大渔业劳动者的科技文化素质得到明显提高。

——渔民收入稳定增加，生活舒适、安定，社会保障体系健全。渔民人均纯收入达到 15 000 元以上，渔民生活达到小康水平，渔区社会文明进步。

四、2013 年宁波促进海洋渔业发展的几点建议

2013 年宁波市海洋渔业发展应以党的十八大精神为指导，深入贯彻落实科学发展观，以建设社会主义新农村，构建养殖渔业设施化、远洋渔业国际化、休闲渔业都市化为目标，以调结构，促转变，增实力，上水平为工作着力点，坚持一手抓渔业经济健康发展，一手抓渔业生态持续改善的发展理念，突出保供给，促增收，拓休闲，护生态四个重点，进一步强化渔业基础设施建设，加快渔业生产方式转变，

不断提高水产品质量安全水平，优化海洋经济与现代渔业发展环境，推进渔业组织化、产业化、标准化进程，提高渔业综合生产能力、市场竞争力和抵御风险能力，促进渔业资源、生态环境、渔民致富相统一的和谐渔业发展，推动全市渔业发展再上新台阶。

（一）加强基础设施建设，促进传统渔业向集约化转变

要改造提升传统海洋养殖产业，优先发展高效生态海水养殖，建设一批生态友好型水产养殖园区。优先发展水产品精深加工、高值化利用水产资源和加工废弃物产品；发展基于生态系统的可持续水产养殖业。推进养殖池塘保温大棚和工厂化设施建设，加快发展工厂化养殖，重点实施海水养殖网箱改造和削减工程，进一步推进养殖池塘标准化改造建设，加快推进水产苗种培育设施改造，推广应用节水、节能型水产养殖设施和技术，全面提高水产养殖设施化水平。加强水产品质量安全体系建设，提高水产品的国际竞争力；积极推进和发展现代水产品物流业，建设提升一批配套设施完善及信息化的水产品物流业。

（二）调整养殖模式，促进传统渔业向生态节能型转变

围绕对虾、梭子蟹、青蟹、大黄鱼、滩涂贝类、紫菜和中华鳖等优势主导养殖产品，应用生态学原理，推动立体生态养殖，建立多种模式的投饵性种类、滤食性种类和水生植物间的多元混养与轮养的复合生态养殖系统；建立水产与水生经济植物共生、渔业与畜牧轮作等循环渔业生产方式，提高养殖产出率。继续做好水产养殖健康养殖示范场、国家地理标志等申报与建设工作，积极推进象山港小型渔船新型材料推广，逐步实现象山港小型渔船安全美观节能。继续推进渔业节能、渔业机械化推广和政策性保险等工作，促进宁波市水产养殖业健康、可持续发展。

（三）调整产业结构，促进传统渔业向休闲化都市型转变

积极推广休闲生态渔业技术模式，利用渔村设备和空间、渔业生产场地、渔具渔法、渔业产品、渔业经营活动、水产生物、渔业环境及渔村人文资源等，围绕休闲渔业都市化的目标，积极发展休闲垂钓、观赏鱼养殖等城郊休闲渔业园区，经规划设计，充分发挥渔业与渔村休闲旅游功能，集渔业、科普、旅游、观光、健身、娱乐、休闲为一体，第一、第三产业相融合的渔业新型业态；促进多样化、市场化、精品化的休闲渔业区建设；开展形式多样的渔文化活动，提升渔文化内涵。

（四）调整投资模式，促进传统渔业向标准化生态型转变

大力发展安全、高效的生态养殖业，科学制定养殖规划，完善养殖权制度建设，科学确定养殖布局、发展规模；稳定池塘、滩涂养殖业，有序发展浅海养殖业；积

极培育现代种苗产业，全面推行池塘环境友好型养殖模式、湖泊水库洁水型渔业开发模式、文化传承和创新型生态养殖模式、大水面鱼虾贝藻立体增（养）殖模式、设施渔业养殖模式；以现代渔业园区建设为平台，继续开展高标准生态池塘改造。争取2013年将养殖池塘标准化改造重新列入建设计划，计划利用3年时间全市改造池塘25万亩，每年改造8万~9万亩，带动渔业合作组织、社会资本、渔农民加大投入。

（五）调整捕捞布局，促进传统渔业向国际化外向型转变

以政府为主导，稳步发展远洋渔业，积极发展大洋性渔业，通过产、学、研结合，继续开展远洋渔场的探捕，拓展远洋新渔场，开发新鱼种。以财政补助为主引导，群众投入为主的方式，大力推进远洋渔船和远洋辅助船新建和改造。推广新型高效远洋渔船和渔具渔法，加快远洋装备的国产化进程；开展远洋渔业基地建设，努力延伸远洋渔业产业链，加大远洋渔业生产、保鲜加工装备、维护保养基地建设及远洋渔获物集散地建设，提升远洋渔业发展的保障能力，增强获取国际渔业资源能力和综合竞争力。重点做好以下几项工作：一是建造现代化远洋渔船。新建改造购置远洋渔船100艘，以现代工业理念改造和提升传统远洋渔船，向工程化、数字化方向发展。二是开展冷链物流建设，以远洋捕捞为基础，大力发展远洋渔业服务业，为远洋渔业可持续发展提供重要保障。三是建立象山远洋渔业基地。建造远洋水产品交易市场及专用冷库，推进远洋渔业发展的体制机制建设，鼓励大型渔业企业入驻象山，鼓励和引导社会资金发展远洋渔业，扶持企业到高校招聘远洋捕捞专业毕业生建立现代化远洋船队。四是实施渔业“走出去”战略。积极鼓励企业在发展中国家设立渔业捕捞和养殖加工基地，增强宁波远洋渔业企业的综合竞争力。

2012 年度宁波市临港工业发展报告

宁波市拥有深水港口，岸线资源丰富，通过发挥区位资源禀赋优势，利用国内外资源、参与国际产业分工，重点发展以石化、钢铁、汽车、装备、造船为主体的临港工业，使宁波市的产业结构完成了从以轻纺为主向以重化工业为主的产业结构演变，促进了产业的高级化，也推动了城市化建设，形成了港—城互动的良好发展形态，提升了宁波区域经济竞争综合力。

一、临港工业的基本内涵

临港工业是指以港口为依托，以资金和技术密集的基础原材料产业为主体，以大进大出为特征，凭借港口综合条件在临港区域成片开发，企业大量积聚而形成产业集群的空间形态。它是临港经济的重要组成部分，具有大型化、重型化、外向性、资本密集、技术密集等经济特征。纵观世界发达国家的工业发展，重化工业项目临港布局已成为一种潮流，是沿海地区利用发达海运业发展大型基础工业的主要形式，也是世界公认的发展大工业的成功路径。

二、宁波临港工业发展历程

改革开放以来，宁波抢抓国家开发港区、培育临港工业带的大好机遇，以天然深水良港为依托，充分发挥区位优越、产业完善、体制灵活等优势，承接以石油化工、冶金、能源等为重点的重化工业产业转移，走出一条以贸易港拉动临港工业的工业大市、工业强市之路。经过 30 多年的发展，宁波临港工业从小到大、从大到强，已基本形成了一条绵延几十千米的临港工业带。从发展历程来看，宁波临港工业的发展大致可分为以下三个阶段。

（一）起步期（1974—1990 年）

20 个世纪 70 年代以前，国家从战备等实际情况考虑，包括宁波在内的沿海工业建设受到限制。直到 1974 年，宁波开始兴建“四项工程”——即浙江炼油厂（镇海炼化前身）、宁波港、宁波电厂（后改称镇海发电厂）、镇海清水捕鱼业基地（后停建）。1975 年 5 月 23 日，浙江炼油厂打下第一根桩，标志着宁波开始有了真正意义上的临港工业。1978 年浙江炼油厂建成催化裂化装置，成为浙江省第一个加工原油 250 万吨的中型炼制企业。1978 年第一座万吨级码头——镇海港区煤炭专用码头建成投入试运行，1978 年宁波电厂第一台 12.5 万千瓦时发电机组试运行成功，1982 年北仑港区建成当时全国最大矿石中转码头。1984 年，宁波经济技术开发区成为继大连、秦皇岛之后的全国第三个国家级开发区。1986 年开始兴办北仑港工业区。这一时期，宁波成为中国进一步对外开放的沿海港口城市（1984 年）、计划单列市（1987 年），为宁波临港工业发展争取到国家政策，开始引进临港工业项目，并为以后连片开发奠定了基础。

（二）快速发展期（1990—2010 年）

这 20 年是宁波临港工业的快速发展时期，形成了目前的宁波临港工业规模和产业布局。1992 年宁波市委七届六次全会确立了“以港兴市，以市促港”的发展战略，2001 年 7 月中共宁波市委常委会专题研究了有关宁波开发区的若干重大问题，掀起了大规模开发建设的热潮，大型临港工业发展平台相继建立。1992 年 11 月，设立宁波保税区；1993 年 3 月，设立宁波大榭开发区；2003 年 2 月宁波化工区管理委员会正式开始运作，2010 年 12 月正式升格为国家级经济技术开发区（宁波石化经济技术开发区）；2005 年 6 月成立浙江慈溪出口加工区，2010 年 2 月升格为宁波杭州湾新区；2008 年 2 月设立宁波梅山保税港区。2009 年，《宁波—舟山港总体规划》获批，标志着两港一体化进程加快。2010 年，宁波杭州湾新区和宁波梅山保税港区成为省级产业集聚区。“十五”时期正式提出了“510”产业，确定了石化、能源、钢铁、造纸、修造船等 5 大临港工业，规划以临港工业为主的“三带、六区、13 +1 园”的工业布局。宁波钢铁、宁波万华、吉利汽车、台塑、镇海炼化大乙烯等一批关系到国家、省、市产业结构调整和升级的石化、能源、装备等临港工业大项目相继建成投产。

（三）提升发展期（2011 年起）

随着产业规模的不断扩大，宁波临港工业面临着环境负荷、要素制约等问题，亟待转型升级。2011 年，《浙江海洋经济发展示范区规划》获批，为宁波市临港工业发展带来了前所未有的战略机遇。根据产业转型升级发展规划，结合产业发展实际，“十二五”时期重新确定石化、钢铁、汽车、造船、装备制造业为宁波市五大临港工业。为促进临港工业的提升发展，宁波市相聚出台了《宁波市海洋经济发展规划》等政策，提出把择优发展临港工业作为宁波海洋经济发展的战略重点，努力打造国内一流、世界先进的临港先进制造业基地。为拓展临港工业发展空间，在优化现有临港工业布局基础上，启动开发三门湾产业集聚区（宁海）。在产业发展目标方面，提出石化产业，炼油能力规划目标 7 000 万吨/年，到 2015 年达到 4 000 万吨/年；乙烯生产能力规划目标是 300 万吨/年，力争到 2015 年基本建成具有全球战略影响、石化产业增加值过千亿的世界级石化产业基地。钢铁产业，力争到 2015

年，钢铁生产能力达600万吨/年，不锈钢生产能力达250万吨/年，努力建设成为我国东南沿海新兴的钢铁生产基地。汽车产业，力争到2015年，整车产量达到50万辆/年，汽车发动机产量达到50万台/年，努力建设成为长三角地区乃至全国的重要汽车产业基地。造船产业，力争到2015年，修造船生产能力达到400万载重吨/年，努力建设成为我国东南沿海重要的修造船生产基地。装备制造，到2015年，新装备产业实现产值1 600亿元，成为国家重要先进装备制造业基地。

三、宁波临港工业发展现状

从空间布局上看，宁波临港工业从北向南依次为沿湾产业带、沿海产业带和环象山港产业带。沿湾产业带是全市临港工业的新兴区块，是浙江省打造海洋经济的大平台，拥有省级产业集聚区——杭州湾新区，以汽车、装备产业为重点特色产业。沿海产业带是全市临港工业的核心区块，包括镇海、北仑、宁波保税区、大榭开发区、梅山保税港区等区块，是打造浙江海洋经济发展的核心区及浙江临港大工业发展的核心区。其中，北仑临港工业区以重化工业为主，以石化、装备、汽车、钢铁产业为特色；镇海临港工业区由镇海开发区和澥浦至龙山化工区组成，以石化行业为主，装备行业为辅；大榭岛临港工业区以石化为基础，以出口加工、内外贸易、仓储运输为支柱。环象山港产业带的特色产业涵盖船舶修造、能源、装备制造等。

2012年，宁波市石化、钢铁、汽车、修造船、装备等五大临港工业规模以上企业2 718家、拥有总资产4 702亿元、从业人员51.4万，分别占全部规上工业的40.9%、45.3%、35.9%。完成规上工业产值5 792.5亿元，与上年持平，其中新产品产值1 114.1亿元，同比增长8.8%；完成销售产值5 625亿元，同比下降1.6%，其中出口788.5亿元，同比增长1.4%；实现利税总额538.1亿元，同比下降18.7%，其中利润235.6亿元，同比下降29.9%。全年科技活动经费支出总额75.6亿元，同比增长8.3%（表1、表2）。

表1 2012年临港工业主要经济指标情况

	总产值		出口		利税		利润	
	实绩/亿元	增长/%	实绩/亿元	增长/%	实绩/亿元	增长/%	实绩/亿元	增长/%
全市规上工业	11 962.1	1.3	2 658.7	-2.2	1 057.5	-8.3	520.3	-15.2
临港工业	5 792.5	0.0	788.5	1.5	538.1	-18.7	235.6	-29.9
石化	3 289.9	-1.2	225.6	1.5	329.3	-26.7	92.4	-48.7
汽车	582.8	16.8	92.1	11	73	18.6	55.3	18.2

续表

	总产值		出口		利税		利润	
	实绩/亿元	增长/%	实绩/亿元	增长/%	实绩/亿元	增长/%	实绩/亿元	增长/%
新装备	1 240. 1	-0. 8	374. 5	-0. 6	121. 1	-3. 0	82. 3	-10. 7
钢 铁	560. 4	-6. 1	35. 8	-12. 0	8. 9	-51. 3	1. 2	-89. 1
修造船	119. 3	1	60. 5	3. 6	5. 8	-20	4. 4	40. 5

表 2 2008 年以来宁波规上临港工业产值、利润增长走势 %

年 份	2008	2009	2010	2011	2012
产值增速	17. 8	-4. 1	39. 5	22. 9	0. 0
利润增速	-75. 9	392. 2	55. 9	-2. 7	-29. 9

（一）石化产业

石化产业是宁波市支柱产业之一，目前已形成了以炼油和乙烯为重点，以镇海、北仑、大榭三大石化产业集聚区为平台，已成为省内石化产业的核心区块和国内石化产业重要生产基地。其中，宁波石化经济技术开发区区块形成了以镇海炼化、LG甬兴、大安化学等为核心的石化产业群；宁波经济开发区块形成了台塑关系企业、逸盛石化、新桥化工、海越新材料等为核心的石化产业群；大榭区块形成了宁波万华、中海油大榭石化、三菱化学等为核心的石化产业群。2012 年虽面临市场需求明显下滑和成本上升等因素叠加影响，但由于一批重大项目相继投产的支撑效应，如中石化镇海炼化分公司 100 万吨/年乙烯项目、宁波大榭万华工业园二期项目、浙江逸盛石化三期 PTA 扩产、阿克苏诺贝尔（宁波）多元化生产基地等一批重大项目建成投产后发挥作用，又有一批大项目如宁波禾元化学 30 万吨/年 PP 和 50 万吨/年乙二醇项目、台塑石化专区 15 个一期后续项目、宁波万华三期 60 万吨/年 MDI 扩产项目、大榭石化馏分油综合利用项目相继开工建设，石化产业继续保持稳定发展势头。

1. 主要经济指标完成情况

2012 年，全市石化产业规模以上企业 699 家，从业人员 12. 1 万人，拥有资产 2 009. 6亿元。全年完成工业总产值 3 289. 9 亿元，同比下降 1. 1%，产值增幅低于全市规上工业 2. 3 个百分点，占全市规上工业总产值 28. 2%，占临港工业总产值 56. 8%。完成销售收入 3 261. 6 亿元，同比下降 7. 4 %，占全省超过四成。龙头企业——镇海炼化完成销售收入 1 227 亿元，同比下降 7. 0%。完成出口交货值 225. 6

亿元，与上年同比增长1.5%。实现利税329.3亿元，同比下降26.7%，其中，实现利润92.4亿元，同比大幅下降48.7%，全年合计减利87.7亿元，占全市减利额的93.9%，是导致全年工业利润大幅下降的主要原因。

2. 产业结构情况

宁波呈现包括以石油化工、高分子合成材料、基本化工原料、农用化学品、有机化工中间体、涂料、染料、橡胶制品、化工机械等行业为主的格局，形成了具有25个行业、100多个品种的石化工业体系。从大类行业分，宁波市石化产业主要有石油加工、化学原料和化学制品、化学纤维、橡胶和塑料等四个制造业。原油加工业是石化产业的重要部分，2012年完成工业总产值1 568.6亿元，占石化产业47.7%，比重比上年下降10个百分点；实现利润242.4亿元，占石化产业73.6%，见表3。

表3　2012年宁波市石化产业产值、利税指标分行业情况

		石化	原油加工	化学原料和化学制品	化学纤维	橡胶和塑料制品
产值	累计/亿元	3 289.9	1 568.6	1 156.8	219.7	344.8
	增长/%	-1.2	-3.0	2.0	-7.3	1.5
出口	累计/亿元	225.6	0.6	84.9	14.7	125.3
	增长/%	1.5	-69.0	7.3	-24.9	3.1
利税	累计/亿元	329.3	242.4	60.9	1.0	25.1
	增长/%	-26.7	-17.8	-49.3	-87.3	-7.6
利润	累计/亿元	92.4	34.0	42.5	-0.6	16.4
	增长/%	-48.7	-43.8	-55.4	-111.2	-12.5

近年来，随着全市石化产业转型升级不断深化，化工新材料和专用化学品产业得到很大的发展，宁波市已成为我国化工新材料重要的产业基地。从石化产业工业产值构成来看，原油加工业的产值比重逐年减少，精细化工等化学工业的产值比重逐年增加（图1）。

3. 主要产品产量完成情况

2011年，宁波市石化产业"十一五"期间建成的100万吨/年乙烯工程11套生产装置和台塑关系企业8套生产装置投产后满负荷运行，重点跟踪的石化产品产量大部分都比上年增加。全年完成原油加工2 717.4万吨，生产乙烯110.8万吨、PP 97.6万吨、PTA 387.2万吨、MDI 53.8万吨、ABS 96.4万吨（表4）。ABS、PVC、PP、EPS、PS以及单体MDI、PTA、乙二醇、聚醚多元醇等产品在全国占有相当大的比重，其中ABS、PTA和MDI的产能列全国之首。在炼油行业政策性亏损的大环

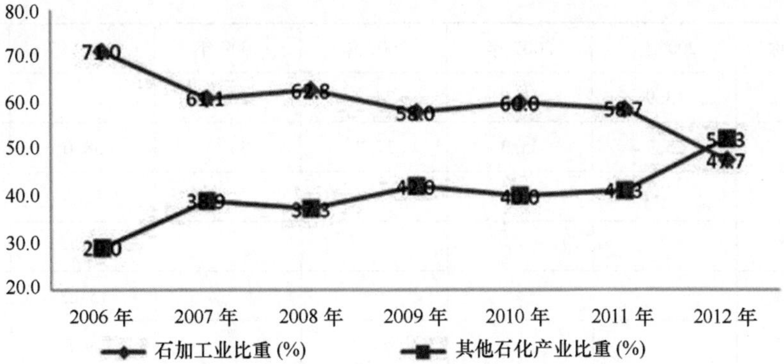

图 1　2006 年以来石化产业内部产业产值比重走势图

境下，中石化镇海炼化分公司完成原油加工 2 198.6 万吨，保证成品油市场供应，炼油能力依然保持国内第一，列全球大炼厂第 19 位，乙烯产量超过设计能力达到全国第二位。

表 4　2006—2011 年宁波市主要石化产品产量　　单位：万吨

产品名称	2006 年	2007 年	2008 年	2009 年	2010 年	2011 年
原油加工量	1 980.4	2 087.8	2 158.3	2 368.1	2 621.5	2 717.4
柴油	726.3	738.9	804.1	735.4	750.6	742.0
汽油	241.7	246.1	267.2	304.2	283.0	295.5
煤油	127.3	153.8	129.4	146.1	154.6	162.9
液化石油气	94.2	98.1	105.8	106.4	109.5	110.4
石油沥青	68.0	57.1	55.7	218.7	275.5	271.8
润滑油	51.6	62.1	61.1	132.6	120.2	162.6
石脑油	121.1	133.7	132.0	118.9	225.8	109.7
聚醚多元醇	6.2	7.0	5.4	7.9	7.5	8.2
烧碱（折百）	16.3	28.6	31.3	33.9	34.3	46.1
硫酸（折百）	10.4	9.9	5.9	9.2	9.2	10.3
丙烯酸酯	9.3	13.4	10.2	11.2	17.1	16.0
ABS/AS	84.5	74.4	71.4	91.2	96.9	96.4
PTA	70.5	176.5	184.2	262.5	283.1	387.2
PP	29.2	29.4	48.5	67.7	82.3	97.6
EPS	16.8	16.4	18.7	18.3	19.2	19.6
DOP	12.4	13.0	15.3	18.4	18.4	20.1

续表

产品名称	2006 年	2007 年	2008 年	2009 年	2010 年	2011 年
MDI	13.9	18.9	24.2	26.9	31.0	53.2
PVC	25.9	35.3	27.7	34.4	38.0	54.3
乙烯					52.6	110.8
乙二醇					30.0	54.8
环氧丙烷					15.28	30.58
PE					19.8	47.4

4. 下游产品主要生产装置

随着镇海炼化乙烯工程的建成，台塑（宁波）化工主要产品生产装置的投产，已形成了以乙烯为龙头的一定规模的石化产业链，宁波现有乙烯下游产品主要生产装置见表5、丙烯下游产品主要生产装置见表6、芳烃下游产品主要生产装置见表7。

表5　宁波目前乙烯下游产品主要生产装置

序号	产品（项目）名称	生产规模 /（万吨·年$^{-1}$）	主要原料	生产企业	备注
1	LLDPE	45	乙烯	镇海炼化	投产
2	PVC	30	乙烯、氯化氢	韩华化工	在建
3	PVC	30	乙烯、氯化氢	台塑化工	投产
4	EO/EG	65	乙烯、氧气	镇海炼化	投产
5	乙醇胺	6	环氧乙烷、胺	阿克苏诺贝尔	在建
6	乙撑胺	3.5	乙醇胺	阿克苏诺贝尔	建成
7	螯合剂	2.5	乙醇胺	阿克苏诺贝尔	建成
8	醋酸纤维	4	醋酸、纤维素	大安化工	投产
9	聚醚	7	多元醇、环氧乙烷	太平洋化学	投产

表6　宁波目前丙烯下游产品主要生产装置

序号	产品（项目）名称	生产规模 /（万吨·年$^{-1}$）	主要原料	生产企业	备注
1	PP	45	丙烯	台塑化工	投产
2	PP	50	丙烯	镇海炼化	投产

续表

序号	产品（项目）名称	生产规模/（万吨·年$^{-1}$）	主要原料	生产企业	备注
3	环氧丙烷/苯乙烯	28.5/62	丙烯、乙苯	镇海炼化	投产
4	ABS（SAN）	45	丙烯腈、丁二烯、苯乙烯	台塑石化	投产
5	ABS	50	丙烯腈、丁二烯、苯乙烯	宁波乐金甬兴	投产
6	AA/AE	16/20	丙烯/醇	台塑石化	投产
7	SAP（高吸水性树脂）	3	丙烯酸	台塑石化	投产
8	腈纶	6	丙烯腈	杭州湾腈纶	投产

表7　宁波目前芳烃下游产品主要生产装置

序号	产品（项目）名称	生产规模/（万吨·年$^{-1}$）	主要原料	生产企业	备注
1	芳烃抽提	60	芳烃	镇海炼化	投产
2	苯酐	6	邻二甲苯	镇海泰达化工	投产
3	苯胺	36	苯	宁波万华聚氨酯	投产
4	乙苯	65	苯、乙烯	镇海炼化	投产
5	PTA	60	对二甲苯	台塑石化	投产
6	PTA	60	对二甲苯	宁波三菱化工	投产
7	PTA	130	对二甲苯	宁波逸盛石化	投产
8	PTA	150	对二甲苯	台塑石化	在建
9	MDI	30	苯胺、甲醛	宁波万华聚氨酯	投产
10	MDI 二期	30	苯胺、甲醛	宁波万华聚氨酯	在建
11	PS	20	苯乙烯	台塑石化	投产
12	DOP	25	苯酐、辛醇	韩国爱敬化工	投产
13	DOP	15	苯酐、辛醇	宁波东来化工	投产
14	EPS（发泡聚苯乙烯）	18	苯乙烯	宁波新桥化工	投产

宁波石化行业代表性企业——镇海炼化，该企业是我国最大的石油化工企业，已形成2 300万吨/年炼油、100万吨/年乙烯、150万吨/年芳烃、50万吨/年聚丙烯的生产能力，是国内最大的原油加工基地、进口原油加工基地、含硫原油加工基地、成品油出口基地和重要的原油集散基地之一。建成投产的乙烯装置及配套项目是目前国内规模最大、技术最先进、国产化率最高的国家重点建设项目。镇海炼化还拥

有年吞吐能力超过 4 500 万吨的深水海运码头，为原料的输送供给提供保证。2012 年完成销售收入 1 227 亿元。

（二）汽车产业

经过 10 多年的高速发展，宁波汽车产业已成为宁波市优势产业。随着上海大众整车项目在宁波杭州湾新区落地开工建设，未来宁波将形成上海大众、浙江吉利两大整车企业为龙头，众多零部件企业协调发展的，成为我国重要的汽车生产基地。从吉利到大众，从基本型轿车到中高端汽车，宁波整车制造产业正日趋完善。两年后，宁波作为全国汽车整车制造基地的地位就凸显出来。大众项目产业集群效应也将逐步溢出，使汽车产业成为宁波经济发展主导产业之一。

1. 主要指标完成情况

2012 年，全市汽车产业规模以上企业 378 家，其中整车企业 8 家，上海大众宁波分公司在建。全年完成工业总产值 582.8 亿元，同比增长 16.8%。完成出口交货值 92.1 亿元，与上年同比增长 11.0%。实现利税 73.0 亿元，同比增长 18.6%，其中，实现利润 55.3 亿元，同比增长 18.2%。

从行业内部看，整车制造汽车企业，完成工业总产值 123.8 亿元，同比大增 62.0%；销售汽车 13.05 万辆；实现利润 15.9 亿元，同比增长 40.7%。汽车零部件制造企业，完成工业总产值 459 亿元，同比增长 14.1%；实现利润 39.4 亿元，同比增长 7.7%。

2. 主要零部件产品

宁波市汽车零部件生产企业，以自主创新为动力，不断加大研发投入，加快进行技术升级和改造，提升产品技术，改进生产工艺，提高产品质量稳定性。传统机械加工件如制动拉索、座椅支架等产品已逐步被电控制动系统、电动座椅执行机构等模块化电控产品替代。简单的机械加工装备也逐步被高效的数控加工中心、自动化流水线等先进的加工装备替代。如浙江吉利历时五年研发的先进 CVVT 发动机、宁波圣龙为美国福特汽车公司研发的六速自动变速箱油泵以及宁波华翔生产的汽车内饰件系统及汽车座椅系统等，均达到了国际同类产品的先进水平（表 8）。

表 8　宁波市汽车零部件产业主导产品基本情况

产品类别	主要产品	主要生产企业
动力装置类	汽车发动机、变速器、离合器、发动机机油泵、水泵、凸轮轴、风扇、汽车空压机、汽车冷凝器等	浙江吉利汽车有限公司宁波圣龙集团 宁波雪龙汽车风扇制造有限公司 奉化市天风汽车空压机有限公司

续表

产品类别	主要产品	主要生产企业
汽车底盘类	汽车前后轿、轮毂、悬架、转向节、减振器、制动拉索、制动软管、方向盘等	宁波跃进汽车前轿有限公司 宁波宝德轮业有限公司 宁波拓普减震系统有限公司 宁波永信汽车部件制造有限公司 宁波建新减震系统有限公司 宁波汽车软轴软管有限公司
车身及附件类	汽车座椅模块、车门模块、仪表板总成、汽车车轮盖、发动机盖、空调控制器总成、汽车电机和传感器、汽车格栅和标牌等	宁波华翔集团 宁波双林汽车部件有限公司 宁波帅特龙车辆部件有限公司 宁波华众塑料制品有限公司 宁波四维尔汽车装饰件有限公司 宁波明佳汽车内饰有限公司 宁波亚乐克汽车部件有限公司
电器、仪表及相关配件类	汽车发电机、起动机、汽车车灯、高强度紧固件、托架、汽车电子电器产品等	宁波华泰汽车电器总厂 宁波卡倍亿电气技术有限公司 宁波正耀汽车电器有限公司 宁波久腾车灯电器有限公司 宁波摩士集团股份有限公司

3. 产业集聚效应明显

其中，以杭州湾新区整车项目生产基地，以北仑区的乘用车及配套发动机、变速器生产基地，象山县的汽车内外饰件生产基地，宁海县的汽车橡胶件生产基地，江北区的汽车基础金属件生产基地，以及鄞州区的先进汽车零部件生产基地最具特色。此外，慈溪、余姚的汽车电器元件生产企业以及奉化的空压机生产企业也具备较强的发展潜力。随着产品集群化、专业化发展步伐的加快，产业布局的集聚效应和规模效应越来越明显（表9）。

表9 宁波市汽车及零部件产业布局分布情况

地区	核心区块	特色产业	代表企业
杭州湾新区		乘用车	浙江吉利汽车有限公司杭州湾基地 上海大众宁波分公司（在建）
北仑	大碶、新碶、霞浦	乘用车及配套发动机、变速器	浙江吉利汽车有限公司北仑基地 宁波宏协离合器有限公司

续表

地区	核心区块	特色产业	代表企业
象山	西周镇、经济开发区	汽车内外饰件	宁波华翔电子股份有限公司 宁波华众塑料制品有限公司
鄞州	鄞州投资创业中心、姜山、集仕港、	先进汽车零部件	宁波圣龙汽车动力系统股份有限公司 宁波名古屋工业有限公司
宁海	梅林、西店、科技园	汽车橡胶件	宁波双林汽车部件股份有限公司 建新赵氏集团有限公司
江北	江北投资创业中心、庄桥、孔浦	汽车基础金属件	宁波跃进汽车前桥有限公司 宁波建新减震系统有限公司
余姚	马渚、陆埠	汽车电器元件	宁波正耀汽车电器有限公司 余姚市华立电子有限公司
慈溪	横河、匡堰	汽车电器元件、内外饰件	宁波华德汽车零部件有限公司 宁波四维尔汽车装饰件有限公司
奉化	尚田、锦屏、岳林	汽车空压机	天风汽车空压机有限公司 奉化市开林汽车空压机有限公司

4. 行业公共服务平台支撑加强

近几年来，宁波市高度重视公共服务平台的建立与完善，通过各平台，从信息发布、市场拓展、人才培训、国际经贸合作、技术咨询支撑等多领域服务于宁波汽车及零部件产业转型升级和可持续发展。市汽车零部件产业协会积极组织宁波汽车零部件企业赴外地整车及主机企业进行产业对接，组织参加卓越绩效管理模式高层培训和各类技术研讨会、产品展览交易会，组队参加北欧汽配团访甬产业对接交流活动等一系列产业对接、项目洽谈活动，为企业发展觅良机、搭平台、拓市场，增进了产业链密切关系，发挥了桥梁纽带作用。一年一次的宁波国际汽车及零部件（用品）进出口交易会，为宁波汽车产业企业开拓国内外市场创造了良好的契机，同时也提升了行业的品牌知名度。

（1）吉利汽车杭州湾新区项目。2010年，杭州湾新区专门制定了汽车产业发展规划，将国际汽车产业城建设列为“十二五”时期开发建设的重点。吉利杭州湾基地项目是杭州湾新区引进的首个汽车整车制造项目，该项目一期占地1 000亩，总投资29亿元，可年产帝豪整车12万辆、CVVT汽车发动机12万台，年产值达115亿元；一期和二期全部达产后可年产整车22万辆，CVVT发动机及1.3T发动机52万台，年产值可达250亿元。2011年4月，吉利汽车杭州湾基地建成投产，吉利汽车在杭州湾新区制造的第一辆整车——吉利帝豪EC—7第十五万辆车同步下线，标志着杭州湾新区汽车产业发展迈出了坚实的一步。

（2）上海大众杭州湾新区项目。2011 年 11 月，上海大众有限公司宁波分公司正式获国家发改委核准建设，一期年产 30 万辆乘用车的上海大众第六工厂在宁波杭州湾新区全面开建，这标志着宁波杭州湾新区向建设国内重要汽车产业基地的目标迈出了关键性步伐。2012 年初，上海大众锁定宁波杭州湾新区加快扩产步伐，上海大众宁波杭州湾新区第六工厂一次性投资 117.59 亿元，预计 2013 年下半年可实现整车下线，达产后销售规模超过 360 亿元。

（三）装备制造[①]

近年来，宁波市装备制造业规模显著扩大，产业结构不断优化，形成了具有一定特色的产业格局，先后获得了“中国模具之都”、“中国塑机之都”等称号。已在全国同行中形成明显的区域优势产业或产品，形成了一批具有竞争力的优势产品，成为推动宁波经济增长的重要动力。

1. 主要指标完成情况

2012 年全市共有装备制造业规模以上企业 1 291 家，从业人员 23.8 万人。全年完成工业总产值 1 240.1 亿元，同比下降 0.8%。完成出口交货值 374.5 亿元，同比下降 0.6%。实现利税 121.1 亿元，同比下降 3.0%，其中，实现利润 82.3 亿元，同比下降 10.7%。装备制造业生产略差于全市规上工业水平，但盈利能力相对好于全市水平（表 10）。

表 10　2012 年宁波装备制造主要经济指标完成情况

	产值		出口		利税		利润	
	实绩/亿元	增长/%	实绩/亿元	增长/%	实绩/亿元	增长/%	实绩/亿元	增长/%
装备制造	1 240.1	-0.8	374.5	-0.6	121.1	-3.0	82.3	-10.7
通用设备	709.1	0.3	230.2	-1.0	64.1	-0.1	43.1	-6.7
专用设备	324.3	-4.3	86.2	3.0	35.9	0.5	25.2	-9.6
仪器仪表制造	156.2	-8.1	39.0	4.5	21.1	-15.9	15.1	-21.7

2. 新产品产值率较高

从近几年的数值看，全市装备制造业的新产品产值率均保持在比全市平均水平高 7 个以上百分点的水平，且一直保持上升态势，说明装备制造业的创新能力优于全市平均、创新成果多于全市平均，装备制造业是宁波市工业自主创新的重

① 为避免重复计算，本文中的装备制造业不含汽车和造船产业。

要战场（图2）。

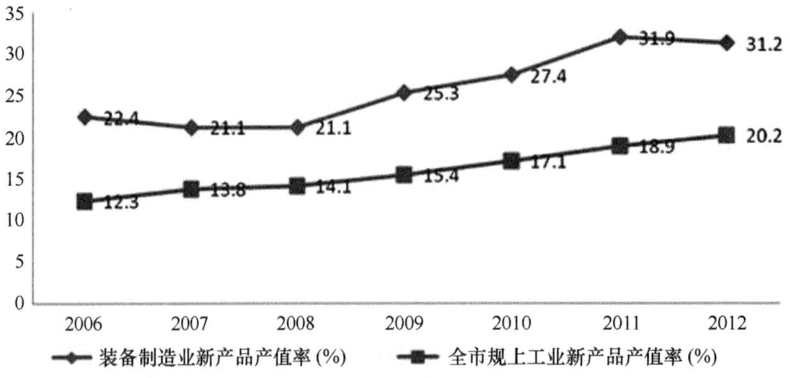

图2　2006年以来装备制造业和全市规上工业新产品产值率比较

3. 龙头企业和主要产品

宁波市装备制造业已在全国同行中形成明显的区域优势产业或产品，如塑料注射成型机、船用小功率柴油机、粉末冶金制品、高压输变电设备、液压元器件、微小型轴承、金属冲压模、注塑模、水表、长寿命电度表、光学仪器、电动工具等，其中注塑机、液压搬运车等38种，装备产品市场占有率居全国第1位。

在轨道交通装备方面：宁波有能力为轨道交通建设及运营直接配套的装备制造企业约200家，如宁波凹凸重工的起重机、浙江广天构件等的盾构管片已经应用于宁波轨道交通工程1号线。

在新能源装备方面：在风力发电、地热采暖装备及基础零部件方面具有一定的基础，如宁波风神的风光互补发电系统和风力发电机组、东力传动的风电齿轮箱、锦浪的发电系统、达克的轴承、日月的风电铸件等风电装备；宁波圣龙的地源热泵、金正能源的空气源热泵以及余姚通迪的核电设备用锻件等。

在节能环保装备方面：节能环保装备发展迅速，主要有：宁波太极环保设备公司的“DS－多相反应器”、烟气冷却器、循环槽等烟气脱硫设备，海天塑机的超节能注塑机，众邦的永磁交流无刷数控节能电机等。

在医疗保健装备方面：医疗保健装备制造企业主营业务收入超千万元的有24家，其中超5 000万元的企业有9家，如：鑫高益、戴维、蓝野、天益、永新、浙江广慈、奉化康龙等，产品主要包括医用磁共振成像系统、婴儿培养箱、高压氧舱、医用激光治疗设备、医用供氧和净化设备、血液透析装置、医用生物显微镜、牙科治疗设备等几十个门类，数百个品种。

在海洋工程装备方面：通过组织实施重大科技攻关，涌现出了具有自主知识产权的成果，如浙江船厂的海洋工程平台定位船舶、宁波恒力液力机械制造有限公司的深水铺管船用托管架调整系统和半潜式海洋平台定位定泊系统、宁波东方的

“220 kV 及以下光电复合海底电缆、海底交联电缆及生产装备”以及与其配套的威克丽特公司的功能塑料，奉化圣菲的海洋石油开采设备配件等。

在数控装备方面：现有数控装备制造企业约60家，其中：加工中心和数控机床制造企业15家，精雕机制造企业20家，电加工设备制造企业10家，年产值约17亿元。主要产品有卧式加工中心、龙门式加工中心、数控车床、电加工机床、雕铣机等，如海天精工的五轴联动立式加工中心、耀发的数控机床、力劲公司的大型数控压铸设备、新泽谷公司的插件机等。

在物联装备方面：在液压、气动、密封元件以及传感器方面具有较好的产业基础，各类缸、泵、阀、密封件、传感器、控制及执行元件具有传统优势。如：宁波振东光电的光纤传感器、宁波理工监测的在线监测设备、宁波亚德客的气动元件、宁波精科的密封件、宁波兴宁的液压元件等。

① 代表性企业——宁波海天集团股份有限公司，集团公司拥有总资产100亿元，拥有正式职工6 700多名，是中国目前最大的注塑机生产基地，企业整体实力及各项经济指标连续12年在全国同行业中名列首位。

② 南车项目：中国南车宁波产业基地选址在鄞州区五乡镇，规划占地3 000亩，总投资30亿元以上，分轨道交通核心产业集群、配套产业集群与新动力、新材料三大格局，设计配备轻轨连接专线、轨道试运线和国铁接驳口。

（四）钢铁产业

利用宁波港作为全国最大铁矿石中转港这一独特优势，积极推进规模化生产，提高钢铁产品附加值，宁波市已形成了以宁波钢铁、宝新不锈钢等企业为生产主导的钢铁产业格局，已经成为宁波市基础工业和浙江省钢铁生产基地建设的重要组成部分，东南沿海地区新兴钢铁工业基地。

1. 主要经济指标情况

宁波市从事钢铁生产加工、贸易的企业有2 100多家（市区大约有1 000多家）。其中，规模以上钢铁产业企业243家，拥有总资产484.7亿元，从业人员3.9万人。2012年，规上钢铁企业完成工业总产值为560.4亿元，同比下降6.1%；实现销售产值544.3亿元，同比下降7.3%，其中，出口35.8亿元，同比下降12.0%；实现利税8.9亿元，同比大降51.3%，其中利润1.2亿元，同比大降89.1%。

2. 主要产品情况

目前，已基本形成包括钢铁冶炼、不锈钢冶炼、废钢利用、热轧开坯、冷轧板带及不锈钢炊具、餐具、紧固件、汽车零部件、家电、造船、塑机、钢结构件等一个比较完整的产业链，具有明显区域特色。2012年，共生产焦炭109万吨，生铁

420.9 万吨，均与上年持平；粗钢 441.2 万吨，同比下降 2.2%；钢材 412.7 万吨，同比下降 7.0%；中厚宽钢带 334.5 万吨，同比下降 8.0%，其中热扎薄宽钢带 78.2 万吨，同比下降 3.0%；冷轧薄板 61 万吨，和上年持平。

3. 钢贸商、钢贸物流业主要分布情况

螺纹钢、线材主要分布在江北区，从港务三区码头到常洪中转站码头，沿甬江十几个码头带状布局。在大庆北路、大通桥、环城北路东段等分布着近百家钢贸物流企业。

热轧卷板、冷轧卷板、中厚板主要分布在江北区常洪、华业街两个近年改造的商务楼，以及常洪隧道甬江北侧的小板材市场（上述三地主要从原姚江湾头板材市场搬迁而发展起来的）。

综合性钢材市场主要有两家（鄞州区下应钢材市场和江东区华东物资城王家弄钢材市场）。两家市场有几百家经营商户，主要经营模式为前店后库，或亭库合一模式，品种较齐全。

近年来，镇海区域后海塘地块因独特的港口、铁路、公路综合辐射及疏通能力，加上镇海区打造“四大”大宗物资交易平台，钢铁物流的发展较快。现有的八三七国储库、浙江物产钢城、浙江物产加工配送中心、粮库、五矿库、中钢库及今年将竣工的镇海金属交易市场等，已初步形成相互呼应的钢材仓储、钢市、加工配送互补的物流载体。热轧卷板、中厚板、型钢、管材等物流重心已向该区域逐步集聚，在宁波市钢铁流通中地位日益见长

代表性企业——宁波钢铁有限公司，由宝山钢铁集团公司、杭州钢铁集团公司、宁波市政府出资组建。公司主要生产设备为两座 55 孔焦炉，两座 2 500 m^3 高炉，三座 180 吨转炉，一座年产能 180 万吨双工位 RH 真空精炼炉，一条 1 780 mm 热连轧生产线。项目主体装备均达到国内先进水平，并与国际接轨。宁波钢铁是一个从原料到炼铁、炼钢、连铸、热轧等工序配套齐全，装备一流的大型现代化临海钢铁联合企业。2012 年实现销售收入 152 亿元。

（五）造船产业

宁波以现有浙江造船、三星重工、恒富修造船等重点企业为依托，以北仑港为主要空间载体，积极培育若干符合现代化造船模式的大、中型造船总装厂，以及一批具有“专、特、精、新”特色的中小型船舶修造企业，初步形成国内重要的大中型船舶修造中心基地，建立宁波造船工业体系。

1. 主要经济指标情况

目前拥有造船企业和渔船修造企业 65 家，船用配套企业 50 余家，其中，建造万吨级以上船舶的企业有 20 家，年造船能力达 250 万载重吨。造船企业主导产品有

各类货船、集装箱船、化学品船、沥青船、LPG石油供应平台船等。2012年，全市，新建船舶102艘（含鱿钓船等渔船），完成工业总产值119.3亿元，同比略增1%；完成工业销售产值96亿元，同比下降8.6%；完成出口交货值60.5亿元，同比增长3.6%；利润总额4.4亿元，同比下降40.5%。

2. 行业运行特点

一是重点区域生产降幅较大。如宁波市船舶企业较为集中的象山县，11家规模船舶企业工业总产值18亿元，同比减少30.3%；出口为7.2亿元，同比减少12.5%；主营业务收入16.6亿元，同比减少21.6%。

二是三大造船指标下降幅度较大。造船完工量125.6万载重吨，同比下降19%；新承接订单30万载重吨，同比下降68.6%；手持订单124.3万载重吨，同比下降37.5%。

三是船配企业指标降多增少。2012年，全市主要船配生产企业完成工业总产值17.2亿元，同比下降16.5%；完成工业销售产值18.6亿元，同比下降14.5%；完成出口交货值1.6亿元，同比增长14.3%；利润总额2.3亿元，同比下降34.3%。

3. 产业发展特点

一是多元化经营，逆境中突围。宁波不少船企转变生产经营方式，实施多元化策略，有的抓住国家有关产业发展规划的调整时机，着手建造远洋灯光围网渔船和拖网渔船、鱿钓船，有的造起了加油船、污油回收船等工程辅助船及其他发展领域。如浙江东红船业有限公司已承接41艘远洋灯光围网渔船和拖网渔船。象山博大造船有限公司，原主打船舶产品为散货船、集装箱船等，现在开展远洋鱿鱼钓船、远洋金枪鱼钓船业务。三星重工业（宁波）有限公司在目前许多船厂处于无船可造境地下，该企业却在此时从原先专业船舶分段建造进军到整船建造领域，2012年宁波三星完成工业产值32亿元，同比增长120%；完成工业销售产值29亿元，同比增长90%等骄人业绩。

二是苦练内功，提升企业软实力。面对复杂多变的经济形势，宁波市不少船企在积极应对、维持企业平稳运转的同时，不失时机地苦练内功。通过开展形式多样的各种活动，提高人员素质，加强内部管理，提升产品质量和生产效率。浙江造船有限公司开展了“质量管理培训”、“质量管理有奖征文活动”、“CO_2气体保护焊工比武”等一系列活动的“质量月”。

三是科技创新，船配业不乏亮点。2012年，宁波市几家主要船舶配套企业加大科技攻关，提升科技创新能力，为企业的发展增添坚实的后劲，也为当前行业面临的“寒冬”带来令人欣喜的亮点。由中策动力机电集团公司承担的《柴油机电控高压燃油喷射装置产业化》项目，近期被列入国家科技成果转化项目，并获得国家专项补助资金共计2 600万元。

代表性企业——浙江造船有限公司，前身为浙江船厂，占地约 136 万平方米，共有 5 条生产线，其中，3 条为海洋工程船舶产品专项生产线（有 2 条室内船台生产线，配有一座万吨级浮船坞，专门建造世界高端海洋工程船舶产品；另一条为室外船台线，生产系列化海洋船舶工程船舶产品），其他 2 条生产线为室外船台生产线。

四、宁波临港工业发展中存在的主要问题

近年来，全市临港工业发展取得了明显成效，已成为全市支柱产业，但从总体上看，与国内外先进港口城市相比还存在着不小的差距，产业发展水平和素质还不够高，深层次问题仍没得到有效解决。

（一）规划导向作用发挥不够

在港口开发建设和临港重化工业发展上，缺乏统一、可操作的区域规划，重点不够突出，区域分工和资源整合没有突破。各地临港区域多采取以项目带开发的发展思路，短期行为较为明显，难以做到以最有利于区域发展的原则进行布局，导致产业布局不尽合理和有限资源的浪费，并直接影响到今后的项目引进和区域产业的发展，也造成了中心城区和港区被大项目所包围的尴尬境地。

（二）临港重化工业产业层次不够高

宁波市临港重化工业产业层次不高，主要表现在劳动密集型产业比重过大，知识技术密集型产业比重过小；传统产业比重过大，新兴产业比重过小。临港重化工业是投资密集型、技术密集型产业，需要大企业、大项目的带动，而宁波市缺乏一批资本实力强、产业关联性大的大型骨干企业。石化产业对资源能源依赖性强，消化成本上升能力较弱，受国际金融危机和原油价格波动影响，近几年来宁波市石化产业盈利水平波动幅度较大，导致整个工业发展不稳定。部分临港工业园区定位不高，难以适用产业高标准和高端化发展的要求。

（三）部分临港重化工业产业链不够长

宁波市临港重化工业相当数量项目和企业以单体形式存在，产业链较短，特别是终端产品制造业的原材料工业，各个产业之间难以建立起较强的关联度，其中以石化、船舶行业最为突出。目前，镇海炼化大乙烯项目所生产的产品主要供应外省，而本地市场需求较小，相关配套企业较为薄弱。船舶零部件配套的本地化率在 8% 以下，绝大多数原材料和零部件均异地采购。

（四）临港服务业发展相对滞后

和临港工业相比，宁波市临港服务业的发展相对滞后。以港口物流为核心的现

代服务业发展对临港工业的服务支撑还较弱，很大程度上影响了全市临港工业素质的提升。

（五）资源要素制约明显

一是水资源制约。宁波市水资源区域分布不平衡，区域性、水质性缺水矛盾非常明显，临港地区用水矛盾突出。二是电力资源制约。近几年宁波市电力需求呈现快速增长的态势，不同程度地出现了供电紧张的状况。三是土地供需矛盾突出。宁波市临港工业发展腹地不够大，土地已经成为宁波市临港重化工业发展的重要制约因素。宁波可供工业用地已经非常有限。同时，土地粗放使用现状还没有得到根本性遏制，工业园区低、小、散发展问题仍较为突出。四是人才制约。宁波市国家知名的科研院所比较少，高层次学科带头人、高级技术人才和专业技工比例较低。

五、对宁波临港工业发展的展望和建议

“十二五”时期，宁波提出以港航服务业、临港先进制造业、海洋新兴产业和海岛资源开发为重点，打造浙江海洋经济发展引领区和我国重要的新型临港产业基地。在推进现有开发区、工业园区开发建设基础上，以培育经济增长点和竞争制高点为目标，重点建设宁波杭州湾产业集聚区、北仑临港产业集聚区等十大产业集聚区，强化临港工业的载体建设。发挥港口资源优势和区位交通优势，着力构建大宗商品交易平台、海陆联动集疏运网络、金融和信息支撑系统“三位一体”的港航物流服务体系，为临港工业发展发挥服务支撑作用。我们可以展望，在不远的将来，宁波的临港工业发展将达到国内乃至国际先进城市水平，形成具有重要影响力和较强竞争力的现代化临港工业体系。在具体工作中，应把握好以下五点。

（一）加强领导，做好规划

加强领导，提供组织保障。宁波市临港工业基础性强、涉及面广、投资额大，要进一步强化临港工业领导小组办公室力量，加强对相关重大决策的领导，协调各方利益；已经确定的浙江省临港重化工业园区所在地，应建立本区建设领导小组，负责领导和协调本工业园区的建设开发工作。对于浙江省要重点争取实施的重大关键项目，必须成立强有力的项目推进小组，安排专门经费，做到早规划、早汇报，只有争取纳入国家发展规划，项目的实施方有希望。同时要积极落实项目投资主体，推进项目的实施。

做好规划，促进产业合理布局。按照港口一体化的发展思路，明确宁波市在浙江海洋经济区、长三角的定位，坚持“深水深用、浅水浅用”原则，对宁波市临港工业发展做出整体规划、区域规划和专项规划。注意临港产业布局规划与城市总体规划、海洋功能区划以及宁波港口总体规划的衔接协调，使岸线、土地和海洋资源

得到合理有效利用，环境得到有效保护，实现基础设施共享。突出“港口、产业、城市”三位一体原则，要通过项目带动若干大进大出的深水码头和临港大工业板块的形成，逐步推进工业化、城市化发展，实现有效开发、有序开发、永续开发。

（二）加大项目引进力度，推进临港工业集约化发展

加大项目引进力度，提升发展后劲。国内发展快的临港工业区无一不是重视大项目、大企业的引进。如天津临港工业区通过龙头项目的启动，后续配套和延伸项目的投资才能跟进，形成产业集聚效应。要抢抓国际产业转移机遇，以五大临港工业为重点，突出临港产业龙头企业的引进和产业链招商，强调大项目的带动作用。

推进临港工业集约化发展。推进产业集中。以镇海、北仑临港区域为重点，以国家级和省级工业园区为载体，推进石化、钢铁、能源和修造船等临港工业的空间集中。力争到2015年，临港工业园区化率达到85%，基本建成国内一流、国际有影响的临港制造业产业带。促进产业集聚。推进各级各类开发区和重点园区的整合提升，构筑全国一流的产业集聚平台。打造产业集群。以园区为基本载体，优化布局、整合资源、推进融合，重点引进“补链型”项目，延伸产业链、提升价值链、完善供应链，再创产业竞争新优势。力争到2015年，形成区域特色鲜明、产业关联度大、创新能力强的石化、能源、钢铁、装备制造等五大新型临港产业集群。

（三）突出重点，合理发展临港工业

石化产业。深入实施《浙江石化产业链规划》，坚持“基地化、大型化、一体化、专业化”发展方向，推进镇海炼化炼油乙烯扩建、台塑石化二期等重大项目建设，延伸石化产业链，提升产品价值链，提高市场竞争力。重点发展附加值高、产业关联度强、替代进口、填补国内空白的高端石化产品。

汽车产业。把握我国乘用车市场快速发展的有利机遇，发展符合国家环保节能要求的经济型轿车。积极发展汽车零配件产业，进一步做大做强吉利汽车，积极引进央企、外资整车生产项目，形成北仑、杭州湾新区轿车生产基地，提高专业化协作水平，完善产业配套功能，积极发展整车工业，打造完整的汽车产业链，培育具有核心竞争力的区域产业集群。

装备制造业，推进发展新型注塑机、节能环保型数控机床、复合加工机床、高速精密主轴单元配件等，重点发展数控装备、高压超高压输变电成套设备、大型精密模具、高性能物流设备、新型仪器仪表、轨道交通设备、核电设备等八大领域，积极建设“中国南车宁波产业园”。

钢铁产业。在现有宁波钢铁400万吨项目的基础上，积极推进200万吨钢铁项目和1 500万吨钢铁项目规划建设。以宝新不锈钢、华光不锈钢为重点，推进集聚集约发展，延伸不锈钢产业链。积极推进钢铁的规模化生产和各种优质钢、特种钢

的生产，丰富钢铁产品品类，提高钢铁产品附加值率。

造船产业。深入实施《宁波修造船工业中长期规划》，加快推进浙江造船二期、三期扩建和三星重工扩建、中策动力船用柴油机等项目，加快推进建设高附加值船舶及装备基地，重点发展高技术高附加值的海上平台、海洋工程船、豪华游艇邮轮及齿轮箱、船用导航及自动化装置等。推进船舶企业联合、重组，推广现代造船模式，培育一批较强国际竞争力的企业，形成现代船舶产业链协作体系。

（四）临港工业与港城发展联动，拓展临港工业发展腹地

临港工业与港城发展联动。根据国际上临港工业发展经验，临港工业与港口开发、城市建设具有明显的联动效应。如以日本千叶石化中心、新加坡裕廊工业区等为代表的世界著名重化工业区。宁波目前有较好的城市和产业依托、相对优越的深水岸线和港口资源、逐步完善的快速交通网络优势，港口与滨海工业区紧密结合在一起，要重视以城带港、以港促城、协调平衡的发展态势，实现海洋资源与区域优势紧密结合，海洋产业与陆域经济联动发展。整合周边小城镇和工业开发区，完善功能配套，加快建设完善的滨海城镇体系。

拓展临港工业发展腹地。面对宁波市临港工业用地的制约，要积极拓展临港工业发展腹地。通过进一步完善交通网络，要加快建设港口支线铁路、公路连接线，使港口运输与高速公路主干网、铁路、机场联运衔接，引导临港工业的配套产业链向内陆延长，拓展腹地空间，促进临港工业的更好发展。

（五）提高临港工业生态化发展水平

提高环境准入标准。根据宁波资源环境承载力水平，实行项目环评、规划环评和区域环评联动，从源头上禁止污染类项目入驻。既要控制污染排放强度，更要严控污染排放总量。根据国际先进标准，严格控制新上高能耗、高污染项目，坚决淘汰落后产能。

大力推进循环发展。全面开展循环经济试点示范城市建设，在企业、园区和社会三个层面，推行清洁生产和低碳发展，推进临港工业园区生态化改造，进一步提高资源利用效益。严格实施《浙江石化产业链规划》，推行产业链招商，构筑比较完善的循环经济产业链，提高临港工业循环化发展水平。

优化调整空间布局。坚持科学布局、区域统筹、集约利用、错位发展的原则，推进区域功能优化整合，努力形成临港制造功能、生活居住功能、物流交通功能的合理分区和空间独立的布局结构。推进工业区和居住区相对独立，推进镇海新城区和北仑滨海新区的建设，推进人口集聚和现代服务功能向新城区集中。在新城区与临港工业区之间要保留足够宽的绿化隔离带。

2012 年度宁波市海洋新兴产业发展报告

一、海洋新兴产业内涵及特点

1. 海洋新兴产业的内涵及类别

海洋产业是指开发、利用和保护海洋资源而形成的各种物质生产和非物质生产部门的总和，即人类利用海洋资源和海洋空间所进行的各类生产和服务，或人类在海洋中及以海洋资源为对象所进行的社会生产、交换分配和消费活动。

海洋新兴产业是以海洋高新技术发展和海洋资源大规模开发为背景而产生的新兴的海洋产业群体，它作为依据海洋产业形成规模开发的时序而划分的海洋产业类型，是相对于海洋传统产业如海洋捕捞业、海洋运输业、海水制盐业、海洋船舶业等而言的，反映了海洋经济发展的方向和趋势，体现了一个地区海洋科技研发的水平和实现海洋经济可持续发展的潜力，是发展海洋经济的制高点，可以使海洋经济走上创新驱动、内生增长的轨道，是具有战略性、全局性、引领性的产业类别。

《国家“十二五”海洋科学和技术发展规划纲要》中提出的海洋战略性新兴产业包括海洋生物资源开发和高效综合利用、海水资源综合开发利用、海洋可再生能源开发与利用、海洋油气资源勘探开发、海洋工程及装备等 5 个领域。具体而言，海洋新兴产业包括海洋生物育种与健康养殖业、海洋生物医药及功能食品业、海水利用业、海洋能源利用业、海洋高端船舶及工程装备制造业、海洋新材料业、海洋生产服务业等 8 种类型。

2. 海洋新兴产业的特点

一是以高技术为基础。海洋资源开发不同于陆地开发，由于海洋的特点，其资源开发有一定的难度，其发展与现代科学技术的发展有密切关系，具有很高的科技依赖性，因此，高新技术的迅速规模化及产业化就成为海洋新兴产业加速成长、成熟并实现可持续发展的关键因素。

二是高投入和高风险。海洋新兴产业的发展需要高新技术作为支撑，而高新技术的研发需要大量的资金和时间投入，这种投入在短期内得到的效益较少，且风险较高。例如海洋生物医药开发周期长，一般需要 8 年左右；成本投入高，一般要几百万元起；技术要求高，一般需要药化学、基因、酶、细胞等专业技术人员；批证难度大，增加了企业投入的风险。以上多种因素很容易影响到企业发展海洋医药的积极性。

三是高收益和高成长性。海洋新兴产业产品一般处于价值链末端，具有较高的附加值和利润空间，一旦研究获得成功并迅速投入产业化生产，科技产品的资源价值就可以转化为现实生产力，从而获得较好的经济效益。从海洋可再生资源利用来看，还可以获得较好的生态效益和社会效益，取得三位一体的综合效益。而且，海洋新兴产业在短期内不会消除，反而会随着时间的推移产生扩散效应，带动相关产业链快速发展，推动海洋产业结构的优化和升级，同时又使得自身获得迅速的成长。

四是带动性强。海洋新兴产业是融多行业、多学科为一体的综合性产业，包括复杂的结构与众多的分支，可以形成较长的产业链。而且有些产业与陆地产业的生产过程是相互联系、相互影响的，可以联动陆域经济。

五是环境友好。海洋新兴产业不以大量消耗资源能源为条件，也不以产生大量环境污染为结果，具有资源消耗低、综合效益好、节能环保的优势，有利于海洋环境的保护。

二、宁波海洋新兴产业发展现状

1. 产业基础发展良好

自2011年浙江海洋经济发展示范区建设上升为国家战略以来，宁波紧紧抓住这一重大机遇，制订实施《宁波海洋经济发展规划》（2011年），海洋经济发展综合实力不断增强，海洋新兴产业发展基础日益扎实。一是海洋经济规模不断扩大。2011年宁波市海洋生产总值958亿元，占地区生产总值的比重为15.8%，高于浙江省14.1%和全国9.7%的水平。预计2012年海洋经济生产总值达3 972亿元，增加值突破1 040亿元，增长9%，约占全市国民生产总值16%左右。二是现代海洋产业体系逐步形成。海洋产业结构不断优化，三大产业结构为6.3∶66.6∶27.1，尤其第三产业产值为三次产业中增长最快，初步形成了以临港工业、港口物流为主导，以港口贸易、金融等为配套的现代海洋产业体系。三是涉海企业数量增多。截至2012年，全市涉海类科技型企业已达160余家，培育了宁波天邦、超星海洋生物等一批海洋高级术龙头企业。在以上基础上，宁波海洋新兴产业增长迅速，“十一五”以来，宁波海洋新兴产业产值年均增长约20%（表1、图1）。

表1 近五年宁波海洋生产总值概况

年 份	2008	2009	2010	2011	2012
海洋生产总值/亿元	404	543	855	958	1043
GDP/亿元	3 947	4 329	5 163	6 059	6 524
海洋生产总值占 GDP 的比重/%	10.25	12.5	16.6	15.8	16

数据来源：《中国海洋年鉴》2008—2012。

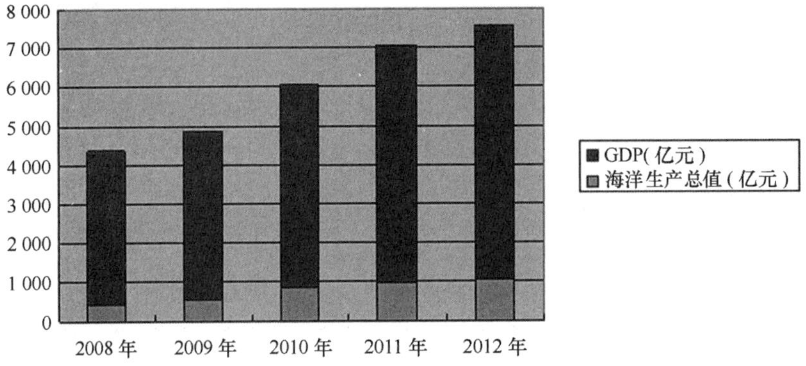

图 1　宁波海洋生产总值及占 GDP 比重情况（2008—2012 年）

2. 科技支撑体系日益完善

一是初步形成了以科研院所、高等院校涉海专业、重点实验室，以及企业研发中心等为主体的海洋科学研究与技术开发体系。建有宁波大学海洋学院、宁波市海洋与渔业研究院、宁波海洋开发院等一批海洋科技方面的科研机构，建成教育部应用海洋生物技术重点实验室、浙江省海洋生物工程重点实验室，浙江省教委海洋微生物与环境重点实验室、宁波市健康食品和海洋药物重点实验室、浙江省物流重点实验室等一批重点实验室。成立了全国科技兴海技术转移宁波中心、农业部宁波水产养殖病害防治中心、宁波市水产养殖苗种培育中心等五个海洋工程技术中心，拥有多家市级以上企业工程（技术）中心 。

二是海洋科技攻关成效显著，海洋科技成果转化增速。在中国首届海洋科技成果交易会上，宁波共展出各类海洋科技成果 27 项，范围覆盖了海洋装备产业、海洋新材料、海洋生物医药与功能食品、海水健康养殖、海水淡化与利用等五大类海洋战略性新兴产业，其中“微藻产业化的新产品与技术”和“海洋有毒微生物生物芯片高通量鉴别产品研发及产业化”两个科研项目顺利签约，为宁波“十二五”期间推进海洋经济结构调整和战略性新兴产业发展树立了示范典型。

三是海洋科教合作进一步深化，中科院海洋研究所与宁波市海洋与渔业局签订了全面科技合作协议，双方将重点加强在海洋生物制品、海洋环境监测与生境修复、海洋腐蚀防护等领域的科技合作。中国水产科学研究院黄海水产研究所也将在海洋与渔业科技创新基地、岱衢族大黄鱼良种场及“宁波市水产增殖种质资源库”、现代渔业精品园区、海洋牧场试验示范区等的建设与宁波开展全方位的合作，为以上园区建设提供技术指导与人才支持。国家海洋局与宁波市政府签订共建宁波大学的协议，支持宁波大学与国家海洋局所属单位开展海洋科研与人才培养等方面的合作，帮助宁波大学引进海洋学科高层次人才，培养主干学科学术带头人（表 2）。

表2 宁波海洋科研教育机构一览表

类别	名称	下属实验室和科技中心	人员
高等院校	宁波大学	“应用海洋生物技术”重点实验室（省部共建实验室）	教授21名，副教授49名，博导5名，硕导50余名，其中中国工程院院士1名、浙江省特聘教授2名、浙江省重点学科带头人2名
		“海洋生物工程”重点实验室（省级重点实验室）	
		健康食品与海洋药物重点实验室（市级重点实验室）	
		全国科技兴海技术转移宁波中心	
		国家生物芯片海洋生物分中心	
		宁波市新型功能材料及其制备科学重点实验室（省部共建国家重点实验室培育基地）	研究人员32人，其中研究员和教授10人
		冲击与安全工程教育部重点实验室（省部共建实验室）	高级职称共9人
	浙江万里学院	微生物与环境工程重点实验室（市级重点实验室）	高级职称共24人，其中浙江省“151人才工程”一、二层次培养对象3名，省级中青年学科带头人1名，宁波市“4321人才工程”培养对象1名，宁波市首届教学服务经济特别贡献奖2名
		农产品加工重点实验室（市级重点实验室）	
		水产种质资源高效利用技术研究重点实验室（省级重点实验室，与海洋渔业研究院共建）	
	浙江大学宁波理工学院	分子设计与营养工程实验室（市级重点实验室）	教授6名，副教授11名
		海洋技术研究院	
	宁波诺丁汉大学	宁波诺丁汉国际海洋经济技术研究院	建设中

续表

类别	名称	下属实验室和科技中心	人员
研究监测机构	宁波市海洋与渔业研究院	宁波市水产养殖育苗工程技术研究中心	教授级高工和高级工程师25名，工程师、助工等专业技术人员91名
	宁波海洋开发研究院		各类技术人员36名，其中高级职称19名
	中科院宁波材料技术与工程研究所	海洋防护材料与工程技术重点实验室（市级重点实验室） 宁波市先进材料制造与应用重点实验室（科技部重点实验室） 风力发电技术国家重点实验室（科技部重点实验室）	中科院院士1名，研究员50名，副研究员50名，特聘外国专家6名
	武汉理工大学宁波船舶与海洋工程设计研究院		教授11人、博士生导师6人、副教授13人
	宁波市海洋环境监测中心		各类人员20名
	象山港海洋环境监测站		高工1名，工程师3名，助工4名
企业工程（技术）中心	宁波天邦股份有限公司	宁波天邦股份有限公司技术中心（国家级）	国务院特殊津贴获得者1名，博士6人，硕士44人
	宁波超星海洋生物制品有限公司	宁波新型海洋生物制品工程研究开发中心（国家级）	高级职称研究人员7名、中级以下18名
	宁波捷胜海洋开发有限公司	海洋渔业捕捞装备省级高新技术企业研究开发中心（省级）	研发人员10人以上
	宁波东方电缆股份有限公司	宁波东方电缆股份有限公司企业技术中心、海缆研究院（省级）	各类技术人员600多人
	宁波东方船舶设计院有限公司	宁波东方船舶设计工程技术中心（市级）	高级工程师5人，工程师及助理工程师41人
	浙江造船有限公司	宁波浙船船舶设计工程（技术）中心（市级）	高工29人，工程师42人
	浙江万联药业有限公司	宁波市海洋药物工程技术中心（市级）	研发人员18人

3. 产业集聚效应日益凸显

宁波以海岛和十大海洋产业集聚区为载体，扎实推进海洋新兴产业平台建设，产业发展集聚效应进一步凸显。北仑临港区域、象山港区域形成了造船、修船、配套、交易的完善配套产业体系；杭州湾新区重点打造面积约3.87 km^2 的海洋新兴制造产业园，重点发展反渗透海水淡化膜元件、高压泵、能量回收器等海水淡化装备制造产业，目前已初步形成以海水淡化设备、海洋防腐钢管、海洋特种紧固件、海用特种电器等新产品为代表的海洋经济制造业产业集群；宁波三门湾区域整体开发启动，即将实施的滩涂围垦区约78 km^2，将成为宁波船舶工业、海洋装备等海洋战略产业的培育基地（表3）。

表3 宁波海洋产业集聚区一览

产业集聚区名称	建设导向
杭州湾产业集聚区	海洋新兴产业、海洋服务总部经济
梅山国际物流产业集聚区	国际贸易、现代物流、港航服务、海洋新兴产业
余姚滨海产业集聚区	电子信息产业及设备产业、现代机械产业、精细化工产业、模具加工产业、食品加工产业
慈东产业集聚区	装备制造、电子电气、新能源、新材料、金属制品、家电等产业
石化产业集聚区	石化产业
北仑临港产业集聚区	钢铁、能源、汽车、装备制造等先进制造业
象山港海洋产业集聚区	海洋旅游业、海洋渔业、海洋新兴产业和海洋服务业
大目湾产业集聚区	海洋旅游业
环石浦港海洋产业集聚区	水产品加工业、船舶制造业、海洋旅游业
宁海三门湾产业集聚区	新能源、生物医药、新材料、滨海旅游等战略性新兴产业

4. 优势领域逐步形成

（1）海洋高技术船舶及海洋装备制造业

初步形成了以石化成套设备、核电设备、特种船舶等为主导产品的产业体系，全市共有造船企业和船舶修造企业65家，制造能力达500万载重吨，其中建造万吨级以上船舶的企业20多家，船舶品种已经发展到技术复杂、自动化程度高的多用途船，并培育出了浙江造船、新乐造船等一批高端装备生产企业，浙江造船的海工船订单占全球总量的35%。2012年海洋船舶工业实现产值151.8亿元，实现增加值30.6亿元。

（2）海洋生物育种及健康养殖产业

科研方面，建立了以宁波市海洋与渔业研究院和宁波大学海洋学院为核心的种苗繁育研究体系；产业方面，可规模化繁育的海洋生物品种达30种，拥有海洋生物育种企业196家，实现了大黄鱼、梭子蟹、南美白对虾等产品大规模育种。全市海水养殖面积54.2万亩，无公害水产养殖基地、水产健康养殖示范场和海洋生态特别保护区逐步建立。

（3）海洋生物医药产业

截至2012年，全市共有海洋生物制品企业20余家，年产值500万元以上海洋生物医药相关企业有10余家，宁波海浦生物科技有限公司生产的鱼蛋白胨、万联药业有限公司生产的鱼油降脂丸等产品，已在全国占有较大市场份额。宁波新型海洋生物制品工程研究开业中心、中科院上海药物所宁波生物产业创新中心、象山海洋生物工程研发及产业化项目等被列为首批13个海洋经济创新发展区域示范项目。2012年海洋生物医药业实现产值19.4亿元，实现增加值3.8亿元。

（4）海水综合利用产业

沿海大中型企业开始大规模采用海水冷却，全市年海水冷却利用量已超过70亿吨；杭州湾新区、象山等地海水淡化试点工程正在积极筹划和建设中。2012年海水利用业实现产值563.7亿元，实现增加值58.5亿元。

（5）清洁能源产业

慈溪风电场项目投入运营，装机规模49.5 MW，年发电超过1亿千瓦·时；穿山风电项目并网成功；象山县风电项目加速推进，相继在涂茨镇的长沙、珠山及檀头山岛、高塘岛等风能资源丰富地区，陆续开发了陆上风电场和海上风电场；宁海县岳井洋潮汐能电站列入浙江省发改委选点规划报告。

（6）海洋新材料产业

以大院大所为龙头，研发中心为支撑，企业为主体的新材料研发和产业化格局初步形成，拥有中科院材料所、兵科院等一批高水平研究机构，新材料企业198个，形成了飞轮造漆、东升科技、大达化学等一批骨干海洋防腐涂料生产企业，其中飞轮造漆公司在国内军事舰船等特种船舶用涂料中占据较大份额。2012年全市新材料产值突破1 000亿元。

5. 发展环境不断优化

一规划体系日益完善。制定出台《宁波市“十二五”海洋经济发展规划》，规划明确了扶持发展海洋战略性新兴产业，建设新兴海洋产业基地的思路，提出到2015年，海洋战略性新兴产业增加值占海洋生产总值达到30%以上。市县两级海洋经济发展规划、《宁波市海洋科技“十一五”发展规划及2020年远景目标》、《宁波市政府关于建设海洋经济强市的意见》等相关文件也都明确提出了发展海洋新兴产业的战略思路。

二是政策扶持力度加大。《加快推进产业升级行动纲要（2011—2015）》将海洋新装备、海洋新材料、海洋新能源、海洋生物医药明确列入宁波市工业“4+4+4”产业升级工程。设立海洋经济发展专项资金，同时各县（市）区建立专项配套资金，切实加强对本地区海洋经济发展的财政资金支持。宁波国税局出台《支持和促进海洋经济发展有关税收政策措施的意见》，积极落实涉及海洋经济的行业、企业税收减免、税前扣除、先征后退、出口退税等政策。在科技扶持方面，从2011年开始，计划用在海洋高技术的科技经费达2 894.5万元，大力扶持高校海洋经济相关学科、专业。

三是获得国家补助资金扶持。《宁波海洋经济创新发展区域示范实施方案》获得财政部和国家海洋局的正式批复，财政部、国家海洋局联合发布《关于下达宁波市2012年海洋经济创新发展区域示范补助资金的通知》（财建函〔2012〕841号），宁波2012年海洋经济创新发展区建设获得启动资金1亿元，统筹用于宁波《海洋经济创新发展区域示范实施方案》中的成果转化类和海洋产业公共服务平台类重点项目，其中成果转化及产业化项目重点支持海洋生物高效健康养殖、海洋生物医药与制品以及海洋装备等海洋高技术产业。

三、2012年宁波发展海洋新兴产业主要做法及成效

1. 强化海洋新兴产业规划和引领

2012年，宁波继续制定并发布各类产业聚集区及产业功能区的相关规划，细化发展目标及发展内容，进一步强化规划对海洋新兴产业发展的引领作用。《浙江象山海洋综合开发与保护试验区规划》获得省政府批示，规划提出充分发挥象山海洋资源和区位优势，积极培育海洋新兴产业。《宁波北仑穿山半岛区域发展规划》通过专家评审，规划提出环穿山半岛将重点发展海洋装备制造、大宗商品储运与交易、清洁能源等产业，打造连片、集聚的海洋新兴产业发展带。《浙台（象山石浦）经贸合作区发展规划》基本完成并在做进一步修改完善，规划明确提出要注重海洋新兴产业的开发引领。《宁波三门湾区域发展规划》通过评审，规划明确了大力培育海洋新兴产业、加快发展海洋服务业、优化提升传统优势产业与现代农渔业的产业发展导向，明确了长三角海洋新兴产业基地的功能定位。《慈东滨海区概念发展规划》基本成形，目标定位为建设成为省内重要的海洋新兴产业和先进制造业基地。

2. 加快海洋新兴产业重大平台和区块开发建设

2012年，宁波继续依托杭州湾产业集聚区和梅山国际物流产业集聚区两个省级产业集聚区、三门湾新区、慈溪工业园区、奉化滨海区块、慈东滨海区等一批产业功能区，大力发展海洋新兴产业，海洋新兴产业重大平台建设取得积极进展。其中，北仑峙南海工基地围吐、道路等配套工程基本完成，重点引进从事建造及维修海洋工程平台、特种工程船及特种设备物流服务业务的企业，将建设成为宁波大型海工基地及配套设备、设施生产基地。奉化东部滨海经济区启动“三年行动计划”，4 300亩建设用地项目竣工验收，水网、路网及电网等基础设施同步完善，松岙镇将以目前年产值50亿的浙江造船有限公司为核心，构建全球深海装备制造基地。宁海

三门湾完成土地征收2 700亩，实现引进项目总投资超10亿、全社会固定资产投入超10亿、十个投资亿元以上项目建设开工的“三个超10亿”目标，正向省政府积极申请成为浙江省第十五个产业集聚区。鄞州滨海创业中心更名为鄞州经济开发区，列入市级重点开发区域，开发区二期9 km^2 区域的开发正全面推进，战略定位是“智慧型蓝色经济产业园”和“鄞东南经济发展引擎”，加快抢占海洋新兴产业发展制高点，将建设成为宁波滨海区域又一重要海洋新兴产业发展平台。围绕以上平台和建设，以“三位一体”港航物流服务体系、海洋新兴产业、新型临港产业、海岛基础设施等为重点领域，已谋划形成了六大类173个重大海洋经济项目，总投资约2 800亿元，其中“十二五”计划完成2 100亿元。

此外，象山临港装备工业园、杭州湾海工装备园、鄞州德国工业园等海洋新兴产业重点区块建设都取得较大进展。

3. 积极打造海洋新兴产业对接平台

一是举办海洋新兴产业专场对接会。由浙江省侨联和宁波市侨联联合举办的海洋新兴产业专场对接会于2012年6月召开，来自美国、澳大利亚、欧洲和日本的40名客商和浙江近200位民营企业家、投资机构和政府招商人员参加了本次对接会，其中美国IT金融集团带来50多个海洋新兴产业项目。对接会围绕着海洋新能源、海洋深水发电、海洋医药、海水养殖和遗传育种高新技术等35个项目进行了洽谈交流，推进了宁波和海外的企业家之间实现资本和项目的结合。

二是在2012年9月继续举办第二届中国海洋经济投资洽谈会。此次海洽会以“促进海洋科技发展，壮大现代海洋产业”为主题，将第二届中国海洋经济投资洽谈会、第八届中国海洋论坛、首届中国（南方）国际海产品博览会整合在一起，参加展会的沿海省、市范围进一步扩大，参展的广大涉海企业和科研机构，全面展示海洋高新科技和高端产品，积极推动海洋科技成果转化，宁波现场签约21个重大涉海项目，涵盖港航物流、临港工业、海洋新兴产业、海洋服务业、现代海洋渔业、海岛开发与保护等领域，总投资额达689.5亿元。

三是利用“中国浙江·宁波人才科技周”，围绕建设海洋经济核心示范区的要求，在展区内开辟专门的海洋科技成果展区和由奉化市政府与宁波市科技局联合主办的“海洋新兴产业项目专场推介会”。

4. 加大海洋新兴产业发展扶持力度

在资金扶持方面，出台《关于加快培育和发展战略性新兴产业的若干意见》，将海洋高技术列入宁波战略性新兴产业范畴，市、县（市）区二级财政分别设立战略性新兴产业发展专项资金，每年安排20亿元，用于扶持战略性新兴产业发展。同时，根据新兴产业的特点和发展要求，全面落实国家税收优惠政策，最大限度发挥财税支持的引导和促进作用。出台“宁波市天使投资引导基金”创业投资政策，鼓励和引导民间资本在宁波四大战略产业和四大新兴产业领域范围内积极参与创新型初创企业的投资，推动科技创新创业，拓展新兴产业发展源头，培育壮大高新技术企业队伍。

在金融服务方面，在《宁波市人民政府关于宁波市金融业提升跨越发展的实施意见》（2012 年 79 号文件）明确提出积极构筑涉海金融服务体系，大力发展海洋金融，鼓励发展专职为海洋经济服务的创新型总部金融机构。与中国建设银行总行签署战略合作协议，建行将宁波海洋经济核心示范区列入金融支持的重点区域，针对海洋经济发展研究制订差别化政策，优先安排优势产业和重点建设项目的资金申请，提高审批效率，在法律法规、监管政策许可的前提下给予最大限度的优惠。建立海洋融资项目信息库和信息共享平台，引导银行业金融机构采取项目贷款、银团贷款等多种模式，优先满足海洋新兴产业、临港先进制造业、港口物流业等的资金需求。创新发展船舶融资、航运融资等金融服务业态，推动开展船舶抵押贷款、仓单质押、供应链融资等多种抵质押融资方式。

在科技支撑方面，大力推动宁波大学等高校调整学科和科研布局，加大对宁波大学海洋学院、浙大宁波理工海洋技术研究院、宁波诺丁汉大学海洋研究中心等涉海科研基地的支持，强化基础研究、前沿技术研究、产业技术研究，抢占海洋高技术领域科技发展制高点。

在土地资源方面，合理保障海洋经济发展的建设用地需求，在年度新增建设用地指标中，对海洋经济项目建设给予适当倾斜。开展低丘缓坡荒滩等未利用地开发利用试点工作，拓展海洋经济建设用地空间。

在人才支持方面，制订《宁波市入选“3315 计划”高端创业创新团队管理暂行办法》，进一步规范、明确创新团队在落户注册、资金跟进、人员构成、协议签订、人才培养和成果产出等方面的要求和政策支持举措。对“3315 计划”入选团队，政府给予最高 2 000 万元经费资助，对入选个人给予 100 万元的创新创业资助。

四、宁波海洋新兴产业发展存在问题

1. 海洋新兴产业尚未形成一定的规模

宁波海洋新兴产业发展尚处于起步阶段。一是产业规模小。从整个海洋经济发展规模来看，宁波海洋经济生产总值占 GDP 的比例虽然高出国家和浙江省水平，但与天津、青岛、海南等兄弟省市海洋经济生产总值占 GDP 达到 20% 以上相比，还有一定的距离。从海洋新兴产业本身发展规模来看，目前在宁波仍以港口海运、渔业、涉海建筑业等传统海洋产业为主，海洋生物、海洋工程装备、海水综合利用等新兴产业领域研究渠道不宽，深度不够，产业总体规模小、产业链短、配套条件和资源共享性差，拥有自主知识产权及独立研发的技术与产品不多，产品的科技含量整体水平不高，其中多数属于小项目、小产品。如海洋生物育种产业，近 200 家企业中，年销售 100 万元以上的不足 30 家，企业平均产值不到 30 万元，产业链条短，不少品种难以规模化和产业化。又如海洋生物医药产业，目前产业产值低，规模小，本地企业很难找到相关配套企业，产业链条难以延伸，产业化水平难以提高，海洋生物医药产值与青岛 81.1 亿元的规模相比，差距较大。二是海洋新兴产业内部结构构成不合理。从下表看出，海洋油气、海水利用这两大行业占海洋生产总值比重较高，而其余四个新兴产业的份额都在 10% 以下。这四个新兴产业尚处于幼稚阶段，远远跟不上世界海洋经济发展的形势。三是布局分散。除海水增养殖和水产品加工在空间上有一定集聚外，其他海洋新兴产业布局分散，规模聚集不强，未形成具有区域特色的产业链和配套体系（表 4、图 2）。

表 4　宁波海洋新兴产业主要门类产值及占海洋经济产值比重（2012 年）

主要领域	产值/亿元	占海洋经济产值比重
海洋油气业	1 250. 39	31. 5%
海洋船舶业	151. 8	3. 8%
海洋生物医药业	19. 4	0. 5%
海水利用业	563. 7	14. 2%
海洋电业	346. 8	8. 7%
总　计	2 332. 09	58. 7%

数据来源：宁波海洋生产综合核算表（2012）。

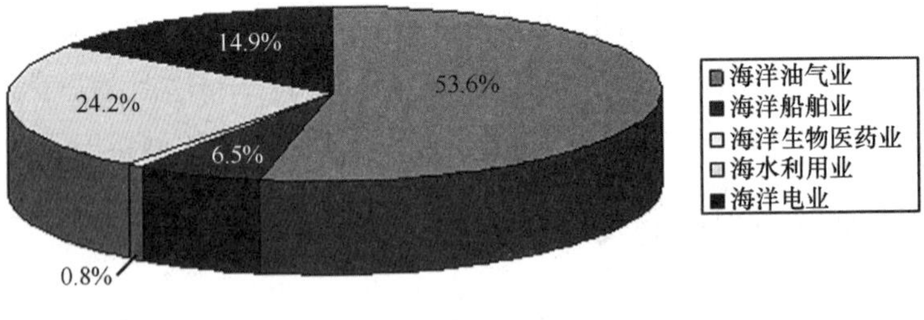

图 2　宁波海洋新兴产业主要门类产值比重（2012 年）

2. 海洋新兴产业发展的宏观调控较为薄弱

目前宁波对海洋新兴产业发展状况与运行规律尚缺乏全面系统的掌握与深入细致的分析，统计工作非常薄弱，很多基础数据只能通过估算取得，产业“家底”不清，海洋新兴产业发展情况的实时监控和评估能力不能满足海洋经济管理的需要，从而缺乏对海洋新兴产业发展进行宏观调控的有力抓手和准确切入点。另外，目前宁波海洋产业以分块管理为主，政出多门、条块分割比较明显，政府各涉海部门之间的职能尚需进一步明晰，协作能力还有待增强，没有形成推动海洋新兴产业发展的决策、协调机制，使得海洋新兴产业发展缺乏整体性的内部协调和外部协调，海洋意识的宣教工作也需要加强。

3. 科技水平和自主创新能力亟须提高

目前宁波虽已拥有全国科技兴海示范基地、全国科技兴海技术转移宁波中心等国家级发展项目，但同青岛、大连、厦门等计划单列市相比，国家级项目的数量少，尤其是缺乏国家层面的战略性项目，科研力量整合力度不足，科研带动作用不够明显。在研究领域方面，水产养殖、水产加工、海洋环境保护、渔船安全监管等技术日渐成熟，但海洋生物、海洋工程与装备等技术领域研究渠道不宽，深度不够，力度不强，多学科综合研究优势尚未发挥，不能满足宁波市海洋新兴产业发展的需求。同时，科研机构缺乏海洋科研高层次学科带头人，难以承担高水平、高层次的重大科技攻关项目，海洋新兴产业发展所需的领军人才和创新团队更是缺乏。另外，宁波海洋科技创新载体建设相对落后，尚未建成有影响力的海洋科技园区、海洋高技术中试基地、海洋科技创业园区。最后，宁波海洋科技创新活动主要集中于科研院所，以民营企业为主体的涉海企业自主创新能力不强、研发人才不足，大部分企业满足于小富即安，不愿承担高技术的风险，缺乏创新的动力，导致了整个产业化的链条不紧密，尚未形成以企业为主体的自主创新体系。

4. 高效的投融资机制尚未形成

海洋新兴产业是以高新技术为首要特征的新兴产业，技术研发和产业培育需要大量的资金投入。目前宁波海洋新兴产业发展的资金来源主要依靠政府的资金投入，来源渠道单一且资金数量有限。近年来，宁波金融机构对海洋经济的支持力度加大，金融扶持政策体系初步建成，多层次融资渠道不断拓展，但支持作用尚未充分发挥、效率有待提高。例如，金融支持相关领域的基础性工作缺位，对于海洋经济业务，多数商业银行内部暂时没有专门的统计和分类指标；信贷融资仍是金融支持海洋经济的主要方式，但在区域信贷投入总量中的占比偏低，金融产品相对单一。海洋高端装备业和海洋生物制药业等的发展需要从研发、试产到量产、投放的持续资金投入，传统信贷融资已无法充分满足其资金需求。民间投资相对不足，受体制、准入等原因束缚，以小、低、散为特点的民营资本只能浅层面地参与海洋经济，海洋经济大产业、大项目集聚民营资本的能力较弱，没有充分利用包括个人、企业、非金融机构等具有投资潜力的力量来共同构筑一个有机的产业投融资网络。

5. 产业发展配套体系尚不完善

宁波海洋新兴产业发展处于起步阶段，产业发展配套体系尚不健全。首先，财税支持不够。有关部门在制定财政、税收政策等宏观调控措施时还没有把海洋经济和海洋新兴产业作为相对独立的领域来研究，而且多头管理造成的资金分散使用，加剧了海洋新兴产业资金投入的不足。二是人才引进政策的缺乏。同为浙江海洋经济核心区的舟山已于2009年启动“百万重金引进海洋科技领军人才”计划，为优秀人才和团队一次性提供100万~300万元创业启动资金以及工作场所和住房公寓等，同时2010年出台《引进海洋经济创业创新领军人才实施办法》，重点引进海洋新兴产业所需的各类领军人才及其创新团队。而宁波目前尚未形成完善的引进海洋新兴产业人才的相关配套政策，使得宁波在海洋高技术领域缺乏高层次的学科带动人，在海洋新兴产业领域人才储备不足。三是企业激励和引导政策的缺乏。企业是海洋经济发展的主体，全市近12万家的民营企业更是宁波海洋经济发展的重要推动力量，但目前宁波民营企业在用地、市场准入、公共服务等方面得不到相关政策的扶持，阻碍了民营企业参与海洋经济的产业链开发。四是协调开发政策的缺乏。目前宁波在统筹考虑各种资源的综合开发和综合效益，加强区域、行业间的海洋资源开发协调管理等方面尚显不足。受旧体制束缚，海洋新兴产业发展缺乏协调，产业与区域之间、产业与行业之间、产业与环境之间存在着不少矛盾，严重阻碍海洋资源的合理配置。

五、宁波海洋新兴产业发展的主要方向

基于宁波目前在海洋新兴产业方面已有的优势，同时综合考虑海洋新兴产业发展的趋势，以下六个领域应该成为宁波海洋新兴产业发展的主要方向。

1. 海洋生物育种及健康养殖产业

发展海洋生物育种业、现代海水健康养殖业，是延长海洋渔业产业链，增强海洋渔业综合竞争力的重要途径。

宁波应加强杂交、细胞工程、基因工程等技术在育苗中的应用，重点推进岱衢族大黄鱼、南美白对虾、三疣梭子蟹等育种工作，进一步开展青石斑鱼、杂交鲷、银鲳、马鲛鱼、曼氏无针乌贼、星虫等育种工作。同时推动宁波设施渔业建设工程，鼓励发展工厂化养殖，推广应用池塘保温、大棚节水、节能养殖技术，提高养殖设施化水平；加快建设“海洋牧场”，采用工程和生物技术，有计划地选择海域营造海洋经济生物适宜的生长环境，开展鱼、贝、藻等人工增殖和农牧化养殖。

2. 海洋药物及生物制品产业

海洋药物及生物制品产业作为海洋产业中的新增长点，发展迅速，是海洋产业中增长最快的，已成为海洋资源开发利用的热点。

宁波沿海已记录的物种有1 255种，以甲壳类、浮游幼体为主，种类组成特点是种数多、数量大、优势明显，这是宁波发展海洋药物及生物制品产业的物质基础。宁波应充分发挥“应用海洋生物技术教育部重点实验室”、“浙江省宁波市海洋生物工程重点实验室”、“宁波市健康食品与海洋药物重点实验室”等科研机构的科研攻

关力量，依托浙江万联药业有限公司等生物制药企业，加快对生物多糖、生物多肽、生物糖蛋白等海洋生物活性物质的开发利用，发挥其在抗病及卫生保健等医药领域的作用。同时以宁波超星生物科技有限公司、宁波海浦生物科技有限公司、宁波海斯凯尔生物科技有限公司等重点企业为抓手，开发海洋生物保健品和功能性食品、生物农药、促生长剂等生物制品。此外，海洋微生物资源的开发一直是国际竞争的热点，宁波应进一步发展海洋微生物（尤其是深海微生物）的培养和鉴定、海洋微生物活性化合物的发现与利用等技术，推进海洋微生物制品特别是新型抗生素的研究开发以及能源、环境、农业等特殊用途海洋微生物的研究开发。

3. 海洋高技术船舶及装备产业

海洋装备产业具有技术先导性强、产业关联度大的特点，且其发展对经济增长的带动作用明显。目前，我国90%以上大型海洋装备依赖进口，已成为制约我国海洋经济发展的“瓶颈”技术。2013年出台的《全国海洋经济发展“十二五”规划》将海洋工程及装备列入了重点发展新兴产业的行列。

宁波应继续以浙江造船有限公司、宁波新乐造船有限公司等龙头企业为主导，集中优势生产海洋工程船、成品油轮、液化天然气船、超大型集装箱船、化学品船等高技术船舶。同时坚持自主创新与国内外合资合作并重，发展海洋钻井平台、海上浮式生产储油装置（FPSO）、水上承载装置、水下运载装备等海洋工程装备。

4. 海水综合利用产业

对海水进行综合利用已经成为当今世界各沿海国家解决淡水短缺、促进经济社会可持续发展的重要选择。海水综合利用包括海水直接利用、海水淡化和海水化学资源利用。据估计，未来20年内，国际市场单是在海水淡化方面就有近700亿美元的商机，需求潜力巨大。

宁波目前年海水冷却利用量超过70亿吨，慈溪杭州湾新区四灶浦滩涂水库亚海水淡化工程、象山乌沙山电厂海水淡化项目等海水淡化项目已经启动。在此基础上，宁波应充分利用充沛的海水资源进一步开展海水综合利用技术的研发，重点集成和开发应用海水淡化技术，推广海水淡化工程和项目，大力推进工业冷却用水、火电厂脱硫等的海水直接利用技术应用规模，同时发展从海水中提取钠、钾、溴、镁、锂和铀等化学元素的技术，发展海水综合利用产业。

5. 海洋新能源产业

海洋新能源主要包括海洋风能、波浪能、潮汐能、海洋生物能等，由于这些资源丰富、清洁干净、可再生性强，与生态环境和谐，被称为21世纪的绿色能源。《中华人民共和国可再生能源法》（修正案）于2010年4月1日起正式实施，标志着我国可再生能源的开发利用进入了一个新的历史阶段。作为可再生能源的重要组成部分，海洋新能源的开发利用也将迎来一个大的发展时期。

宁波属东亚季风带，濒临开敞的东海，潮差大，波浪高，蕴藏着丰富的海洋能资源。应利用海浪、潮汐、海风等资源充沛的优势，充分开发海洋新能源，重点在海洋新能源的集成化开发方面形成突破，促进海流能、波浪能、潮汐能等各种海洋能源集成开发，海洋能、风能、太阳能几种能源形式的集成开发，实现多能互补。加紧推进富油藻类种群的栽培、加工和高效利用，实现海洋生物质能的发展。

6. 海洋新材料产业

海洋新材料产业涉及船舶防腐涂料、甲壳素纤维、塑料高分子新材料等领域，其发展可以支撑海洋装备业、船舶修造业、海水淡化业、海洋生态与环境保护、海洋灾害防御保障等海洋开发领域的高新材料需求，是海洋经济的物质基础。

宁波应充分发挥中科院材料所在海洋新材料技术开发、成果转换中的优势，积极开展海洋防腐材料研究和关键技术攻关，开发绿色环保、节约资源、高性能防腐材料，发展海洋新材料产业。

六、2013 年宁波海洋新兴产业发展主要对策

（一）加强组织领导，从战略高度推进海洋新兴产业发展

要强化组织领导，齐抓共管，营造环境，合力推进。推进海洋新兴产业发展是一项系统工程，涉及科技创新、研究开发、产业联动、人才培养、设施接轨、环境保护等方面，需要政府加强组织领导。应明确海洋新兴产业主管部门，在市战略性新兴产业领导小组下设海洋新兴产业发展办公室，克服多头管理的局面，由其负责研究提出扶持海洋新兴产业发展的政策措施，组织和协调海洋新兴产业重大项目的实施；研究制定宁波海洋新兴产业发展战略和规划，尽快确定宁波海洋新兴产业发展的战略目标、重点发展领域、重点开发产品、重大攻关项目、技术经济政策和产业发展布局等；各个与海洋新兴产业发展的相关部门要把思想统一到发展海洋新兴产业、占领发展制高点这一决策上来，关心支持海洋新兴产业的发展；健全海洋新兴产业专门的统计制度和体系，加强对海洋新兴产业发展数据的统计，全面了解和掌握全市海洋新兴产业发展规模和结构，实现发展的动态监测；加强海洋新兴产业发展的宣传，通过海洋节、海洋科普讲座、海洋科技成果展等方式提高公众对海洋新兴产业的认识，营造良好发展氛围。

（二）优化海洋产业结构，夯实海洋新兴产业发展的产业基础

发展海洋新兴产业，必然要逐步淘汰低层次的产业结构和技术水平，改变海洋产业结构层次低的局面，提高产业素质水平。调整和优化宁波海洋产业结构，首先要调整第一、第二、第三次海洋产业结构。根据海洋经济发展的经验，海洋经济发

达程度主要取决于海洋第二产业和第三产业的发达程度，宁波目前海洋经济结构中，第二产业比重过大，而第三产业比重较小，这种结构不利于海洋产业的持续发展，因此，应根据宁波的资源优势、基础条件，在稳步发展海洋第二产业的同时，加快发展海洋第三产业，从而加快宁波海洋经济结构的转型。其次，要从存量调整和增量调整两方面入手。存量调整方面，一方面要利用高新技术改造传统产业，同时采用资产重组、兼并、嫁接等方式对现存的资源和资产进行重新合理配置，提高产业的生产能力和经济效益，并且提高产业的技术含量和产品档次，增强传统产业的活力，开拓新的市场，形成更大的发展空间；另一方面要对传统产业进行二次开发，促成新兴产业的成长。增量调整方面，加大投入总量，改善投入结构，改变资金投入平均使用的做法，把有限的资金投入到发展潜力大、附加值高的产业上去，投入到关系产业长远发展的关键环节中去，培育和储备有发展前景的产业，促进海洋产业结构在发展中优化。

（三）加强科技创新能力，强化海洋新兴产业发展的技术支撑

要从增强科技研发、构建技术创新联盟、建设海洋经济创新发展区域、加强合作交流四方面为海洋新兴产业的发展提供稳固的技术支撑。一是系统梳理宁波海洋经济研究资源，成立高层次综合性海洋经济研究机构，规划和建设集海洋人才培养、科技研发、海洋产业集聚与居住生活等城市综合功能为一体的海洋科技城，建设海洋科技公共服务平台和海洋科技成果转化平台，大幅度提高宁波海洋科技领域的整体研究水平和开发能力。二是引导企业之间、企业和高校、科研院所之间组建技术创新联盟，推进产学研合作和产业集群共同开发，集中优势研发资源抱团攻关，共享技术科技成果，提升综合竞争能力。三是加快海洋经济创新发展区域建设，实现海洋新兴产业核心共性问题的协同创新以及海洋新兴产业应用技术的研发和应用示范。四是加强对外交流合作，建立中国科学院、清华大学等在甬科研基地，积极组织国际海洋科技高层论坛等国际性学术交流组织，积极参加国际海洋联合项目，跟踪、了解先进海洋科技和产业的发展趋势，以宁波诺丁汉国际海洋经济技术研究院成立为契机，利用英国诺丁汉大学丰富的国际资源和知识转移经验，通过有效的商业合作与技术转移，拓展拓宽科研创新平台与国内外合作网络。

（四）培育和引进人才，打造海洋新兴产业发展的人才高地

要尽快通过多种渠道尽快形成一批高素质海洋科技和经营管理人才队伍，在海洋新兴产业人才方面形成合力。首先要继续深化市政府与国家海洋局共建宁波大学框架协议，深入推进宁波大学海洋学院共建工作，加快发展海洋职业教育，尽快形成优质科研教学资源，做好海洋新兴产业专业人才培养。其次，以涉海高校和科研院所为载体建立各类海洋新兴产业培训中心（基地），引进国内外高端涉海职业资

格证书培训机构，培养海洋新兴产业中高级技能人才和经营管理人才。再次，加紧编制和实施《宁波市海洋科技人才发展总体规划》，实施高端人才引进计划，在资金补助、创业扶持、生活待遇、收入分配等方面给予便利和进行倾斜，促进海内外高层次人才集聚，可以考虑由财政出资建造海洋科技人才公寓，为其提供较为完善的生活条件。最后要创新人才引进方式，采取调动、兼职、咨询、讲学、短期聘用、技术合作、技术入股、合作经营、聘请顾问等多元化的人才引进方式，使宁波成为海洋新兴产业人才的聚集地。

（五）建立多元化投融资体制，解决海洋新兴产业发展的资金瓶颈

要逐步建立海洋新兴产业发展多元化投入体系。海洋新兴产业具有高投入、高风险、回收周期长的特点，因此，资金短缺成为海洋科技与产业分离、高技术产业化迟滞的瓶颈制约。首先，政府部门要加大对海洋新兴产业发展的资金扶持，积极推动各级财政和有关部门加大对海洋科技的投入强度，设立“海洋新兴产业发展专项资金”和“海洋新兴产业创业基金”，用于海洋新兴产业培植中需要做大、做强的发展项目的贴息和补助，鼓励海洋高技术人才创业，推动海洋科技成果的转化。其次，放开领域，降低民间资本对海洋经济的准入门槛，鼓励和吸引各类社会投资主体，以直接投资、承包、合资、股份合作等方式进入海洋开发领域，减轻政府投资压。再次，充分发挥金融市场的作用，深入分析海洋新兴产业对金融服务的特殊需求，从组织体系、融资工具、服务产品、结算方式等方面积极创新，着力提升金融对海洋新兴产业培育与发展的综合服务功能。第四，进一步发挥东海银行作为宁波海洋经济发展的专业融资平台的作用，带动风投、创投资金的发展，为优质项目的顺利投建提供更加强有力的支撑。

（六）完善政策扶持，构建海洋新兴产业政策体系

要积极构造宽松的政策平台，从科学研究、财政税收、成果转化、招商引资、民营引导、要素保障等方面出台配套政策，支持和规范海洋新兴产业的发展。科学研究方面，出台海洋研究机构引进及扶持政策，加快引进一批高层次科研院所，支持宁波院校及研究机构申报国家高层次涉海研究项目。财税政策方面，加大海洋开发和科技的财政投入，向海洋新兴产业项目倾斜，在国家已有税收政策下，加强海洋新兴产业生产销售的减免税，对海洋生物医药、海洋新材料、海洋能源、海水综合利用等海洋新兴产业开发项目，可考虑减按15%征收或免征企业所得税，对风险投资公司投资海洋高新产业的风险投资收入免征营业税并减免所得税，对企业投资海洋高新产业获得利润再投资海洋高新产业的，退还其用于投资部分利润所对应的企业所得税。招商引资方面，营造海洋新兴产业项目落地的绿色通道，专人协调项目实施过程中出现的问题。民营引导方面，出台民营企业投资海洋经济政策，准许

和鼓励民营企业进军海洋经济各个竞争领域，突破民营企业参与海洋新兴产业的制约瓶颈。要素保障方面，优先保障产业发展水、电需求，优先安排项目用地、用海指标，依法划拨海洋环保、防灾减灾等公共基础设施建设用海用地。

2012 年度宁波市海洋服务业发展报告

随着海洋产品进入大规模消费时代，依托海洋信息技术和现代化理念发展起来的新兴服务业，以及部分改造后“再现活力”的传统海洋服务业，共同构成了现代海洋服务业。按照我国《国民经济行业分类》标准和《海洋及相关产业分类》（2006）标准的有关规定，海洋服务业主要包括海洋交通运输业、滨海旅游业、海洋科技教育管理服务业等。“十二五”时期是我国海洋事业加快发展、海洋经济加快调整提升的关键期。2011 年国务院相继批复《山东半岛蓝色经济区发展规划》、《浙江海洋经济发展示范区规划》、《广东海洋经济综合试验区发展规划》，批准设立了舟山群岛新区和横琴岛新区，标志着我国海洋经济进入全面布局、加速发展阶段，为加快现代海洋服务业发展提供了有利条件和广阔空间。

一、国内外海洋服务业发展趋势

（一）从国际层面来看，海洋服务业发展方兴未艾

进入 21 世纪以来，国际上掀起了新一轮海洋开发热潮，向海洋进军成为世界主要沿海国家重大的战略选择。发达国家海洋经济发展方式正由第二产业为主向第三产业为主转化，海洋产业结构、就业结构、投资结构中服务业所占比重不断上升。比如，美国、法国、英国等国家把海洋运输业作为涉海服务的优势和重要行业，形成了较长的产业链，形成沿海区域港口、岸线、滩涂、海岛与海域连为一体的综合开发体系，构造出海陆产业和服务业的互动，促进了海洋产业的结构优化。

（二）从国内层面来看，海洋服务业面临着重要机遇期

党中央、国务院对加快海洋经济发展高度重视，提出建设海洋强国的宏伟目标，实施海洋开发成为国民经济发展的重要任务。通过海洋科技创新，我国海洋资源开发和利用在深度和广度上不断拓展，海洋产业结构进入战略调整期和快速调整期。2011 年，我国海洋第一、第二、第三产业增加值分别为 2 327 亿元、21 835 亿元和 21 408 亿元，占海洋生产总值的比重依次为 5.1%、47.9% 和 47.0%。在三次产业结构上，突出表现在：海洋第一产业比重明显下降；海洋第二产业比重大幅度攀升；包括海洋交通运输业、滨海旅游业等在内的第三产业持续保持稳步增长，三次产业结构已由 2003 年的 28:29:43 调整为 2010 年的 5:47:48，我国海洋产业结构已经呈

现三、二、一发展的次序，海洋经济已经开始进入以第三产业为主导的高级化阶段。国内沿海一些主要省市，抓住重要战略机遇期，把做足做好海洋服务业这篇文章作为主业来抓。上海提出以国际航运中心和国际金融中心为目标，打造世界高端海洋服务业聚集中心；江苏省以沿海经济带建设为抓手，大力发展海洋产业，促进海洋服务业转型升级；浙江省以“港航强省”为目标，成为我国海洋经济发展示范区，构建“三位一体的港航物流服务体系”，从而做大做强海洋服务业。长三角地区因资源丰富和区位优势，以滨海旅游业为主导，海洋游艇业、滨海旅游业等海洋新兴产业的集成发展必将成为长三角未来发展趋势。

（三）从宁波发展历程来看，海洋服务业发展空间广阔

宁波是一个海洋资源十分丰富的城市。近年来，宁波紧紧抓住浙江海洋经济发展示范区的契机，围绕加快打造国际强港、建设海洋经济强市的目标，不断拓展海洋资源开发和利用的深度和广度，加快海洋产业结构深度的调整和转型，把港航物流业和海洋旅游业等海洋服务业作为发展宁波海洋经济的重中之重，全面提高宁波海洋经济的影响力和辐射能力，海洋生产力快速发展，海洋服务业取得了长足进步。今后一段时期是宁波实施“六个加快”发展战略、实现现代化国际港口城市新跨越的关键时期。宁波紧扣地方实际，顺应发展潮流，把发展航运物流业、海洋科技服务业、海洋专业服务业、海洋信息技术、海洋旅游业等作为海洋服务业未来发展的重点领域，作为转变经济发展方式的切入点，出台相关扶持政策，推动海洋服务业健康持续快速发展。到2015年，基本建设成为我国海洋经济发展的核心示范区，海洋经济实力较强、辐射服务功能突出、空间资源配置合理、科教文化体系完善、海洋生态环境良好、体制机制灵活，对浙江海洋经济发展发挥先行示范和龙头带动作用。

二、2012年宁波海洋服务业主要成效

2012年，宁波海洋服务业稳步发展，以航运融资、航运咨询、海洋展览会、海洋博物馆、海洋影视城、海洋高端旅游、海洋信息服务等高技术海洋服务发展迅速，对海洋经济的贡献不断提高。

（一）在全市经济社会发展中地位日益突出

一是产业发展规模持续壮大。2012年，宁波海洋经济主要产业总产值达到3 972.67亿元，增加值为1 043.12亿元。其中，宁波海洋服务业总产值达1 614.1亿元，增加值为564.9亿元，海洋渔业、滨海旅游、临港工业、海洋金融保险业、涉海信息服务业等得到了充分的扩张式发展。东海铭城、中国港口博物馆等项目加速推进，檀头山岛、横山岛等重点景区开发建设初见成效（图1）。

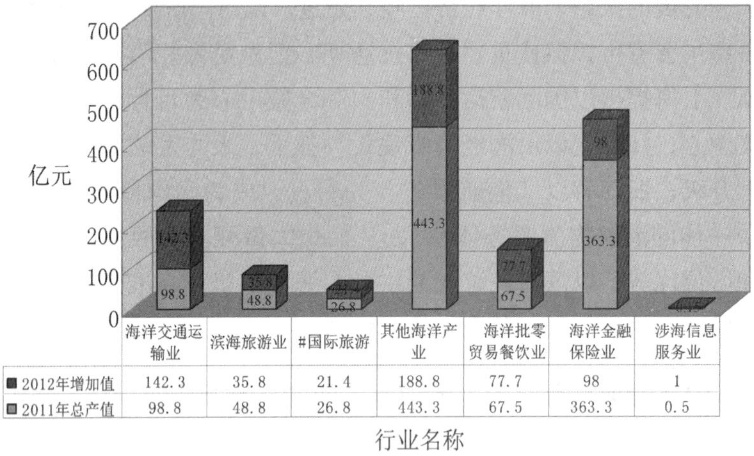

	海洋交通运输业	滨海旅游业	#国际旅游	其他海洋产业	海洋批零贸易餐饮业	海洋金融保险业	涉海信息服务业
2012年增加值	142.3	35.8	21.4	188.8	77.7	98	1
2011年总产值	98.8	48.8	26.8	443.3	67.5	363.3	0.5

图1　2012年宁波海洋涉海经济主要产业产值（数据来自国家统计局）

二是内部结构持续优化。特色产业优势明显，港口物流、海洋旅游等在全市占有十分重要的地位，海洋旅游占海洋服务业增加值比重持续上升。海洋传统服务业不断改造提升，新型业态快速发展，涉海金融保险、海洋旅游、海洋信息服务等产业迅速崛起。

三是发展基础条件持续改善。交通设施规模迅速扩大，为物流业发展提供了良好的设施条件。宁波港口航道的自然条件得天独厚，内外辐射便捷，向外直接面向东亚及整个环太平洋地区，向内可直接覆盖整个华东地区及经济发达的长江流域，已成为全国性物流节点城市和区域性物流节点城市。

四是拉动就业能力持续增强。海洋旅游业是资源消耗低、带动系数大、就业机会多、综合效益好的战略性绿色产业，对国民经济持续较快发展具有重要作用。由于滨海旅游就业层次多、方式灵活、市场广阔，随着行业规模的不断扩大，越来越多的从业人员进入旅游行业，目前，全市海洋旅游就业人数已超过15万，平均每年新增约1万人。

（二）滨海旅游业发展迅猛

2012年，各地借助海洋经济发展大平台，深入开发海洋海岛旅游，积极培育旅游新兴业态，围绕“海洋旅游”大做文章，形成了杭州湾片区、镇海北仑片区、梅山春晓片区、象山港片区、松兰山—大目湾片区、石浦—大塘港片区、宁海三门湾片区等一批海洋旅游产品聚集区，形成了海洋观光、海钓、游艇、海洋节庆、海洋休闲度假等多类型的海洋旅游产品。

一是海洋旅游投资不断上升。2012年全市在建投资过亿元的海洋旅游项目有21个，投资总额超过310亿元，居全省前列。一方面，海洋旅游投资开发重点逐步由东海滨海向象山港、杭州湾等陆海兼备的区域推进。如象山成功创建影视城国家4A级景区，与5家企业开展合作，投资1.8亿元开发影视城三期——民国城一期。海洋旅游投资带动旅游景区加快建设，宁波市目前拥有1个省级海洋旅游度假区和8个国家4A级海洋旅游景区，在全省处于领先地位。经过不断发展，已经形成了以松兰山海滨旅游度假区、中国渔村、海天一洲观光平台、杭州湾湿地公园、凤凰山海港乐园、洋沙山风景旅游区、海洋世界等为代表的一大批海洋旅游特色景区，正从滨海观光旅游向海洋旅游“深蓝时代”跨越式发展。另一方面，旅游项目产业联动性加强，休闲业态投资增加。在2012年宁波市在建的90个项目中，比如伏龙山滑翔伞基地、阳光海湾项目、宁海文化大观园、宁海湾游艇俱乐部会所等，集文化、体育、商贸、农业等多产业联动，是旅游与其他产业之间融合的结果，对宁波市旅游产业转型升级具有非常重要的意义。

二是海陆联动形成立体开发。传统的海洋旅游产品注重“3S”的开发，而忽略了将滨海地区和海滨腹地的资源整合为一体，没有从海上、海滨和海滨腹地相结合的角度出发进行多层次、多方位的立体式开发。2012年，宁波有计划、超常规、大规模地开发宁波海洋旅游资源，以陆地为基地和后方，海陆统筹并进，加强海陆之间的联系和相互配合，使旅游线路不断向内地纵向伸展。旅游部门推出了以海洋体验、海滨度假等为主题的旅游线路，推出若干条精心设计的兼具山海特色、海洋文化底蕴深厚、适应现代海洋旅游度假需求的旅游产品。如围绕“江、湖、港、桥、海”做文章，优化旅游线路，开辟了中心城市—象山海滨、海岛的渔岛度假游，上林湖越窑遗址—中心城市—唐代海运码头的“海上丝绸之路”游，杭州湾滨海湿地—杭州湾大桥与海上观景平台—舟山跨海大桥的大桥游，奉化溪口—阿育王寺—天童寺—普陀山的海洋佛教旅游等线路。这些海路联动旅游线路以鲜明的海洋特色吸引了数以百万计的市民和海内外游客，与上海都市旅游和杭州西湖山水游形成了鼎足之势。

三是海洋旅游新业态渐入佳境。2012年，各县市区加强旅游与渔业、农业、林业、体育等产业的融合，滨海湿地、滨海露营、海上牧场、海岛休闲、游钓艇等旅游新业态已逐渐成为海洋旅游的新亮点。如象山游艇码头建成并投入使用，海钓俱乐部也在加快建设中；象山休闲渔船已达11艘，推出了“休闲海钓”、“环港环岛游”、“休闲打鱼游”及海岛游等海洋休闲游览项目与产品，深受游客热捧。同时，全市各涉海旅游景区精心策划了丰富多彩的活动，如沙滩瑜伽、现场沙画制作、“愤怒的小鸟”、“画脸谱”等游戏吸引游客参与互动；江东的老牌景区——神凤海洋世界推出了“嫦娥奔月”情景剧、“水下芭蕾”等特色活动；杭州湾湿地公园鸟类资源丰富，水生植物众多，良好的生态环境，吸引了众多好游客的光临。除了传统的游船、自行车骑游项目外，湿地复原的陈凯歌电影《搜索》拍摄场地也受到了游客的欢迎。一些景区都呈现游客量明显增长的态势。

四是滨海旅游业增加值持续上升。2012年宁波市海洋旅游共接待游客1 935.29万人次，旅游总收入达249.35亿元。其中，国内游客为1 898.95万人次，旅游收入238.6亿元；入境游客36.34万人次，外汇收入1.7亿美元。滨海旅游业增加值为57.2亿元，滨海旅游业增加值占海洋生产总值的比重为5.5%，对推动宁波市海洋经济发展起到了举足轻重的作用。滨海旅游业增加值分布中，象山港、杭州湾、北仑港借助宁波—舟山跨海大桥，杭州湾跨海大桥、象山—宁波线的通车，已发展成为宁波市滨海旅游发展的主区域，区域内的滨海旅游经济得到快速发展。如奉化溪口景区和象山县的石浦海港古城联合营销，形成山海互补型旅游产品；象山借助"海+城"双重资源优势，依托影视基地，启动了"海洋旅游突破年"活动，做深做靓"休闲象山·渔开天下"品牌，打造"海洋旅游目的地"，全年接待游客920万人次，旅游经济总收入突破90亿元，同比均增长10%以上（表1）。

表1　2012年全市海洋旅游接待情况

接待人数	全年/万人次
国际旅游者	36.34
国内旅游者	1 898.95
海洋港口旅客吞吐量	197.12
滨海旅游业总产值132.8亿元，增加值为57.2亿元	

注：数据来源于国家海洋局。

（三）港口物流服务业集聚现成效

航运服务业是围绕船舶运输和港口服务而形成的服务产业，也是宁波发展现代物流经济的核心竞争力。2012年，宁波全市上下深入实施"六个加快"战略，积极发挥海洋资源优势，大力推进宁波—舟山港一体化进程，以"三位一体"港航物流服务业为龙头，以现代海洋产业体系建设为重点扎实推进战略物资交易平台、集疏运网络体系和物流服务支撑系统建设，在提升宁波市海洋经济综合实力和国际竞争力发挥了重要作用。

一是港航服务水平持续上升。面对全球经济增长放缓、港口货源竞争激烈等挑战，宁波港口积极应对，采取切实措施，推进集装箱运输生产逆势上扬，2012年，宁波港实现货物吞吐量4.53亿吨，同比增长4.5%；完成集装箱吞吐量1 567万标箱，增长8%，货物吞吐量和集装箱吞吐量均居中国内地港口第三位。另一方面，加大市场推广力度，加强与船公司合作，航线布局进一步优化、调整。宁波港口集装箱航线达到235条，其中远洋干线120条；月均航班达到1 490班，同比增长17.5%。与此同时，宁波港口充分发挥系统互动作用，采取针对性的市场开发策略，利用“无水港”等资源集聚优势，加快构筑支线运输网络，运输网络覆盖国内外主要港口。同时，宁波口岸创新管理方式，提高服务水平，推出智慧“物流港”平台，集装箱闸口管理实现由人工方式向无人方式的革命性转变，极大地提高了服务效率。

二是航运金融服务业大力培育。2012 年，宁波积极引进国内外商业银行，扩大投融资业务和渠道，加大推进宁波航运金融集聚区建设，航运金融服务业再上新台阶。如，新成立全国第一家海洋经济特色银行——东海银行正式对外营业，并且已与象山县政府签署未来 5 年内投入 30 亿元信贷规模的战略合作协议；宁波通商银行新设立航运金融部，专门支持港航业发展。截至 2012 年底，宁波已累计引入注册各类金融机构 182 家，股权投资机构 70 家，金融机构本外币存贷款余额双双突破 1 万亿元，宁波海洋产业基金已募集资金 12 亿元。同时，着力提升航运金融创新能力，大力发展航运保险、船舶融资、资金结算等航运金融服务，培育和发展离岸金融市场，国内首家专业航运保险法人机构——东海航运保险公司申请工作进展顺利，已正式报送中国保监会。据统计，2012 年宁波海洋金融保险业总产值 461. 3 亿元，增加值为 98. 0 亿元。另外，作为航运金融创新的重点，2012 年 9 月 18 日，宁波航运交易所正式挂牌开业，航运交易服务平台建设取得了实质性突破，该平台集航运交易、航运信息、航运服务三大平台于一体，被国家发改委列为国家电子商务试点项目。在发展海洋经济的产业链中，大宗商品交易平台起着“起承转合”的重要作用。宁波积极打造以金融、科技为依托的电子化的大宗商品交易平台，由宁波伟世信息咨询有限公司打造的宁波“世界再生资源电子交易平台”，已拥有 12 万家专业会员、8 000 多家海外供货商，日访问量超过 20 万。在江东，从事大宗商品（物资）批发贸易为主的企业已有 856 家，并以年均超过 100 家的速度增长。

三是海港物流服务范围逐步拓展。大力发展第四方物流，以保税港区、国际航运服务中心和物流园区等为依托，出台政策、完善配套、提升功能，推进物流信息网络建设，建成宁波第四方物流市场。大力提升物流服务产业链条，鼓励发展国际中转、国际采购、进口分拨、出口配送等新型物流业态，支持拓展保税仓储、加工组装及配套增值服务，推进港口物流向价值链高端转变。加强与周边城市和其他地区合作，在建成集装箱和零担专线运输服务网络基础上，宁波港已与温州港、台州港、嘉兴港、南京港开展了投资和业务合作，在省内金华、义乌、衢州等多个城市及江西上饶、鹰潭等地布局了 8 个集装箱内陆“无水港”；开通宁波—义乌、宁波—温州等地的集装箱铁路专列，抓紧实施与重庆等地的海铁联运工作，不仅形成了以宁波港为接点的内陆集装箱疏运网络体系，打通了海港与内地的物流通道，实现港口海铁联运，而且由于口岸的一些功能向内地堆场延伸，促进了宁波与内地的经济合作，推动宁波的产业转移和结构升级。

（四）信息技术服务业跨上新台阶

海洋高技术服务业主要是指含有高新技术的服务业，包括航运业有关的各种服务，海洋信息技术服务，以及为发展其他海洋产业提供的有较高技术含量的服务。2012 年，宁波把海洋高技术服务业作为海洋经济发展的重要突破口，发展航运服务信息，打造现代航运服务基地，涉海信息服务业总产值 1.5 亿元，增加值为 1.0 亿元。

一是航运物流信息系统进一步完善。以创新海关和国检管理体制机制为先导，以建设智慧港口、智慧物流为依托，进一步提升宁波电子口岸（EDI）和物流市场信息平台服务功能，完善航运物流信息系统，实现宁波－舟山港口岸物流管理与国内国际口岸物流无缝衔接。宁波物流市场信息平台系统的开发，对于完善信息发布、交易匹配、合同签订、整体物流起到了积极作用，极大地提升了航运物流信息化整体水平，走在了全国前列。宁波电子口岸自 2009 年正式运行以来，已经吸收 6 850 家企业加盟，年信息发布量达 72 万条，网上交易额突破了 10 亿元，极大地激发了市场活力。

二是航运服务信息管理成效明显。积极发展海洋信息管理技术，开发海洋地理信息产品和海洋信息系统，研究以全球定位系统（GPS）、遥感（RS）、地理信息系统（GIS）为核心的海洋测绘技术，实现海洋基础地理信息的快速获取与更新，为海上通信及海上定位服务、海洋资料及情报管理等提供有力服务，在打造“数字海洋”上取得了新进展。积极培育大型信息服务企业，鼓励优势企业以多种形式实施行业内或跨行业、跨区域、跨所有制的兼并重组，促进海洋信息服务向集团化、网络化、品牌化发展，全面提高服务质量和竞争力。加强港口信息管理建设，建立了港口作业协同管理信息系统、港航办公自动化系统、港航部分行政许可审批系统等。

三是现代航运服务基地初步建成。一方面积极发展航运服务业，具体包括航运融资、海事审理、航运交易、航运咨询、船舶管理，货物运输、船舶租赁、码头服务、船舶代理、船舶供应服务、船员劳务和培训等，努力促成以宁波国际航运中心、北仑通关中心为主载体的现代航运服务基地。另一方面推进涉海产业技术创新联盟建设，积极推进临港物流产业、港航信息服务产业和蓝海工业设计产业技术创新战略联盟。如江东推动产业与科研院所联合攻关，集中力量突破一批关键共性技术，实现企业、院校和科研机构等在战略层面有效结合，共同突破产业发展的技术瓶颈。据不完全统计，2012 年，江东区海洋科技服务业营业收入超过百亿元，对海洋经济的拉动力正在逐步显现。

（五）海洋会展异军突起

一是借力会展提升海洋经济发展水平。2012 年，宁波抢抓机遇，充分利用在家门口举办的“浙洽会”、“海洽会”、“中国海洋论坛”、首届中国（南方）国际海产品博览会等带来的巨大商机，频出举措。第十一届消博会期间，宁波团利用东道主优势，组织广大外贸企业与境外展商开展洽谈。如象山县邀请客商考察象山临港产业，与船舶及船配企业谈合作；落户宁波杭州湾新区的上海大众汽车项目等一批高端项目在浙洽会上签约；第二届海洽会期间，海产品博览会参展的龙头企业近200家，品种千余种，成交量超过5亿元。通过博览展示、项目签约、高端论坛、推介洽谈、人才科技等主题活动，集聚了海内外海洋经济发展资源，构筑了海洋科技人才交流、产品展览、投资合作的综合平台，为促进海洋经济产业发展提供了强大的科技、资金和智力支撑。据统计，展会共签约了91个海洋经济重大项目，总投资达2 127亿元，其中投资额50亿元以上项目13个，100亿元以上项目4个，科技含量高、市场前景好、体现海洋经济特色的高端产业项目21个，投资总额689.5亿元。

二是提升海洋会展层次。积极申办国际海洋展览会，展示宁波丰富的海洋资源及海洋科技成果，搭建海洋技术引进和交流平台。一方面通过展示活动形成注意力经济，吸引国际海洋高技术产业和海洋服务业汇聚宁波。如象山举办的首届亚太地区钓鱼游艇及钓具展。这是以钓鱼游艇为主题的大型专业展览，是国内游艇产业与海钓体验相结合的首次成功尝试，也是象山历史上第一次大型旅游会展活动。吸引了美国、意大利、法国等10多个国家、100多家知名企业参展，实际交易额突破4 000万元。

三是发展专业海洋会展。以镇海液体化工交易市场、中国（余姚）塑料城、中国（象山）水产城等专业市场和专业展会为重点，加强电子商务和海洋产品指数开发，促进有形市场和无形市场融合，提升海水产品、海洋石油及制品、海洋旅游产品等现代商贸服务水平。积极发展连锁经营、物流配送等现代营销形式，形成以水产城为骨干，专卖店、仓储式商场等为补充的多元化、多层次的水产销售网络。

三、宁波海洋服务业存在的问题

尽管宁波发展海洋服务业的资源得天独厚，近年来海洋服务业也保持了快速发展态势，但现有海洋服务业仍以传统产业为主，海洋服务业创新能力不足，涉海金融保险业、海洋信息服务业、海洋文化创意产业等产业起步晚、发展慢，尚未形成规模和集聚效应，影响了海洋产业发展质量和竞争力提升。

（一）海洋科技服务水平不高，海洋服务业竞争力不强

一是整体海洋科技对服务业的装备水平不高，新兴海洋服务业培育发展不足。如缺少能对海洋新能源、海洋生物产业等新兴战略性产业形成有效支撑的产业；海洋科研和服务项目开发资金不足，海洋科研资源分散，未形成合力，不能给海洋产业的升级发展提供有力的科技支撑，致使海洋产业发展所需的、并与之相适应的科

技服务支撑体系缺乏。二是海洋服务业的现代化不足，竞争力不强。如旅游业中滨海旅游仍然是主体，深度海洋旅游发展不足，缺乏核心竞争力；海洋运输服务业发达，但是基于海洋运输发展起来的现代航贸业发展不足，尤其体现在海洋灾害的预测和监测服务不到位、服务能力低。海洋服务业态与其他现代服务业相比差距明显，比如与海洋服务业相关的通讯技术、交通、供水供电系统、安全系统、娱乐设施等的科技含量有待进一步高，海洋服务业的附加值还有很大提升空间。

（二）区域特色未能充分利用，海陆联动发展尚欠紧密

一是海洋服务业布局不够合理。宁波市海洋资源禀赋存在共同性和空间差异性，在客观上要求区域间进行分工与合作，实现资源互补和资源的有效利用。但目前，全市海洋服务业布局不够合理，区域同构性强，没有形成差异化发展，也没有形成完善的海洋服务业体系，各县市区不能合理分工与错位发展，不能有效聚集资金、人才、信息等服务要素。如海洋旅游开发同质性且层次低，海洋科技信息不能共享等。二是海陆联动发展方向推进不够。宁波海洋经济以粗放和单一的形式出现，特别注重海岸、滩涂等资源的开发利用，而在海陆联动发展方向推进不够。

（三）海洋服务业人才培养与产业脱节，人才结构有待优化

宁波实施“人才强市”，海洋经济人才状况在逐步好转。已基本形成以港口服务业、临港大工业和海洋渔业为主体的海洋产业人才队伍，但高层次的航运金融人才、航运保险人才、大宗商品交易专业人才、物流信息化人才等现代海洋服务业人才还很缺乏，与发达国家仍有较大差距；宁波海洋人才的培养与产业脱节的现象非常严重，满足不了经济发展的要求。目前，在贸易、金融、咨询、法律事务、会计事务等方面聚集了一定的人才，但精通涉外事务的不多，与上海、杭州、深圳等有较大差距。

（四）海洋服务业体系和结构欠完善，发展环境有待改善

宁波各县市区海洋资源禀赋存在共同性和空间差异性，在客观上要求区域间进行分工与合作，实现资源互补和资源的有效利用。但目前宁波还没建立海洋服务业的完善体系，各县市区不能合理分工与错位发展，不能有效聚集资金、人才、信息等服务要素。同时，制约海洋服务业发展的体制性障碍依然存在，民营海洋服务业发展相对缓慢，海洋服务业发展的深层次矛盾依然存在。

四、深化海洋服务业的发展对策

海洋服务业是海洋产业链的高端，是现阶段海洋经济增长的新亮点。今后一段时期，宁波海洋服务业发展要坚持整合与协调的思路，加快海洋传统产业向高科技

含量海洋新兴产业的转变，巩固航运物流业、海洋文化产业业、海洋旅游业等重点领域，拓展海洋服务业领域，使得海洋服务业总量进一步扩大、结构进一步优化，在更大空间、更多领域、更高层次推动海洋服务业的可持续发展。

（一）打好巩固牌，全面提升三大产业

一是全面提升滨海旅游产业。借助象山港大桥的通车和2013年“中国海洋旅游主题年”的实施，宁波应在全面分析梳理海洋旅游资源赋存现状、竞争环境、优势与制约因素基础上，进一步明确海洋旅游主题形象和发展战略目标系统，完善滨海旅游资源的整合与布局，塑品牌、做高端，实现海洋旅游业由低层次向高层次的质的转化。进一步加大邮轮旅游、休闲度假、体育健身等新产品开发力度，培育旅游新业态，优化产品结构。如针对高端市场，适当开发高尔夫、航海旅游和置业旅游，开辟邮轮旅游航线，吸引世界著名邮轮公司入驻宁波，发展时尚高端休闲；进一步深入拓展海洋旅游新空间，打造“长三角品质后花园”，从开发岸线、沙滩为主转向推进海洋、海岛开发，构建“海陆一体、山海联动、城乡统筹”的海陆空一体的立体式旅游发展新格局；进一步加强海洋旅游基础设施建设，使滨海旅游景点的交通、通信等基础设施和服务实现现代化；进一步加强滨海旅游与相关产业联动发展，使海洋旅游业成为宁波旅游业发展的新动力和形象载体。

二是全面提升海洋文化产业。加大涉海影视业、滨海演艺业、滨海文化旅游、休闲渔业、海洋节庆、滨海娱乐业、海洋工艺品业等等主导产业和重点项目的文化建设力度，探索形成文化与海洋产业融合发展的新模式。首先，应增强产业意识，开发宁波丰富的海洋文化资源，把它们变为海洋服务产业的重要组成部分，作为新的经济增长点来抓。如探索创立海洋文化创意产业园，将海洋文化产业的理念、产品、品牌输出等环节融于一体，并通过创意设计、展会、交易等功能带动现代高端服务业发展。其次，政府应加大这方面投入，不断推进海洋产业创新，用文化提高滨海旅游等产业的层次和附加值，引导海洋文化产业向高层次发展。再次，应进一步普及有关海洋文化方面的知识教育，增强海洋文化保护意识，关心海洋文化产业的发展建设，加大海洋文化产业的研究。四是拓展海洋会展业。提升宁波“浙洽会”、“海洽会”、中国开渔节、“三月三，踏沙滩”旅游节、国际海钓节等海洋文化节庆活动影响力；建设海洋科技展示馆、海洋文化博物馆、海洋渔业科普馆、游艇产业与游艇展示馆等海洋文化展示平台。推进海洋会展业与相关产业对接，加快海洋会展专业化人才培养，提升海洋展会服务水平。

三是全面提升海洋信息服务产业。以创新、融合为动力，加快突破海洋产业发展瓶颈，培育发展海洋信息服务业，全面提升海洋产业信息化水平。重点发展以北仑、象山、宁海、慈溪为核心区的海洋信息产业集群，探索并形成服务盈利模式，实现市场化运作。继续培育大型信息服务企业，建立信息服务企业培育孵化基地，

制订扶持发展专项计划，拓宽信息服务企业的筹资渠道，鼓励金融机构在风险可控的前提下为符合条件的信息服务企业提供信贷服务。提升海洋信息系统，深入推进“数字海洋”工程，加大海洋经济监测与评估系统建设力度，提供海上通信、海上气候、海上定位服务、海洋资料及情报管理服务海洋环境质量评价、海洋科普与文化传播等服务。提升电子口岸建设，研究探索“门（厂门）到门（船门）”的云服务模式，充分运用互联网、物联网、云计算等技术，完善平台服务功能，拓展增值服务，扩大信息平台应用范围，努力实现“单一窗口”通关，推进无纸化大通关和区域通关改革，努力从电子口岸建设向智慧口岸提升。加大推动第四方物流市场发展，加快平台基础功能建设，全面完成网上结算支付系统、信用管理平台、物流数据交换平台、GPS物流监控平台建设，适时开展RFID管理中心建设。加大市场拓展力度，推广“联通四方物流通”、“海运通”、“双重运输”等典型示范产品。积极扶持发展涉海企业投资、涉海法律与公证、涉海财务及税务、涉海咨询、涉海知识产权等海洋信息与技术服务业，使之成为海洋经济发展新的增长点。

（二）打好创新牌，拓宽海洋服务业领域

紧扣海洋经济发展战略部署和要求，在巩固已有海洋服务产业基础上，创新发展理念，创新体制机制，创新方法举措，不断拓展服务领域和范围。

一是拓宽涉海商贸服务业。在巩固以镇海液体化工交易市场、中国（余姚）塑料城、中国（象山）水产城等专业市场的基础上，发挥电子商务和海洋产品指数的市场导向作用，打造有形和无形两个市场，推进两个市场作用的发挥；建设港口大宗物资的经销中心、价格中心和市场分销体系，促进港口物流向物流商贸综合方向发展。

二是拓展港航服务业。发挥航运交易所作用，扩到船舶交易市场规模，探索国家船舶及零配件交易业务，初步建立船员劳务市场、集装箱订舱市场、干散货租运市场和液体化学品船租运市场，形成更大的交易规模。加快与苏浙沪联动，研究保税港区、大通关工程、电子口岸、无水港以及航运融资、保险、交易、咨询、运输代理等现代航运服务业发展，构建跨区域、一体化、高效便捷的现代物流网络，促进物流、信息、资金、人才的集聚和流动。整合港航资源，建立协调发展的宁波—舟山、宁波—上海的“双枢纽”港口物流服务体系，以港航服务产业链整合为重点，带动其他海洋产业的发展。

三是创新海洋金融服务产品。针对海洋产业的金融产品、保险产品较少现状，坚持以改革的思路，用市场化的手段，建立以国资为导向、民资为主体，直接融资和间接融资为手段的多元化投融资格局，加快培育涉海金融保险市场，探索建立面向中小微型涉海企业的专业金融机构，拓展涉海金融保险服务。建立港澳台涉海金融合作平台，推动区域性金融服务中心建设，支持港澳台金融机构在宁波设立经营

机构。鼓励和支持社会资金投向海洋服务业，政府通过财政返还、延长项目经营期限等政策，鼓励不同经济成分和各类投资主体，以独资、合资、承包、租赁、拍卖、股份制、股份合作制、BOT 等不同形式参与区域建设。

（三）打好联动牌，合力开发海洋服务业

一是全面推进陆域和海域联动发展。加强陆域经济和海域经济的联动发展，实现陆海之间资源互补、产业互动、布局互联，是海洋服务业发展的必然规律，也只有海陆联动发展，海洋服务业经济才能在发展中不断壮大，才能不断获得竞争新优势。宁波市不仅可拓宽“山海协作”的领域，加大“山海协作”的力度，提高“山海协作”的水平，而且可从海陆统筹、延伸港口物流链入手，统筹内陆区域与港口区域联动发展，延伸港口物流供应链，带动国际国内综合运输体系和物流体系的发展。

二是全面推进市县统筹联动发展。遵循区域自然属性，按照整体功能定位统筹开发与保护，突破现行行政区划的局限，跨区域统一规划开发与协调管理，合理安排产业、区域基础设施等的空间布局，实现区域分工协作、优势互补、协同发展，共同扶持发展海水综合利用、海洋生物、海洋新能源等海洋新兴产业，培育发展海洋旅游、金融服务、信息服务、技术服务、商贸服务等海洋服务业。比如，象山港区域涉及奉化、宁海、象山、北仑、鄞州等 5 个县（市）区 23 个乡镇（街道），在开发中要上下协同，左右互补，形成共同谋划象山港区域保护和建设的合力，推进协调发展。在海洋旅游方面，可以进一步整合各地旅游资源，实施统一品牌营销等，促进旅游大发展。如联手推进宁波梅山—春晓—舟山六横保税物流体系核心区等载体和平台建设，把宁波的梅山、春晓和舟山的六横作为一个整体发展。

三是全面推进一二三海洋产业联动发展。一直以来，宁波海洋传统优势产业主要集中在以资源采集为主的第一产业，即海洋渔业。它主要依靠资源、资本和劳动力等要素投入，资源消耗大、经济驱动力小。而以加工、资源开发为主的第二产业和以服务业为主的第三产业，虽然聚集了不少海洋新兴产业，但占比偏小。海洋运输业是涉海服务的优势和重要行业，海洋运输业涉及的面较广，形成的产业链较长，在科技日益发展的情况下，海洋运输业的深度开发将形成沿海区域港口、保税区、岸线、滩涂、海岛与海域连为一体的综合开发体系，由此构造出海陆产业和服务业的互动，促进海洋产业的结构优化。为此，要大力发展海洋运输业，推进多式联运发展，推广集装箱甩挂（双重）运输模式，推进铁水联运，争取开通襄阳—宁波“五定”班列，启动成都—宁波铁水联运；大力发展内支线运输和水水中转，推进支线与干线的无缝对接；壮大海运船队，增强国际海运竞争力，提升能源、原材料等战略物资运输保障能力，完善海上交通管理和应急救助系统，不断提高航海保障、海上救生和救助服务水平。要大力发展海洋服务业，增强海洋渔业和海洋制造业的

后劲，促进海洋第一、第二产业的社会化和专业化水平的提高，促进海洋经济发展方式转变，推进海洋产业结构优化升级。

（四）打好保护牌，促进海洋服务业可持续发展

海洋资源和海洋生态环境是发展海洋经济的基础。由于海洋生态环境和资源具有区域性和流动性特征，在区域海洋资源的开发与管理过程中存在“公共地悲剧（Tragedy of the Commons）”现象。要加大海洋生态保护体系建设，在行政、法律、经济、科技等方面，采取有效措施来减少或消除对海洋环境的影响。树立保护就是开发的辩证理念，强化生态环保意识，在开发中做到生态优先，在保护中开发，在开发中保护，做到保护与开发联动。要建立健全海洋生态环境监视监测网络、海洋生态环境信息管理系统和防灾减灾预警预报系统等，提高海洋服务业可持续发展能力。

（五）打好人才牌，夯实海洋服务业发展基础

海洋服务业明显的一个特点是科技含量高、知识智力密集，多属海洋高端服务业和新兴产业。如游艇旅游、海洋信息服务、海洋环境监测预报、海洋环保、海洋科研等均是知识和智力密集型行业。这就要求我们在海洋服务业的发展中既要重视硬件投入，又要重视人才培育，树立人才优先战略。

一是完善人才吸引机制，在海洋重大工程、重大项目，加大人力资本支出的比例，鼓励引进海洋科技人才和优秀科学家团队，制定和实行特殊的优惠政策，创造良好的环境，激发海洋科技人才的创新潜能。发挥2011年8月开始运营的航运人才市场平台功能，为海洋服务业相关企业和人才提供、信息最快、服务最优、保障最好的市场平台。

二是完善海洋服务人才培养机制，加大海洋教育投入，调整和优化海洋高等院校学科和专业设置、课程体系和教学内容，完善海洋继续教育培训制度，重点培养海洋技术研发、海洋资源勘探人才，海洋金融、商务等专业服务人才，海洋管理人才，海洋工程装备服务，海洋新能源，海洋国际化人才等。

三是完善海洋服务人才激励保障机制。落实社会保障制度，鼓励海洋相关专业毕业生到基层台站、远洋船舶和偏远海岛等一线地区和艰苦岗位工作，推进从业人员专业化、职业化。

2012年度宁波市港航服务体系发展报告

一、港航服务体系基本内涵

（一）港航服务业

港航服务业是港口、航运业务的拓展，是指围绕港口、航运及相关海运活动所开展的一系列服务行业和活动的集合。主要包括货运代理、船舶代理、船舶供应、航运金融、海事法律、船舶交易、航运信息等。发展港航服务业，就是要围绕港口、航运拓展产业链，实现更多的增值服务。

港航服务业不属于国民经济行业中的分类，与其他服务业有交叉。目前，业内对港航服务业的划分标准较多。有按照产业附加值集中程度，分上游产业（高集中，如航运金融、海事仲裁等）、中游产业（中集中，如船舶租赁等）和下游产业（低分散，如装卸、仓储、报关服务等）；有按照服务对象分为货物的服务、船舶的服务、船员的服务、服务的服务；而按照港航服务业服务的层级则可将其分为核心服务、基础服务和高端服务三个层面（详见表43，图40）。

核心服务由水上运输业、港口装卸、仓储堆存等港口服务业组成，是港航服务业的核心层。

基础服务是为核心服务提供服务的港航辅助服务体系，为港航服务业的稍高层次，包括理货、引航、救助打捞、航海保障、船舶防污、船舶代理、货运代理、船舶供应、船员劳务、船舶管理、船舶修理、船舶检验等。

高端服务是为港航核心服务和基础服务提供服务，处于核心服务和基础服务的最上端，主要包括航运金融、航运保险、航运经纪、海事法律、海事仲裁、航运信息、航运教育等知识密集型、智力密集型的服务门类（表1、图1）。

表1　港航服务业构成

层面	行业	主要服务功能
核心服务（港航主业）	水上运输业（经营、拥有和管理），港口服务	货物运输，旅客运输，港口装卸、仓储、理货、拖船、引航

续表

层面	行业	主要服务功能
基础服务	代理服务	船舶代理，货运代理
	船舶供应	船舶物料、燃油、淡水、备件、船运伙食、航海图书等供应
	修理服务	船舶修理、集装箱修理、港口设施修理等
	船员劳务	船员劳务、船员培训、船员外派
	货运服务	内陆运输、集装箱场站、报关
	航运经纪	船舶买卖、船舶租赁
	船舶检验	船舶检验、设备检验
	航海保障	航标、测绘、VTS、船舶防污
高端服务	航运金融	融资、抵押、担保、公证、公估、结算
	航运保险	再保、分保、互保、海损估算、保险理赔
	航运信息	信息、研究与咨询、媒体、学术团体、研究所、设计院
	海事仲裁与法律服务	海事法律、海事仲裁、海事调解
	航运经纪	船舶交易、船舶租赁的中介服务
	航运教育	各类航运专业学校教育、培训机构

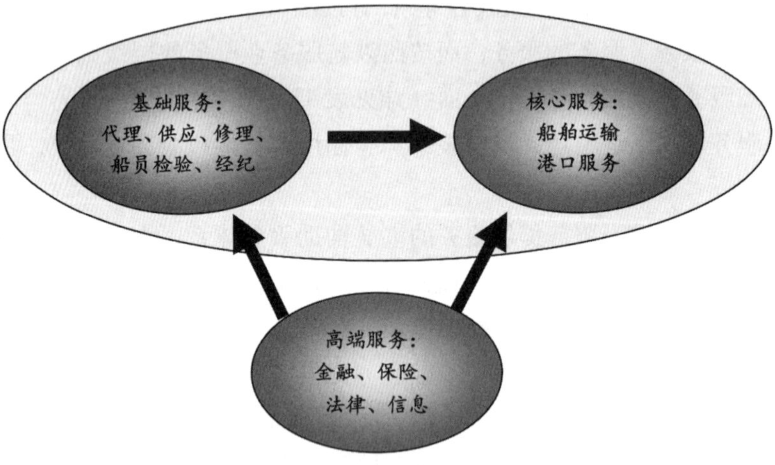

图1　港航服务业的分类

（二）港航服务体系

港航服务体系全称“港航物流服务体系”，从基础概念上而言“是指位于港口附近，以港口为基础的一种特殊类型的物流服务体系。一般由两大市场主体（物流供应主体和需求主体）、三大系统（基础设施系统、信息系统和政策保障系统）、两大网络（陆地及疏运网络和海上航线网络）为框架构成。具备运输、中转、仓储、加工、包装、分拣、配送、信息处理、交易服务、保税口岸和个性化增值等多元功能。”①

本报告中所说的港航物流服务体系则是指《浙江海洋经济发展示范区规划》和《宁波市海洋经济发展规划》中提出的服务于海洋经济发展战略而着力构建的“三位一体”港航物流服务体系。具体来说，宁波港航物流服务体系是指以港口、航运为基础，以港航服务和物流、商品交易为核心，以海陆联动的集疏运网络和金融、信息服务为支撑的综合物流服务体系。按照浙江省海洋经济发展示范区规划和上海国际航运中心建设的要求，近期的建设重点是由大宗商品交易、海陆联动的集疏运网络与金融和信息服务体系互动发展构成的“三位一体”现代港航物流服务体系。

在宁波港航物流服务体系建设中，大宗商品交易是核心，是实现港航物流和港口经济转型升级的载体；海陆联动集疏运网络是“硬设施”，是保障大宗商品交易发展的基础设施条件；金融和信息服务则是“软环境”，服务于大宗商品交易的发展和海陆联动集疏运网络的建设。大宗商品交易与海陆联动集疏运网络互动，大宗商品交易和海陆联动集疏运网络与金融、信息服务体系互动，共同打造集物流、贸易、金融、信息和咨询等功能融合的现代港航物流服务体系。

二、宁波港航服务体系发展概况

（一）港航服务业发展概况

1. 核心服务业发展迅猛

（1）水上运输业

至2011年底，宁波市共有水运企业145家。按经营航区分，内河企业9家、沿海136家（含4家兼营沿海、内河运输企业）。按经营类型分，客运企业10家、货运135家（含2家兼营客、货运企业）。其中，拥有国际船舶运输资质的水运企业6家。

至2011年底，宁波市共有各类营运船舶737艘、515.9万载重吨，包括沿海船舶671艘、515.1万载重吨，其中国际航行或者兼营国际航行船舶9艘，42.1万载重吨，内河船舶66艘，0.76万载重吨。平均船龄持续降低，营运船舶平均船龄7.4年。拥有万吨级以上运输船舶162艘、420.9万载重吨，占总运力的81.6%；拥有集装箱船和多用途船56艘、箱位19 878标准箱；拥有液货危险品船117艘、30.4万载重吨。

① 为避免重复计算，本文中的装备制造业不含汽车和造船产业。

2011年宁波市水运企业货物运输量13 371万吨，完成货运周转量1 688.5亿吨千米，2011年底水运企业总资产为3 036 140万元，实现运输营业收入788 725万元，实现利润53 785万元，纳税35 361万元，就业人数9 924人（图2、图3）。

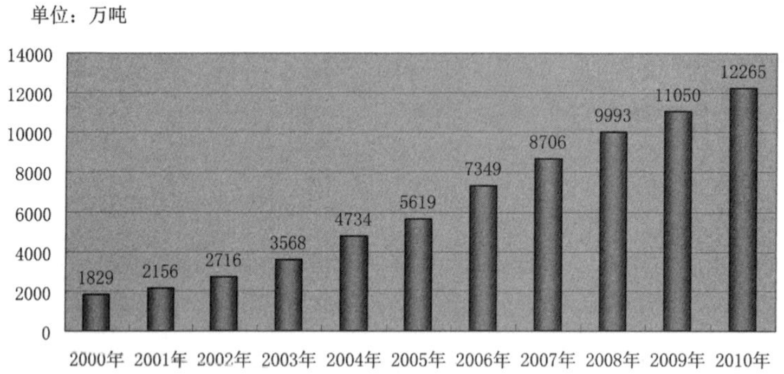

图2　2000—2010年宁波市水运企业货物运输量

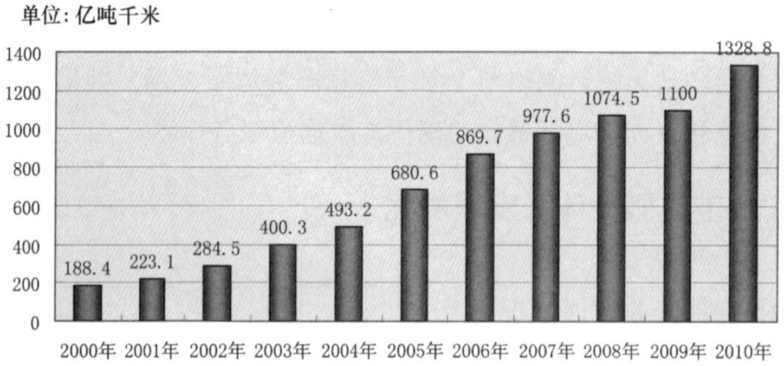

图3　2000—2010年宁波市水运企业货运周转量

（2）港口物流业

至2011年底，宁波全市取得《港口经营许可证》企业240家，泊位330个，取得《港口危险货物作业资质认可证》企业65家，泊位109个。宁波港口已形成金属矿石、石油、煤炭、液体化工、集装箱为五大主要货种、其他货种辅之的港口货物运输格局。宁波港口万吨级以上专业化泊位80个。其中，金属矿石6个、原油7个、成品油3个、煤炭12个、液体化工11个、液体石油气1个、集装箱21个、散装粮食1个、散杂货9个、多用途5个、其他1个。从事航道疏浚企业有65家（图4、图5）。

2011年，宁波港货物吞吐量完成4.3亿吨，同比增长5.2%，其中外贸货物吞吐量2.3亿吨，增长13.3%；主要货类“二升一降”，煤炭完成6 560万吨，增长7.2%，原油完成6 470.6万吨，增长4.2%，铁矿石完成7 173.4万吨，下降3.1%；集装箱吞吐量完成1 451.2万标准箱，增长11.6%，稳居大陆港口第3位，

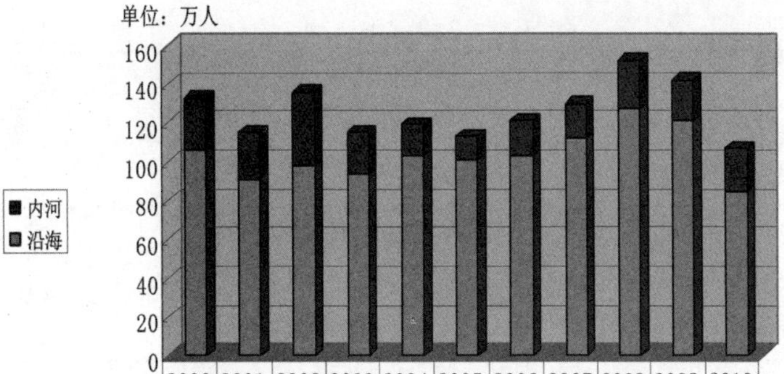

	2000年	2001年	2002年	2003年	2004年	2005年	2006年	2007年	2008年	2009年	2010年
内河	27	24	38	21	16	12	18	18	25	21	22
沿海	106	91	98	94	103	101	103	112	127	121	85

图4　2000—2010年全市航运企业旅客运输量

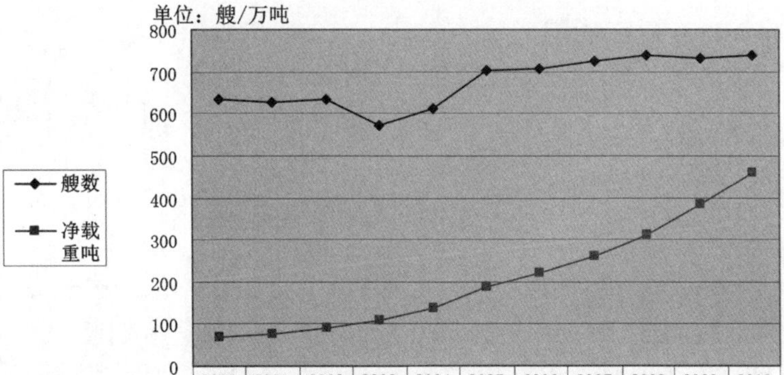

	2000年	2001年	2002年	2003年	2004年	2005年	2006年	2007年	2008年	2009年	2010年
艘数	635	626	632	572	613	704	705	723	738	730	738
净载重吨	68	75	90	110	136	190	220	262	310	383	458

图5　2000—2010年宁波市水路运输工具拥有量和净载重吨位变化

世界港口第6位。

目前，宁波港与全球100多个国家和地区的600多个港口有贸易往来，形成了覆盖全球的集疏运网络。全球排名前20位的班轮公司都已登陆宁波港。截至2011年底，宁波港集装箱航线已达236条，其中远洋干线126条，近洋支线58条，内支线20条，内贸线32条，月均航班1 249班，最高月航班1 464班，航线总数和月均航班分别比上年增长8条和96班（表2、图6）。

表2　宁波港口主要货种运输航线

货种	运输航线
金属矿石	非洲线、南亚线、中东线、欧洲线、北美线、南美线、澳洲线、香港线、韩国线、国内线

续表

货种	运输航线
石油	台湾线、非洲线、香港线、东南亚线、中东线、韩国线、日本线、美洲线、北欧线、俄罗斯线、欧洲线、南美线、北美线、澳洲线、南亚线、东北亚线、国内线
煤炭	东北亚线、东南亚线、俄罗斯线、澳洲线、非洲线、国内线
化工产品	台湾线、非洲线、中东线、香港线、东南亚线、日本线、韩国线、东北亚线、欧洲线、美洲线、太平洋线、澳洲线、国内线
钢铁	台湾线、香港线、东南亚线、日本线、韩国线、东北亚线、欧洲线、黑海线、美洲线、澳洲线、国内线
粮食	东南亚线、欧洲线、美东线、南美线、澳洲线、非洲线、国内线
矿建材料	东南亚线、日本线、国内线

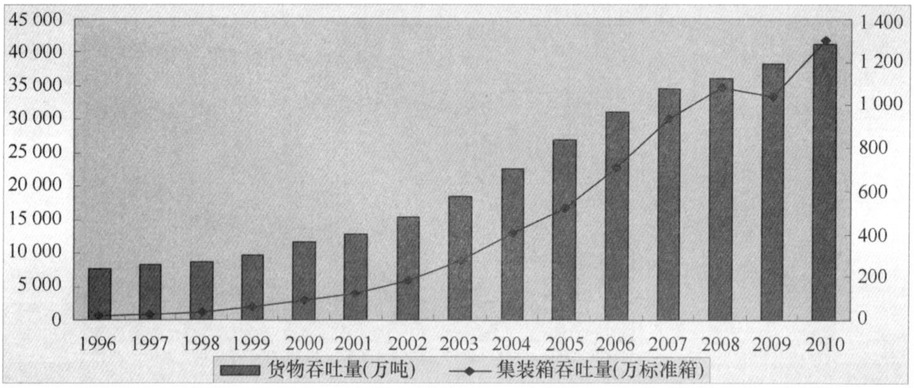

图 6　1996—2010 年宁波港口货物吞吐量和集装箱吞吐量趋势

近年来，宁波港口货物吞吐量呈稳步增长的态势，但宁波港口货物吞吐量在长三角地区港口完成总量中的比重略有下降趋势，2010 年占 12.2%（图 7），位居第二，仅次于上海港。

而宁波港口集装箱吞吐量在长三角地区港口中的比例却呈现逐年持续递增的趋势，且增速明显，占长三角港口完成总量的 23.9%（图 8）。

2. 基础服务业实力日益凸显

（1）船舶供应。截至 2010 年底，宁波地区船舶港口服务企业共 26 家，其中外轮供应企业（国际航行船舶物料、生活品供应企业）10 家、外籍船员接送企业 4 家（其中 2 家兼营供应）、国际航行船舶油料（含保税油）供应企业 4 家，淡水供应企业 1 家，外籍船舶污染物接收企业 10 家［其中含油污水、残油、洗舱水、生活污水接收企业 8 家，垃圾接收 3 家（其中 1 家兼营油污水）］。

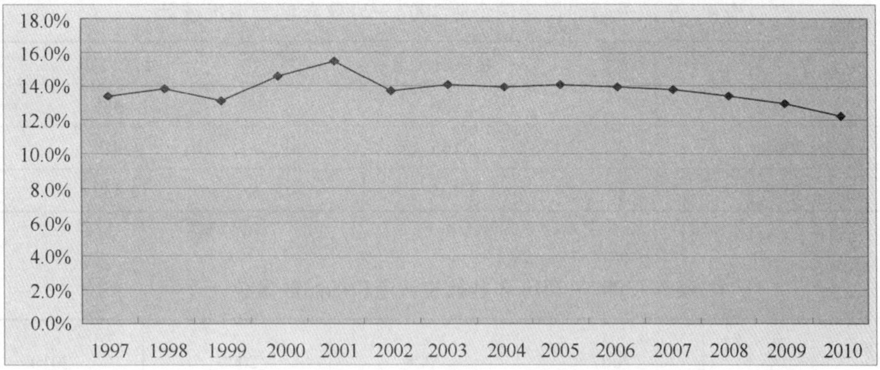

图7 1997—2010年宁波港口货物吞吐量占长三角港口总量的比重

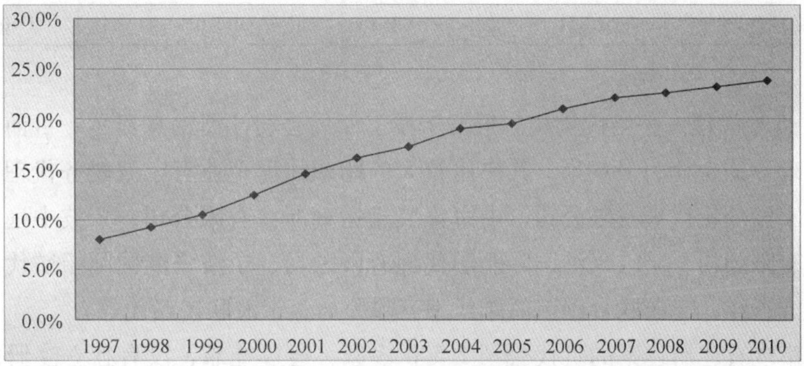

图8 1997—2010年宁波港口集装箱吞吐量占长三角港口总量比重

宁波船舶港口服务企业中，取得港口经营许可证的企业共14家，其中6家为外轮供应企业，外籍海员接送企业3家（1家兼营供应），淡水供应企业1家，1家为油污水回收企业，3家为船舶垃圾接收企业，1家为国际航行船舶油料供应企业。对于燃油供应、压舱水（油污水）处理、围油栏供应服务等企业，由于许可条件尚待进一步明确，与海事部门监管职责不明确等原因，基本上未发放港口经营许可证（表3~表5）。

表3 宁波外轮供应企业2007—2009年经营情况统计

年份	外供航次（不包括中燃）	营业额/万元（不包括中燃）	中燃外供航次	供油数量/t
2007年	2 095	4 948	613	385 030
2008年	2 610	10 241	588	397 234
2009年	1 910	12 164	512	302 262

表4　宁波外籍船员接送企业2007—2009年经营情况统计

年　份	接待航次	接送人数
2007	2 320	14 488
2008	2 165	9 902
2009	2 403	12 539

表5　2007—2010年挂靠宁波港口船舶数量统计

艘次＼年份	2007	2008	2009	2010
大型油轮	398	416	633	717
集装箱船	13 680	14 963	14 530	16 610
矿船	851	853	1 079	1 108

（2）运输代理——船代货代。根据宁波工商局公司注册信息显示，目前宁波从事船舶代理业的企业为190家，其中比较大的船舶代理企业有宁波船务代理有限公司、中国宁波外轮代理有限公司、中海集装箱运输浙江有限公司、宁波中远集装箱船务代理有限公司、宁波兴港国际船舶代理有限公司、宁波华港国际船舶代理有限公司、宁波远洋、宁波联合国际船舶代理有限公司、宁波联俊船代等。

宁波市现有注册在案的货代公司1 500多家，通过挂靠、没有独立注册的货代公司数量为4 500家左右，其中70%以上为中小型货代公司，员工在几人到几十人不等（表6）。

表6　2001—2011年宁波港口船舶进出港艘次

年　份	进出港（艘次）	进港（艘次）	出港（艘次）
2001	144 439	72 253	72 186
2002	265 685	132 859	132 826
2003	543 707	272 204	271 503
2004	951 311	475 552	475 759
2005	949 969	475 158	474 811
2006	843 891	421 994	421 897
2007	982 015	490 998	491 017
2008	1 039 531	519 379	520 152
2009	997 235	498 549	498 686
2010	995 108	497 745	497 363
2011	929 270	468 771	460 499

（3）船舶管理。船舶管理指船舶管理经营人根据约定，为船舶所有人或者船舶承租人、船舶经营人提供机务、海务、检修、保养、买卖、租赁、营运及资产管理等船舶管理服务的业务门类。宁波市有7家船舶管理公司，包括宁波商轮船舶管理有限公司、宁波鸿源船舶管理有限公司、宁波市北仑甬兴船舶管理公司、宁波航宇国际船舶管理公司、宁波银星海运有限公司和宁波大舟祥船舶管理有限公司等。

（4）船舶修造。至2009年年底，全市共有船厂50多家，其中能修造3 000吨级以上船舶的船厂有24家。全市年造船能力已达250万载重吨，主要产品包括各类货船、集装箱船、工程船、化学品船、沥青船、LPG石油平台供应船等。全市船舶完成量113艘、148万载重吨，产值128亿元。

目前船舶修造业已基本形成北仑船舶修造区、象山港船舶修造区和石浦港船舶修造区三大船舶工业集聚区，拥有浙江造船有限公司、浙江新乐造船有限公司、宁波恒富船业（集团）有限公司等重要骨干企业。2008年，浙江造船有限公司承接的新船订单跻身世界造船企业30强和全国10强之列；海洋工程类船舶订单更是居全球第一。

（5）船舶检验。浙江省船舶检验局宁波船检处下设船检科，并设有象山、宁海、奉化、鄞州四个船舶检验签证点，业务范围为国内航行船舶的营运检验和建造检验、500吨以下船舶设计图纸的审核检验和3 000吨以下船舶的营运检验（换证除外）。

自2006年开始，宁波船检处对船舶中介检测机构的技术检测条件进行登记备案，以监督和规范其检测行为。至2009年年底，共12家船舶中介检测机构进行了备案，2家无损检测机构被暂停检测业务；拥有船舶图纸设计公司6家，建有市级、县级船舶行业协会各一家。具体船舶业务情况见表7。

表7　2006—2009年宁波船舶检验情况汇总

年　份	检验总数		其中建造检验			审图	产品检验	船检费
	艘次	万总吨	艘数	万总吨	均总吨	/套	/件	/万元
2004	2 629	218.39	225	30.68	1 363	58	3 079	838
2005	1 705	229.65	215	42.82	1 991	153	2 213	1 199
2006	1 738	236.18	130	30.35	2 334	171	1 128	1 300
2007	1 368	296.67	136	51.4	3 779	75	1 041	1 369
2008	1 527	244.69	189	72.1	3 814	136	1 652	1 524
2009	1 358	299.33	112	20.18	1 801	157	712	1 837

（6）船员管理。船员管理指代理船员办理申请培训、考试、申领证书（包括外国船员证书）等有关手续，代理船员用人单位管理船员事务，为船舶提供配员等相

关活动的业务门类。2011年宁波市注册船员共计9 048人。其中，海船船员8 755人，内河船员383人，宁波市历年注册船员数量详见表8。

目前，宁波市共有8家船员服务管理机构，分别为中国宁波国际合作有限责任公司（已获外派资质）、中国宁波工艺品进出口有限公司（已停办有关业务）、宁波华洋海事服务有限责任公司、宁波翔云海事服务有限公司、宁波市江北港城海运服务有限公司、宁波江北荣海船务有限公司、宁波市江东万事达海事服务有限公司和宁波高新区锦德海事技术有限公司。其中3家为甲级服务机构（2家已停办业务），5家为乙级服务机构。

表8　宁波市注册船员数　　单位：人

年份	合计	海船					内河
		合计	乙类	丙类	丁类	小型海船	
2001	10 437	6 695	1 145	3 868	855	827	442
2002	11 577	10 518	1 145	5 363	2 102	1 908	350
2003	13 970	7 356		3 370	1 939	2 047	435
2004	14 713	8 046		3 709	2 211	2 126	545
2005	14 876	8 255		3 760	2 364	2 131	635
2006	15 467	7 305		5 151	2 464	700	1253
2007	16 895	7 708		4 466	2 604	638	584
2008	18 001	7 941		4 736	2 664	541	509
2009	19 093	8 133		4 942	2 694	497	498
2010	20 042	7 988		4 980	2 606	402	399
2011	9 048	8 755		5 631	2 739	385	383

3. 高端服务业仍处于起步阶段

（1）航运金融。航运金融指为航运业提供融资、保险、货币保管、兑换、结算、融通等专业化服务的业务门类。宁波高端航运服务业发展仍处于刚刚起步阶段，基础薄弱。航运金融、航运保险发展还停留在相对传统和分散的阶段，银行主要提供的是以进出口贸易、船舶购置、港口建设相关的融资、结算汇兑和以货运、财产保险等传统金融产品。船舶融资的形式主要是船舶抵押贷款和保函，见表9。

表9　宁波银行业支持船舶运输行业信贷情况　　单位：亿元

年份	船舶运输行业贷款
2008年末	2. 21

续表

年 份	船舶运输行业贷款
2009 年末	6.49
2010 年末	7.74
2011 年末	7.92

（2）航运经纪。航运经纪是航运中介服务的主要内容，主要包括提供船舶交易、船舶租赁等中介服务。2008 年 7 月注册建立的宁波船舶交易市场，是 2010 年国家交通运输部首批 7 家全国船舶交易服务机构之一，也是华东甚至国内最活跃的船舶买卖中介之一。2010 年宁波船舶买卖市场共实现买卖船舶 22 艘，买卖额 3.85 亿元，比 2009 年同期增加 50%。

（3）航运信息和咨询。随着国际航运业的高效运作和对外开放越来越依赖于信息，信息、咨询服务也逐渐成为现代航运服务业的重要组成部分。

在硬件设施的建设上宁波取得了一定的成就，宁波港口物流公共信息平台建设较为先进。宁波电子口岸已经连接了宁波海关、国检、海事等部门，各类电子政务项目共计 52 个，并与上海、浙江、安徽、江西等地方电子口岸实现了互联互通，还与深圳、大连、香港、新加坡等境内外的口岸信息平台建立了业务合作关系；第四方物流市场开发了物流全程交易系统，建立起交易、金融、政务服务“三合一”的物流平台，业务已覆盖至海运、陆运、空运等多种运输方式，吸引 4 000 余家会员单位加盟运作，物流信息发布总量达 37 万条，并与 11 家全国性商业银行建立网上支付结算合作。

而从软件上来说宁波航运信息、咨询服务发展却较为缓慢，缺少权威的国际航运专业咨询机构和研究机构，航运信息咨询服务尚处于起步阶段，高端航运人才匮乏。

（4）海事法律仲裁。宁波海事法院成立于 1992 年 12 月 4 日，专门管辖浙江省所属港口和水域（包括所辖岛屿、所属港口和通海的内河水域）内发生的一审海事海商案件。为方便当事人诉讼，宁波海事法院先后于 1996 年、2003 年和 2005 年在温州、舟山和台州设立派出法庭或巡回法庭。受理案件的类型不断扩展，包括海事强制令、诉前扣船或船载货物、海事赔偿责任限制基金的申请和设立、船舶碰撞、船舶营运、国际海上运输、共同海损、海域污染等 50 余种类型。案件的当事人涉及英国、美国、俄罗斯等世界 50 多个国家和地区（表 10）。

表 10　1993—2011 年宁波海事法院收案和结案情况

年份	收案				结案				
	海商海事	特别程序案件	执行案件	总计	海事海商	特别程序案件	执行案件	总计	结案标的/万元
1993	103	0	17	120	78	0	4	82	1 508.61
1994	106	14	20	140	97	14	9	120	11 065.27
1995	212	3	64	279	191	3	43	237	15 526.23
1996	342	35	148	525	341	35	91	467	37 954.81
1997	505	32	236	773	489	24	212	725	51 351.86
1998	546	57	322	925	543	56	307	906	67 469.03
1999	508	26	316	850	488	34	338	860	27 305.71
2000	607	19	356	982	615	18	306	939	25 943.51
2001	830	48	383	1 261	816	47	416	1 279	91 343.01
2002	971	140	598	1 709	998	147	567	1 712	42 740.21
2003	1 058	113	745	1 916	991	110	683	1 784	46 118.85
2004	671	169	448	1 288	719	170	545	1 434	39 384.02
2005	854	524	408	1 786	814	509	410	1 733	210 107.15
2006	707	331	495	1 533	691	332	488	1 511	77 799
2007	989	415	395	1 799	899	398	403	1 700	136 654.3
2008	915	376	429	1720	979	399	46	1 840	208 428.08
2009	1 133	307	463	1 903	1 118	311	483	1 912	314 000
2010	906	232	439	1 577	982	237	468	1 687	247 600
2011	1 107	388	462	1 957	893	367	444	1704	229 300
总计	13 070	3 229	5 843	23 043	10 867	2 607	5 767	22 632	1 404 699.65

中国海事仲裁委员会也于 2005 年在宁波设立了办事处，但相对来说，宁波专业性海事法律、海事仲裁力量仍非常薄弱，国际海商、海事方面专业律师屈指可数，专业性海事律师事务所数量很少，综合性律师事务所涉及海事法律服务的也只有七八家。

（5）港航人才培养。目前宁波在航运人才教育方面已有较强实力，宁波大学、宁波工程学院、公安海警学院和象山县国际海运职业学校均开设了特定专业开展航运人才培养；培训教师 153 人，其中，具有博士学历的 7 人，研究生学历的 39 名，本科学历 70 人，本科及以上学历的教师占教师总人数的 75.8%；具有教授职称的 8

名，副教授19名。

而航运人才培训方面却比较薄弱，企业对人才培训投入少，没有形成完善的培训体系；社会上也没有形成国际化、专业化高级港航培训基地，在职培训和专业培训的弱势已成为宁波发展港航服务业的瓶颈。

（二）港航集疏运业发展概况

1. 综合集疏运网络体系初步形成

经过多年的发展，宁波以港口为龙头，以铁路、高速公路、国省道主干线为骨架，水公联运、江海联运、水水中转、海铁联运等全方位立体型的集疏运网络已初成体系。海上，宁波港口与全球100国家和地区的600个港口有贸易往来，形成了覆盖全球的运输网络。空中，宁波栎社机场作为长三角地区第四个国际机场，已开辟至北京、上海、广州等40多条国内航线和香港、韩国首尔等地区的国际航线。陆上，随着杭州湾跨海大桥贯通、绕城高速等重大项目的建设，基本形成“一环六射”高速公路网络体系和以港口为龙头的集疏运体系，打通了宁波市的交通脉络，宁波已由陆路交通区域末端城市变成长三角南翼交通枢纽城市，先后被国家确立为国家综合运输枢纽城市、全国性物流节点城市和长三角物流区域中心城市。

与此同时，依托宁波港口和铁路的优势，海铁联运发展迅速，先后开通了宁波至义乌、温州、衢州、上饶、鹰潭、南昌、新余、景德镇、醴陵等地的集装箱海铁联运业务，将宁波港口内移，服务内地腹地经济发展。2011年9月，宁波——华东地区还被交通运输部、铁道部列入全国首批6个海铁联运示范通道之一。在此情形下，宁波港集装箱海铁联运覆盖面持续扩大，箱量快速提升。2011年完成海铁联运集装箱箱量46 660标准箱，比2010年增长64.8%，接近2009年的30倍，宁波海铁联运战略效应正逐步凸现。

2. 物流园区及配套设施建设初见成效

以海港为龙头的物流功能区发展进一步完善。为港口及临港产业配套的北仑现代国际物流园区已有普洛斯、AMB、盖世理、嘉明、中外运物流等一批知名物流企业落户，将全力打造依托港口的高端国际物流园区；宁波保税物流园区吸引了一批保税物流企业、国际采购商入驻；空港物流园区一期247亩已建成，吸引入驻20多家企业，成功申请了保税物流中心（B型）；杭州湾新区物流园区启动了占地521亩、投资2.08亿元的无水港一期工程，集装箱堆场、海关监管仓库、保税仓库、办公楼等工程预计2010年全部完工。同时，依托港口、开发区、保税区，在北仑形成了37家集装箱场站，占地面积3 492亩；保税物流企业约30家，保税仓储面积38万平方米。依托内陆港口物流需求，已建成或正在建设八大内陆“无水港”。梅山保税港区于2010年6月底封关运作，重点发展国际中转、国际配送、国际转口贸易等核心业务，形成高端保税物流体系，进一步提升港口现代国际物流功能。

（三）大宗商品交易市场建设概况

近年来，通过市场改造和转型升级，宁波生产资料专业市场普遍得到稳定发展和规模壮大，特别是依托港口的具有品种特色与行业优势的大宗商品交易专业市场发展迅猛，宁波口岸的液体化工、原油、铁矿石、塑料等交易量均居全国前列。2010 年，宁波市拥有大宗商品交易专业市场 77 个，实现大宗商品交易总额近 2 000 亿元，居全省首位。其中百亿以上规模的大宗商品交易市场 5 家，涵盖塑料、液体化工、钢材、煤炭等行业。

镇海液体化工市场、宁波船舶交易市场、余姚中国塑料城等 9 个被列入“浙江省‘三位一体’港航物流服务体系建设行动计划”的宁波主要大宗商品交易市场，近 5 年的交易额总体上呈现逐年上升趋势，且主要大宗商品在全省销售额的比重也保持着逐年攀升的良好势头（表 11）。2010 年，宁波煤炭及制品类占全省的 97.8%；化工材料及制品类占全省的 56%；金属材料类占全省的 15.6%。

表 11　宁波市主要大宗商品交易市场交易额　　单位：亿元

交易市场名称＼年份	2006	2007	2008	2009	2010
镇海液体化工市场	90.5	100.6	101.8	88.6	125.8
镇海钢材市场	19.57	34.7	30.47	18.91	19.56
镇海煤炭市场	34.38	43.9	69.81	67.7	102.71
镇海厚恒物资城	—	—	—	43.5	98.21
余姚中国塑料城	241.6	285	317	320	375
固体化工交易市场	—	—	—	—	65
宁波船舶交易市场	—	—	—	2.65	3.25
金属原材料交易市场	—	—	—	293	550
神化镍金属交易市场	38	66	49	60	120

同时，余姚中国塑料城发布的“中国塑料价格指数”和“塑料市场库存报告”已经成为国际塑料行业风向标，成为业界了解塑料供需情况，分析塑料价格走势的重要依据；宁波江东神化镍金属交易量已占国内现货市场的 40%，全球现货市场的 9.2%，已成为亚太镍金属的集散中心；镇海液体化工产品交易市场，是国内最大的液体化工品交易市场之一，已辐射全国 2/3 的省市自治区，进场企业近 300 家，市场成交额超过 100 亿元；镇海煤炭交易市场集聚了宁波市最大的 50 余家煤炭企业，

已成为省内最大的煤炭集散地。

另外值得关注的是，这些大宗商品交易市场均建立了专业化的电子商务平台，整合供应链上不同环节、不同领域、不同企业间的生产资料生产、需求和物流等综合信息资源，提高了交易效率，降低了成本。并且其中的浙江塑料城网上交易市场、宁波镇海都普特液体化工电子交易中心、宁波大宗商品电子交易中心、宁波众城钢铁电子交易中心 4 家已构建起大宗商品中远期电子交易平台。

三、2012 年宁波港航服务体系建设的主要成效

2012 年是实施“十二五”规划承上启下的一年，也是宁波推进海洋经济核心示范区建设的重要之年。全市上下深入实施“六个加快”战略，积极发挥海洋资源优势，大力推进宁波—舟山港一体化进程，以“三位一体”港航物流服务业为龙头，以现代海洋产业体系建设为重点，扎实推进战略物资交易平台、集疏运网络体系和金融信息服务支撑系统建设，港航服务能力有了显著增强，有力地提升了宁波市海洋经济综合实力和国际竞争力。

（一）港口运输稳定增长

1. 水路运力规模持续扩大

2012 年净增加水路运力 51.17 万吨。至 12 月底，全市共拥有营业性运输船舶 694 艘，567.08 万载重吨，5 060 客位。其中沿海船舶 640 艘，566.32 万载重吨，3 188客位；内河船舶 54 艘，0.76 万载重吨，1 872 客位。拥有万吨级以上营运船舶 170 艘，476.63 万载重吨，占总运力的 84.05%；集装箱及多用途船 45 艘，箱位 16 565 标准箱；油船 115 艘，39.33 万载重吨；危险化学品船 19 艘，2.29 万载重吨。营运船舶平均吨位继续快速增长，沿海货船平均吨位达到 9 277 吨，较去年底增加 1 200吨。平均船龄持续降低，沿海船舶平均船龄为 7.3 年，较年初减少 0.9 年。

2. 水路货物运输量增速放缓

全年共完成货运量 14 112.5 万吨，同比增长 2.48%，增速同比下跌 9.8 个百分点；完成货物周转量 1 768.46 亿吨·千米，同比上升 4.74%，增速同比下跌 22.33 个百分点。煤炭、石油制品和金属矿石三大主要货种中，煤炭运输量下降明显，同比下降 5.63%；石油制品小幅下跌，同比下降 3.20%；金属矿石运量小幅上涨，同比上涨 3.45%。

3. 水路集装箱运输继续保持较快增长

全年共完成集装箱水路运输量 136.08×10^4 标准箱，同比增长 37.59%。其中沿海运输 126.58×10^4 标准箱，同比增长 45.04%；远洋运输 9.50×10^4 标准箱，同比下降 18.32%。完成集装箱货物运输量达到 1 922 万吨，占水路货运总量的 13.62%，

同比上升 1.07 个百分点。

4. 水路客运量首次回升，完成量较理想

共完成水路客运量 122.50 万人，同比增长 25.79%；完成旅客周转量 884.46 万人·千米，同比下降 8.14%。其中沿海客运量同比增长 34.80%，内河客运量同比微降 0.34%。

（二）集疏运网络进一步完善

1. 港口吞吐量稳步增长

共完成港口货物吞吐量 4.53 亿吨，同比增长 4.53%，完成年度计划的 102.96%，增长速度同比放缓 0.62 个百分点。其中外贸 24 533 万吨，同比增长 6.51%，增长速度同比放缓 6.75 个百分点；完成集装箱吞吐量 1 567 万标准箱，同比增长 7.99%，完成年度计划的 102.43%，增长速度同比放缓 3.61 个百分点。完成旅客吞吐量 197.12 万人次，同比下降 19.10%。货物吞吐量和集装箱吞吐量均居中国内地港口第三位。

针对各大船公司撤并航线等实际，宁波港口加大市场推广力度，与船公司加强合作，集装箱航线开发与运作情况良好。加强国内外港口交流合作，开辟新增近洋支线 5 条，内支线箱量同比增长 80%，“无水港”业务量同比增长 30%。年底集装箱航线总数已达 235 条，其中远洋干线 120 条，近洋支线 63 条，内支线 20 条，内贸线 32 条，远洋干线占 51.06%。共运作集装箱航班约 16 990 班，月均航班约 1 416班，较去年同期增长 13.37%。

2. 港口基础设施建设加快推进

建成重大水运项目 5 个，新增万吨级码头泊位 7 个，穿山港区中宅煤码头、北仑港区五期集装箱码头、梅山保税港区集装箱码头加快建设。全年累计办理建设项目使用港口岸线事项 17 个，其中已许可 13 个；新增使用岸线 1 666.5 米，其中深水岸线 356.5 米；延期使用岸线 678.5 米，其中深水岸线 209.5 米。

梅山港区获批中国第五个保税港区，首期集装箱码头 3# ~ 5#泊位的陆续建成投用，1#、2#多用途码头泊位加紧开工建设中；全年共完成强港重大基础设施建设项目投资 110 亿元，为年度计划的 118%。建成北仑港区五期集装箱码头 10#、11#泊位；穿山港区五期码头工程 10#、11#泊位通过交工验收；梅山港区 1# ~ 5#集装箱码头工程 3#、4#泊位水工年内完工；穿山港区中宅煤炭码头工程全面投产；镇海港区通用散货码头全面完工，投入试生产。镇海港区 19#、20#液化泊位工程及后方罐区配套工程通过交工验收，投入试生产。宁波—舟山港甬舟集装箱码头有限公司完成集装箱吞吐量 47.9 万标准箱，同比增长 173.7%。舟山鼠浪湖矿石中转码头按计划推进。截止 2012 年年底宁波港现有港口泊位 320 余个，其中：万吨级及以上 92 个，码头前沿最大水深27.5米。

3. 综合交通网络日臻完善

全年建成重大公路项目8个，新增公路里程224千米，其中新增高速公路47千米。特别是象山港大桥及连接线的建成通车，标志着全市“一环六射”高速公路网全面建成，“县县通高速”目标全面实现，“一小时交通圈”全面形成。穿山疏港高速公路全线基本贯通，将彻底打通北仑、穿山、大榭等港区的疏港通道，拓展宁波港口腹地，并真正实现“客货分流”；国省道提能升级，18个提升工程共改造里程83.2千米，全市二级以上国省道比例由66%提高到71%。

全年推进重大铁路项目4个，杭甬客专宁波段具备通车条件，宁波站改建主体工程基本结顶，货运北环线和北站迁建主体工程全面铺开。轨道交通一号线一期工程隧道已贯通，二号线一期工程地下站已全面开工建设。

4. 集疏运方式逐步优化

2012年2月，市政府召开的120次常务会议决定对2009年实施的《关于加快宁波港海铁联运发展若干扶持政策的意见》原有扶持政策作出调整，进一步扩大扶持力度，鼓励企业长期发展。2012年8月，宁波至华东地区、大连至东北地区等6条示范线路开展的集装箱海铁联运物联网应用示范工程被列为“国家物联网重大应用示范工程”，相关的扶持政策进一步有效推动宁波集装箱铁水联运业务搭上智能发展的“快车”。全年完成海铁联运6万标箱，同比增长28.4%。上饶—宁波五定班列延伸至鹰潭，并被铁道部列为全国“百千快捷班列”；襄阳—宁波班列正式启动，与重庆等地的海铁联运工作也在抓紧实施。通关效率不断提高，宁波口岸出口货物当天放行率达99%以上，已成为省内企业开展对外贸易的首选口岸。

（三）大宗商品交易市场取得新突破

1. 大宗商品交易增势良好

随着港口增值服务和带动能力的逐步增强，2012年全市船舶交易市场交易额突破10亿元，带动全市大宗商品交易额突破2 500亿元、物流业增加值突破620亿元。其中宁波大宗商品交易所阴极铜、PTA两大交易品种实现成交货值超1 100亿元；余姚塑料城塑料交易额853亿元，增长4.2%；镇海液体化工市场液体化工品交易额167.9亿元，增长10%。钢材、塑料、液体化工、有色金属等品种市场交易量继续位居全国前列。

2. 大宗商品交易平台加快推进

2012年1月，宁波大宗商品交易所正式运行，提供“电子商务、物流配送、融资服务、信息服务”的“一站式综合服务”，叫响大宗商品的“宁波价格”；浙江长三角石油化工交易中心、华商商品交易所有限公司、宁波甬鑫大宗商品电子交易平台也相继投入运行，大宗商品交易规模和平台不断拓展。

3. 运营商和上下游企业谋求转型

以江东区为例，大型运营商蓄势待发，神化化学、华东城集团、君安物产等镍、钢材、铜的大型运营商，在初步掌握国内乃至亚洲市场相应金属价格话语权的基础上，正在积极谋求向交易平台转型；名扬物流集团等部分大宗商品上下游企业也依托原有的货运仓储优势，加快进入大宗商品贸易领域，目前已在杭州湾新区开展PTA、农产品、纺织品等大宗商品的进出口贸易。

（四）金融和信息支撑不断增强

1. 航运金融服务大力培育

宁波不断提升航运金融创新能力，引进国内外商业银行，发展航运金融服务、扩大投融资业务和渠道，加大推进宁波航运金融集聚区建设。2012年，东海银行与象山县政府签署未来5年投入30亿元信贷额度支持海洋经济的战略合作协议；宁波港重组改制的宁波通商银行挂牌成立，新设立航运金融部，专门支持港航业发展；海洋产业基金已募集资金12亿元；国内首家专业航运保险法人机构——东海航运保险公司申请已正式报送中国保监会。同时，发展航运保险、船舶融资、资金结算等航运金融服务，培育和发展离岸金融市场。据统计，2012年宁波海洋金融保险业总产值461.3亿元，增加值为98.0亿元。引入注册各类金融机构182家，股权投资机构70家，金融机构本外币存贷款余额双双突破1万亿元，宁波海洋产业基金管理公司正式挂牌成立，国际航运、贸易、金融“三大中心”建设初见成效。

2. 航运信息化水平有效提升

宁波以保税港区、国际航运服务中心和物流园区等为依托，出台政策、完善配套、提升功能，发展智慧物流。2012年，宁波航运交易所正式运行，全力打造航运信息、航运交易与航运服务三大平台；在物流信息网络方面，中国大宗干散货船货配载交易和协同平台“船货网”上线，建成了宁波第四方物流市场，全年实现交易金额19亿元，平台会员达到10 080家；形成了与港口EDI、电子口岸互补发展的区域性物流电子商务平台等；宁波口岸新推出智慧“物流港”平台，集装箱闸口管理实现由人工方式向无人方式的革命性转变；“宁波航运交易所有限公司航运交易服务试点项目”和“宁波大宗商品交易所有限公司大宗商品电子商务交易服务试点项目”还被国家发展改革委列为国家电子商务试点，同时作为全国唯一的航运交易示范项目和唯一的以大宗商品电子交易、金融服务为重点的试点项目，无疑将迎来更大的发展机遇。

四、发展中仍存在的问题及对策

从如上分析我们欣喜地看到，经过全市上下的共同努力，2012 年宁波港航服务业发展取得了喜人的成绩，“三位一体”的港航物流服务体系建设正在有序推进中。然而我们也需清楚地认识到，对照“建设浙江海洋经济示范区，打造我国大宗商品区域性配置中心和现代化国际枢纽港”的总目标，目前的港航物流服务体系水平仍比较低，仍有许多问题和困难，亟待解决和攻关。

（一）存在的问题和困难

1. 港口基础设施建设结构性矛盾突出

岸线资源紧张与浪费并存。目前，宁波可成片规模化开发岸线少，未开发岸线资源开发成本较高，港口建设受到岸线资源容纳能力和数量饱和的制约明显。深水浅用等岸线资源浪费现象严重，岸线粗放利用造成较大浪费，同时也分割了公用泊位区，影响公用泊位效率的发挥。

码头设施总量不足与布局失衡并存。业主码头利用效率不高，公用码头空间布局零散，能力严重超饱和运作。集装箱泊位通过能力基本适应需求增长；铁矿石、原油、煤炭大型专业化深水接卸码头建设滞后，通过能力严重不足。

航道、锚地公共资源紧张。宁波、舟山位于同一片海域，航道、锚地资源共享，但随着宁波—舟山港口吞吐量的上升，虾峙门航道船舶通行能力已日趋饱和，船舶航行安全隐患增多；沿海 17 个锚地面积有限，尤其缺乏大型船舶锚泊点，锚地容量缺口压力增大。

内陆腹地货源区域局限明显。宁波港口集装箱货源 90% 来自浙江省，国内沿海支线和内陆城市的集装箱货物很少；矿石延伸到长江中下游地区；石化辐射到长三角地区，煤炭和杂货主要集中在浙江省。而国际强港鹿特丹港的内陆腹地辐射到整个欧洲大陆，美国向欧洲出口货物的 43%，日本向西欧市场出口货物的 34% 都经过鹿特丹中转，德国经过鹿特丹的进出口货物几乎超过了其国内港口的总吞吐量。

2. 港口集疏运结构失衡问题仍较严重

单纯从陆向来看，过分依赖于公路运输，港口集疏运比例公路高达 70%，而铁路和内河分别占到 7.6% 和 15.5%，成为集疏运短板。一方面造成公路交通拥堵和单侧路面下沉、开裂，从而带来安全隐患；另一方面，大量集装箱卡车的使用，导致了能源利用效率不高和区域环境污染加重。综合从海陆向来看，港口集装箱公、铁、水的集疏运比例为 42%∶0.3%∶57.7%，而欧美港口一般为 40%∶20%∶40%；港口集装箱海铁联运刚刚起步，而欧美国家的比例高达 20% 以上；集装箱水水中转比例仅 16%，而上海港 43%、鹿特丹港 40%。

3. 港口物流服务水平不高

基础性物流服务占据主导地位。宁波目前物流服务主要集中在运输、仓储和装卸传统业务环节，运输费用和保管费用约占社会物流总费用的80%以上，信息服务、订货管理、流通加工、线路优化和供应链方案设计等高附加值的物流增值服务比例较低。

物流园区整合建设滞后。宁波目前面临着仓储土地资源产出效率不高与规模型物流园区缺乏的结构性矛盾。一方面现有港区和后方堆场的仓储面积能够满足未来五年的发展需求；另一方面梅山保税港区物流园区、宁波大宗货物海铁联运物流枢纽港正在建设中，北仑现代国际物流园区聚集功能尚未发挥，北仑郭隘物流园区还在规划之中。

港航配套服务能力不足。宁波港航配套服务的能力十分有限，服务质量普遍不高。目前，全市仅有10余家燃料油供应企业，年供应能力约100万吨，与年400万吨的需求量存在较大差距。在江东区474家航运物流企业中，从事船舶管理、航运技术咨询的专业机构只有5家；开展海运代理、船舶租赁的企业仅有28家。

企业一体化物流服务能力薄弱。宁波从事物流相关业务的企业超过5 000家，注册资本600万元以上的第三方物流企业超过100家，A级以上的物流企业超过70家，但能够提供全流程、一体化、多环节、综合性物流服务的企业不多。

物流运营组织现代化程度不高。宁波大多数物流企业的生产仍以简单的扩大要素投入为主，企业的信息化水平普遍较低，RFID等先进信息技术仅在部分场站应用，公共物流信息平台作用尚未充分显现；集装箱甩挂和双重运输组织方式还处于试点阶段，规模化、网络化运营尚未形成。

4. 国际贸易资源配置能力不足

大宗商品交易急需提升突破。2012年，宁波主要大宗商品交易市场（平台）交易额突破2 500亿元，名列全国前茅，但与国内外重点交易市场相比，在规模和质量上还存在着较大差距：一是交易市场布局分散，交易品种多样，市场重复建设现象严重；二是交易模式单一，交易规则缺乏规范，专业化运营水平不高；三是国家市场政策环境制约明显，市场竞争优势不足，大宗商品交易区域市场定价权缺失。全球已经形成了以伦敦、芝加哥、纽约为主的世界大宗商品定价中心，国内已形成上海、大连、郑州等大宗商品定价中心，宁波大宗商品市场在发展空间上受到制约。在国务院〔2011〕38号文件、商务部〔2012〕59号文件和国办发〔2012〕37号文件的压力下，国内大宗商品交易场所整顿工作快速推进，宁波部分大宗商品交易市场面临清理整顿、亟待转型。青岛、秦皇岛、张家港等地通过引进国际物流巨头、加强基础设施配套、开展国际合作等方式积极建设大宗商品市场，区域竞争不断加强，宁波大宗商品市场发展面临挑战。

高附加值商品交易市场有待开发。国家进口带动战略的实施和人民币对美元汇率的持续走高，为高附加值商品交易市场建设提供了契机。目前，宁波仅有葡萄酒和水果进口交易市场初步形成，而汽车、高新技术装备、固体化工、国际高档消费品等进口交易市场尚未出现，急需深度开发。

贸易网络体系尚需健全。宁波贸易营销网络体系长期存在着内贸与外贸、生产要素市场与产品市场相互分离的弊端，网络的覆盖面和连通度有待拓展和强化。全市贸易和货运代理企业虽然数量众多，但实力普遍薄弱，具有“展示、出样、交易、订货、检测、物流”一体化国际贸易服务功能的大型企业较少。

5. 资源要素和金融信息支持仍显落后

各类资源要素短缺。土地征用、拆迁安置等问题难度加大，部分项目建设用地指标未得到落实，宁波生产力中心、梅东疏港连接线等项目因为土地问题影响进度。资金方面，受到国家宏观调控的影响，资金格局总体偏紧，宁波市部分项目融资压力较大。人才方面，与其他港口城市相比，宁波市港航服务业发展中需要的航运、贸易、物流、金融等高层次、专业化人才和团队十分缺乏，对国内、国际顶尖人才和团队的吸引力远不如上海，导致自主创新能力和高技术研究平台建设亦相对落后，科技的贡献率明显偏低。另外，标准的期货交割库不多，国内三大期货交易所指定交割仓库只有宁波国储浙江 837 处、宁波高新货柜和金光粮油食品仓库，且现有库容较小。

港航物流金融服务体系尚未形成。相对港航经济的快速发展和对于经济社会的贡献，目前区域的信贷投入总量占比仍然偏低，港航企业与金融机构之间信息渠道不畅，信贷结构性矛盾突出。港航融资、结算、外汇兑换和物流金融服务产品严重缺乏，中小航运企业融资困难和货代企业、民营物流企业流动资金贷款难现象普遍存在。

港航信息资源开放程度不高。宁波服务港航企业的 EDI 信息平台、面向口岸通关服务的电子口岸以及主营物流电子商务的第四方物流信息平台之间信息资源共享交换困难，难以提供一体化信息服务。

6. 对外开放环境制约明显

政策环境制约着进一步开放。由于管理体制机制的历史原因，不同区域、不同行业的土地、税收、财政等政策差异较大。一是企业间战略合作共识难以达成，合作共赢模式难以建立，土地等物流资源要素难以流动盘活，港口战略联盟深层次推进困难。二是行业间管理割据，信息分割严重，产业规划自成体系；三是区域间政策环境不统一，上海“两中心”的税收、金融等政策没有覆盖到宁波，宁波口岸进出口、贸易、外汇和内陆区域通关管制严格，与新加坡、香港等自由港政策距离很远。

口岸政务服务有待规范提升。宁波口岸海关、国检、海事、边防部门政务服务的规范化制度和标准化流程，与国际通行规则要求还有一定的距离。货物、船舶和进出境人员的监管设施尚不完善，技术管理手段单一，货物通关效率和船舶进出港航道通行秩序与国际港口有较大差距。

（二）对策建议

1. 产业联动，转型建设贸易物流港

构建完善的大宗商品交易市场体系。一要推进传统大宗商品交易市场的转型提升，力争形成若干个在长三角、全国甚至全球有影响力的交易平台。二要健全大宗商品交易所的运行机制和管理体系。宁波大宗商品交易所尽管已经挂牌成立，但是其交易机制、运营模式、管理体系、重点货种等都需要认真研究、逐步完善。同时要加快出台有针对性、操作性的扶持政策，使宁波大宗商品交易所能真正发挥实效、打出品牌。三要强化大宗商品交易平台的产业支撑。要以商品交易为基础，积极发展存储、加工、配送等物流功能和结算、交割、资讯等金融信息支撑，延长产业链，提升价值链。

培育重点商品进口市场。按照建设国际贸易示范区的要求，一方面要做大做强现有的葡萄酒、水果、貂皮等优势商品进口市场，推进市场整合提升，促进市场宣传拓展，加强市场监督管理，保证市场的健康平稳发展。另一方面要拓展思路，结合宁波口岸进口产品特点，积极开发新的高附加值商品进口专业市场，比如粮油、化妆品等生活消费品和有色金属、汽车零部件、成套机械设备、船舶交易等资源性商品进口市场。

完善贸易服务体系。加强与周边市场体系的合作与对接，增强港口的辐射和带动作用。要充分发挥宁波港口和口岸服务优势，构建港口综合运输体系，提升综合物流网络运力，充分利用宁波第四方物流平台和全国性物流节点城市的有利条件，加强与义乌小商品市场、绍兴纺织市场、台州汽配市场、湖州木材市场等的合作与联动，积极构建内外对接的新型贸易市场体系，形成区域间和市场间紧密联系、优势互补、共赢发展的良好格局。

促进产业联动发展。推进海港与陆港、空港、物流园区联动发展，推动物流业与商贸业、临港工业联动发展。支持港口参与物流园区投资经营，鼓励企业依托物流园区开展战略合作，引导商贸和临港工业推行物流服务外包，开放物流资源。

2. 继续完善海陆联动集疏运网络，巩固国际枢纽港基础

优化港口集疏运基础设施。坚持“集散并重”原则，把集装箱运输作为港口发展的重中之重，加快推进梅山、大榭、穿山三个港区专业码头建设。建设完成梅山港区 3#～5#集装箱码头，基本完成北仑五期集装箱码头、千和环码头、中宅煤码

头、航信白峰货运码头等5个项目。实施重大项目前期7个，其中梅山港区多用途码头完成初步设计批复并力争开工建设，大榭港区中油二期油品码头、石浦港主航道工程、石浦港水上货运中心一期工程完成初步设计批复，梅山港区6#～10#集装箱码头完成项目申请报告，梅山港区15万吨级进港航道工程、内河港城西港区一期工程完成工可批复。

严格加强港口资源集约利用，实施岸线利用合理性评估，对全市八大港区进行分片区改造，重点推进镇海、北仑港区码头泊位连片式布置改造，实现作业区装卸规模化、货种专业化。完成镇海炼化1#泊位、北仑山多用途码头、北仑国际集装箱码头3#～6#泊位、大榭石化5万吨级油品码头等13个码头加固改造工程。

拓展港口腹地。加速三门湾大桥及接线工程、栎社机场三期等重大项目开工建设；加强港航合作，以“无水港”为依托，与嘉兴、太仓港合作开发沿海、沿江内支线、内贸线，增加远洋班轮航线和航班密度，扩大以转口贸易为带动的国际集装箱中转业务；构筑以远洋干线为骨干、近洋支线和内支线为支撑、内贸线为补充的六大运输体系。统筹开发建设江西、四川、安徽等中西部腹地“无水港”；加快海铁联运发展步伐，巩固现有集装箱海铁联运五定班列，积极申报铁道部“百千战略”项目，推进国家级物联网示范工程；力争开行义乌—宁波和成都—宁波海铁联运业务；积极申请“全国海铁联运综合试验区”，并尽快启动宁波铁路集装箱中心站开工建设。积极改善甬江、姚江、奉化江等航道通航条件，大力发展江海联运，提升水水中转比例。

统筹建设临港物流园区。区港合力，推广“港口+物流园区+贸易市场”一体化开发运营模式，加快建设宁波大宗货物海铁联运物流枢纽港，集聚发展液体化工、煤炭、钢材、粮食、木材交易市场；新建包含北仑进口煤炭和铁矿石交易市场的专业物流园区。推动梅山保税港区保税物流配送中心、集卡综合服务基地等物流项目建设，提升港口与物流园区联动发展水平。拓展临港物流园区订货管理、流通加工、信息服务、线路优化和供应链方案设计等高附加值功能，重点建设集装卸、堆存、运输、拆拼箱、流通加工、配送、信息服务等于一体的专业化、综合化集装箱物流系统，提升保税物流、集装箱物流、大宗散货等港口物流系统专业化水平。

强化港口联盟。以资本为纽带，深入推进宁波—舟山港一体化；巩固浙江省港口联盟，融入上海国际航运中心建设，参与沿江、沿海港口与物流开发，形成以宁波—舟山港为主体，嘉兴为北翼，温州、台州港为南翼的“一体两翼”港口联盟发展新格局，积极参与港口国际化经营。

3. 优化环境，强化港城一体化要素支撑

着重发展高端航运服务。依托国际航运服务中心二期工程，发挥航运集聚区作用，培育船货代、租赁、航运经纪人等中介服务，发展航运和船舶交易、船员培训和劳务交易市场，开展船舶租赁、交易鉴证、拍卖评估、海事司法等服务。规范船舶供应、船员接待、船舶维修、燃油物料供应等船舶服务市场，提升服务水平，打造国际航运后勤服务基地。

加快完善航运、物流金融服务。鼓励航运金融创新，大力发展航运保险、船舶融资、资金结算等航运金融服务，提升宁波航运交易所的功能和影响力。引导和鼓励金融机构成立航运物流专营机构，开展以动产质押为基础的供应链物流银行业务，创新航运物流信贷模式，拓宽航运物流企业直接融资渠道；以梅山保税港区为依托，向国家有关部门争取获得与上海洋山保税港区同等的金融政策待遇，先行先试航运、物流金融政策和业务创新，探索发展离岸金融业务。壮大航运保险业务，培育航运再保险市场，完善航运物流保险服务。

加强港航信息服务保障。以建设智慧港口、智慧物流为依托，推进信息集聚和信息应用，整合提升宁波电子口岸与四方物流平台服务功能，进一步完善航运物流信息系统。发展航运物流第三方支付结算平台，扩大跨境贸易人民币结算规模。全面推进电子口岸（EDI）信息系统建设，实现宁波—舟山港口岸物流管理与国内国际口岸物流无缝衔接。

营造统一开放的政策环境。加强重点项目的土地、资金、人才保障，争取共享上海洋山国际航运综合试验区的营业税免征、启运港退税、第二船籍登记制度等优惠政策覆盖到宁波。争取国家给予海洋经济示范区定向支持的政策，重点突破国际进出口货物贸易管制，争取国家支持建立战略物资储备基地，支持试点中远期规范化交易，支持金融产品创新，支持集装箱海铁联运发展。

提升口岸通关服务水平。接轨国际口岸管理通行规则，优化监管资源配置，积极推进分类通关改革、管检分离改革，探索第三方检验检测市场化运作模式。完善浙江省内出口商品通关单直通放行机制，深化长三角两省一市大通关协作。加强宁波口岸与“无水港”城市、港口联盟城市口岸协作，实现电子口岸对接，探索多式联运口岸监管的无缝衔接、无障碍流转。加强进港航道管理，维护通航秩序，提高港区船舶交通管理水平。

2012 年度宁波市十大产业集聚区发展报告

产业集聚是各种生产要素在一定地或范围的大量集聚和有效集中。产业集聚在集聚生产要素、优化资源配置、优化生产力空间布局、加快制度创新、营造产业生态环境等方面发挥着越来越重要的作用。国内外实践表明，加快产业集聚既是区域经济发展战略的重要组成部分，也是市场经济条件下工业化发展到一定阶段的必然选择。

根据 2011 年 5 月出台的《宁波市海洋经济发展规划》，宁波在原有的开发区和工业园区的基础上设立了宁波杭州湾产业集聚区、梅山国际物流产业集聚区、余姚滨海产业集聚区、慈东产业集聚区、宁波石化产业集聚区、北仑临港产业集聚区、象山港海洋产业集聚区、大目湾海洋产业集聚区、环石浦港产业集聚区和宁海三门湾产业集聚区等十个产业集聚区。十大产业集聚区以培育经济增长点和竞争制高点为目标，成为推动宁波市经济转型发展的重大平台和城市新区培育的主要载体。

一、十大产业集聚区基本情况

（一）地理分布

宁波十大产业集聚区全部分布在宁波沿海一带。其中，宁波杭州湾产业集聚区和慈东产业集聚区在慈溪市境内，宁波梅山国际物流产业集聚区和北仑临港产业集聚区在北仑区境内，大目湾产业集聚区和环石浦港海洋产业集聚区在象山县境内，宁海县境内有宁海三门湾产业集聚区，余姚市境内有余姚滨海产业集聚区，而宁波石化产业集聚区跨镇海区和北仑区，象山港海洋产业集聚区分布在象山港区域，涉及鄞州、奉化、宁海、象山、北仑等县市区。十大产业集聚区中，宁波杭州湾产业集聚区和宁波梅山国际物流产业集聚区规划面积较大，分别为 235 平方千米和 220 平方千米，同时，上述两大产业集聚区均列入浙江省 14 个产业集聚区范围。宁波十大产业集聚区具体地理分布如图 1 所示，浙江省 14 大产业集聚区地理分布如图 2 所示。

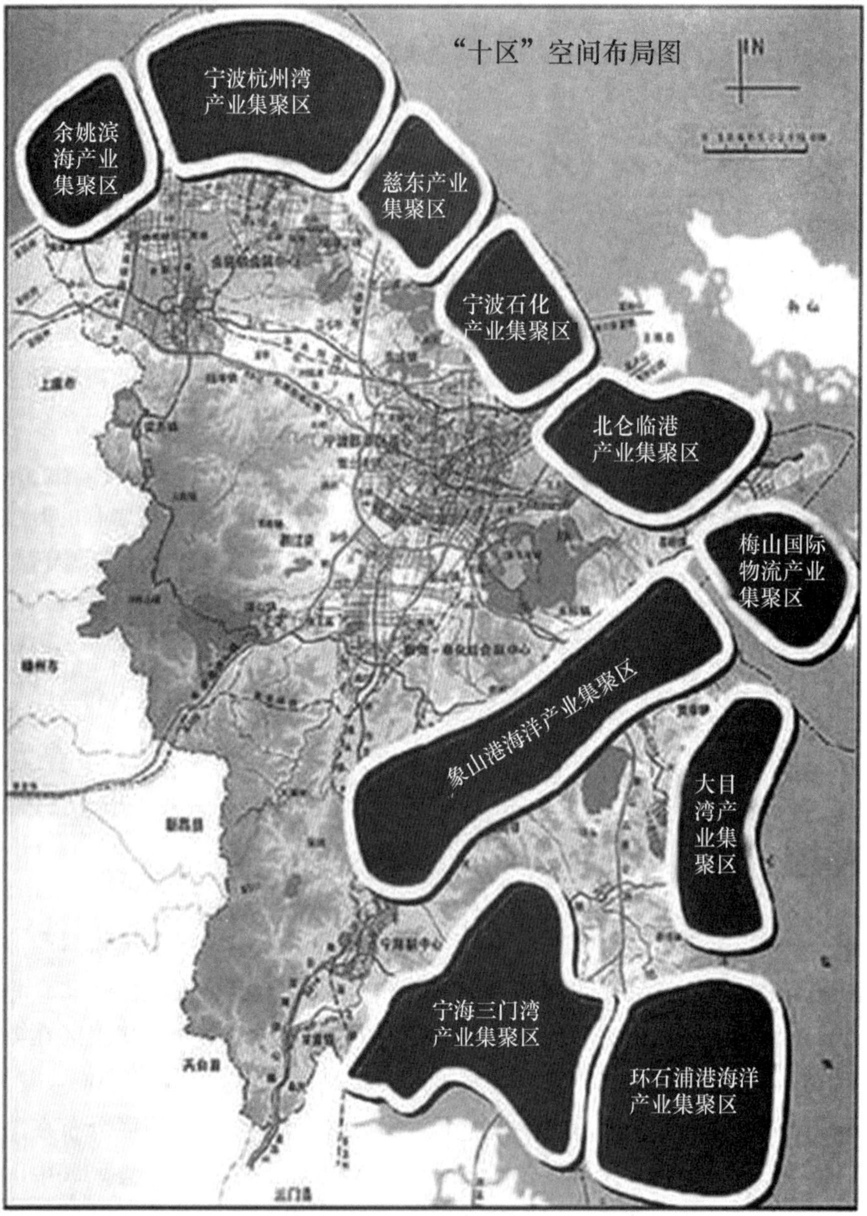

图 1　宁波十大产业集聚区地理分布

图 2　浙江省 14 大产业集聚区地理分布图

（二）功能定位

根据《宁波市海洋经济发展规划》，十大产业集聚区的功能定位见表 1。

表 1　十大产业集聚区的功能定位

区块名称	功能定位
宁波杭州湾产业集聚区	大力发展海洋新兴产业、海洋服务总部经济，加快培育一批战略性新兴产业、现代服务业、先进制造业以及高效生态产业，建成浙江省产业转型升级引领区、浙江省海洋经济发展示范区、长三角地区战略性新兴产业先行区和沿海地区现代服务业重点示范区，成为具有现代都市气息与浓郁田园风光的国际化新城区
宁波梅山国际物流产业集聚区	以国家保税港区为核心，以自由贸易港区为方向，着力推进大宗商品交易平台、集疏运网络、金融和信息支撑“三位一体”的港航服务体系建设，全面建设以港口为依托，以国际贸易为龙头，以现代物流为支撑，以航运、金融、商务服务为配套，海洋新兴产业与现代生态都市高度融合发展的国际港城

续表

区块名称	功能定位
余姚滨海产业集聚区	重点发展电子信息产业及设备产业、现代机械产业、精细化工产业、模具加工产业、食品加工产业等六大产业，努力将滨海产业集聚区打造成为以技术密集型和知识密集型产业为主导，新兴产业和传统产业并举，集生产、研发、贸易为一体的配套齐全、生态环保、循环节能的智慧创新型产业集聚区
慈东产业集聚区	以环杭州湾产业带为建设导向，以产业集群培育为目标，努力建成以装备制造、电子电气、新能源、新材料、金属制品、家电等为主体，大规模、高层次、集约化的先进制造业基地和城乡统筹发展试验区，成为慈溪工业经济提升发展的重要载体和平台
宁波石化产业集聚区	宁波发展临港石化产业的核心功能区，以石化工业循环经济理念为指导，依托镇海炼化等特大型项目，深入实施石化产业链规划，形成比较完善的石化产业链，最终形成1亿吨炼油能力和350万吨乙烯能力、增加值过千亿元的世界级石化产业基地
北仑临港产业集聚区	宁波临港工业的核心功能区，按照国家战略布局和长三角区域规划的要求，坚持“集群化、循环化、高端化”方向，重点发展市场前景好、环境影响小、产出效益高的钢铁、能源、汽车、装备制造等先进制造业，努力打造国内一流的临港先进制造业基地
象山港海洋产业集聚区	坚持开发和保护并重原则，充分发挥“海、湾、岛、滩”等资源优势，大力发展海洋旅游业、海洋渔业、海洋新兴产业和海洋服务业等，推进海洋休闲旅游功能区、物流园区和船舶制造等建设，适度推进清洁工业发展，努力打造国内著名的生态经济型港湾
大目湾产业集聚区	依托滨海区位和生态优势，进一步优化总体规划，高起点谋划功能定位和发展方向。推进基础设施建设，加快构建与象山中心城区道路连接纽带，形成相向发展态势。推动一批重大功能性与战略性项目落户。促进大目湾新城和松兰山景区联片开发，实现功能互补，打造休闲象山的核心代表区和滨海新城的支撑点
环石浦港海洋产业集聚区	以石浦卫星城建设为契机，大力推进港城联动发展；提升国家中心渔港辐射带动作用，创建国家级文明渔港；推进水产品加工和船舶制造业转型升级，提升临港工业发展水平；加快景区建设和海岛开发，构建独具魅力的滨海休闲基地
宁海三门湾产业集聚区	充分发挥土地、港口资源等组合优势，以宁东新城开发建设为基础，积极谋划田湾岛港区、下洋涂区域、胡陈港旅游度假区等开发建设，争取设立省级开发园区和国家海关特殊监管区，重点发展新能源、生物医药、新材料、滨海旅游等战略性新兴产业，为宁海现代化综合性滨海新区的崛起奠定基础

二、各产业集聚区发展报告

（一）宁波杭州湾产业集聚区

1. 概况

宁波杭州湾产业集聚区位于宁波市北部，杭州湾跨海大桥南岸，东至水云浦及四灶浦江，南至七塘公路，西至建塘江，北至十一塘，规划控制区235平方千米，重点规划区72平方千米，“十二五”开发建设区28.8平方千米。该区区位条件优越，开发基础良好，体制机制灵活，发展空间广阔。依托宁波杭州湾新区构建产业集聚区，是宁波构建现代产业体系、优化生产力布局、打造宁波都市经济圈的客观需要，也是浙江发展海洋经济、加快转变经济发展方式、进一步扩大对外开放的重要平台。杭州湾产业集聚区发展规划布局图如图3所示。

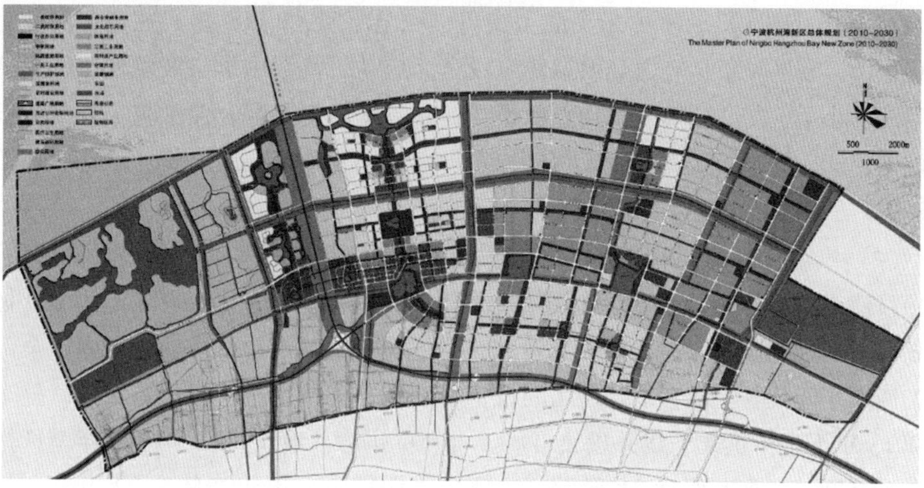

图3 杭州湾产业集聚区发展规划布局

2. “十二五”发展目标

“十二五”期间，杭州湾产业集聚区将重点建设杭州湾国际商务休闲核心区、国际汽车产业城、智慧产业园、宁波高性能金属材料基地、海洋新兴制造产业园、国际半导体照明产业园、宁波医疗器械产业园、现代生态农业示范区等8大平台。努力建设浙江省海洋经济重要战略平台和长三角现代产业体系重点示范区。到2015年，综合交通等重大基础设施不断完善，重点功能区开发初具规模；区域综合实力显著增强，集聚人口达到10万以上，人均GDP基本达到发达国家水平；主导产业初步形成，服务业增加值占生产总值的比重超过45%，高新技术产业比重达到45%以上。

3. 2012年工作成效

（1）主要经济指标。统计数据显示，杭州湾产业集聚区2012年实现全社会固定资产投资170.5亿元，同比增长68.0%，超额完成年度省产业集聚区140亿元的考核目标。在投资拉动下，该区实现工业总产值654.1亿元，同比增长15.5%。新区挂牌成立两年多来，累计引进各类优质项目170多个，其中超亿元项目60多个，总投资近500亿元。

（2）中外大企业携资本抢滩杭州湾新区。2012年，美国伟世通、法国佛吉亚、德国博世、中信戴卡、中国汽车技术研究中心华东分中心等世界500强、国内500强企业纷纷抢滩杭州湾新区，并快速实现高强度、高效率投资。以上海大众项目为引领，一批新区重点培育发展的新兴产业加快投入步伐，新区全年实现42.8亿元的投入。

（3）新城框架基本形成。在重大基础设施建设方面，宁波杭州湾世纪城投入近40亿元，已完成120万平方米商品房交付，截至年底，3 000多户住宅、商铺完成交房手续。新区城市核心区观塘湖区建设全面启动，黄冈中学宁波学校、杭州湾汽车学院、小学、幼儿园等一批功能性项目加快建设，三甲综合性医院宁波二院杭州湾院区签约，城市核心区已累计完成商务地产开发250万平方米，完成绿化面积380万平方米，新城框架基本形成。

（4）汽车城崛起。2012年1月，投资117.59亿元的上海大众宁波项目动工。该项目建成后，具备年产30万辆车的产能，同时将给杭州湾新区带来超过100亿元的核心零部件企业投资。2012年该项目冲压、车身、油漆、总装四大车间已全部结顶，四大车间及各个配套单体所用的设备、设施正按计划进行制造和发运，整车将于2013年下半年正式下线并投放市场。吉利杭州湾基地仅2012年上半年就产销整车3.5万辆，工业产值达21亿元，该项目二期扩容后可年产整车22万辆，年产CVVT发动机及1.3T发动机52万台，年销售收入可达250亿元。上海大众项目与吉利整车制造项目，使宁波杭州湾产业集聚区成为整车产能达到100万辆的世界顶级生产基地。据专家预计，到2015年，整个杭州湾的汽车产值有望突破2 000亿元，仅上海大众项目一期就能实现360亿元的整车销售和250亿元的核心零部件销售。

（5）园区管理注重效率。在园区管理方面，为确保项目快速推进，新区行政审批中心提供的“一站式”服务，能让新项目在120天内实现开工，并通过模拟审批、现场办公等形式，让重大项目边审批边建设。此外，新区管委会确定了30个项目为年度重点工程项目，全区副处级以上领导干部为工程项目责任人，严格考核机制，确保项目进展顺利。

（二）梅山国际物流产业集聚区

1. 概况

宁波梅山国际物流产业集聚区包括宁波象山港区域北部以及北仑区东南部的梅山乡、春晓镇和白峰镇的郭巨、上阳片区。总体开发范围可概括为“一核三片”，“一核”是梅山发展核，“三片”是春晓、上阳、郭巨三个发展片。总规划面积为220平方千米，其中重点规划区面积为68.15平方千米，“十二五”开发建设区域的面积为28.19平方千米。图4为宁波梅山（保税）港城总体规划图。

图4 宁波梅山（保税）港城总体规划

2. “十二五”发展目标

根据《宁波梅山国际物流产业集聚区发展规划（2011—2020）》，该区域“十二五”期间的主要发展目标是：至2015年，全面建成3#～5#集装箱码头和两个5万吨级散杂货码头，集装箱吞吐能力达到200万标准箱，货物吞吐能力达到2 000万吨；全面开通日韩、东南亚、欧美、中东等国际航线；建成保税仓库面积50万平方米，实现贸易交易额50亿美元；力争建成国际船舶及配件交易、进口酒类、石化产品、有色金属、高档化妆品、医疗器械分拨等10大商品交易平台，成为全省重要物资、基础原材料的配置中心。

3. 2012年工作成效

（1）主要经济指标。2012年梅山保税港区（产业聚集区）开发建设各项工作快速推进、卓有成效。全年完成固定资产投资102.4亿元，同比增长108.2%；新引进企业872家，注册资金170.9亿元；实现一般预算收入20亿元，同比增长102.6%；完成集装箱箱量87.4万标箱，同比增长61%。全区累计引进各类企业2 400余家。

（2）交易平台申报和航线开辟成果喜人。2012年，产业集聚区的石化产品、有色金属、国际船舶及配件、铁矿石、煤炭等交易平台投入运营。2月，梅山口岸被国家质检总局批准为进口罗汉松特定口岸，这是华东地区首家、国内第二家进口罗汉松特定口岸；3月，国务院正式批复同意宁波港口岸梅山港区开放，开放区域涉及梅山岛27千米海岸线，已开通日韩、西非、南美、美东等29条国际航线。11月，梅山保税港区汽车进口口岸获批，预计至2020年，产业集聚区将实现汽车整车进口量 20 万辆以上，并全面形成具有高辐射力、高附加值的进口汽车综合产业链。

（3）招商引资与重大项目建设稳步推进。2012 年，规划近 4 000 个泊位的梅山湾国际生态游艇港项目签约；全市规模最大的东海融资租赁公司 5 月落户梅山并开展业务；总投资达 74.7 亿元的 12 个重大项目 5 月同时开工，其中 2012 年投资约 15.5 亿元；总长 10 余千米的七姓涂围涂主体工程于 2012 年年初完工，新增土地 9 平方千米；梅山湾北部拦坝工程开工；总投资近 70 亿元的新城道路交通、河网水系以及供水、供电等四大板块基础配套工程建设全面推进。梅山岛国际集装箱码头 3 号、4 号泊位于年底建成，5 号泊位预计 2013 年 6 月完工，届时梅山岛将有 5 个十万吨级码头泊位投入使用，港区可接卸全球最大的 18 000 标准箱的集装箱船，能够靠泊滚装船装卸汽车整车。物流园区内投入使用的大型仓库占地面积约 19 万平方米。

（4）梅山经验。首先是业态创新，充分发挥保税港区政策功能优势，积极探索新型商业模式，培育发展类金融、保税贸易、数据中心、电子商务跨境贸易等新业态。其次是政策创新，高度关注国家层面和周边区域的政策动向，在国际船舶登记、保税展示、保税租赁、离岸贸易、离岸金融等方面积极争取政策试点，取得先发优势。第三是平台创新，突出滨海特色和保税功能，加快构建新城建设和产业发展大平台，将产业集聚区建设成为宁波最具滨海特色的标志性新城和浙江省海洋新兴产业发展的桥头堡。第四是服务创新，坚持“特殊区域、特事特办”，围绕功能产业培育，促进监管服务创新，积极探索通关便捷化、贸易便利化措施。

（三）余姚滨海产业集聚区

1. 概况

余姚滨海产业集聚区地处余姚市北部，濒邻杭州湾，规划总用地面积 67.39 平方千米，是余姚经济开发区整合提升的重要区块。《余姚经济开发区滨海新城总体规划》明确余姚滨海新城（产业集聚区）的总体结构为“一轴、双核、二廊、四带、五区”，将滨海新城定位为：沿杭州湾重要的先进制造业基地；余姚海洋经济发展的先导区和新兴产业的集聚区；区域的生态功能调节和生态农业区；集生产、研发、服务、居住为一体的配套齐全、生态环保、节能低碳的综合型产业新城（图 5）。

2. “十二五”发展目标

根据规划，“十二五”期间滨海新城将全面实施“引大引强”战略，重点发展新能源、新材料、生物和高端装备制造等主导产业，配套发展现代物流、商贸金融、文化娱乐、科研教育、医疗、居住等现代服务业，着力于园中园、特色产业园的开发以及基础设施、公共服务设施的配套，成为杭州湾跨海大桥西部以先进制造业为

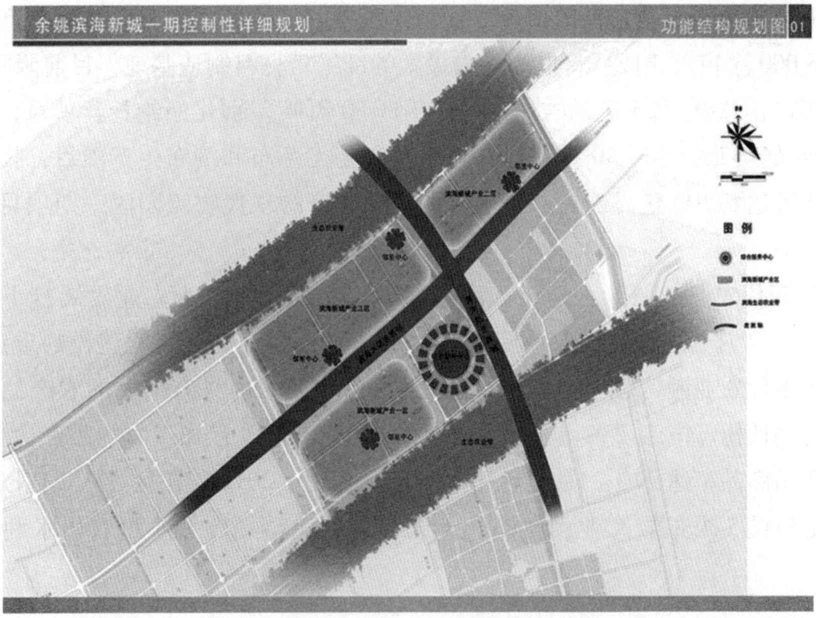

图5　余姚滨海新城（一期）功能结构规划

主导、现代服务业联动发展的综合性临海产业新城。

3. 2012 年工作成效

（1）招商引资注重“两高一新”。2012 年，滨海新城一期招商基本完成，共引进优质项目 49 个，其中投产和试生产企业 10 家，在建企业 14 家。共出让土地 5 300亩，总投资达 110 亿元，其中七成以上属于高投入、高科技和新兴产业的“两高一新”项目。目前已吸引王龙集团、仕生塑胶、凯诚环保、华鑫化纤等众多新兴产业公司在区内落户。其中，宁波王龙科技股份有限公司是全球规模最大的山梨酸生产企业和国家火炬计划重点高新技术企业，一期工程投产后，其山梨酸生产能力将占全球的 50% 以上。

（2）基础设施趋于完善。滨海新城全年累计投入建设资金 5. 82 亿元，在一期范围内，污水、中水、电、气、热力、通讯等管网均已安装到位，全面实现了基础配套设施“九通一平”的高标准，为数十家企业提供了良好的创业环境。另外，总投资 8 亿元，总长 9 千米，贯穿滨海新城东西的滨海大道工程进展顺利，一期 6 千米毛路已全线完工。

（3）“借链引企”助推园中园建设。滨海新城按照“土地集约、布局集中、企业集群、产业集聚”的原则，规划建设国家新型纤维材料产业园、新兴产业园、汽配产业园、涉塑产业园、小家电产业园、日本产业园、家具新材料产业园、现代物流园区等总占地面积近 2. 5 万亩的八大“园中园”。滨海新城通过引进大项目，培育大企业，集聚大产业，努力实现链式招商新突破。在滨海新城落户的项目中，有一半以上为“以企引企、借链引企”项目。其中，滨海新城新型合成纤维产业园占地面积6 000余亩，建成后将成为国内最大的纤维新材料制造基地，目前园区已有5个项目落户，总投资25亿元的华鑫化纤年产80万吨差别化涤纶长丝项目，以及总投资2.98亿美元的年产50万吨纤维新材料高档无菌布和网布生产项目，投产后年销售额均可达到100亿元以上。另外，占地400亩的现代物流园区一期项目前期工作已经启动。

（4）现代农业园区开工建设。滨海新城广袤的土地，为农业发展打下良好基础。2012年2月开工的现代农业园区为余姚市“六大百亿”工程建设的重点项目，也是省级现代农业园区创建点，总面积15万亩。区域内具有巨大的农产品加工能力，拥有铜钱桥、国泰、备得福等农业龙头企业51家，年加工农产品产值16.5亿元，农产品商品率达99%，加工转化率在80%以上。2012年园区投入2亿以上的资金，开工建设5个主导产业示范园、十大特色农业精品园和小型农田水利建设等项目。

（四）慈东产业集聚区

1. 概况

慈东产业集聚区即慈东工业区，位于龙山镇东部的海涂围垦地区，东至沿海高速公路、南至宁波化工园区、西至慈镇运河—沿海北线—八塘横江、北至淞浦，规划面积42.17平方千米，是慈东滨海区的重要组成部分。根据《慈溪市委市政府关于加快开发建设慈东滨海区的决定》，该区域确定了“5+4+4+3”重点产业领域，即大力发展海洋新兴产业、高端装备制造业、新材料、电子电器、精细化工等5大新兴产业领域，转型发展轻纺产业、机械制造、家电与灯具制造、黑色金属加工等4大传统产业领域，大力发展海洋服务业、滨海旅游业、现代物流业、商贸服务业等4大现代服务业，特色发展绿色农产品基地、农业龙头企业和休闲观光农业等3大现代农业领域。

2. “十二五”发展目标

根据《慈溪市工业发展“十二五”规划》，慈东工业区“十二五”期间的发展重点是：加快引进大企业、大项目，培育壮大高端装备制造、节能环保、新材料、电子电器四大新兴产业，改造提升轻纺、金属加工、家电三大传统优势产业，全面促进产业结构优化与第二、第三产业融合；加快园区配套设施建设，优化园区空间布局，构筑“一心两区六园”的总体格局（图6）。“一心”即综合配套中心，“两区”即整合提升区（一期、二期范围）和重点发展区（三期、四期范围），六园即综合产业园、装备汽配产业园、高端装备产业园、节能环保产业园、电子电器产业园、新材料产业园，支撑园区产业的相对集聚发展。到2015年，园区工业总产值争

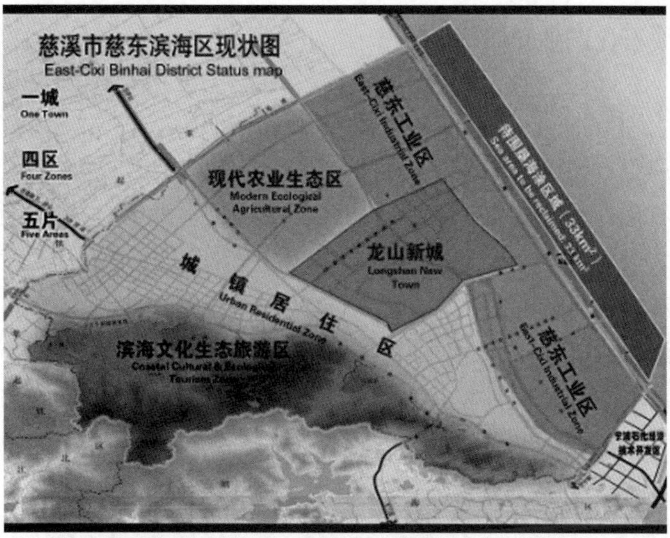

图6　慈溪市慈东滨海区现状图

取达到500亿元。

3. 2012年工作成效

（1）主要经济指标。2012年，慈东产业集聚区实现工业总产值200.1亿，同比增长25%；实现一般预算收入3亿；实现固定资产投资47.75亿，同比增长12.1%。产业园区现有投产企业180家，投资亿元以上项目近40个。已投产企业集中于电器机械、有色金属加工、化学纤维、通用设备制造等四类产业，在建拟建项目集中于装备制造、电子电器、新能源、新材料等产业领域，新引进项目呈现“高、新、优、特”产业特点。

（2）招商成果显著。2012年，慈东产业集聚区重点引进新材料、新能源、电子信息、高端装备制造四大战略性新兴产业。成功引进年产值20亿元的石墨烯项目、新城湖畔综合商住项目和3个高层次领军人才及项目落户。全年累计引进优质项目13个，总投资21亿元，其中，恒威装备产业园、宁波思进机械等5个优质项目的总投资就达16.5亿元，另有20余个优质储备项目正在加紧洽谈。目前，慈东产业集聚区内已经形成了以家电电子、机械装备、汽车零部件、差别化化纤、新材料新能源等为特色的产业集群。

（3）基础设施与重大项目顺利推进。2012年，园区累计完成基础设施投资20亿元，一期、二期基础建设全部到位。沿海北线工程、慈东大道东延工程正在加紧推进，龙湖地产、光大置业等5个社会项目累计投资5.78亿元，其中龙湖地产一期、光大置业一期即将预售。举行两次重大项目集中开工仪式，推动太平鸟、思进机械、石墨烯等7个重大优质项目开工。

（五）宁波石化产业集聚区

1. 概况

宁波石化产业集聚区包括镇海、北仑、大榭三大片，规划面积74平方千米，是宁波发展临港石化产业的核心功能区（图7）。经过30多年的发展，石化产业形成了镇海、北仑、大榭3个产业集聚区，汇集了一大批国内外著名的大型石化企业、石化工程公司和石化研究院。其中宁波石化经济技术开发区（原宁波化学工业区）形成了以镇海炼化、LG甬兴、大安化学等为核心的石化产业群；宁波经济开发区形成了以台塑关系企业（宁波）项目、逸盛石化、新桥化工等为核心的石化产业群；大榭区块形成了以宁波万华、大榭石化、三菱化学等为核心的石化产业群。

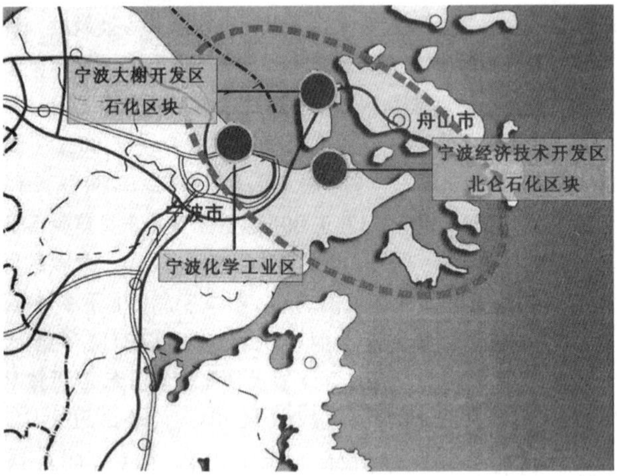

图7　宁波市三大石化区块位置示意图

2. “十二五”发展目标

根据《宁波市石化产业“十二五”发展专项规划》，“十二五”期间，宁波石化产业的发展重点是宁波石化经济技术开发区、宁波经济技术开发区和宁波大榭开发区的炼油、乙烯、乙烯下游精细化工和化工新材料四类行业方向。在石化基地建设中，突出“延伸石化下游产业链，提升产品附加值，统筹规划，错位发展，分工协作”的指导思想，统筹规划重点石化产业链和重点项目，通过产品项目一体化、物流传输一体化、环境保护一体化、公用辅助一体化、管理服务一体化的园区建设思路，努力将石化产业基地打造成为世界级石化产业基地。

3. 2012年工作成效

（1）重大项目建设工作稳步推进。2012年，大榭石化馏分油综合利用项目实现全面开工；东港电化三期、环洋化工环氧氯丙烷、宁波万华HDI、金源复合聚酯薄膜等项目顺利竣工并投入试生产；宁波万华三期倍增项目进展顺利；汉圣石化项目正在开展桩基施工；德国朗盛化学公司无机颜料项目、荷兰阿克苏诺贝尔过氧化物搬迁项目、法国道达尔化学聚苯乙烯项目、韩国SK集团合成橡胶项目等4个重大前期项目落户并动工建设；宁波禾元化学有限公司聚丙烯及乙二醇项目、宁波中金石化有限公司MX项目、宁波浙铁大风化工有限公司非光气法聚碳酸酯联合装置工程、宁波泰先新材料有限公司高性能碳纤维项目、宁波金海德旗有限公司异戊烯和高档石油树脂项目、阿克苏诺贝尔纤维素衍生物项目等7个项目建设有序推进。

（2）基础设施建设快速推进。大榭开发区二桥主体工程正式合拢；一桥、二桥与穿山疏港高速出口连接线建设工程前期工作已经启动；榭西市政配套工程主体基本完工；大工业供水工程榭北段10月份提前竣工；亚洲最大的实华45万吨原油码头正式对外启用；220千伏冷岙变扩容、综合管廊带等一批重大工程加快推进；宁波石化经济技术开发区北区污水处理厂3万吨/日工业污水处理项目建设加速推进，有望提前投入运营。

（3）围绕石化产业链打造绿色石化产业集聚区。宁波经济技术开发区已形成了以石化专区项目及三菱丽阳、埃索中化、亚朔科技、太平洋化学等项目为主，涵盖上中下游产业的较为完整的产业链，总投资额为75亿美元。今后，宁波开发区还将对相关产业链强化培育，以中端的塑机产业链为核心，进一步拉长注塑行业的产业链。同时，向上游石化产业链拓展，引进化工原材料工业PTA、PX、PVC、ABS、PET等生产项目和各类塑料产品制造企业，重点发展与石化产业相关联的新材料工业，同时向其下游消费品产业链延伸，最终形成一个更大更广泛的递延式产业链。同样，宁波石化经济技术开发区以"炼油乙烯"项目为支撑，园区企业互相依托，形成了上下游一体化的石化产业链，使原材料全部在园区内就地解决，不但节省了物流成本，还降低了长距离运输带来的环境和安全风险。同时，园区还集聚了一批专门以生产中的副产品为原料的企业，变废为宝，吃干榨尽。生产过程中产生的二氧化碳，也被供应给华东二氧化碳厂生产食品级二氧化碳。

（六）北仑临港产业集聚区

1. 概况

北仑临港产业集聚区位于北仑境内，包括北仑穿山北滨海区域，总面积约150平方千米，是宁波临港工业的核心功能区。该区域重点发展汽车、石化、钢铁、先进装备制造等临港大工业，逐步推动企业向园区集中，产业向片区集聚。目前，60多个国家和地区的2 000多家企业在这里落户，其中产值超亿元的临港工业企业70多家，形成"纵有产业链延伸，横有产业集群规模"的临港工业发展格局，成为浙江省临港大工业最为集中的区域。

根据《北仑区临港产业带布局规划》，该区域的发展以港口开发为主导，结合北仑区特点，规划形成“一带三楔五组团”的格局。“一带”即沿岸展开的临港产业带，以港口为依托，以滨海岸线和滨海疏港高速公路为支撑，重点发展临港大工业的带状延伸地带。“三楔”即三个联结山林、海域的生态绿楔向北延伸至海域，向南与北仑中央生态区相连，使得沿岸各功能组团形成有机生态、绿链环绕的“簇团组群式”发展格局。“五组团”即沿滨海岸线的青峙——联合产业区、保税产业区、石化及汽车产业区、白峰产业区和穿山临港产业区五大产业集聚组团。各组团根据各自产业特点和用地空间条件，形成各具特色的产业集聚片区，成为北仑区主要的产业和城市集聚片。

2. 2012年工作成效

2012年北仑5大临港工业全年实现工业总产值1 131.82亿元，同比增长0.3%，全年产值总量占全部规模工业的比重为62%，较同期提高1.4个百分点。

（1）大企业大项目云集。近年来，北仑先后引进了总投资超过100亿元以上的项目9个，成为浙江省重大项目最集中、临港工业规模最大的区域。“十一五”以来，年产100万吨白纸板项目投产，宁波宝新不锈钢年销售额突破百亿元；每年合同利用外资10亿美元左右，每平方米投资密度已达到440美元；物流园区成功引进马士基、普洛斯、意邮公司等世界级物流巨头，整个北仑区已拥有物流仓储、交通运输等相关企业260余家，实现年增加值超过40亿元，成为中国沿海物流业最活跃的区域之一。该区域的临港大企业已完成了大量的基础设施，目前的投入主要用于是扩大规模和延伸产业链。预计到“十二五”末，全区将形成矿产品交易中心、煤炭物流园、钢材市场、进口汽车等10多个大宗商品交易平台，年总交易额超过1 000亿元。

（2）各产业链内部带动力加强。在钢铁行业中，初步形成了钢铁冶炼、普通钢板和特种钢板的生产以及金属制品制造一体化的产业链。在石化行业中，台塑石化、三菱丽阳腈纶、逸盛化工、埃索石化、亚朔科技、太平洋化学、和桥化工和林德气体等项目形成涵盖上中下游产业、较为完整的石化产业链。在汽车行业中，拥有吉利汽车、拓普、信泰和敏孚等30多家汽车及汽配生产企业，为形成与国内外企业相配套、拥有自主知识产权的汽车及零配件产业群创造了有利条件。在造纸业领域，宁波中华纸业带动了宁波印刷业制品、包装制品、艺术卡纸、高强瓦楞芯纸等产业的发展，形成以白板纸生产及加工为主的造纸产业基地。

（3）各产业之间联动发展。研究表明，钢铁产业和修造船、汽车制造业之间的产业关联度很高，分别达到92.5%和89.7%；造纸、石化、能源等产业之间，石化、纺织、新材料等产业之间也存在着一定的关联。在北仑临港产业带，各种资源、原材料能够在关联产业之间综合利用，资源综合利用效率大大提高。如岩东污水处理厂日产5万吨中水，提供给宁波钢铁、北仑电厂等企业；北仑电厂产生的脱硫石膏，用来给“海螺水泥”生产石膏板；汽车生产需要大大小小的模具，当地50多家模具企业为之承接模具业务。宁波钢铁公司将原先从烟囱直接排向天空的废气回收发电，年发电量占该厂总用电量的40%。

（4）大力发展循环经济。为防止企业的扩张给生态环境造成压力，北仑区启动国家生态工业示范园区，实施了121个循环经济项目。其中，城镇污水处理、环境监控指挥中心、“宁波钢铁”脱硫改造及固废处理、“千和环保”油污水回收等10个大项目总投入超过30亿元，临港工业绝大部分的废渣、废酸、废油、废气将得到消纳和无害化处理。最近5年，北仑共投入生态建设资金97亿元，在全省率先通过“811”环境整治验收。先后被评为全国环保模范城区、ISO14000国家级示范区和全省节能减排十大领跑县（市）区。

（七）象山港海洋产业集聚区

1. 概况

象山港海洋产业集聚区位于象山港区域。东临舟山群岛，南靠三门湾，北接宁波中心城市，涉及奉化、宁海、象山、北仑、鄞州5个县（市）、区，23个乡镇（街道），陆域面积1 915.53平方千米，海域面积920.87平方千米，海岸线370千米，岛屿59个。鉴于象山港海洋产业集聚区涉及地域广、行业多、零星分散的现状，宁波市目前正在修编新一轮《象山港区域保护和利用规划纲要》、《象山港海洋生态环境保护与建设规划》、《象山港旅游发展规划》等规划，并对象山港海域功能区划根据发展进行调整，以适应开发建设的需求。

2. 2012年工作成效

（1）奉化滨海新区和阳光海湾项目进展顺利

2012年10月，总面积约1.6万亩的奉化滨海新区正式启用。该项目重点发展以滨海度假旅游业、港口物流业、清洁制造业和海景房产业、特色农渔业为代表的“3+2”主导产业，建成后的滨海新区产出近500亿元，带动各项就业3万余人。奉化市累计投资近20亿元加速推进滨海新区各项基础设施建设，区外道路沿海中线已全线贯通。此外，规划总面积21.7平方千米、总投资约200亿元的奉化阳光海湾项目稳步推进。7月，该项目的重要基础设施工程、投资13.5亿元的奉化市象山港避风锚地项目开工；五星级酒店、旅游房产、阳光体育公园等项目正紧张施工中。作为浙江省在建单体投资规模最大的滨海旅游项目，阳光海湾一期工程将于2014年开放迎客。

（2）鄞州区依托鄞州经济开发区加大力度开发象山港区域

2012年，鄞州经济开发区（原名鄞州滨海创业中心）全力推进滨海二期9平方千米区域开发，促成区域总开发规模16平方千米，占地200亩的德国工业园已启动一期60亩区域建设，7 000平方米滨海外来职工公寓一期项目已经建成，全年实现产值120.1亿元，增幅达32.4%；完成固定资产投资17.97亿元，同比增长16.4%。目前，鄞州经济开发已经形成以装备制造、汽车部件、电子电器和新材料新能源等为主的产业结构，正致力于打造“智慧型蓝色产业园区”和“千亿产业园区”，加快实现开发区向多功能综合性产业区转变。此外，工程投资概算7.8亿元、围涂面积1.38万亩的鄞州区大嵩围涂工程年底通过验收，大嵩围涂区块用海性质转换工作有序进行中。

（3）宁海县象山港区域各项建设工作稳步推进

2012年，宁海县重点培育特色旅游与休闲度假产业，宁海湾游艇俱乐部项目的游客集散中心主体工程已结顶；白石山岛启动和申报“国家海上森林公园”；宁海湾特色滨海度假区的雏形已显现。积极推进基础设施建设，象西线桥头胡至梅林段改道工程、凫溪输变电等项目有序推进；临港污水处理厂一期主体工程和凤潭村污水处理项目主体工程顺利完工；横山码头工程完成并投入使用。遵从“以保护促开发、以开发促保护”的工作原则，严格项目审批把关，坚决否决“两高一资”项目，关闭7家造纸厂，整治完成12家电镀企业，网箱养殖数量控制在8 000箱。

（4）象山县象山港区域各项规划工作有序推进

象山县2012年紧紧抓住象山港大桥建成通车和海洋经济崛起两大历史性机遇，编制完成《象山港象山片区空间保护和利用规划》，全面谋划区域产业发展规划，完成象山港物流园区、船舶修造基地、产业区C区、贤庠作业区、西周循环经济示范区等重点功能区块规划编制和调整。同时，加强环境保护规划编制，完成海洋生态环境保护与建设规划、生态镇乡创建、森林城镇建设等各项规划编制，开展县域东北部区域发展战略空间规划研究和编制，为整个区域保护和利用工作奠定了扎实基础。

（5）北仑滨海新城初步建成

2012年北仑区紧紧抓住开发建设与生态保护两条主线，扎实推进象山港区域保护和利用各项工作。区域发展规划不断优化，管理机制进一步完善，基础设施建设加快推进，产业集聚初具规模，区域环境保护切实增强，滨海新城形象初现，沿港镇乡经济社会快速发展，有力地促进了象山港区域经济和社会协调健康发展。

（八）大目湾海洋产业集聚区

1. 概况

大目湾海洋产业集聚区位于象山中部沿海，北与国家“AAAA”级旅游区松兰山相接，东临大目洋，整个区域分一期、二期，总面积达2.5万多亩，一期1.5万多亩围垦工程项目于 1994 年建设完成，其中 5 570 余亩土地作为工业用地先行启动开发，其余 1 万多亩仍以海水池塘无公害养殖为主。二期围垦工程项目正在建设之中。

大目湾海洋产业集聚区以大目湾新城建设为主体，以旅游产业、海洋产业、不老养生产业为其特色主导产业。大目湾新城规划区域由新城中心区、健康养生居住区、休闲旅游居住区、产业配套居住区、海博会展区、不老文化区等六大功能区构成。2010 年以来，大目湾新城先后获得全国“首个低碳生态小城镇示范项目、可再生能源建筑应用示范项目和首批科学发展试点县示范项目”三大国家级示范项目，并获项目补助 1 400 万元。图 8 为大目湾新城建设示意图。

图 8　大目湾新城建设示意图

2. “十二五”发展目标

根据《象山县大目湾新城总体规划》，“十二五”期间，大目湾新城将依托滨海区位优势，强化规划引领，打造休闲象山的核心代表区；推进基础设施建设，形成与中心城区的相向发展；强化招商引资，推动一批重大功能性和战略性项目落户；促进与松兰山景区的联片开发，实现功能互补；建设休闲度假、海洋文博、低碳宜居的“外海内湾”新城，积极创建国家级低碳示范城。2011 至 2013 年的三年内，新城基础设施建设计划投资 28. 8 亿元，着力推进场平、路网、水系、桥梁、景观绿化及水、电、气等市政综合管线工程建设。到 2015 年，新城中心示范区等 5 平方千米的建设将轮廓初显。

3. 2012 年工作成效

（1）多项新兴旅游项目顺利签约。自 2011 年 6 月份以来，先后有中铁建集团、世茂集团、汤臣集团、上海高宝新等 10 家央企、上市民营企业、实力型大企业入驻大目湾，涉及住宅、商业、办公、旅游、娱乐、购物等多个领域，签约海岛开发、水上乐园、户外休闲运动、休闲养生等海洋新兴旅游项目，合同引资超过 150 亿元。

（2）落户项目全线开工建设。在已引项目中，世茂区块、中国铁建·山语城、宁波铁工·邦泰城等三大城市综合体项目陆续实现开工建设，其中，大目湾世茂项目 07 号地块首批 70 余套建筑全部完成封顶建设。截至 2012 年底，大目湾新城重点工程和配套建设已累计开工 27 个项目，总投资额超过 10 亿元。

（3）“内湾”展现“微笑”魅力。被称为“微笑之弧”的大目湾“内湾”起于大目湾龙洞山，终于鹁鸪山，长 6 千米，宽 300 米至 600 米，约 2.1 平方千米，横跨整个区域。该工程投入近 8 000 万元，2011 年 4 月动工，2012 年 11 月工程通过竣工验收。环湾已规划 10 千米有轨电车，30 千米自行车专用道和 60 千米游步道，以及众多水上运动项目和景观亲水岸线；设置了游艇码头、人造沙滩、平台垂钓、带状海湾公园等 40 余个功能性项目。内湾周边的功能性项目招商已全面启动，其中水上乐园、五星酒店已签约。

（4）基础设计建设全面推进。2012 年，大目湾场平、路网、水系、桥梁、景观、水电等市政基础设施建设全面推进。已完成场平填筑 1 100 亩，河道开挖 10 千米，桥梁 5 座，绿化 20 万平方米，水电气管线 18 千米。二期区域的松兰大道等 5 条主干道和悦莱路等 16 条次干道全线贯通，总长超过 15 千米，并具备通车条件。新城在建和完成道路路基总长 23 千米，新城核心区路网全线贯通，完成区域塘渣填筑 300 万平方米。

（5）低碳新城智慧宜居。在低碳新城建设方面，大目湾管委会提出新城建设必须围绕低碳产业、低碳建筑、低碳交通、低碳旅游、低碳环境、低碳生活和低碳社区等 7 个方面的展开，并将之贯穿于新城每一项建设中。在智慧城市建设方面，中国移动联合华为公司，以构建平安大目湾为基础，集成智慧旅游、数字城管、智能交通、智慧医疗、智慧教育、智能环保、智能物流、智慧社区，全面构建大目湾新城“1 +8 智慧体系”。大目湾新城的低碳生态建设将为未来国家小城镇在绿色建筑、低碳社区和智能城市等方面的建设提供典范。

（九）环石浦港产业集聚区

1. 概况

环石浦港海洋产业集聚区主要指象山石浦镇及周边区域，陆域面积约 200 平方千米。环石浦港海洋产业集聚区以石浦卫星城建设为契机，大力推进港城联动发展，提升国家中心渔港辐射带动作用，创建国家级文明渔港；推进水产品加工和船舶制造业转型升级，提升临港工业发展水平；加快景区建设和海岛开发，构建独具魅力的滨海休闲基地。

2. “十二五”发展目标

根据《象山县国民经济和社会发展第十二个五年规划纲要》和《中共象山县委象山县人民政府关于深化石浦镇改革加快卫星城市发展的决定》，石浦港在“十二五”期间，主要提升综合服务功能，加快发展现代渔业、海洋旅游、船舶制造和港口物流等产业，建设省对台小额贸易基地，石浦科技园区完成3 500亩平基及配套基础设施，形成环三门湾区域海洋经济核心区。

3. 2012年工作成效

（1）海峡两岸交流项目硕果累累。2012年，浙台（象山石浦）经贸合作区获省政府批准，国台办授予象山为浙江省首个“海峡两岸交流基地”；对台小额贸易试运行，货运航班基本达到每周4航次；总投资1.88亿元的浙江省首个台湾商城——石浦海峡广场台湾商城开业；象山高塘岛石斑鱼暂养中转基地一期项目建成投入试运营，填补了象山口岸台湾活水产品经营项目的空白；总投资250万美元的台湾精品农业园种下46亩果蔬，引进槟榔芋、秋月梨、火龙果、茂谷等20余种农业品种进行试种。

（2）门前塘园区水产加工项目顺利推进。水产加工是石浦镇的支柱产业之一，占全镇工业经济近四成份额。门前塘园区占地1 300余亩，2012年是其全面启动建设之年，道路、管网、绿化、码头等基础配套概算总投资为2亿元，计划用三年时间完成全部建设。15家高附加值、高科技含量、发展前景广阔的企业入园，并于年初集中动工建设。其中，首批在建的飞日水产、国龙水产、华龙水产、开源冻品四家企业总投资约3亿元，国龙、华龙已率先建成投产；九洲水产、佳必可食品、扬子水产等也已全面动建。

（3）半边山旅游度假区项目快速推进。半边山旅游度假区是环石浦港渔文化旅游休闲区、象山县高标准开发建设的旅游精品项目，也是目前为止华东地区最大的生态性综合型海洋旅游项目，于2008年开建，总投入约45亿元。项目包括宁波象山海景皇冠假日酒店、海滨运动城、游艇俱乐部、滨海体育公园、名品会所、佛文化景区、度假住宅、主题花园等重点项目。其中，总投资8亿元的宁波象山海景皇冠假日酒店体结构开始施工；半边山旅游度假区全程2 390米的游步道主线一期工程进入全面铺装阶段，佛文化景区项目、滨海体育公园项目有序推进中。

（4）石浦科技园区已经成形。石浦科技园区总体规划面积7平方千米，是象山南部区域新型工业化发展的主平台。园区重点发展电气机械、器材制造业以及信息通信、新材料等高新技术产业。石浦科技园区正式开工三年多以来，累计投资5.53

亿元，绿化、道路、河道开挖等一批基础设施项目均已开工建设，水、电、通信、污水管网等建设有序进行。目前已入园企业 18 家，安排用地 80.2 公顷，预算建设总投资约 10 亿元。其中，申菱电梯、远丰机电、正业工贸等五家企业均已开工建设，累计完成投资 3.34 亿元。计划总投资 4.2 亿元的申菱公司迁建项目年底投产，预计可实现年产值 30 亿元。戴维医疗器械、盛洋电子等落户企业开工建设，另有四家拟落户企业正抓紧办理前期相关手续。

（十）宁海三门湾产业集聚区

1. 概况

宁海三门湾产业集聚区位于宁海三门湾新区，主要包括宁海宁东新城和下洋涂围垦区域，陆域面积约 80 平方千米。其中，宁东新城总面积 40.98 平方千米，下洋涂围垦区围垦面积 5.38 万亩（合 35.87 平方千米）。宁东新城是宁海三门湾区域开发的先行启动区块和核心功能区块，新城按"一核两轴三片六园"的框架进行产业布局。"一核"即综合配套核心，是全区生产、生活服务核心区；"两轴"即腾飞路和创新东路一横一纵两条轴线，是宁海三门湾经济开发区的两条空间发展轴；"三片"即北部生活配套区、东部产业集聚区和西部产业集聚区；"六园"即新能源产业园、生物医药产业园、模具产业园、电子产业园、汽车零部件产业园和新材料产业园，涉及新能源、生物医药、先进装备、电子电器、汽车零部件、新材料等。图 9 为宁海三门湾新区区域布局图，图 10 为宁东新城产业布局图。

2. 发展定位

宁海三门湾新区以宁东新城开发建设为重点，加快下洋涂临港产业集聚区块、胡陈港旅游度假区开发，积极推进长街综合配套服务区、双盘三山涂生态农业区、三门湾西岸特色农业区块建设，大力发展新能源、生物医药、新材料等新兴产业，推动城镇发展和人口集聚，最终形成"北有杭州湾，南有三门湾"的经济发展格局。

3. 2012 年工作成效

2012 年，三门湾新区实现全社会固定资产投入约 10 亿元，土地征收 2 700 亩，协议利用外资 3 000 万美元以上，实到外资 1 000 万美元以上。成功吸引 10 个新项目入园，项目总投资达到 9.7 亿元，12 家已投产的规上企业工业总产值、销售收入实现了翻番增长，分别达到 6 亿元以上。

（1）宁东新城重大项目进展良好。2012 年，宁东新城腾飞路、金海西路、科技路工程、卢公塘沿海防护林工程、宁东新城商务中心工程、宁东公租房工程等 9 个重点工程项目进展顺利。其中，卢公塘沿海防护林工程已完成投资 2 900 万元；扶贫标准厂房（一期）累计完成投资 1.5 亿元，年底投入使用；建设总投资约 4.1 亿

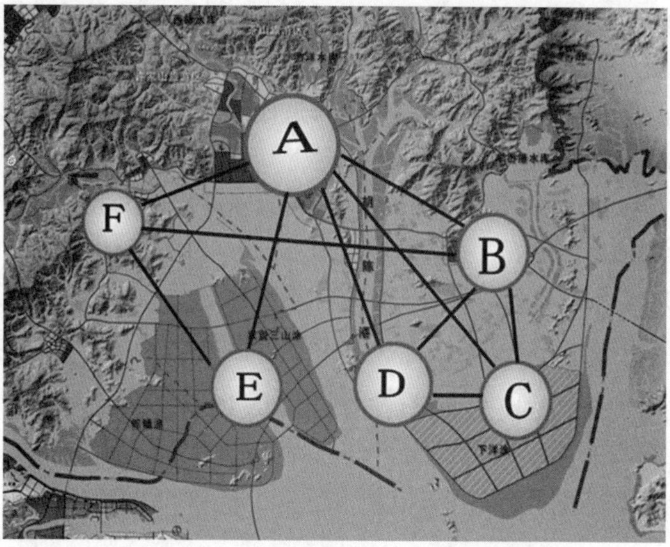

图9 宁海三门湾新区区域布局

A 为宁东新城，B 为长街综合配套服务区块，C 为下洋涂临港产业集聚区块，D 为胡陈港休闲度假区，E 为双盘蛇盘涂生态农业区，F 为三门湾西岸特色农业区块。

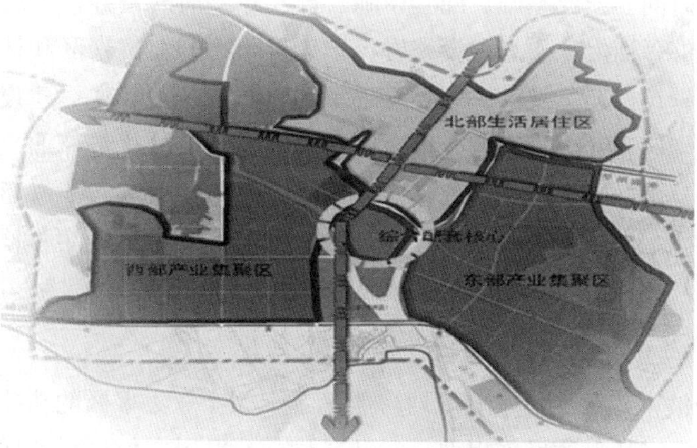

图10 宁东新城产业布局

元的宁东新城商务中心工程已完成投资 11 000 万元；总投资约 4.9 亿元的宁东公租房工程已完成投资 11 600 万元。另外，建设总投资 37 202 万元的金海大桥及连接线工程项目年前已动工建设。

（2）下洋涂围垦区致力打造宁波临港产业新兴战略空间。下洋涂围垦工程堤线总长约 18 千米，概算投资 148 414 万元，系宁波市迄今农业单体投资最大的项目。工程于 2007 年 12 月开工建设，将于 2013 年 5 月竣工。随着沿海高速复线的展开和三门湾区域地位的提升，加之邻近的田湾岛5万吨级码头的资源优势，下洋涂围垦区正争取列入近中期省市空间开发的战略区块，加快港口岸线、疏港通道、航道整治等重大基础设施的前期准备工作，力争打造成港区联动的重大支撑，成为宁波市临港产业的新兴战略空间。

（3）“花湾渔港旅游地”呼之欲出。根据胡陈港旅游度假区规划，胡陈港将整合利用库区及周边海洋景观，有效结合三门湾的五屿门、满山岛访古寻踪旅游资源和青珠农场的农业资源，打造成为一个集山地休闲运动基地、渔港一条街、水上休闲社区、湿地公园、有机农庄于一体的“花湾渔港旅游地”。该项目正积极招商中。

三、宁波产业集聚区发展中存在的问题与对策建议

（一）发展中存在的问题

在各级政府的大力支持下，宁波十大产业集聚区在产业培育、项目招商、平台建设、城市配套基础设施与功能区块建设方面取得了良好的成绩。但也存在区域发展不平衡、建设用地紧张、行政管理体制不顺、建设资金融资难等问题。

1. 各产业集聚区发展不平衡

由于开发时间、产业基础、配套设施、投入等方面的差异，宁波十大产业集聚区发展水平不够平衡。从规划建设来看，宁波杭州湾产业集聚区和梅山国际物流产业集聚区作为省级产业集聚区，规划全面具体，建设速度较快，建设成果显著；宁波石化产业集聚区和北仑临港产业集聚区各自拥有独特的优势产业，具有较强的产业竞争力；而象山港海洋产业集聚区、环石浦港产业集聚区和宁海三门湾产业集聚区起步较晚，主导产业优势不够突出，配套设施不够完善，尚未形成集聚、规模效应。

2. 部分产业集聚区功能定位有待明确或细化

虽然《宁波市海洋经济发展规划》明确了十大产业集聚区的功能定位，部分产业集聚区也制定了各自的发展规划，对发展目标、发展定位进行了详细的设计。但部分产业集聚区如象山港海洋产业集聚区等，尚处于规划起步阶段，加上涉及多个县市区，导致其功能定位不够明确。部分产业集聚区发展规划不够具体，或与相关规划缺乏协调，导致产业集聚区建设缺少必要的支撑与保障。

3. 建设用地紧张成为发展的瓶颈

在宁波的十大产业集聚区中，土地资源相对宽裕的是宁海三门湾产业集聚区，大部分产业集聚区普遍存在土地制约、工业用地储备较少、土地资源有限等问题。具体而言，在土地制约方面，主要存在以下问题：首先，部分产业集聚区在早期招商引资过程中，政府给予企业的用地条件就目前经济发展形势而言，过于优惠，部

分集聚区前期入住的企业存在土地利用率低的情况。其次，随着产业集聚区的发展，不少农田被征用，出现了大批失地农民和半失地农民，失去土地后，部分农民生活没有保障，致使一些农民反对建设征地。再次，由于产业集聚区现有存量土地少，国家又严格控制新上项目的用地审批，报批程序多且审批时间长，导致目前集聚区土地指标缺口较大，项目落地受到影响，在建项目推进缓慢。

4．建设资金短缺，融资较为困难

资金短缺对宁波各产业集聚区经济发展的制约主要表现在：一方面，基础设施投入不足，政府财力有限，而多元投资体制、市场化运作机制尚未形成，使得基础设施建设滞后于集聚区经济发展的需要。另一方面，集聚区内企业融资困难，一些有市场、有效益、有发展潜力的项目无法及时实施，错过了发展的良机。

5. 行政管理体制不顺

随着各产业集聚区开发建设规模的持续扩张和辖区人口不断增加，社会事务日益繁重，产业集聚区现行管理体制已经出现了许多与经济社会发展不适应的现象。部分产业集聚区规划时没有充分考虑行政区划的因素，部分产业集聚区地理范围涉及多个县市（区）、乡（镇），由于不在一个行政区建制单位，时常引发诸如在征地补偿标准不统一、项目摆放协调难等新的矛盾，增加了产业集聚区管委会工作的难度，直接影响了产业集聚区的进一步发展。

（二）促进产业集聚区发展的建议

针对上述问题，应从完善规划、提高土地利用率、完善投融资机制、理顺行政管理体制等方面入手，为产业集聚区的发展扫除障碍。另外，应加大人才引进、技术创新、环境建设、资源利用等方面的支持力度，切实提升宁波产业集聚区的综合竞争力。

1. 完善区域规划，促进区域协调发展

对于原有规划落后于需求或者原有规划不够详细的产业集聚区，应尽快编制或完善区域总体规划及相关规划。建议由规划部门牵头，会商相关职能部门，进一步明确区域发展定位、相关基础设施建设和公共服务设施配置标准、产业布局等方面的基本准则，强化产业集聚区的规划建设与各类相关规划的统筹协调，确保产业集聚区的建设有支撑、有保障。同时，集聚区的开发建设要以规划为引导，强化空间落地，严格产业准入，充分发挥规划的约束、控制等管理功能。

2. 保障合理用地，推进土地高效利用

建议在现有市土地储备体制的框架下，设立宁波海洋经济建设土地储备中心，强化涉海土地保障与管理。各产业集聚区要根据市政府下达的土地利用总体规划各项控制指标，在立足于本区域内统筹调整、落实基本农田和标准农田保护任务及布局的前提下，做好失地农民的安置工作，做好建设用地布局建设时序安排。认真贯彻执行《宁波市人民政府关于加强工业用地管理优化产业结构的意见》（2008 年）、《关于调整工业用地结构促进土地节约集约利用的意见（试行）》（2010 年）、《关于进一步促进集约用地的通知》（2011 年）等政策，严格执行工业用地准入门槛。根据“有限指标保重点，一般项目靠挖潜”原则，加强产业集聚区土地节约集约利用和批后监管工作，加大对“转而未供土地”消化利用和闲置土地清理处置力度，建立健全评价考核和奖惩激励机制。引导企业或通过利用原有厂房和场地进行产品、工艺、设备的改造提升，或通过对厂房的加层改造、提高建筑容积率，实施“零土地”技改，引导企业在不占用新增建设用地的情况下，缓解企业用地需求紧张的局面。

3. 强化资金保障，建立可持续投入机制

海洋产业集聚区投资量大、周期性长、不确定因素多，需要构建资金可持续投入机制。建议创新产业集聚区投融资机制，建立“政策引导、企业主体、金融支持、各界参与”的多层次、多形式的投融资体制，推广公司制产业集聚区投融资平台，形成国家、外资、民资三位一体的多元化投融资体系。构建基金投融资体系，建立基金投融资平台，加快社会资本为主的风险投资基金（VC）和私募股权基金（PE）的孵化。充分发挥国有资本的投资导向作用，整合国有优质资产，包括产业集聚区土地、道路、标准化厂房等各种可用于抵押的资产，注入投融资公司，推进涉海重大基础设施的建设和引导性产业项目的建设。通过对土地进行前期开发和公开出让、标准化厂房出租、区内资源开发利用与经营、基础设施项目建设等方式，经营好投融资公司的资产，实现保值增值和滚动发展。发挥好财政资金的杠杆作用和放大效应，积极引导社会资金投入，不断提高资本规模，增强融资能力。

4. 根据经济发展需要，理顺行政管理体制

建议由市行政管理体制改革职能部门牵头，协同相关职能部门，根据不同区域的实际，按照统一、协调、精简、高效的原则，创设有利于协调各方利益关系、有利于调动各方积极性的开发管理体制。将县域范围内涉及多个乡镇的建制村、自然村的产业集聚区，在征求群众意见同意后，可整合设立为街道办事处，行使乡镇级行政和社会管理权限，理顺行政管理体制。将涉及多个县市（区）管理的乡镇的产业集聚区，通过行政区划调整，整合为统一的行政区域管辖，实现单一的委托管理，减少多头协调，提高工作效率。积极支持城市新区、产业集聚区与所在行政区（县、区、乡、镇）进行套合，妥善解决产业集聚区与所在行政区政府职能交叉问题。对于处于规划起步阶段的产业集聚区，如象山港海洋产业集聚区等，建议尽快建立联席会议制或领导小组管理模式。对于处于发展成熟阶段、已经建立准政府的

管委会管理模式的产业集聚区，应进行管理体制创新，提高管理效率。

5. 加大政策支持力度，提升产业综合竞争力

围绕《宁波市海洋产业发展规划》，政府应在项目安排、资金、土地指标、环境容量等发展要素保障方面予以必要支持，发挥资源整合能力，协调各方利益，促使各产业集聚区协同配合，实现集聚区内产业生态系统的优化，最大限度发挥集聚效应，实现可持续发展。推进海洋产业集聚区与都市功能区协同发展，把新型城市化与产业发展、重大产业集聚区建设、城乡区域统筹发展等结合起来。

整合财政性资金，集中力量支持一批有自主知识产权并具有较强带动力的重点企业发展。落实相关财政配套政策，扶持全市创新型企业发展。

认真落实关于企业节能减排和工业用地节约集约利用等方面的税收优惠政策，推动产业生态发展。统筹规划，优先考虑节能环保、低碳模式的企业进入宁波海洋产业集聚区。推广产业聚集区内循环经济模式，加快淘汰落后产能，走科技含量高、经济效益好、资源能源消耗低、环境污染少的新型工业化道路。

加快人力要素集聚，自主创新，促进科技进步。继续研究出台关于高端人才集聚的促进政策，提升宁波整体研发创新能力。加大高端人才、创新人才引进与培养力度，努力创造高层次人才创业就业的良好环境，积极完善人才激励机制，为引进或培养的高端人才提供研究经费保障，以及必要的科研助手配备。

建设一批海洋产业集聚区，实行高起点定位、高水平规划、高强度建设、高层次招商、高品质管理，已成为推动宁波经济转型升级、实现国家战略功能、提升国际经济地位的重要载体。在2012年建设的基础上，各产业集聚区应增强危机意识、忧患意识、创新意识，全面提升发展质量与水平，努力将产业集聚区打造成拉动有效投资的加速器、集聚高端产业的大平台、集聚创新人才的新高地、促进城乡融合的示范区、体制机制创新的试验田。

2012 年度宁波市海洋重大项目建设发展报告

2012 年，宁波市制定出台了《宁波市海洋经济发展规划》（以下简称《规划》），规划期为 2011—2020 年，其中重点项目建设是海洋经济发展的主要支撑，因此，2012 年宁波以重点项目建设为抓手，全面加快海洋经济发展。

一、海洋经济发展的重点建设项目

根据宁波市海洋经济示范区规划实施方案（2012 年），全市总计安排海洋经济重大建设项目 143 个。计划总投资 3 367 亿元，其中“十二五”期间计划投资 2 154 亿元，如图 1、图 2 所示。

其中，基础设施项目 35 个，包括沿海及海岛地区基础设施项目 20 个、滩涂围垦项目 14 个、海水综合利用项目 1 个。

“三位一体”港航物流服务体系项目 65 个，包括港口项目 7 个、集疏运网络 10 个、物流交易平台 32 个、金融信息服务平台 6 个。

海洋产业转型升级项目 55 个，包括现代海洋渔业项目 2 个、海洋装备制造项目 19 个、海洋石化项目 18 个、海洋生物医药项目 1 个、滨海旅游项目 10 个、商贸服务项目 5 个。

此外，还包括海洋能源项目 5 个；海洋科技创新项目 5 个；海洋生态环境保护项目 7 个。

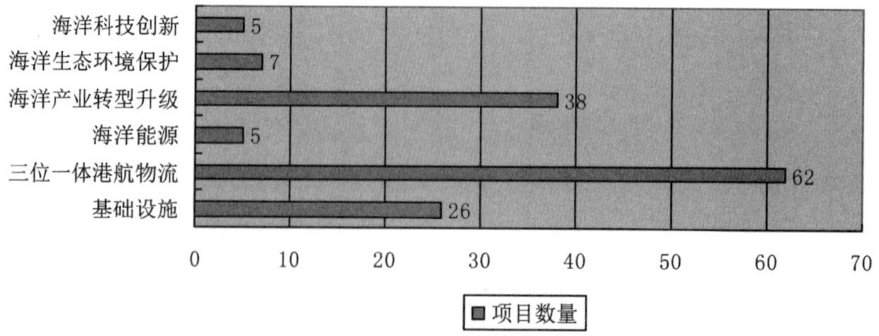

图 1　2012 年全市总计安排海洋经济重大建设项目

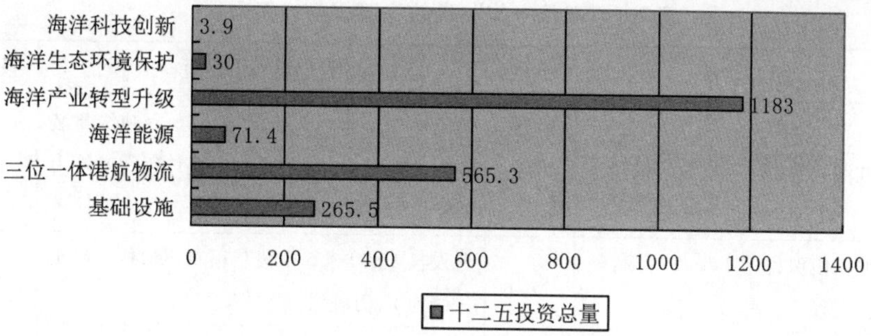

图2　2012年十二五投资总量

1. 基础设施项目

“十二五”期间共安排35个，其中沿海及海岛地区基础设施项目20个、滩涂围垦项目14个、海水综合利用项目1个，见表1。

表1　基础设施项目

序号	项目名称	地点	建设规模和主要内容	投资/万元
1	象山港大桥连接鄞州段	鄞州	全长47千米，鄞州段25.09千米，路基宽度26米，双向四车道	230 000
2	象山港大桥及接线工程	象山	跨海大桥头6.7千米，高速公路40.3千米，设服务区一个，采用双向四车道	378 700
3	大榭第二公路大桥及西片区市政配套工程	大榭	双向4车道一级公路，长时5.5千米；改造环岛路、滨海西路、兴港路和西湖路	113 000
4	宁波梅山岛环岛公路	梅山	建设横一路、横二路、横三路、横四路、纵一路、纵六路、纵十八路等城市路网主干道，全长45千米	120 000
5	甬台温高速公路复线象山段	象山	戴港至宁海高速公路25千米	220 000
6	余姚市海塘除险治江围涂四期工程	余姚	四期围涂5.38万亩	163 649
7	慈溪建塘江两侧滩涂综合治理工程	慈溪	围涂面积7万亩，新建慈西水库，造地工程等	182 000
8	宁海双盘三山涂围垦	宁海	围垦面积5.64万亩	147 000

2. “三位一体”港航物流服务体系项目

“十二五”期间共安排65个，其中，港口项目7个、集疏运网络10个、物流交易平台32个、金融信息服务平台6个，见表2。

表 2 “三位一体”港航物流服务体系项目

序号	项目名称	地点	建设规模和主要内容	投资/万元
1	宁波港北仑港区五期集装箱码头	北仑	地点白峰，建设 5 个 5 万～10 万吨级集装箱泊位，码头长 1 625 米，设计年吞吐能力 250 万元标箱	240 000
2	宁波梅山保税区 1#～5#集装箱码头工程	梅山	建设长 1 800 米 5 个集装箱专用泊位，码头等级为 10 万吨级	290 000
3	穿山港区五期集装箱码头 10#、11#泊位	北仑	新建 10 万吨级泊位 2 个，设计吞吐能力 100 万标准箱	230 000
4	宁波铁路北环线	宁波	新建双线铁路 40.1 千米	330 000
5	宁波穿山疏港高速公路	北仑	白峰四期码头至小港好思房，长 33.34 千米，双向 6 车道	493 600
6	宁波港口穿山、大榭铁路支线	北仑	包括穿山支线和穿山港站、大榭支线和大榭站；新建大碶经柴桥至大榭长 23.1 千米和柴桥至穿山港 13.2 千米线路	207 000
7	东三环快速路胜山到陆埠公路工程（沈海—前应）	慈溪	一级公路，全长 40.1 千米	300 000
8	329 国道南复线	慈溪	一级公路，全长 21 千米	200 000

3. 海洋能源项目

“十二五”期间共安排 5 个，见表 3。

表 3 海洋能源项目

序号	项目名称	地点	建设规模和主要内容	投资/万元
1	浙江省天然气接收站及港口工程	北仑	选址白峰中宅，占地 47 公顷，岸线长 840 米，一期规模 300 万吨/年	530 000
2	浙江 LNG 配套天然管道工程	北仑	自白峰中宅首站到瞻岐镇阀室，建设长 38.7 千米天然气管道	54 700
3	国电电力北仑穿山半岛风电项目	北仑	选址穿山半岛白峰至梅山公路以东区域，用地 36 亩，建设升压变电站一座，年上网电 9 677 万千瓦时	49 000
4	象山海岛风力发电	象山	檀头山、涂茨、高塘等风电场，装机规模 7 万千瓦	70 000
5	宁波抽水蓄能电站	宁海	装机容量 1 400 兆瓦	10 000

4. 海洋产业转型升级项目

“十二五”期间共安排55个，其中现代海洋渔业项目2个、海洋装备制造项目19个、海洋石化项目18个、海洋生物医药项目1个、滨海旅游项目10个、商贸服务项目5个（表4）。

表4 海洋产业转型升级项目

序号	项目名称	地点	建设规模和主要内容	投资/万元
1	宁波市设施渔业建设工程	宁波	集中力量建设一批现代渔业园区；推进养殖池塘保温大棚和工厂化设施建设；水产苗种培育设施改造	100 000
2	中国南车宁波基地建设	鄞州	建设城市轨道交通装备维修、组装基地；轨道交通自动门系统生产基地等	400 000
3	吉利汽车春晓扩建项目	北仑	选址北仑春晓滨海新城，一期项目用地1 100亩，投资42亿，年产整车10万辆，二期整车项目产能20万辆	300 000
4	中船集团国际造船项目	北仑	对现有仰涨山、神马岛两基地进行重新规划，并建设峙南海工造船基地	200 000
5	北仑台塑一期后续项目	北仑	包括年产15万吨ABS、150万吨PTA生产线、20万吨PS、15万吨PVC、15万吨聚苯乙烯、6万吨SAP等	1 550 000
6	浙江海越股份液化气深加工项目	北化	选址表峙化工区内，占地1 200亩，一期包括138万吨/年气体分离装置，60万吨/年Superflex反应裂解装置，30万吨/年异丁烷脱氢装置等	600 000
7	镇海炼化扩建1 500万吨/年炼油100万吨/年乙烯一体化	镇海	在现有基础上新增1 500万吨/年原油加工能力和120万吨/年乙烯加工能力	3 500 000
8	牟山湖休闲度假区	余姚	占地21 000亩，集休闲度假、会议、居住、养生、购物等一体综合型高端休闲度假区	1 100 000

5. 海洋科技创新项目

“十二五”期间共安排5个，见表5。

表5 海洋科技创新项目

序号	项目名称	地点	建设规模和主要内容	投资/万元
1	宁波大学海洋综合高科技研究院	宁波	5~10年内，建成省内及长三角地区一流的海洋科学与工程研究院	25 000
2	宁波智慧城市软件研发与技术推广基地	江东	占地1 000亩，新建中国移动或其他通讯集团华东地区综合性基地	300 000
3	宁波国际智慧物流软件与信息服务外包产业园	江东	占地225亩，总建筑面积35万平方米	50 000
4	国家海洋渔业气象试验站	宁海	占地200亩，建筑面积1 000平方米	6 000
5	气象科技中心	宁海	占地29亩，建筑面积4 500平方米	5 000

6. 海洋生态环境保护项目

“十二五”期间共安排7个（表6）。

表6 海洋生态环境保护项目

序号	项目名称	地点	建设规模和主要内容	投资/万元
1	鄞州区滨海污水处理厂及配套管网一期工程	鄞州	设计规模6万吨/天	3 800
2	乡镇污水治理工程	余姚	一期管线233千米，新建泵站33座，再生水厂1座；二期管道长157千米，新建泵站36座	45 384
3	宁波市海洋牧场建设	宁波	建人工鱼礁10个，牧场区1 000平方千米	15 000
4	宁波市气象灾害预警与应急系统二期工程	宁波	海洋气象监测预警系统、农村气象灾害防御系统和气象防灾减灾分中心建设	42 000
5	桐照、栖凤岸线建设	奉化	砌石、护坡、道路改造、绿化配套等	13 000
6	象山海洋生态保护与修复工程	象山	渔山、韭山列岛海洋生态自然保护区建设及渔业源源增殖放流	20 000
7	国华宁波电厂温排水改造利用	宁海	占地3 000亩，建设围堰设施	30 000

二、2012年度重点项目建设完成情况

2012年全年实际共安排海洋经济项目179个，年度投资410.6亿元，累计完成投资380亿元，占年度计划的95%。其中，58个重大项目实现新开工，9个重大项目建成完工，25个重大项目前期工作稳步推进。

（一）基础设施建设有序推进

1. 港口建设项目进展迅速

2012 年是宁波港码头泊位投产最多的年份。镇海港区 19#、20#液化泊位工程及后方罐区配套工程通过交工验收，投入试生产。镇海港区通用散货码头全面完工，投入试生产。穿山港区五期码头工程 10#、11#泊位通过交工验收；梅山港区 1#～5#集装箱码头工程 3#、4#泊位水工年内完工；穿山港区中宅煤炭码头工程全面投产；宁波—舟山港甬舟集装箱码头有限公司完成集装箱吞吐量 47.9 万标准箱，同比增长 173.7%。

同时，北仑港区多用途码头工程前期工作启动，该项目拟将第二港埠公司煤炭码头（1 号、2 号泊位）改造为多用途码头，就是停止煤炭装卸，改为装卸钢铁、袋装粮食、木材及集装箱等，改造后年吞吐量为各种货物 280 万吨。建成后将消除煤粉尘排放量 1 100 多吨/年。将对周围大气环境质量改善起到明显促进作用，具有明显环境正效益。

此外，舟山鼠浪湖矿石中转码头、梅山港区 3#～5#集装箱码头、大榭招商国际集装箱码头等项目建设也在按计划快速推进。

2. 桥梁及道路建设成效显著

2012 年 12 月 29 日，继杭州湾跨海大桥之后宁波市的第二座特大型跨海桥梁的象山港大桥，正式建成通车。从此，由象山丹城到宁波的距离一下由原来的 120 千米缩短到 52 千米，车程也由原来的一个半小时以上，缩短到目前的 35 分钟。事实上，象山港与三门湾，犹如大海伸向陆地的两条蔚蓝色的“臂膀”，既造就了环三门湾地区优良生态和丰富资源，又阻隔着海湾两岸经济社会的交流与发展。特别是由于交通不便等因素，导致了宁波经济发展“北重南轻”的格局，象山、宁海、奉化等“南三县”的国内生产总值（GDP）总量不到全大市的两成。而身为浙江“三湾一港”重要一环的三门湾，更是一片潜力无限的处女地。如今，一座大桥，让整个环三门湾区域近在眼前。

在象山，由大桥引发的区位优势和经济倍增效应，吸引了越来越多外地企业争相落户象山半岛。在象山港南岸，规划面积达 100 平方千米的国际临港重装基地，如今已是一派如火如荼的建设景象。中石油、中石化、杭钢等企业纷纷在这里投入巨资，加紧建设或投产重型装备制造项目。在象山半岛南端，依托象山国际水产物流园等经济平台，一个环绕石浦港的经济圈正迅速形成。

而在宁海的三门湾，目前由于大桥的因素，三门湾新区已经成为浙江省海洋经济发展重点建设的大平台之一。去年，省发改委、商务厅、经信委、科技厅曾联合发文，确定宁海三门湾新区作为拟新设立的省级工业园区开展“十二五”规划编制工作，并将其列入宁波市重点建设的十大海洋经济产业集聚区之一。至今，三门湾区域已投入46亿元扎实推进既定项目实施，模具产业园、电子电器园和新能源产业园已显露雏形。

据不完全统计，象山港跨海大桥车建成通车后，仅第一周，大桥的车流量即已破10万车次。未来，对于完善象山和鄞州的公路网布局，促进公路网联网直达，加快城市化进程和加大海洋开发力度，促进沿海各乡镇经济发展，提高国防交通，加强沿海国防力量和战备都将发挥出日益显著的作用。

与此同时，起自象山戴港互通，接象山港大桥及接线，经茅洋，通过蛇蟠岛跨越三门湾，止于三门县六敖互通，接台州湾大桥及接线，路线全长54.898千米（其中，宁波市段长48.16千米），并按双向六车道高速公路标准建设的三门湾大桥及接线工程，以及正线全长36.3千米的宁波港口（大榭和穿山港区）铁路支线等项目的前期准备工作正有序展开。

（二）重大产业项目加快推进

1. 第一产业重点项目建设

（1）中国水产科学研究院华东海水种业工程中心建设完成前期规划。由中国水产科学研究院与宁波市海洋与渔业局合作，共同在三门湾现代渔业园区建设的占地200亩的“中国水产科学研究院华东海水种业工程中心”，目前，已正式签订科技合作协议。有专家就项目建设前的前期考察调研工作已经结束，前期规划设计方案已经通过由宁海农业部渔业局、中国水产科学研究院、厦门大学、宁波市海洋与渔业局等相关部门和单位领导及专家共同组成的评审组评审，目前编制设计单位正根据评审组专家提出的意见，对《规划》作进行进一步的修改和补充，特别是对相关各区块的分布进行进一步的优化，修改完善后将尽快形成正式报告，按程序报批。据了解，中心建成后，双方将以此为依托，共同开展锯缘青蟹等华东地区特色品种的遗传育种及繁殖相关研究，以期促进宁波市渔业产业结构调整，辐射带动东海沿岸地区渔业发展。

（2）宁海现代渔业园区等项目前期工作有序推进。位于三门湾，包括三门湾现代渔业综合示范区、南洋港休闲渔业示范园、岳井洋现代渔业园等在内的宁海现代渔业园区建设项目，用地逾2万亩，总投资2亿元，是宁波市海洋经济渔业核心示范区之一，规划打造成为以海水养殖为主，融合设施渔业、低碳农业种植、科技创新示范、休闲观光为一体的现代渔业园区。2012年，相关部门和单位已完成园区规划编制，并成立了三门湾现代渔业园区管理委员会统筹协调现代渔业园区的规划、建设、管理、服务和招商引资等工作。同时，对园区的高压电网、道路、沿海防护林、饮用水库等公共设施进行建设，当年投资1 000万元，已完成80%的工程量；

累计投资 2.61 亿元，完成了海堤主体工程及滩涂土地改造。目前，区内的基础设施较为完善，主要道路已基本建成，部分港汊已完成河道整治。总长为 6 566.62 米、设计标准为四级的南北二条海堤已投入使用，有效增强了蓄水、排涝、供水、灌溉等综合功能，为综合性现代海洋产业示范区的开发建设奠定了基础。此外，认真做好了政策处理工作，经过多次协调，深入讲解政策内容，绝大多数当地渔民群众都能支持园区建设，现各项工作都已准备就绪，只将等规划批准后，按规划实施并开展招商引资工作。

（3）象山国际水产物流园等一批项目实现新开工。由象山县与中国供销集团合作共建的象山国际水产物流园项目，包括“一个总部，两个基地”，即象山国际海洋经济发展总部、国际水产保税冷链物流基地和国际水产出口加工基地，计划总投资 45 亿元，建设目标为长三角区域远洋渔业总部和国际水产保税冷链物流基地的象山国际水产物流园。2012 年，该项目已完成公司注册等手续，中国供销集团成立了专门工作组进驻象山，前期相关工作进展顺利，一期建设工程于当年顺利开工。

2. 第二产业重点项目建设

（1）浙江 LNG 一期工程建成投产。中海油与浙江省合作的重大能源项目——浙江省引进液化天然气及应用工程项目（简称“浙江 LNG 项目”）一期工程按计划于年内建成投产。该项目一期工程总投资约 70 亿元人民币，建设规模为 300 万吨/年，二期设计规模 600 万吨/年。此项工程于 2009 年底开工，整个工程由 LNG 接收站、LNG 专用码头及与之配套的天然气管理项目组成。

（2）万华热电二期扩建等项目建成完工。作为万华二期配套工程，本次扩建的目的是通过扩建热力系统、燃料系统、除尘系统、燃料系统等工程，最终形成规模为 4 炉 3 机，以及总装机容量 105MW，蒸汽供应能力达到 1 070 吨/小时，到 2012 年底，价值 4 500 万元的脱硫装置安装基本完成，锅炉、布袋除尘器、汽轮机、给水泵及电机、冷渣机等设备已到场，累计完成投资 5 600 万元。该项目的建成，将极大地助推万华工业园循环经济再上台阶。

（3）台塑 AA/AE 扩建实现新开工。由台湾塑胶工业（开曼）有限公司投资 25 620.9万美元新建的年产 16/20 万吨 AA/AE 生产线，位于北仑台塑石化专区，占地 51 806.4 平方米，主要设置包括反应车间、操作车间、控制室、机房等生产和辅助建筑，配套公用设施部分依托现有装置，该生产线采用日本触媒化学公司的丙烯氧化法技术工艺，项目建成投产后，AA/AE 总产能即达年产 32/40 万吨，建设周期约 42 个月。

（4）中金石化年产 90 万吨芳烃等产业转型升级项目实现新开工，长阳科技、海越股份等一批总投资 20 亿元以上的重大项目加速推进。

3. 第三产业重点项目建设

（1）东海铭城项目。位于松兰山度假区内的东海铭城项目拟建成大型休闲旅游度假区块，兼具休闲旅游、会议会展、休疗养生、景观房产等功能。由香港嘉达发展有限公司和宁波三立置业有限公司共同投资50亿元开发建设。项目于2009年6月签约，总规划面积4 184.4亩，容积率1.02。至今已完成沙滩修复、盘山公路路基工程、酒店基础及地下室三层、风情人居三通一平及试桩、温泉一号井、风情小镇场地平整、海鲜街试桩等工程，各项工作正有序推进。该项目也是象山县旅游产业实现转型升级的重要建设项目之一。

（2）中国港口博物馆等项目加速推进。位于春晓滨海新城的港口博物馆暨国家水下文化遗产保护宁波基地项目用地51 966平方米，建筑地上三层，地下局部一层，总建筑面积40 987平方米，项目总投资6.8亿元，建成后将成为我国规模最大、等级最高，集展示、教育、收藏、旅游、科研于一体的综合性港口专题博物馆。该工程于2012年5月完成桩基工程施工，8月底完成地下室及基础工程施工，年底完成混凝土结构主体工程施工及部分钢结构制作，2014年7月工程竣工，10月可正式投用。

（3）檀头山岛景区建设项目进展顺利。选址于石浦港东8.5千米处的檀头山岛上的景区建设项目，充分利用该岛山峦起伏，植被良好，青山碧海，岸线曲折，岬湾相间，生态环境未受破坏，自然气息浓郁等优势，规划建设金沙冲浪、日月同溯、沙滩中心区、六股头棋牌中心、大王宫游乐区、大小荀头度假区等景点，主要功能包括休闲娱乐、旅游度假等。规划总面积10.5平方千米。拟分三期开发，其中一期主要用于基础设施和以大沙头区为主的海滨长廊、海滨浴场、假日酒店及相关娱乐设施等。该项目自开发建设以来，目前已完成岛内旅游通道公路及休闲长廊、景区管理房等接待设施。其中，由石浦渔港旅游开发管委会和檀兴渔村合作投资300余万元在檀头山岛景区建造的“公建1”号迎宾餐饮大楼正式竣工。

（4）横山岛等重点景区开发建设初见成效。自2010年起，宁海县强蛟镇即多措并举对横山岛进行了修复性建设。一方面，委托浙江绿客公司承担宁海湾岛群旅游开发的技术服务工作，完成《宁海湾岛群旅游区详细规划》，做好海岛开发与保护；另一方面，开展工程全程监督。全过程跟踪、全方位监督，派干部常驻海岛监督施工，着力破解项目建设过程中存在的困难和问题，确保工程质量。与此同时，积极做好政策处理。为建设检票房与综合楼，针对原有的峡山村老年协会房屋开展政策处理，协同村干部做好群众思想工作，为项目开工建设扫清障碍。目前，横山岛景区修复工程取得阶段性成果——检票房与综合楼图纸设计方案已敲定。整个景区的栈道施工、亭廊项目及广场的填方和草坪铺装工程已全部完成。游步道建设已完成工程总量的90%以上、广场挡墙加固工程完成50%。

（三）重大平台建设成效明显

1. 杭州湾产业集聚区建设加速推进

上海大众宁波项目进入设备安装阶段，将于明年3月实现试制车生产、下半年实现整车投产，吉利帝豪整车月产量突破1万辆，同时韩国万都等13家配套高端零部件企业加速发展，千亿级国际汽车产业城已初具雏形。努力培育了兆隆合金、金田铜业等一批新材料企业，打造百亿级产业集群。新区先进制造业、商务新城和湿地休闲三大功能板块实现有序联动开发，产城联动发展的新格局初步形成。

2. 梅山国际物流产业集聚区建设全面展开

梅山港区口岸正式开放获批，梅山港区口岸还被国家质检总局批准为进口罗汉松特定口岸，成为华东地区首个进口罗汉松特定口岸，10月份梅山口岸又获准汽车整车进口，梅山产业集聚区的区位、政策和功能优势将进一步发挥。

3. 象山“两区”建设效应初步显现

象山“两区建设”初具成果，《浙江象山海洋综合开发与保护试验区规划》、《浙台（象山石浦）经贸合作区建设方案》相继获得省政府批准同意；浙台（象山石浦）经贸合作区建设取得初步成果，全省首个台湾商城在象山石浦海峡广场正式开业，对台小额贸易运行实现正常化；《象山临港装备工业园总体规划》完成初稿，环象山港一级公路等7个配套项目与象山港大桥及接线工程同时建成投用，中油重工、中石化大型非标设备等一批临港装备项目实现新开工。

（四）海洋科技基础明显改善

目前，全市已相继成立了中科院宁波材料所、宁波市海洋与渔业研究院、宁波海洋开发研究院、宁波大学海洋学院、海运学院等一批涉海科研机构。全市累计培育建成海洋及渔业领域重点实验室9家、市级以上涉海企业工程（技术）中心10家，海洋科技创新公共服务平台1个，全市从事海洋科研的人员已有2 000余名。

（五）海洋高新技术产业加快发展

2012年，海缆系统研发及产业化创新团队和海洋工程船技术创新团队被认定为涉海科技创新团队。目前，全市涉海类科技型企业已达160余家，培育了宁波天邦、超星海洋生物等一批海洋高级术龙头企业。实施了30项海洋攻关项目，择优选取“海洋石油勘探开采孔弹关键技术研究及应用”等重大项目；船舶柴油机橡胶叶轮海水泵等3个创新项目获得国家企业创新资金支持。已完成建设的重大项目迅速带来显著的经济和社会效益。

三、2013 年建设重点及思路

（一）加快推进港航物流服务体系建设

一是推进大宗商品交易平台建设。努力增强大宗商品交易平台发展水平，巩固提升宁波大宗商品交易所、宁波进口煤炭交易中心、镇海液化品交易中心等重点平台项目建设，加快在大榭、北仑、镇海、余姚等地的大宗散货储运基地和交割仓等建设，加快推进梅山保税物流配送中心（二期）等项目建设运营，推进北仑现代国际物流园区尽快建成投产，完善配套设施，提高储运能力。二是完善集疏运网络建设。加速三门湾大桥及接线工程、栎社机场三期等重大项目开工建设；加快海铁联运发展步伐，积极申请“全国海铁联运综合试验区”；以义乌国际贸易综合改革试点为契机，争取恢复开通义乌—宁波国际集装箱“五定”班列；尽快启动宁波铁路集装箱中心站开工建设。三是加强金融和信息服务支撑，鼓励航运金融创新，大力发展航运保险、船舶融资、资金结算等航运金融服务，提升宁波航运交易所的功能和影响力；提高海洋产业基金规模；推进信息集聚和信息应用，整合提升电子口岸与四方物流。

（二）全面完善海洋产业基地建设

一是大力扶持海洋新兴产业。优先发展海洋装备制造、清洁能源、海洋药物及生物制品等海洋新兴产业，加快相关厂房及生产配套设施建设，特别要着力发展海上钻井平台、石化成套设备，加快推进西气东输宁波天然气管网建设等。重点推进北仑海工装备园、浙江 LNG 接收站二期等工程项目建设。二是择优发展临港大工业。积极推进韩华 30 万吨 PVC 二期、浙江造船三期等项目的开工建设，继续加大上海大众、吉利汽车北仑春晓扩建等项目的建设进度。三是加快现代海洋渔业发展。加快推进“两区两园”建设，深入推进海洋牧场试验区建设。四是加快海洋旅游业发展。重点是推动象山港、象山半岛区域的海洋旅游产品综合开发，推进海上垂钓、滨海露营等旅游新业态的发展。

（三）扎实推进重大平台建设

一是高水平建设两大省级产业集聚区。根据浙江省委、省政府关于推进产业集聚区规划建设的总体要求，统筹谋划和推进宁波杭州湾和梅山国际物流两大省级产业集聚区建设，进一步创新体制机制，争取创建成为省级高新技术园区。二是全面推动余姚滨海、慈溪慈东等八个产业功能区建设。三是积极推进象山“两区”建设，进一步加快浙台（象山石浦）经贸合作区建设步伐，争取尽早将石浦港口岸纳入一类临时开放口岸；加快推进海洋经济重大项目建设。重点抓好海岛风力发电项目、中石油（宁波）海工基地等省级海洋经济发展重大建设项目。

（四）加大海洋资源和生态环保力度

一是完善陆海污染综合防治体系。加快鄞州污水处理厂和宁海临港污水处理厂及配套管网，及各沿海、沿河乡镇生活污水、垃圾处理和工业废水处理设施建设。二是推进跨区域海洋污染防治。加强与舟山、三门等地在海洋生态修复建设等领域开展广泛合作。三是加强海洋生态建设和修复。进一步完善宁波市海洋牧场、宁波市气象灾害预警及应急系统、奉化沿海海岸线整治及保护、象山海洋生态保护与修复、宁海湿地公园等现有海洋自然保护区保护能力建设。建立象山港海洋渔业种质资源与濒危物种特别保护区，杭州湾河口海岸、象山港海岸等滨海湿地保护区，形成分布广泛、类型多样的海洋保护区网络。实施海洋生态环境保护修复工程，保护海洋岸线和滩涂资源，修复近海重要生态功能区，重点是加强象山港、大目洋等近岸海洋生态修复建设。五是保护海洋生物资源。在近岸重点增养殖区建设一批生态养殖示范区。抓好象山港、韭山、渔山海洋保护区等海域的增殖放流工作，扩大增殖放流品种和规模。

（五）有序推进象山港区域保护与开发利用

一是加快重点区块和重大项目建设，积极推进奉化阳光海湾、宁海湾海上度假基地、梅山湾两岸风情带等重点旅游区块建设；加快中石化大型非标设备制造一期、象山机制砂生产物流基地等临港大项目建设。二是加大区域基础设施建设力度，加快环象山港一级公路、穿山疏港高速公路等路网建设，尽早实现甬台温高速复线新开工。三是强化区域生态环境保护，积极开展联合检查和整治专项行动，严厉查处私自用海、违规用地等行为，控制污染项目建设。

第四部分　环境公告

2012 年宁波市海洋环境公报

宁波市海洋与渔业局

2013 年 2 月

依据《中华人民共和国海洋环境保护法》、《浙江省海洋环境保护条例》和市人民政府赋予履行海洋监督管理的职责，我局组织实施了 2012 年度宁波市所辖海域的海洋环境调查、监视监测和预警报工作，并在此基础上编制了《2012 年宁波市海洋环境公报》，现予以发布。

期冀通过《2012 年宁波市海洋环境公报》的发布，使政府部门、社会各界和公众全面了解宁波市海洋环境现状及其面临的主要问题，合理开发利用海洋资源，增强海洋环境保护意识，为实现宁波海洋经济可持续发展和海洋经济强市的战略目标做出积极贡献。

宁波市海洋与渔业局 局长：陈秀忠

2013 年 2 月 宁波

1　概述

为全面掌握宁波市所辖海域环境状况，保障宁波市海洋经济健康可持续发展，2012年宁波市海洋行政主管部门组织各级海洋环境监测机构，实施了全市所辖海域的海洋环境监测工作，开展了近岸海域趋势性监测、重点海洋功能区（海水增养殖区、海洋保护区、海洋倾倒区、海水浴场）等的监测，加强对陆源入海排污口、海洋工程及海洋环境灾害的监视监测工作。在市所辖海域共设立监测站位200余个，监测项目覆盖海洋水文、气象、化学和生物生态等60余项，获得监测数据2万余组。

2012年，宁波市所辖海域海洋环境监测结果表明：

海域水体主要受无机氮和活性磷酸盐的污染，与2011年相比劣四类和四类海域面积扩大；沉积物质量状况良好；海洋生物多样性监测中鉴定到浮游植物82种，浮游动物82种，底栖生物28种；

海水增养殖区、海洋保护区、海洋倾倒区、滨海浴场等主要海洋环境功能区基本能满足海域功能使用的要求；

甬江入海污染物总量约为162 443吨，所监测的陆源入海排污口均存在不同程度的污染物超标排放现象，重点排污口邻近海域环境质量差；海洋垃圾以塑料类为主；

宁波市所辖海域发现赤潮1起，累计影响面积约390平方千米；海水入侵程度不明显；海平面总体呈波动上升趋势；风暴潮和巨浪造成的海洋灾害灾情严重。

2　近岸海域环境质量状况

2.1　海水质量

水质总体状况：2012年，宁波市所辖海域继续受营养盐（无机氮、活性磷酸盐）富营养化的影响。与2011年同期（8月）相比，劣四类和四类海域面积增加了24%，劣四类海域分布在杭州湾南岸、甬江口、大榭—北仑港、象山港、三门湾等海域。总体而言，平水期（5月）水质环境略好于枯水期（3月）和丰水期（8月）（图1~图3）。

枯水期（3月），全市近岸海域劣四类、四类、三类、二类、一类水质海域分别占近岸海域面积的77%、12%、5%、3%、3%。

平水期（5月），全市近岸海域劣四类、四类、三类、二类、一类水质海域分别占近岸海域面积的44%、12%、17%、24%、3%；二类海域主要分布在渔山列岛附近区域。

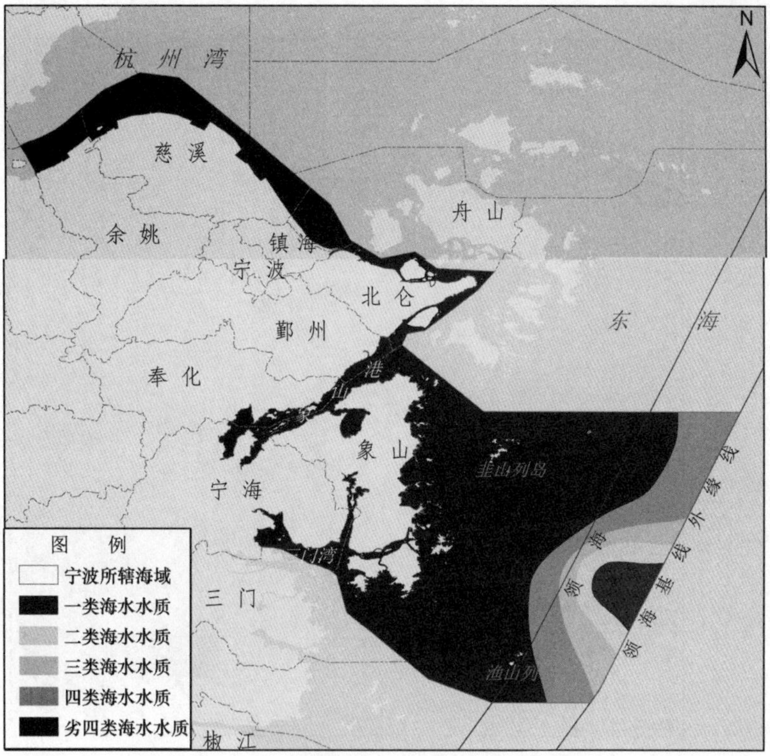

图1　2012年宁波海域水质状况分布（枯水期）

丰水期（8月），宁波市近岸海域劣四类、四类、三类、二类海域面积分别为6 190平方千米、2 412平方千米、825平方千米、331平方千米，所占比例分别为63%、25%、8%、3%。与2011年同期相比，劣四类和四类海域面积增加24%。二类海域主要分布在领海基线外缘线附近的部分海域。

营养盐：无机氮含量在枯水期、丰水期绝大部分海域及平水期部分海域超四类海水水质标准；活性磷酸盐含量在枯水期、平水期、丰水期均为部分海域超四类海水水质标准。

枯水期、平水期、丰水期无机氮和活性磷酸盐具有自北向南逐渐降低的趋势，即杭州湾南岸最高，甬江口、大榭—北仑港区次之，象山港、三门湾相对较低。

化学需氧量：一类海域面积9 569平方千米，占98%；二类海域面积189平方千米，占2%，主要分布在杭州湾南岸。

化学需氧量（COD）含量除丰水期杭州湾南岸个别站超一类海水水质标准外，其他港湾均符合一类海水水质标准；枯水期，平水期均符合一类海水水质标准（图4～图6）。

石油类：枯水期、平水期、丰水期石油类含量各港湾差别不明显，符合一类海

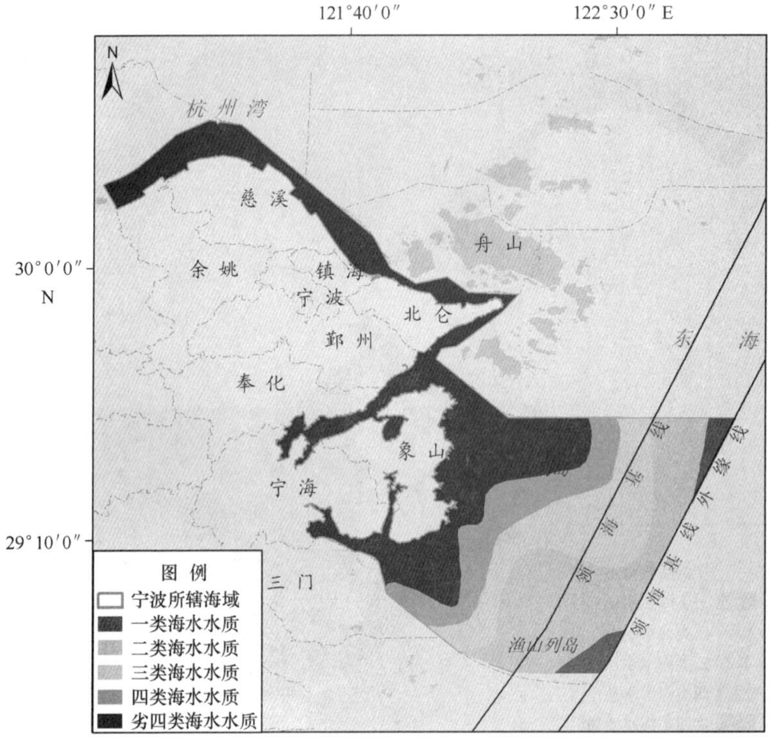

图 2　2012 年宁波海域水质状况分布（平水期）

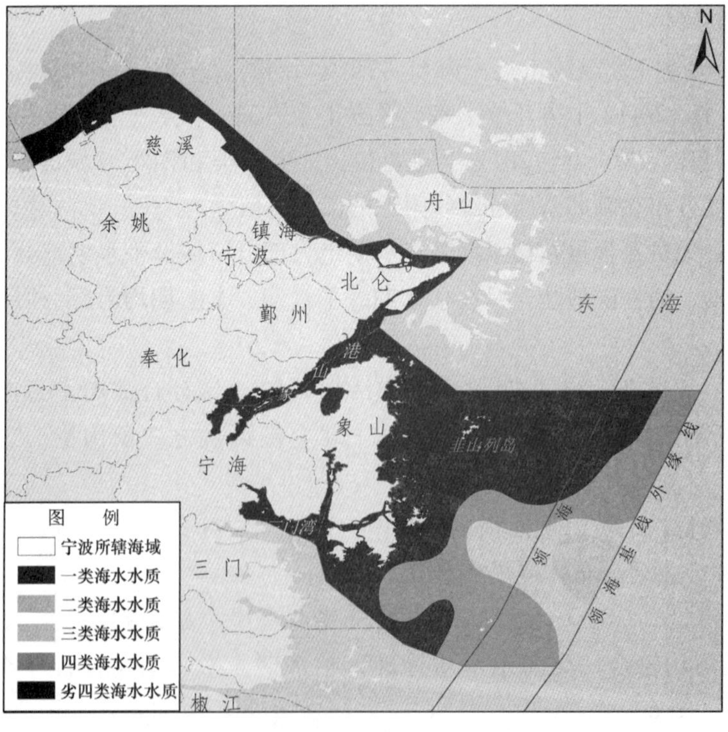

图 3　2012 年宁波海域水质状况分布（丰水期）

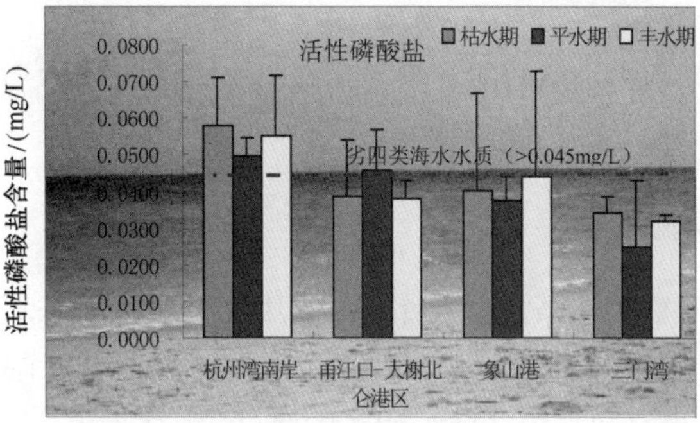

图4 各港湾活性磷酸盐含量

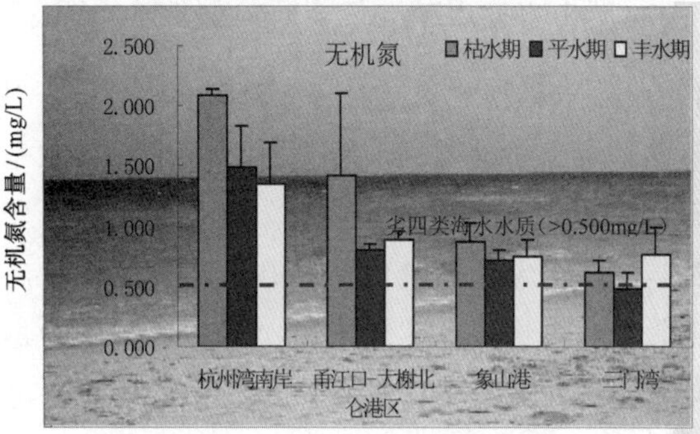

图5 各港湾无机氮含量

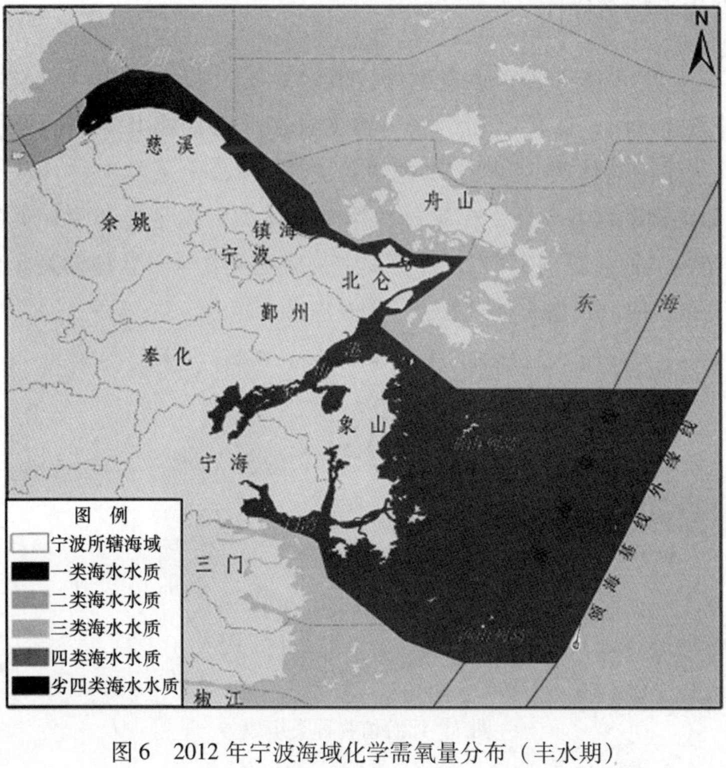

图6 2012年宁波海域化学需氧量分布（丰水期）

水水质标准。

重金属：枯水期和丰水期的锌、铅含量在符合二类海水水质标准，其他重金属（铜、铬、镉、汞、砷）含量符合一类海水水质标准。

2.2　海洋沉积物质量

沉积物质量状况总体良好，各项监测指标基本符合一类海洋沉积物质量标准。

与 2011 年相比，除石油类、重金属铜和多氯联苯含量有所下降外，其他指标（有机碳、铅、锌、镉、铬、汞、砷）变化不明显。

宁波市近岸海域浮标实时监测系统建设

“十二五”期间，宁波市计划完成总投资 2 750 万元的“宁波市近岸海域监测浮标系统”建设。主要包括海上自动监测浮标系统、数字化监控平台、近岸海域实时监测与信息管理系统和系统运行管理等四部分，建成后能初步实现对宁波市近岸海域赤潮高发区、重点养殖区、海洋保护区、滨海旅游区等重要海洋功能区、重点港湾和生态敏感海域气象、水质状况多参数连续、自动监测与动态评价，为海洋生态环境保护和海洋防灾减灾提供决策支撑服务，为社会公众提供海洋生态环境状况实时信息服务，为节能减排提供环境基础资料。

2.3　海洋生物多样性

2012 年，宁波市 18 个站位调查到浮游植物共五门 82 种，其中，硅藻门 65 种，甲藻门 14 种，金藻门、蓝藻门和绿藻门各 1 种；浮游动物共十四类 82 种，其中，桡足类 29 种，浮游幼体类 15 种，水螅水母类 12 种，十足类 4 种，管水母、毛颚类、糠虾类和尾索动物各 3 种，栉水母、浮游软体类、端足类和磷虾类各 2 种，介形类和枝角类各 1 种；底栖生物 28 种，其中，多毛类 8 种，软体动物 8 种，甲壳类 4 种，棘皮动物 5 种，其他 3 种（图 7 ~ 图 9）。

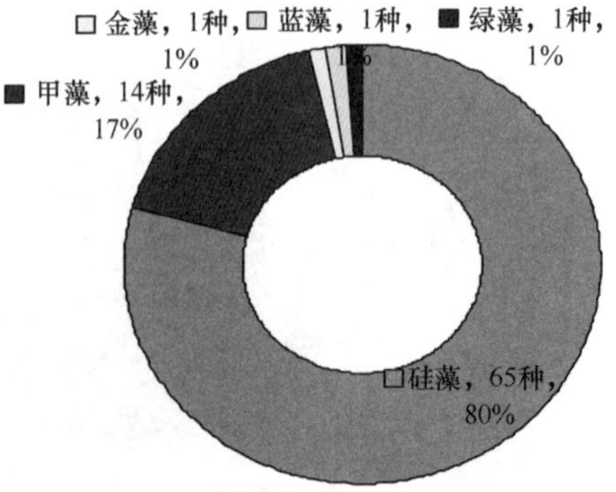

图 7　浮游植物种类组成

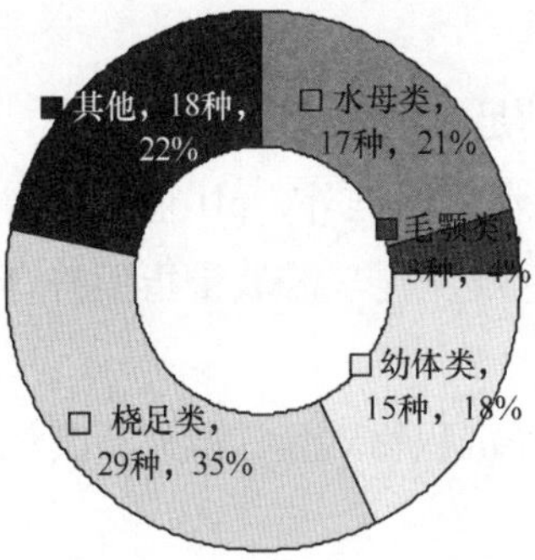

图 8　浮游动物种类组成

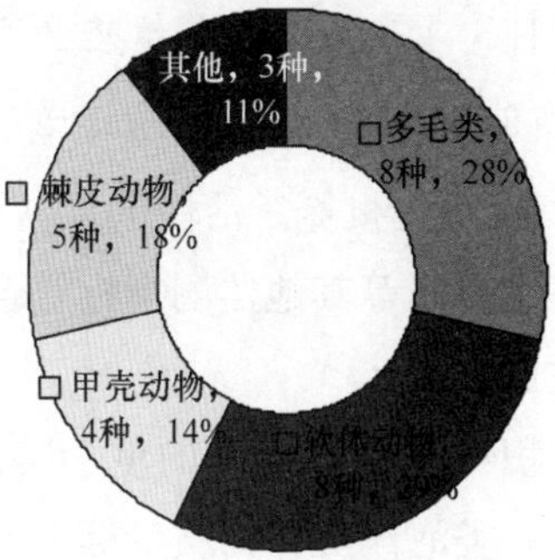

图 9　底栖动物种类组成

3　海洋功能区环境状况

3.1　海水增养殖区

3.1.1　象山港海水增养殖区

象山港海水增养殖区海域环境质量状况基本能满足海水养殖区的要求。

水质 pH 值、溶解氧、化学需氧量、石油类、重金属（汞、砷、镉、铬）符合二类海水水质标准，局部海域铜、铅、锌符合三类海水水质标准，无机氮和活性磷酸盐超四类海水水质标准。

沉积物 除个别站位的铜、铬含量略超一类海洋沉积物质量标准外，其他监测指标符合一类海洋沉积物质量标准。

2012 年象山港海水增养殖区海域环境质量综合指数 I_{EQ} 值为 71.0，环境质量等级为较好①，环境质量状况一般能满足海水增养殖区的要求。

3.1.2　杭州湾南岸浅海养殖区

杭州湾南岸浅海养殖区海域环境质量状况基本能满足海水养殖区的要求。

水质 除无机氮、活性磷酸盐含量超四类海水水质标准外，pH 值、溶解氧、石油类、化学需氧量、重金属等其他监测指标符合一类海水水质标准。

沉积物 除个别站位的铜、锌和汞含量略超一类海洋沉积物质量标准外，其他监测指标符合一类海洋沉积物质量标准。

---

① 养殖区环境质量等级：根据养殖区环境质量综合指数值，分为 4 个等级：
$95 \leq I_{EQ} \leq 100$ 优良 环境质量状况均能满足海水增养殖区要求；
$80 \leq I_{EQ} < 95$ 良好 环境质量状况能满足海水增养殖区要求；
$65 \leq I_{EQ} < 80$ 较好 环境质量状况一般能满足海水增养殖区要求；
$45 \leq I_{EQ} < 65$ 及格 环境质量状况基本能满足海水增养殖区要求。

3.1.3　三门湾海水养殖区

三门湾海水养殖区海域环境质量状况基本能满足海水养殖区的要求。

水质 除无机氮、活性磷酸盐含量超四类海水水质标准外，pH 值、溶解氧、石油类、重金属等其他监测指标符合一类海水水质标准，化学需氧量指标符合二类海水水质标准。

沉积物 除个别站位的重金属含量略超一类海洋沉积物质量标准外，其他监测指标符合一类海洋沉积物质量标准。

推进象山港海洋牧场试验区域建设

象山港海洋牧场试验区经过近 2 年的建设，人工渔礁区域面积达 250 000 平方米，投放渔礁体 1 015 个，形成 7 个鱼礁群，在试验区西侧的中央山北侧建设 10 公顷海藻场，在牧场试验区试放毛蚶苗 400 公斤（1 公斤 =1 千克），增殖大规格毛蚶苗种 1 000 多公斤，放流青石斑 5 万尾和岱衢族大黄鱼 100 万尾、黑鲷 10 万尾、褐鲳鲉 1 万尾，以丰富和补充牧场人工渔礁区资源。同时启动了象山港海洋牧场试验平台方案设计并开展平台招投标工作。8 月，在象山组织召开了全市海洋牧场建设推进会，会议提出进一步推进海洋牧场建设，在宁波打造“百万亩碳汇渔业”示范区设想。

3.2　海洋保护区

2012 年，宁波市 2 个国家级海洋保护区主要保护对象保持稳定，生态环境状况良好，保护区海域水体中无机氮超四类海水水质标准，沉积物质量状况良好。

3.2.1　渔山列岛国家级海洋生态特别保护区

渔山列岛国家级海洋生态特别保护区总面积 57 平方千米，区内有 54 个岛礁，岛陆面积近 2 平方千米，其中无居民海岛有 53 个。保护区主要保护对象为领海基点、渔业资源、贝藻类、生态环境、岛礁和自然景观等（图 10）。

伏虎礁领海基点保持原状，保护良好。保护区海域水质稳定，pH 值、化学需氧量、活性磷酸盐等符合一类海水水质标准，无机氮超四类海水水质标准。海域沉积物环境质量较好。物种多样性较高，生物调查共鉴定出浮游植物 46 种，浮游动物 56 种，底栖生物 20 种，潮间带生物 48 种。与 2011 年相比，调查到的浮游植物和浮游动物种类数有所增加；伏虎礁海藻资源种质资源种类无变化，保护良好。

图 10　渔山列岛国家级海洋生态特别保护区

3.2.2　韭山列岛国家级自然保护区

韭山列岛自然保护区总面积约 484.78 平方千米（图 11）。主要保护对象为江豚、大黄鱼、曼氏无针乌贼、黑嘴端凤头燕鸥等珍稀鸟类生物资源和海洋生态环境。

图 11　韭山列岛自然保护区

保护区海域水质稳定，pH 值、化学需氧量等符合一类海水水质标准，活性磷酸盐符合二类海水水质标准，无机氮超四类海水水质标准。海域沉积物环境质量良好。生态环境有所改善，浮游植物 38 种，浮游动物 44 种，底栖生物 10 种，潮间带生物 27 种。与 2011 年相比，浮游植物、浮游动物和潮间带生物种类有所增加；渔业资源进一步恢复，大黄鱼、曼氏无针乌贼数量有所增加。

甬江口附近海域海底整治工程试验性项目全面启动

2012 年 6 月 21 日，宁波市发改委正式通过甬江口附近海域海底整治工程试验性试挖作业工程的项目备案，2012 年 9 月 12 日项目全面启动。试挖区为七里屿岛下方的一个长方形区域，包括甬江口1#倾倒区（甬江口七里屿内侧倾倒区）和七里锚地南端区域的部分区域，面积约 1.67 km^2，浚深要求为 −9.0 m（理论深度基准面），超深 0.6 m，疏浚工程量约 270×10^4 m^3，施工工期约 15 个月。项目的实施对恢复该海域水深及水动力条件，改善海域生态环境，保障港口、航道、锚地、倾倒区等海域功能的正常发挥，消除通航和锚泊等安全隐患，保证海洋经济示范核心区宁波 − 舟山港区功能有效发挥具有重要意义，本工程的成功整治将为后续工作积累经验。

3.3 海洋倾倒区

3.3.1 甬江口海洋倾倒区

甬江口疏浚物海洋倾倒区位于甬江口七里屿外侧海域。据统计，2012 年该倾倒区共接纳倾倒物约 350.4 万立方米，主要以甬江航道清淤工程疏浚物为主。

与 2011 年相比，倾倒区海域水质未出现明显变化，沉积物质量良好，底栖生物种类仍然较少，底栖生境受到一定影响。

倾倒区淤积态势较往年有明显的减弱。倾倒区部分区域（约 0.23 平方千米）有 0.5 ~ 1.6 米的淤积。倾倒活动未影响周边其他功能区的发挥。

3.3.2 象山檀头山临时海洋倾倒区

象山檀头山临时海洋倾倒区位于象山檀头山东北侧海域。据统计，2012 年该倾倒区共接纳倾倒物约 7.7 万立方米，主要以石浦港区象山近岸航路及港区的清淤工程疏浚物为主。

水质总体上未见明显变化，沉积物质量良好，倾倒区底栖生物的种类数无明显变化，生物栖息密度和生物量有所回升。

倾倒活动引起的冲刷和淤积强度均处于低强度的冲刷和淤积过程中，可视为自然条件下的水深波动，倾倒活动对该倾倒区的水下地形影响甚微。

3.3.3 双礁与黄牛礁连线以北倾倒区

双礁与黄牛礁连线以北倾倒区位于金塘水道的大榭岛东南侧海域。据统计，2012 年该倾倒区共接纳倾倒物约 51.7 万立方米，主要以镇海和北仑附近航道和港区的清淤工程疏浚物为主。

水质、沉积物、浮游生物、底栖生物未见明显变化。倾倒活动对倾倒区的水下地形未见明显变化。

3.4 海水浴场

松兰山海水浴场和皇城沙滩海水浴场均位于象山县东海岸，是宁波市主要的海水浴场（图12）。

图12　松兰山海水浴场

松兰山、皇城沙滩海水浴场适宜游泳的最佳时间为7—9月。受汛期和周边海域悬浮物的影响，部分时段浴场中的海水泥沙含量较高，水体透明度低。

渔山列岛国家级海洋生态特别保护区获批成为国家级海洋公园

2012年12月21日，国家海洋局正式批复同意象山渔山列岛国家级海洋生态特别保护区加挂国家级海洋公园牌子。渔山列岛位于宁波东南部的中心渔场，由大小54个岛礁组成，总面积约2平方千米，列岛东侧的伏虎礁是我国领海基线岛之一，地理位置十分重要。建立渔山列岛国家级海洋公园，不仅对维护海洋生态系统的稳定，挖掘海洋景观的价值具有重要意义，而且对合理布局渔山列岛的旅游资源，以旅游环境容量控制入岛人数具有重要的作用。

4　入海污染物监测状况

4.1　甬江污染物入海量

甬江是浙江省七大水系之一，由奉化江和姚江两江汇集而成。甬江全长131千米，流域面积4 572平方千米。

2012年甬江主要污染物入海总量为162 443吨，其中化学需氧量为154 000吨，营养盐（氨氮和总磷）为8 021吨，石油类为336吨，重金属（铜、铅、锌、镉、汞、铬）为78吨，砷7吨。与2011年相比，甬江主要污染物的入海量增加了3%。

4.2 陆源入海排污口及邻近海域

4.2.1 陆源入海排污口

2012 年开展了 2 个重点陆源入海排污口和 10 个一般陆源入海排污口监测。各排污口均存在不同程度的污染物超标排放，超标排放因子主要是化学需氧量、氨氮、总磷、粪大肠菌群等，苯胺等在个别排污口检出（图 13）。

12 个排污口中有 6 个排污口综合评价级别为 A 级，4 个排污口评价级别为 B 级，2 个排污口评价级别为 C 级（表 1）。

图 13 陆源入海排污口

表 1 2012 年宁波市陆源入海排污口监测评价结果

排污口名称	排污企业类型	主要污染物	排污口等级
杭州湾新区污水处理厂排污口	工业	COD、苯胺等	C
宁海颜公河入海口排污口	综合	COD、总磷、粪大肠菌群、氨氮、石油类、挥发酚、苯胺等	A
象山石浦水产加工园区排污口	工业	氨氮、COD、总磷、悬浮物	A
象山水桶岙垃圾场渗滤液排污口	垃圾填埋场	氨氮、COD、悬浮物、粪大肠菌群	A
象山墙头综合排污口	工业	苯胺	B
象山爵溪东塘排污口	工业	COD	B
宁海西店崔家综合排污口	综合	pH 值、氨氮、COD、总磷	B
奉化下陈排污口	垃圾填埋场	COD、氨氮	A
余姚临山垃圾场渗透液排污口	工业	COD、粪大肠菌群、总磷、悬浮物	A
余姚黄家埠综合排污口	工业	pH 值、COD、悬浮物、总磷、氨氮、六价铬	A
余姚黄家埠污水处理厂排污口	印染	COD	B
宁波北区污水处理有限公司排污口	市政	COD、总磷、悬浮物	C

注：A 级指对海域环境造成的危害或潜在危害最大；B 级指对海域环境造成的危害或潜在危害较大；C 级指对海域环境有一定的危害或潜在危害。

4.2.2 重点排污口邻近海域

2012年，对杭州湾新区污水处理厂排污口和宁海颜公河入海排污口的邻近海域进行了监测。监测结果表明，两个排污口邻近海域的生态环境质量等级皆为第三级（差）（表2）。

杭州湾新区污水处理厂排污口　邻近海域沉积物中重金属汞超标。

宁海颜公河入海口　邻近海域水体中无机氮和磷酸盐、挥发酚、粪大肠菌群、铜超标；沉积物中重金属类铜、铬、锌等超标；底栖生物种类数减少，生物量和栖息密度增加。

表2　2012年宁波市重点排污口邻近海域监测评价结果

排污口名称	邻近海域海洋功能区及环境保护要求	邻近海域主要环境问题	生态环境质量等级
杭州湾新区污水处理厂排污口	排污区 水质不劣于第四类 沉积物不劣于第三类	沉积物：汞超标	第三级（差）
宁海颜公河入海口	海水增养殖区 水质不劣于第二类 沉积物不劣于第一类	水质：无机氮、磷酸盐、挥发酚、粪大肠菌群、铜超标； 沉积物：铜、铬、锌超标； 底栖环境：种类数减少，生物量和栖息密度增加	第三级（差）

注：评价标准为《海水水质标准》（GB 3097—1997）、《海洋沉积物质量标准》（GB 18668—2002）和《海洋生物质量标准》（GB 18421—2001）。

宁波市启动国家级海洋生态文明示范区建设活动

根据党中央、国务院关于生态文明建设的战略部署，为深入贯彻落实科学发展观，推动象山县海洋生态文明示范区建设，加快象山海洋（海岛）综合开发试验区建设，促进海洋生态文明建设与经济、社会发展协调，象山县人民政府以《象山县国家级海洋生态文明示范区建设规划（2012—2020）》为依据，全面提升全民的海洋生态文明意识，积极创建国家级海洋生态文明示范区。2012年11月国家考核审查委员会对象山县海洋经济发展、海洋空间资源利用、海洋生态与保护、海洋文化建设、海洋保障管理等五大指标进行核查预审通过（图14）。

开展象山港污染物总量及减排试点研究

市海洋环境监测中心承担的《象山港污染物总量控制及减排试点示范研究》项

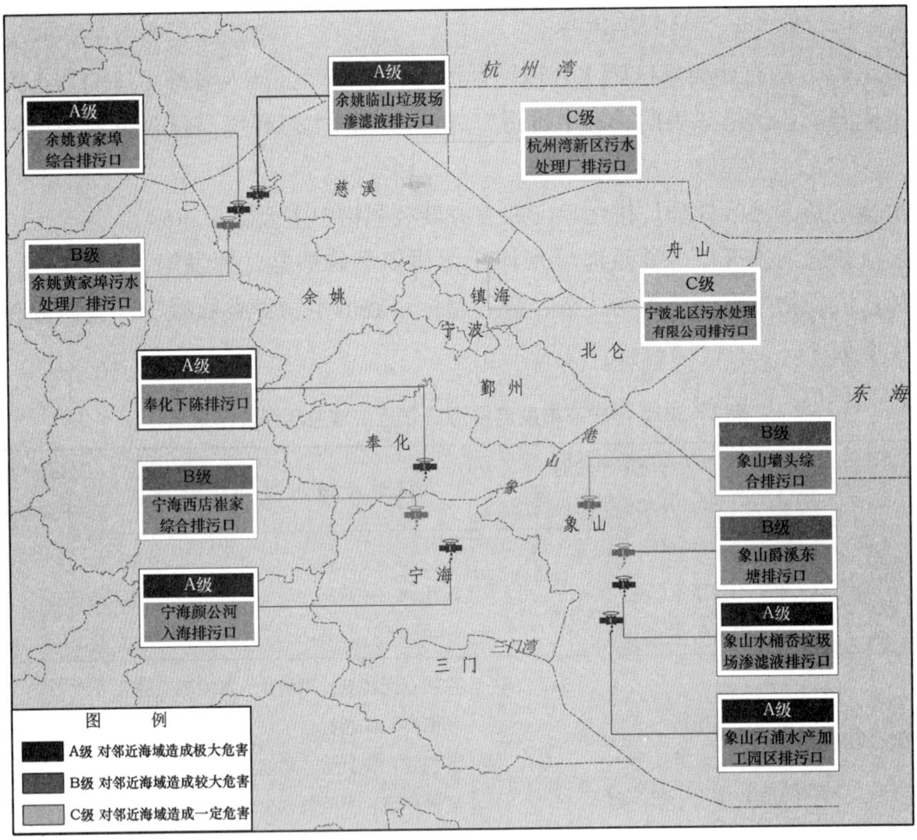

图14　2012年宁波主要陆源入海排污口分布及评级

目，经过一年多时间的深入调查，在象山港污染源调查的基础上，以象山港主导海洋功能区为依据，通过对象山港区域自然环境、社会经济、开发利用现状等的调查，结合生态敏感区域及污染源对水体污染的贡献、生态效应和沉积物环境影响程度，核算象山港环境容量，制定主要污染物总量控制方案，同时对减排试点示范进行探讨。该项目的研究，可为实现环境容量资源的持续、有序利用，节能减排政策的有效实施积累实践经验。

4.3　海洋垃圾

2012年对象山县石浦镇岳头沙滩及其附近海域开展海洋垃圾监测，海面漂浮垃圾、海滩垃圾和海底垃圾以聚苯乙烯塑料类（泡沫）和塑料类（塑料袋、塑料瓶等）居多，另外还检出木制品类、玻璃类、金属类、织物类、纸类等。海上航运、捕捞活动和陆上倾倒是海洋垃圾的主要来源（图15，图16）。

海面漂浮垃圾　表层水体小块及中块垃圾的平均个数为0.01个/百平方米，大

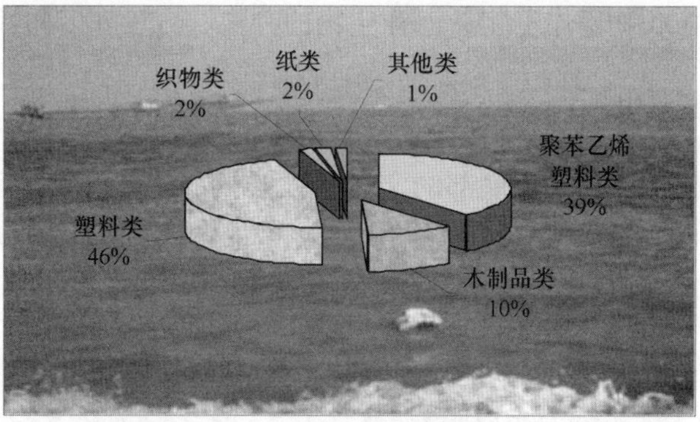

图 15 海洋垃圾种类组成

块及特大块垃圾的数量密度为 0.53 个/百平方米，主要种类为聚苯乙烯塑料类和木制品类，分别占总量的 55.1% 和 31.9%。

图 16 海洋漂浮垃圾

海滩垃圾 海滩垃圾的数量密度为 52.0 个/百平方米，以塑料类居多，占垃圾总量的 78.3%。

海底垃圾 海底垃圾的数量密度为 0.13 个/百平方米，以塑料类居多，占垃圾总量的 88.8%。

岳头沙滩及其附近海域的海洋垃圾以海滩垃圾为主。与 2011 年相比，海面漂浮垃圾和海底垃圾有所减少，而海滩垃圾有所增加。

5 涉海工程对海洋环境的影响

2012 年，对国华宁海电厂、大唐乌沙山电厂和象山港大桥及接线工程 3 个重点海洋工程建设项目实施了海洋环境影响跟踪监测。监测结果表明：工程区附近海域水质质量尚可，沉积物基本稳定，海洋生物的种类、数量和多样性指数呈波动状态。

5.1 国华宁海电厂

国华宁海电厂位于象山港底部的宁海县强蛟镇，电厂一期工程由 4 台 600 兆瓦燃煤发电机组组成，2007 年 12 月开始运营；二期工程为 2 台 1 000 兆瓦超零界燃煤抽凝式汽轮发电机组组成，2009 年年底投产（图 17）。

图 17　国华宁海电厂

5.1.1　海水及沉积环境

国华宁海电厂排水口邻近海域，夏季大潮落憩 1 ~ 4℃温升面积 9.4 平方千米，大于 4℃温升面积 0.2 平方千米，与 2011 年同期相比，1 ~ 4℃温升面积和大于 4℃温升面积均有所减小（图 18）。

国华宁海电厂邻近海域，水体中的 pH 值、溶解氧、化学需氧量含量符合一类海水水质标准，活性磷酸盐含量符合四类海水水质标准，无机氮含量超四类海水水质标准，与 2011 年同期相比，水质略有改善；沉积物质量良好，各项指标均符合一类海洋沉积物质量标准，与 2011 年同期相比，沉积物质量变化不明显。

5.1.2　生物生态

浮游植物的种类数为 20 种，以硅藻类为主，密度为 7.74×10^5 个/立方米，多样性指数为 1.75，优势种以中肋骨条藻、聚生角毛藻、紧密角管藻、旋链角毛藻等为主；浮游动物的种类数为 13 种，桡足类最多，密度为 99 个/立方米，多样性指数为 2.41，优势种为太平洋纺锤水蚤、短尾类蚤状幼虫、背针胸刺水蚤、长尾类幼体等；底栖生物有 12 种，以软体动物为主，密度为 35 个/立方米，多样性指数为 1.69。与 2011 年相比，浮游植物、浮游动物和底栖生物的优势种变化明显，种类数有所减少，多样性指数呈波动状态。

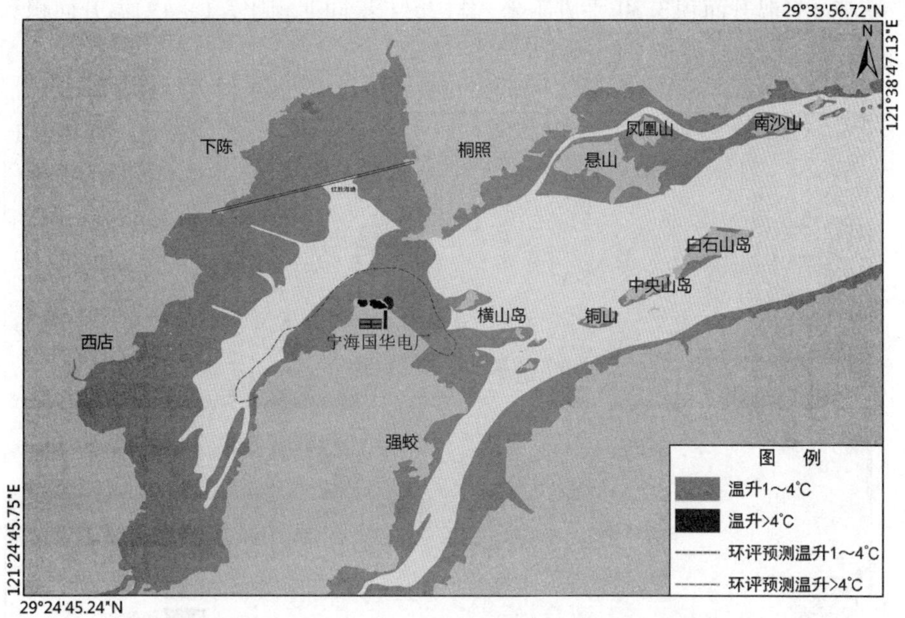

图 18 国华宁海电厂厂址前沿温升分布图（夏季大潮）

5.2 大唐乌沙山电厂

大唐乌沙山发电厂位于象山港中部的象山县西周镇，电厂装机容量为 4 ×600 兆瓦，2008 年投入运营（图 19）。

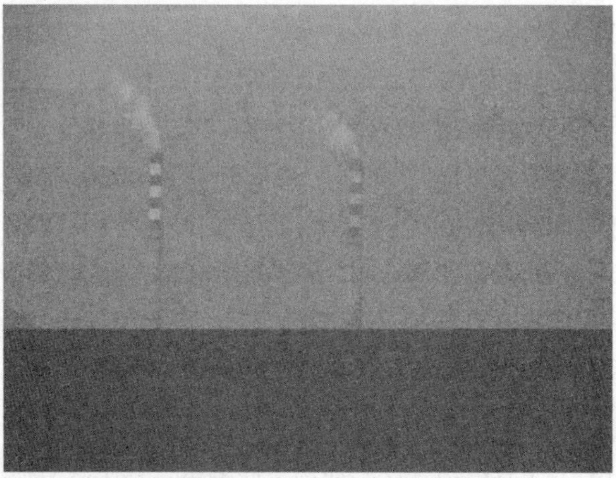

图 19 大唐乌沙山发电厂

5.2.1 海水及沉积环境

大唐乌沙山电厂排水口邻近海域，夏季大潮落憩 1 ~4℃温升面积 22.88 平方千米，大于4℃温升面积3.30平方千米，与2011年同期相比，1~4℃温升面积和大于4℃温升面积均有所减小（图20）。

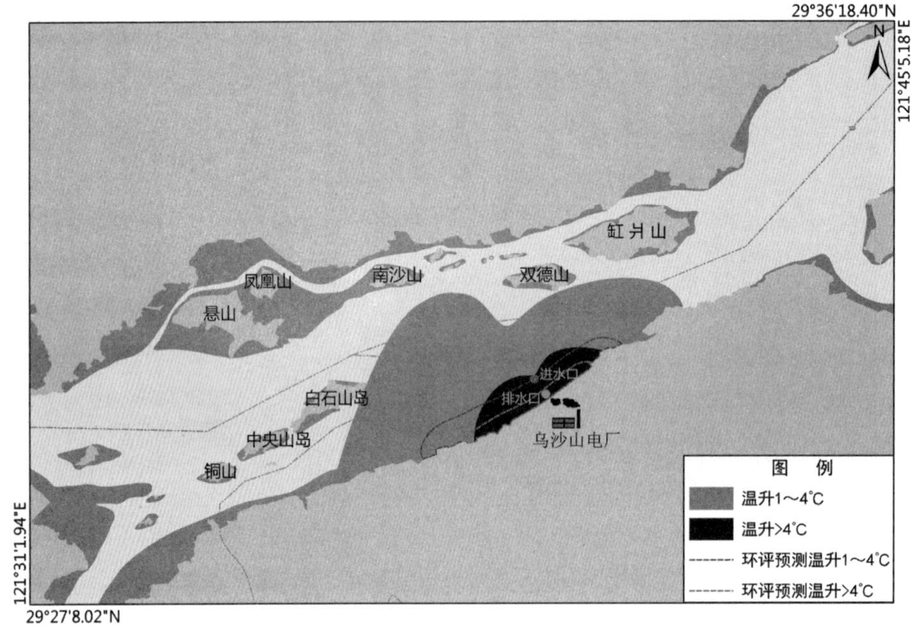

图20 大唐乌沙山电厂厂址前沿温升分布（夏季大潮）

大唐乌沙山电厂邻近海域，水体中的pH值、溶解氧、化学需氧量、石油类、砷、镉、铜、汞含量符合一类海水水质标准，锌、铅、活性磷酸盐含量符合二类海水水质标准，无机氮含量超四类海水水质标准，与2011年同期相比，水质略有改善；沉积物质量良好，各项指标均符合一类海洋沉积物质量标准，与2011年同期相比，沉积物质量变化不明显。

5.2.2 生物生态

浮游植物的种类数为42种，以硅藻为主，密度为1.45×10^6个/立方米，多样性指数为2.28，优势种为中肋骨条藻、聚生角毛藻等；浮游动物的种类数为44种，密度为115个/立方米，多样性指数为2.87，优势种为太平洋纺锤水蚤、背针胸刺水蚤、短尾类蚤状幼虫、汤氏长足水蚤等；大型底栖生物18种，密度为53个/平方米，多样性指数2.13，优势种为半褶织纹螺、金氏真蛇尾、棘刺锚参、马氏光螺等。与2011年相比，浮游植物、浮游动物、底栖生物种类数有所减少而密度有所上升，多样性指数变化不大；浮游植物、浮游动物优势种变化不大，底栖生物优势种变化较大。

5.3 象山港大桥及接线工程

象山港大桥及接线工程，位于横山码头西侧，工程全长约 47 千米，工程于 2008 年开工，建设工期四年，已于 12 月 29 日通车（图 21）。

图 21 象山港大桥

象山港大桥及连接段工程施工期间，邻近海域水体中除无机氮、活性磷酸盐外，其余监测指标均符合二类海水水质标准；沉积物各项监测指标均符合一类海洋沉积物质量标准。浮游植物种类数为 24 种，以硅藻为主，密度为 2.45×10^4 个/立方米；浮游动物种类数 14 种，密度为 59.4 个/立方米；底栖生物的种类数为 12 种，密度为 31.7 个/平方米。与 2011 年相比，水环境质量变化较小，沉积物环境质量稳定；浮游植物、浮游动物、底栖生物种类与密度略有降低。

蓝色海洋行动系列报道采访活动

5 月，蓝色海洋行动系列报道活动拉开了 2012 年“海洋宣传日”的帷幕，宁波日报、宁波晚报、中国海洋报等媒体通过对宁波市多家海洋环境监测机构的采访，将宁波市的海洋资源开发与利用保护、海洋生态环境现状、海洋保护区建设和海洋生态修复成效、海洋环境保护工作的经验措施及存在的问题等进行了较为全面的系列报道，借助广播、电视、报刊、网络等媒体，利用“世界海洋日”活动等载体，广泛开展海洋环境保护宣传活动，营造良好的舆论氛围。引起了社会公众对海洋生态环境的关注，提高公众对海洋的保护意识。

6 海洋灾害与海洋污损事件

6.1 海洋赤潮

2012年在象山港海域发现赤潮1起，历时5天，累计影响面积约390平方千米，赤潮优势种为中肋骨条藻和旋链角毛藻，均无毒，未对象山港海域养殖业造成直接经济损失。

6.2 海水入侵

2012年，继续对象山贤庠滨海地区实施了海水入侵监测。

监测结果表明，象山贤庠滨海地区微咸水区域距离岸线约1 200米，入侵不明显。

6.3 风暴潮及灾害性海浪

2012年，宁波市沿海的风暴潮影响较严重，属风暴潮、海浪灾害较重年份。全年共出现6次较强的风暴潮过程，其中3次为台风风暴潮，2次为冷空气造成的风暴潮，1次为台风与冷空气共同影响造成。其中尤以台风风暴潮影响最大，全年最大的过程风暴增水出现在1211号热带气旋“海葵”影响期间。

6.3.1 风暴潮

8月3日6时50分，1209号热带气旋“苏拉”在福建省福鼎市秦屿沿海登陆，对宁波影响较大时段为8月1—3日，最大过程增水出现在8月3日，镇海站出现了超警戒潮位的情况。全市共造成直接经济损失0.208亿元。

8月8日03时20分，1211号热带气旋“海葵”在浙江省象山县鹤浦镇沿海登陆，登陆时中心气压965百帕，最大中心风速达42米/秒（14级）。对宁波影响较严重时段为8月6-8日。其中尤以8月8日凌晨对宁波海域的影响最为严重。8月8日，镇海站、石浦站均出现了超警戒水位，当天的最高潮位即为两站2012年的年极值潮位。“海葵”共造成直接经济损失102亿元。

8月26—28日，1215号热带气旋“布拉万”对宁波影响较大，镇海站出现了超警戒潮位。

9月16—17日，受冷空气和1216号热带气旋“三巴”的共同影响，镇海站、石浦站均出现了超警戒潮位（图22、表3）。

图 22 风暴潮来临前人工防御措施

表 3 风暴潮特征值

台风	台站	过程最大增水/厘米	最高潮位/厘米	超警戒/厘米
1209 苏拉	镇海	56	267	15
	石浦	68	336	未超
1211 海葵	镇海	169	298	46
	石浦	145	362	20
1215 布拉万	镇海	120	269	17
	石浦	93	270	未超
1216 三巴	镇海	92	259	7
	石浦	79	351	9

6.3.2 灾害性海浪

2012 年，宁波海域出现 4 米以上巨浪过程的天数为 23 天，其中由台风引起的为 14 天，由冷空气引起的为 4 天，由温带气旋引起的有 3 天，由冷空气与台风共同影响造成的有 2 天。

6.4 海平面变化

以国家海洋局镇海站作为指标站对宁波市年平均海平面变化进行统计，近 20 多年来，宁波市沿海海平面总体呈波动上升趋势（图 23、图 24）。根据年代际海平面变化，2001—2010 年平均海平面较 1991—2000 年平均海平面偏高 22 毫米。2012 年的年平均海平面是镇海站有记录以来最高的年份，较常年偏高 107 毫米，较 2011 年偏高 91 毫米。

从月平均海平面来看，2012 年宁波沿海除 4 月份海平面较常年略偏低外，其他 11 个月均较常年偏高，偏高约 70～220 毫米。与 2011 年同期相比，除 9 月、11 月、12 月基本持平外，其他月份均偏高，3 月偏高最明显，达210 毫米，其次为 8 月和 5 月，分别偏高 160 毫米和 150 毫米。

图 23　1993—2012 年宁波沿海平均海平面变化（镇海站）

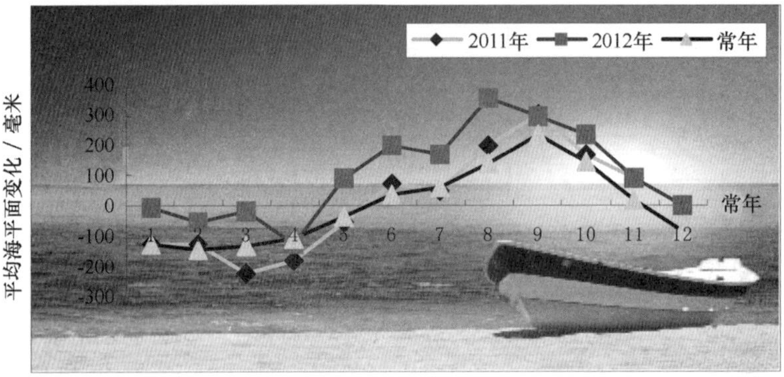

图 24　宁波沿海月平均海平面变化（镇海站）

6.5　海洋污损事件

2012 年共发生较大渔业污染事故 26 起，污染总面积约为 548 公顷，造成直接经济损失 291 余万元。与 2011 年相比，污染事件次数、经济损失和受污染面积未明显改变。

宁波市首家县级海洋环境监测机构通过计量认证

慈溪市海洋与渔业环境监测站于 2012 年 11 月 28 日通过了省实验室计量认证。该站是浙江省海洋环境监测网成员单位，于 2004 年批准成立，主要承担慈溪市近岸海域及重点渔区环境质量现状和趋势性监测。监测站现有人员 14 名，其中教授级高工（包括推广研究员）3 名，高级工程师 2 名。实验室设有原子吸收室、光谱分析室、样品室、理化分析室等，并配备多台仪器设备。监测站按照《实验室资质认定评审准则》的要求，本着“科学、公正、准确、高效”的原则，建立健全质量体系，为政府及有关部门、社会公众和海洋与渔业经济发展提供技术支撑和公益服务。

7　海洋环境保护措施与行动

7.1　水生动物保护

2012年全市共处理水生野生动物事件72起92头（尾），主要品种有江豚、娃娃鱼、鲸鱼、花鳗鲡、鲟鱼、海龟等，其中放生25头（尾），送科研院校做研究用40头（尾），填埋处理10头（尾），冷库冷藏5头（尾），救护中心疗伤12头（尾）。查获了1起非法收购红蠵龟案件，依法没收利用长途客车托运8只死亡的红蠵龟个体。

7.2　海洋资源养护与生态修复

2012年，市县两级海洋与渔业行政主管部门共完成了17批次、总计2亿多尾（只）鱼、虾、贝、鳖等品种的大规模人工增殖放流活动。其中在象山港、渔山列岛等海域放流岱衢族大黄鱼200万尾、黄姑鱼31.5万尾、黑鲷10万尾、青石斑鱼5.05万尾、褐菖鲉2万尾，日本对虾8 905.5万尾、中国对虾2 079万尾、毛蚶7 100斤、管角螺31.4万颗。通过人工增殖放流活动，有效地促进了宁波市水域生物资源的增殖，提高了社会各界保护渔业资源的意识，取得了较好的生态效益、经济效益和社会效益。

7.3　海洋保护区建设与管理

2012年宁波市继续加强海洋保护区规范化建设和管理，积极推进宁波市海洋保护区规范化建设工程。

进一步健全相关法规制度。《宁波市渔山列岛国家级海洋生态特别保护区管理办法》于2012年1月1日开始实施。修订完善了《韭山列岛国家级海洋生态自然保护区总体规划》。

加强保护区内日常管理和巡航执法，继续开展韭山列岛自然保护区的“爱岛护鸟”活动，对保护区重点区域展开监视和资源管护，严厉查处各种岛礁资源和海洋渔业资源的破坏活动，清理保护区内非法张网400余顶，促进保护区的资源恢复和海洋生态环境的改善。

开展了中华凤头燕鸥种群的招引和恢复研讨会，5月和7月，专家专程赴韭山列岛对繁殖海鸟进行了调查和监测。

积极开展资源采捕招投标工作和海洋牧场建设，合理有序保护和利用海洋资源。

7.4 加强海岛海岸线管理与保护

2012年，启动宁波市海岛保护与利用规划编制工作，完成海岛地名普查和地名标志设置130个。重点开展了3个列入拟开发利用无居民海岛、4个重点管理海岛及10个已开发利用海岛的执法巡查，共组织全市海岛保护巡查20个航次，对在巡查中发现的某无居民海岛上未经批准擅自进行生产建设的违法行为，根据《海岛保护法》规定进行了立案查处。

7.5 海洋监督执法管理

2012年，全市海洋与渔业执法部门共组织执法船艇巡航35航次，历时263天，航程11 000海里。开展了以下专项行动：

“海盾2012”专项执法行动：全市共对8个违法使用海域项目进行立案，办结百万以上“海盾”大案2起。

“碧海2012”专项执法行动：全市共对11起海洋环保案件予以立案查处，其中“碧海”案件2起，收缴罚没款42.5万元。

海岛保护专项执法行动：全市共建成海岛执法基础信息166份，完成海岛巡航检查情况登记表252份。重点开展了3个列入拟开发利用无居民海岛、4个重点管理海岛及10个已开发海岛的执法巡查。

7.6 海洋工程监视监管

2012年，完成了宁波市13个市管项目和7个国控项目的现场监视监管工作，编发监视监管工作简报二期。在执法检查过程中发现，部分工程建设在建设过程中存在环保台账记录不规范、施工工艺没有按环保批复严格执行、海洋环境风险事故应急预案不全等问题，针对这些问题，执法人员当场做出整改意见。

宁波市实施蓝色海洋行动计划

2012年2月29日市政府办公厅下发了《关于印发宁波市蓝色海洋行动方案的通知》。提出“十二五”期间开展蓝色海洋行动计划，重点做好13方面工作任务，在生态市建设工作中列入政府考核内容。要求各地政府和部门出台相应的实施计划或方案。着力解决近岸海域、海岸带环境污染，生态系统损害等突出问题，科学开发利用海洋资源，保障宁波市海洋经济强市战略目标的实现。

2012 年象山港海洋环境公报

宁波市海洋与渔业局

2013 年 2 月

依据《中华人民共和国海洋环境保护法》、《宁波市象山港海洋环境和渔业资源保护条例》和宁波市人民政府赋予海洋行政主管部门的职责，我局组织实施了 2012 年度象山港海域海洋环境调查、监视、监测和海洋灾害预警预报等工作。根据调查监测结果及相关资料对象山港海洋环境质量进行综合分析与评价，编制了《2012 年象山港海洋环境公报》，现予以公布。

宁波市海洋与渔业局　局长：陈秀忠

二〇一三年二月　宁波

1　概述

象山港地处浙江沿海中部偏北，是宁波东部沿海沿西南方向楔入内陆的一个半封闭狭长型港湾。象山港港域狭长，岸线曲折，全长406千米。主湾中心线长约60千米，口门宽约20千米，内港宽约3～8千米。象山港跨奉化、宁海、象山、鄞州、北仑五个县（市、区），包括18个乡镇，面积2 368.87平方千米，其中陆域面积1 448平方千米，海域面积约为391平方千米，滩涂面积171平方千米。

2012年，宁波市海洋与渔业局在象山港海域组织实施了海水增养殖区、赤潮监控区、陆源入海排污口及重大涉海工程建设项目的监视监测。在象山港海域共布设监测站位68个，获取数据10 000多组，较全面地掌握了象山港海域环境质量状况。

监测结果表明：象山港海域水体呈富营养化状态，与2011年相比无机氮、活性磷酸盐超四类海域面积有所扩大，pH值、铅、铜、锌含量在局部海域超第二类海水水质标准，其他监测指标符合二类海水水质标准；沉积物质量除锌、铬、滴滴涕、多氯联苯含量，粪大肠菌群数量在部分测站略超第一类海洋沉积物标准外，其余监测指标均符合第一类海洋沉积物质量标准；海洋生物质量除铅外，其他指标均符合第一类海洋生物质量标准。

象山港赤潮监控区叶绿素a、弧菌、粪大肠菌群和浮游植物含量在夏季相对较高，赤潮生物毒素未检出。

象山港海水增养殖区环境质量等级较好，环境质量状况一般能满足海水增养殖区要求，环境综合风险指数评价结果为无风险。

监测的4个陆源入海排污口均存在超标排放现象，宁海颜公河入海口邻近海域综合环境质量等级为极差。

2012年象山港发生大面积赤潮1起，历时5天，赤潮优势种为中肋骨条藻和旋链角毛藻，均无毒。

国华宁海电厂、大唐乌沙山电厂和象山港大桥及接线工程3个重点海洋工程建设项目工程区附近海域水质尚可，沉积物基本稳定，海洋生物的种类、数量和多样性指数呈波动状态。

2　象山港海域环境质量状况

2.1　海水环境质量①

2012年，对象山港海域海水中溶解氧、pH值、化学需氧量、营养盐、石油类、重金属等13项指标开展监测。

---

①　水质评价执行《海水水质标准》GB 3097—1997。

监测结果表明，象山港海域主要受到无机氮、活性磷酸盐的污染，分别有94%和72%的海域面积超第四类海水水质标准，与2011年相比，超四类海域面积扩大。从区域分布看，黄墩港无机氮和活性磷酸盐含量较高，西沪港相对较好。从时间分布上看，9月、10月份含量最高（图1）。

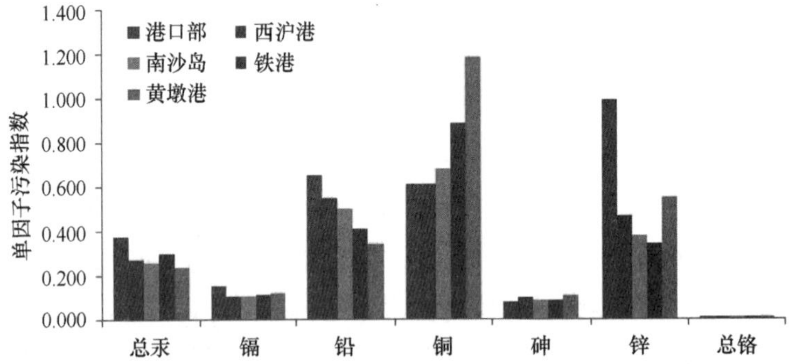

图1　水质污染指数分布

pH值在10月份监测中铁港个别站位劣于第二类海水水质标准，其余符合第二类海水水质标准。

铅含量在8月份监测中西沪港和南沙岛个别站位劣于第二类海水水质标准，其余符合第二类海水水质标准。

铜含量在5月份监测中大部分站位劣于第二类海水水质标准，其余符合第二类海水水质标准。

锌含量在9月份监测中港口部个别站位劣于第二类海水水质标准，其余符合第二类海水水质标准。

溶解氧、化学需氧量、汞、镉含量均符合第二类海水水质标准；石油类、砷、铬含量均符合第一类海水水质标准。

2.2　海洋沉积物质量[①]

2012年，对象山港海域沉积物有机污染物、重金属等13项指标开展监测（图2）。

监测结果表明，沉积物中汞、砷、铅、镉、石油烃、有机碳和硫化物含量均符合第一类海洋沉积物质量标准（图3）。

锌含量在9月份监测中西沪港、10月份监测中铁港个别站位劣于第一类海洋沉积物质量标准，其余均符合第一类海洋沉积物质量标准。

铜含量约75%测站劣于第一类海洋沉积物质量标准，铬含量约81%测站劣于第一类海洋沉积物质量标准。

---

① 沉积物质量评价执行《海洋沉积物质量》GB 18668—2002。

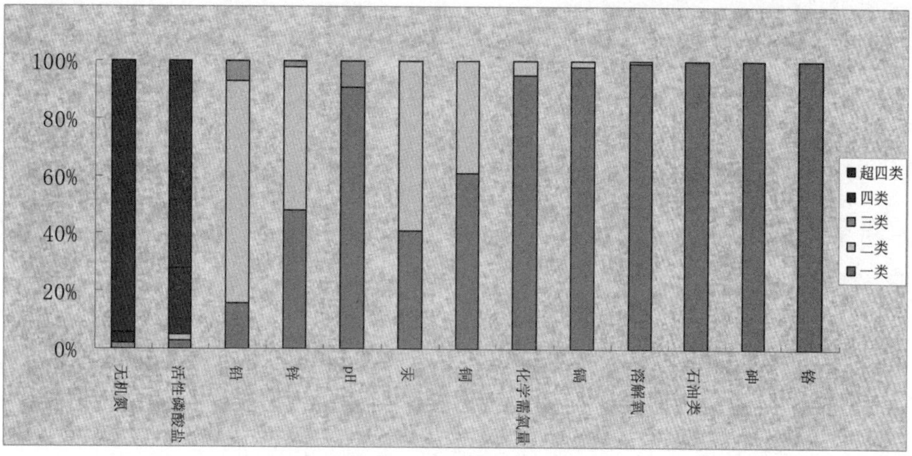

图2 水质评价结果

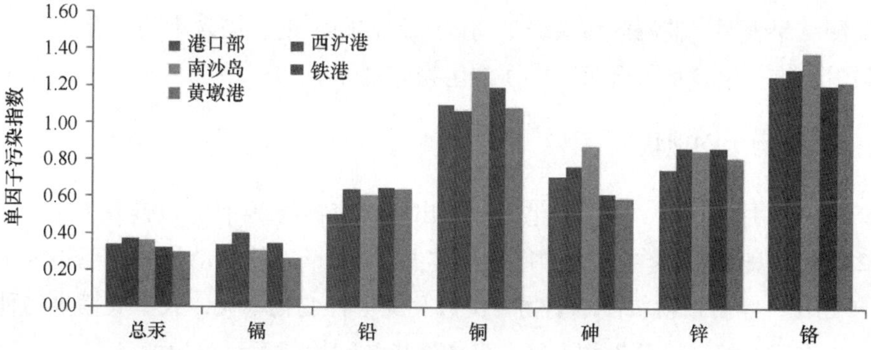

图3 沉积物污染指数分布

滴滴涕含量在10月份监测中港口部、西沪港和南沙岛个别站位劣于第一类海洋沉积物质量标准，其余均符合第一类海洋沉积物质量标准。

多氯联苯含量在9月份监测中黄墩港个别站位、10月份监测中西沪港和黄墩港个别站位劣于第一类海洋沉积物质量标准，其余均符合第一类海洋沉积物质量标准。

粪大肠菌群数量在8月份监测中黄墩港个别站位和10月份监测中所有监测站位劣于第一类海洋沉积物质量标准。

2.3 海洋生物质量①

2012年8月，在象山港海域横码、西沪港、南沙岛、铁港和黄墩港等5个滩涂养殖区采集贝类缢蛏开展生物质量监测，监测指标为汞、砷、铜、铅、镉和粪大肠

① 海洋生物质量评价执行《海洋生物质量》GB 18421—2001。

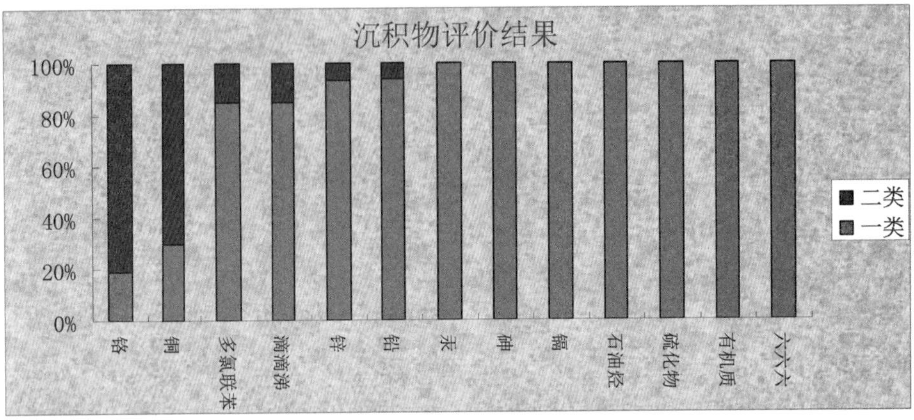

图4　沉积物评价结果

菌群（图4）。

监测结果表明，监测区域缢蛏生物体中汞、砷、铜、镉含量均符合第一类海洋生物质量标准；铅含量符合第二类海洋生物质量标准。

2.4　生物生态现状

2012年5月和9月，在象山港海域检出浮游植物共29种，以硅藻为主；浮游动物共23种，以桡足类为主；大型底栖生物共25种，以软体动物和多毛类为主。与2011年相比，浮游植物、浮游动物种类数及优势种变化不大，大型底栖生物种类密度较去年有明显好转，且生物丰度、多样性指数和均匀度都较为稳定。

3　赤潮监控区状况

2012年对象山港赤潮监控区监测结果表明，叶绿素a含量为0.05～53.0 μg/L，浮游植物密度为4.77×10^2～1.27×10^7 cell/L，较大值均出现在赤潮发生期，弧菌含量为未检出～174 CFU/mL，粪大肠菌群含量为（<20～≤24 000）个/L。从季节变化分析，夏季含量相对较高。从区域分布分析，港顶部黄墩港和铁港海域含量相对较高。

2012年8月8日，台风“海葵”经过象山港流域，丰沛降水携带大量营养物质随地表径流汇入象山港，8月12日象山港海域发生赤潮，历时5天，面积约390平方千米，赤潮优势种Ⅰ为中肋骨条藻（*Skeletonela costatul*），赤潮优势种Ⅱ为旋链角毛藻（*Chaetoceros curvisetus*），均无毒。此次赤潮没有对象山港海域养殖业造成直接经济损失。

2012年8月，在象山港海域横码、西沪港、南沙岛、铁港和黄墩港等5个滩涂养殖区及赤潮发生区内采集的贝类缢蛏生物体中均未检出腹泻性贝毒和麻痹性贝毒。

4 海水增养殖区环境质量状况

4.1 养殖区概况

象山港海水增养殖区水产资源丰富，养殖业发达，是宁波市重要的增养殖基地和海洋渔业资源放流区域。港内主要养殖方式为网箱、池塘、滩涂、浮筏等，主要养殖种类有锯缘青蟹、三疣梭子蟹、黑鲷、鲈鱼、大黄鱼、美国红鱼、南美白对虾、缢蛏、海带等。2012 年象山港养殖总面积 10 333.3 公顷，产量 10.3 万吨，其中池塘养殖面积 4 266.7 公顷，滩涂养殖面积 4 466.67 公顷，浅海养殖面积 1 600.0 公顷。

4.2 养殖环境

2012 年，象山港海水增养殖区环境质量综合指数① I_{EQ}值为 71.0，环境质量等级为“较好”，一般能满足海水增养殖区要求；环境综合风险指数② I_{ER}值为 9，评价结果为无风险。与 2011 年相比，环境质量综合指数稍有下降（表 1）。

表 1 各养殖区环境质量等级划分

养殖区	环境质量综合指数分值	环境质量等级	含 义
港口部	79.9	较好	一般能满足海水增养殖区要求
西沪港	77.5	较好	一般能满足海水增养殖区要求
南沙岛	81.4	良好	能满足海水增养殖区要求
铁港	82.0	良好	能满足海水增养殖区要求
黄墩港	77.6	较好	一般能满足海水增养殖区要求

4.3 经济水产品质量③

2012 年，在象山港各养殖区采集经济水产品进行生物质量监测，监测站位选取港口部、横码、西沪港、南沙岛、黄墩港和铁港等 5 个养殖区，采集的经济水产品主要有四指马鲅、锯缘青蟹、大黄鱼、黑鲷、鲈鱼、美国红鱼、脊尾白虾、鲈鱼、长毛对虾、缢蛏等。

① 环境质量综合指数赋值含义：环境质量综合指数介于 65 和 80 之间，环境质量等级为较好，环境质量状况一般能满足海水增养殖区要求；环境质量综合指数介于 80 和 85 之间，环境质量等级为良好，环境质量状况能满足海水增养殖区要求；

② 环境综合风险指数赋值含义：环境综合风险指数小于 13，环境风险等级无，适宜养殖。

③ 生物质量评价执行《农产品安全质量 无公害水产品安全要求》GB 18406.4—2001。

监测结果表明，象山港海域水产品中氯霉素、磺胺类药物均未检出；鱼类和甲壳类生物体中砷和铅普遍超标，贝类生物体中铅普遍超标，个别站位的生物体中石油烃超标，汞、镉、铬、六六六、DDT、多氯联苯等指标均符合无公害水产品安全要求。

5 陆源入海排污口及邻近海域环境质量状况

5.1 陆源入海排污口环境质量状况

2012年，对象山港沿岸的4个陆源入海排污口实施监测，结果表明均存在超标排放现象，化学需氧量和氨氮普遍超标。象山墙头综合排污口污水中苯胺和宁海颜公河入海口污水中挥发酚超标严重，超标排放程度与上年持平（图5）。

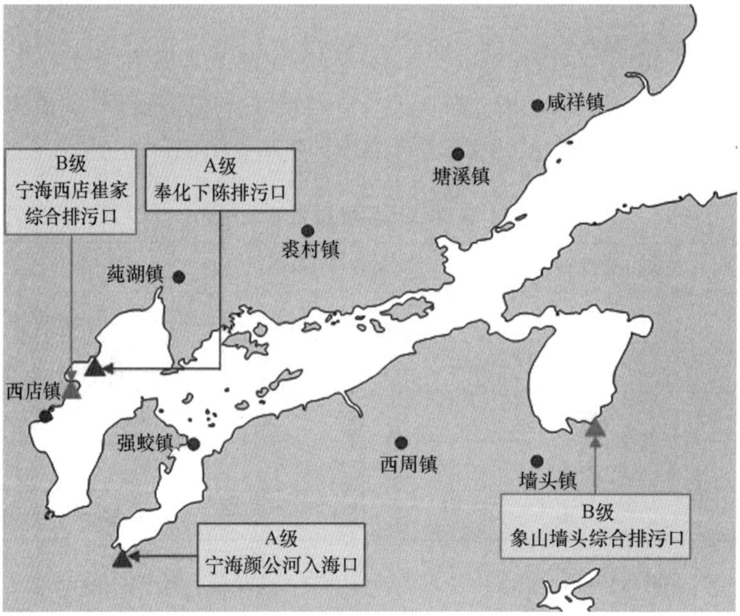

图5 象山港陆源入海排污口位置

宁海颜公河入海口和奉化下陈排污口综合评价等级为A级，对海域环境造成的危害或潜在危害最大；象山墙头综合排污口和宁海西店崔家综合排污口综合评价等级为B级，对海域环境造成的危害或潜在危害较大（表2）。

表2 象山港陆源入海排污口监测评价结果

排污口名称	主要污染物	综合评价等级	颜色标识
象山墙头综合排污口	苯胺、COD、悬浮物等	B级	橙色

续表

排污口名称	主要污染物	综合评价等级	颜色标识
宁海颜公河入海口	COD、氨氮、石油类、挥发酚等	A 级	红色
宁海西店崔家综合排污口	pH 值、COD、氨氮、总磷等	B 级	橙色
奉化下陈排污口	COD、氨氮、总磷等	A 级	红色

5.2　重点排污口邻近海域环境质量状况

2012 年，对象山港港顶部宁海颜公河入海口邻近海域水质、沉积物实施监测。

评价结果表明排污口邻近海域的综合环境质量等级为极差。排污口邻近海域水质类别为劣四类海水，主要污染物为无机氮、活性磷酸盐和挥发酚等，水质综合等级为严重污染；沉积物质量类别为第二类海洋沉积物，主要污染物为铜和总铬，沉积物质量综合等级为清洁，与 2011 年相比，沉积物质量稍有好转。

排污口邻近海域鉴定出 8 种大型底栖生物，分布较均匀，甲壳类和双壳类为主要类群。与 2011 年相比，底栖生物种类数减少，群落结构丰度、多样性指数降低。

6　涉海工程邻近海域环境质量状况

2012 年，对象山港国华宁海电厂、大唐乌沙山电厂和象山港大桥及接线工程 3 个重点海洋工程建设项目实施了海洋环境影响跟踪监测。监测结果表明：工程区附近海域水质尚可，沉积物基本稳定，海洋生物的种类、数量和多样性指数呈波动状态。

6.1　国华宁海电厂

国华宁海电厂位于象山港底部的宁海县强蛟镇，电厂一期工程由 4 台 600 兆瓦燃煤发电机组组成，2007 年 12 月开始运营；二期工程为 2 台 1 000 兆瓦超零界燃煤抽凝式汽轮发电机组组成，2009 年年底投产（图 6）。

6.1.1　海水及沉积环境

国华宁海电厂温排水口邻近海域，水环境质量较好，pH 值、溶解氧、化学需氧量含量符合一类海水水质标准，活性磷酸盐含量符合四类海水水质标准，无机氮含量超四类海水水质标准，与 2011 年同期相比，水质质量略有改善；沉积物质量符合一类海洋沉积物质量标准，与 2011 年同期相比，沉积物质量变化不明显（图 7）。

6.1.2　生物生态

浮游植物的种类数为 20 种，以硅藻类为主，密度为 7.74×10^5 个/立方米，多

图6　国华宁海电厂

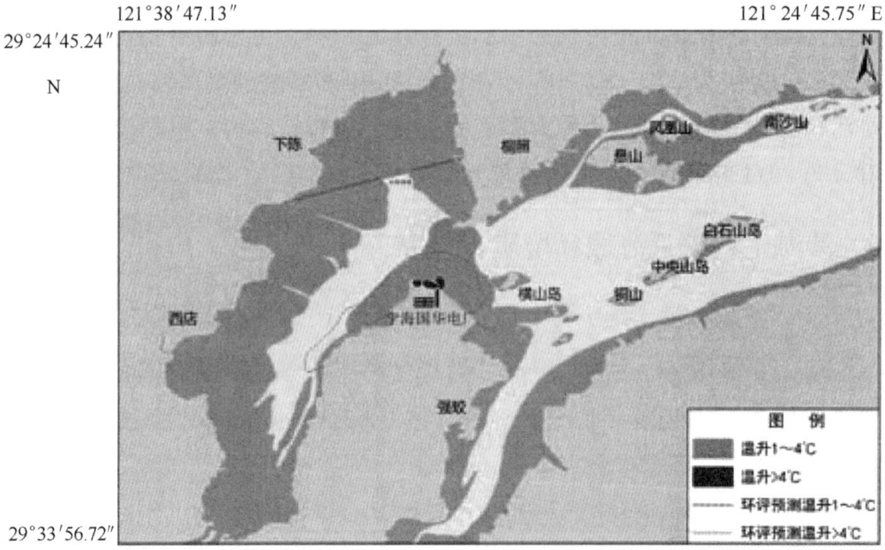

图7　海水及沉积环境

样性指数为1.75，优势种以中肋骨条藻、聚生角毛藻、紧密角管藻、旋链角毛藻等为主；浮游动物的种类数为13种，桡足类最多，密度为99个/立方米，多样性指数为2.41，优势种为太平洋纺锤水蚤、短尾类蚤状幼虫、背针胸刺水蚤、长尾类幼体等；底栖生物有12种，以软体动物为主，密度为35个/立方米，多样性指数为1.69。与2011年相比，浮游植物、浮游动物和底栖生物的优势种变化明显，种类数有所减少，多样性指数呈波动状态。

6.2　大唐乌沙山电厂

大唐乌沙山发电厂位于象山港中部的象山县西周镇，电厂装机容量为4×600兆瓦，2008 年投入运营（图 8）。

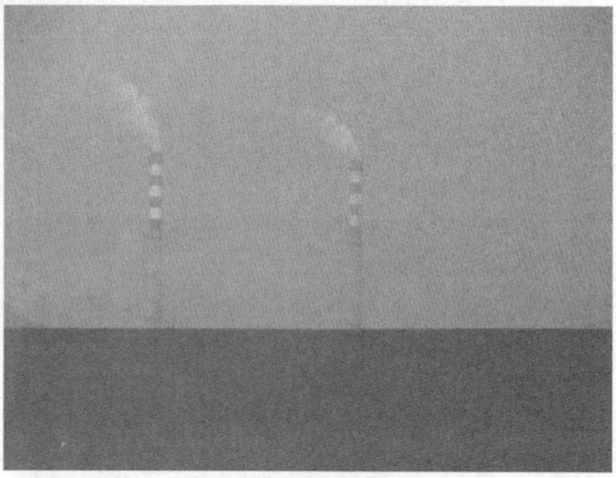

图 8 大唐乌沙山电厂

6.2.1 海水及沉积环境

大唐乌沙山电厂排水口邻近海域，夏季大潮落憩 1 ~ 4℃温升面积 22.88 平方千米，大于 4℃温升面积 3.30 平方千米，与 2011 年同期相比，1 ~ 4℃温升面积和大于 4℃温升面积均有所减小。

大唐乌沙山电厂邻近海域水质尚可，pH 值、溶解氧、化学需氧量、石油类、砷、镉、铜、汞含量符合一类海水水质标准，锌、铅、活性磷酸盐含量符合二类海水水质标准，无机氮含量超四类海水水质标准，与 2011 年同期相比，水质质量略有改善；沉积物环境质量较好，监测指标均符合一类海洋沉积物质量标准，与 2011 年同期相比，沉积物质量变化不明显。

6.2.2 生物生态

浮游植物的种类数为 42 种，以硅藻为主，密度为 1.45×10^6 个/立方米，多样性指数为 2.28，优势种为中肋骨条藻、聚生角毛藻等；浮游动物的种类数为 44 种，密度为 115 个/立方米，多样性指数为 2.87，优势种为太平洋纺锤水蚤、背针胸刺水蚤、短尾类蚤状幼虫、汤氏长足水蚤等；大型底栖生物 18 种，密度为 53 个/平方米，多样性指数 2.13，优势种为半褶织纹螺、金氏真蛇尾、棘刺锚参、马氏光螺等。与 2011 年相比，浮游植物、浮游动物、底栖生物种类数有所减少而密度有所上升，多样性指数变化不大；浮游植物、浮游动物优势种变化不大，底栖生物优势种变化较大。

6.3 象山港大桥及接线工程

象山港大桥及接线工程，位于横山码头西侧，工程全长约 47 千米，工程于 2008 年开工，2012 年 12 月 29 日通车（图 9）。

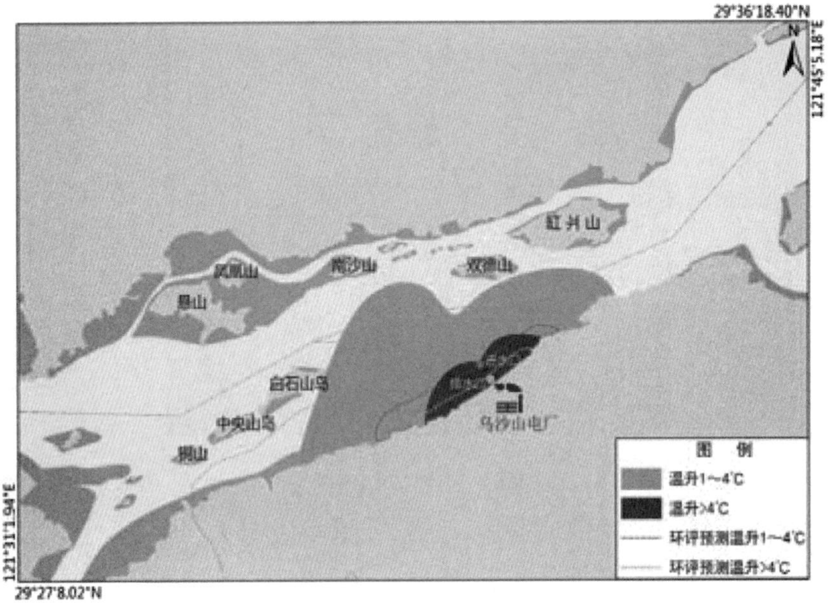

图9　大唐乌沙山电厂厂址前沿温升分布

（夏季大潮）

象山港大桥（图10）及连接段工程施工期间，邻近海域水体中除无机氮、活性磷酸盐外，其余监测指标均符合二类海水水质标准；沉积物各项监测指标均符合一类海洋沉积物质量标准。浮游植物种类数为24种，以硅藻为主，密度为2.45×10^4个/立方米；浮游动物种类数14种，密度为59.4个/立方米；底栖生物的种类数为12种，密度为31.7个/平方米。与2011年相比，水环境质量变化较小，沉积物环境质量稳定；浮游植物、浮游动物、底栖生物种类与密度略有降低。

图10　象山港大桥

7　海洋灾害与海洋污损事件

7.1　赤潮

2012年，象山港海域发现赤潮1起，8月12日至16日历时共5天，累计面积约390平方千米，面积之大为近年少见。开展赤潮应急跟踪监测6次，获取监测数据300组，发布赤潮监测简报6份。赤潮优势种为中肋骨条藻和旋链角毛藻，均无毒。贝类生物体毒性检测未检出赤潮毒素麻痹性贝毒和腹泻性贝毒，未发现人员中毒和养殖水产品死亡现象。此次赤潮没有对象山港海域养殖业造成直接经济损失。

7.2　台风风暴潮

2012年8月8日受强台风“海葵”影响，象山港海域出现增水现象，给沿岸造成严重损害，共造成全市直接经济损失102亿元。

8　海洋环境保护行动

8.1　渔业资源增殖放流

2012年在象山港海域组织实施渔业资源增殖放流活动，共放流岱衢族大黄鱼200万尾、黄姑鱼31.5万尾、黑鲷10万尾、青石斑鱼5.05万尾、褐鲳鲉2万尾、中国对虾2 079万尾、日本对虾8 905.5万尾、毛蚶7 100斤、江珧100万颗，管角螺31.4万颗、海蜇4 300万只、乌贼受精卵376.5万粒及幼体30.6万只，有力地促进象山港渔业资源恢复（图11）。

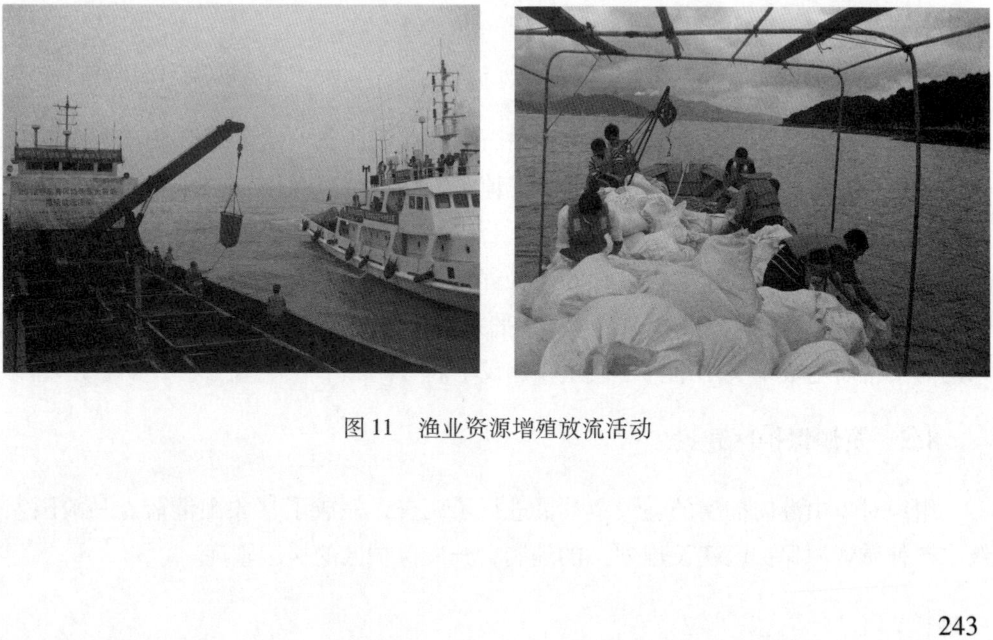

图11　渔业资源增殖放流活动

8.2 海洋环境保护执法

2012年全市海洋与渔业执法部门为保障象山港海域航道畅通、重点工程建设、渔业资源保护、海域合法使用等依法开展了专项巡航检查行动。组织开展了2次海洋倾废专项检查，登检废弃物倾倒船只15余艘次。积极配合公安部门一起参加了针对海砂非法开采的联合执法行动，共登检采砂作业船舶12艘。对列入监管目录的象山港涉海工程开展海洋环境的监视监管执法检查。

8.3 海洋在线监测系统建设

强蛟站生态监测浮标试运行一年来，经受住“海葵”台风及连续阴雨天的考验，通过对浮标系统的不断改进调试和现场监测比对验证，获取大量的连续监测数据（图12）。强蛟站生态监测浮标和大礁岛自动监测站为象山港赤潮预警预报提供了有力保障，特别是在8月份赤潮跟踪监测中发挥了积极作用（图13）。

图12 大礁岛自动监测站

图13 强蛟站生态监测浮标

8.4 海洋牧场建设试验区工程

象山港海洋牧场试验区位于象山港白石山岛北侧海域，建设面积50公顷。2012年试验区投放资源增殖保护兼修复性渔礁体1 015个，13 550立方米，形成7个鱼礁群，共36 384空方；海藻场建设面积10公顷，移植品种有海带、紫菜、铜藻等大型海藻，同时开展了5个移植品种和3种养殖模式试验；配套增殖放流苗种培育浮礁网箱105个，2个鱼类驯养围网4 000平方米；与海洋牧场配套建设的60米×22米的海上科研与成果展示平台建设正在建设中。

8.5 资源保护区建设

组织对象山港内捕捞的马鲛鱼数量进行了调查，完成了《象山港蓝点马鲛国家级水产种质资源保护区建设规划》的编制，开展保护区的执法管理。

2012年
宁波市渔业生态环境状况公报

宁波市海洋与渔业局

2013年2月

依据《中华人民共和国渔业法》、《中国水生生物资源养护行动纲要》和《水生生物增殖放流管理规定》，结合宁波市渔业水域生态环境和渔业生产工作实际，宁波市海洋与渔业局组织实施了2012 年宁波市《渔业生态水域环境常规监测》、《渔业生态区域保护与修复》和以“蓝色海洋，清洁水源”为主题的2012 渔业资源增殖放流系列活动。在完成象山港水域增养殖区、杭州湾南岸水域增养殖区和三门湾（宁波辖区）水域增养殖区各项监测、调查等工作基础上，对宁波市主要渔业生态水域环境的质量状况进行了综合分析和评价，并编制《2012 年宁波市渔业生态环境状况公报》，现予以发布。

希望通过《2012 年宁波市渔业生态环境状况公报》的发布，使政府部门、社会各界和公众了解宁波市主要渔业环境现状和面临的问题，增强环境保护意识，全面贯彻落实《中华人民共和国渔业法》，加大控制陆源污染物排放，切实保护渔业生态环境和资源，实现渔业经济可持续发展。

宁波市海洋与渔业局　局长：陈秀忠

二〇一三年二月　宁波

一、概况

2012 年共设监测站位 28 个，监测总面积约 114 820 公顷。水域水质监测时间为 5 月和 8 月，共 2 次；沉积物监测时间为 8 月，共 1 次；对象山港水域的生物体监测 1 次。获得水质有效监测数据 1 100 余个，沉积物数据 168 个，生物质量数据 517 个。

监测结果表明：2012 年宁波市主要渔业水域生态环境状况总体稳定，但主要渔业水域富营养化程度较高，与上年相比，象山港、三门湾、杭州湾三个主要渔业水域水质无机氮含量均有所上升；活性磷酸盐含量基本稳定；除部分站位沉积物中铜、汞、铅含量超标外，其他沉积物监测指标均符合一类海洋沉积物标准。

宁波市渔业环境与产品质量检验监测中心通过国家计量认证（海洋组）和浙江省计量认证，主要从事海洋与渔业环境监测和初级水产品检测以及海洋与渔业污染事故调查、鉴定评价工作（图 1、图 2）。

图 1　国家计量认证（海洋评审组）复评审会议

监测依据：《海洋监测规范》GB17378. 1 ~ 7—2007、《渔业生态环境监测规范》SC/T 9102. 1 ~ 4。

评价依据：参数按照以下标准顺序评价《渔业水质标准》GB11607—1989、《海水水质标准》GB3097—1997、《海洋沉积物质量》GB18668—2002、《无公害水产品中有毒有害物质限量》NY/T 5073—2006 等。

二、宁波市渔业水域生态环境质量状况

2012 年宁波市主要渔业水域生态环境总体状况良好。水质中重金属含量均符合《渔业水质标准》，活性磷酸盐、石油类、化学需氧量超标比例较上年有所降低，但

图 2　宁波市主要渔业生态环境监测站位分布

无机氮超标比例上升，水体呈现富营养化状态。沉积物中铜、锌、汞超标比例较上年降低，铅较上年升高（图 3），三门湾水域部分站点沉积物中铅含量超出一类海洋沉积物质量标准值（$\leqslant 60\times10^{-6}$），生物体（缢蛏）各项指标基本符合无公害水产品中有毒有害物质限量。

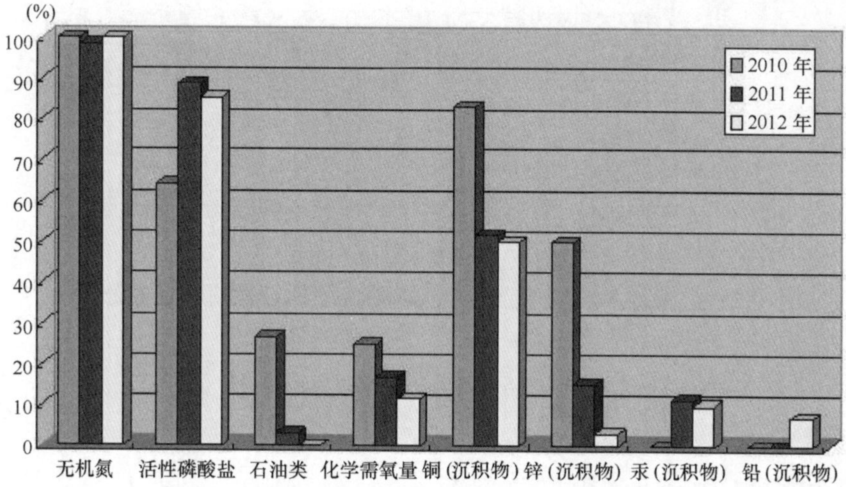

图3　2010—2012 年宁波市渔业水域主要污染物超标比例

（一）海水质量

1. 无机氮

三个监测水域中无机氮含量从高到低依次为杭州湾南岸沿岸水域（8.03 倍）、三门湾宁波水域（4.17 倍）和象山港水域（2.04 倍），均超过了二类《海水水质标准》标准值（≤0.30），平均含量为标准值的4.75 倍，比2011 年略有增加（图4）。

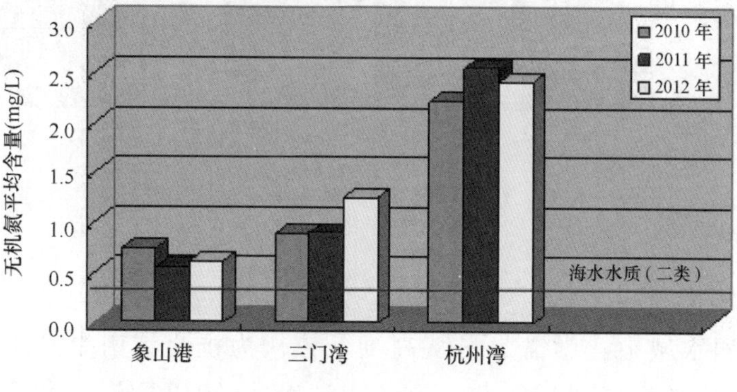

图4　2010—2012 年无机氮平均含量比较

2. 活性磷酸盐

三个监测水域中活性磷酸盐含量从高到低依次为三门湾宁波水域（2.53 倍）、杭州湾南岸沿岸水域（1.95 倍）和象山港水域（1.69 倍），均超过了二类《海水水质标准》标准值（≤0.030），平均含量为标准值的2.11 倍，比2011 年略有增加。(图5)

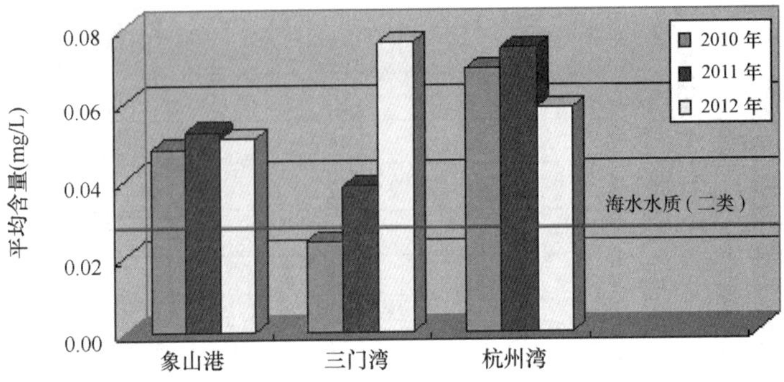

图 5　2012—2012 年活性磷酸盐平均含量比较

3. 石油类

三个监测水域中石油类含量从高到低依次为杭州湾南岸沿岸水域（0.74 倍）、三门湾宁波水域（0.58 倍）和象山港水域（0.10 倍），均低于二类《海水水质标准》标准值（≤0.05），平均含量为标准值的 0.34 倍，较 2011 年有所降低（图 6）。

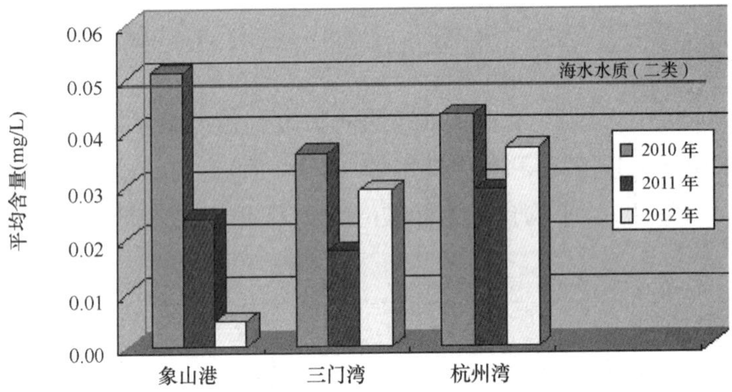

图 6　2010—2012 年石油类平均含量比较

4. 化学需氧量

三个监测水域中化学需氧量从高到低依次为杭州湾南岸沿岸水域（0.72 倍）、三门湾宁波水域（0.44 倍）和象山港水域（0.26 倍），均低于二类《海水水质标准》标准值（≤3.0），平均含量为标准值的 0.35 倍，较 2011 年略有降低（图 7）。

5. 重金属

监测水域水体中铜、铅、锌、镉、砷含量均符合《渔业水质标准》标准值要求。

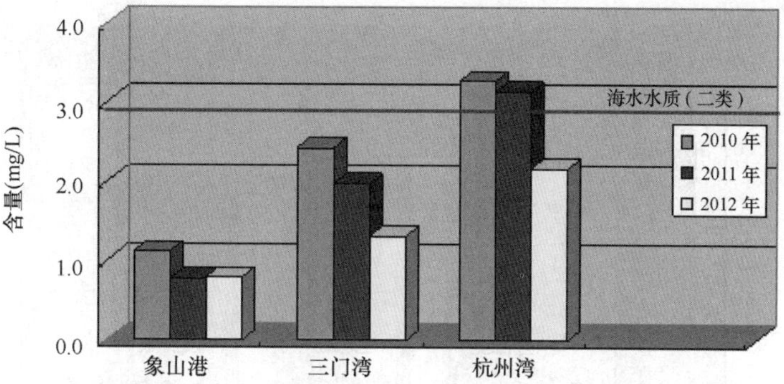

图 7 2010—2012 年化学需氧量含量比较

(二) 沉积物质量

1. 铜

象山港水域和三门湾宁波水域沉积物铜含量高于一类海洋沉积物质量标准值（≤35×10^{-6}），杭州湾南岸沿岸水域铜含量则低于该标准值，三个水域平均含量从高到低依次为杭州湾南岸沿岸水域（0.75 倍）、三门湾宁波水域（1.21 倍）和象山港水域（1.09 倍），总平均含量为标准值的 1.15 倍，比 2011 年略有降低（图 8）。

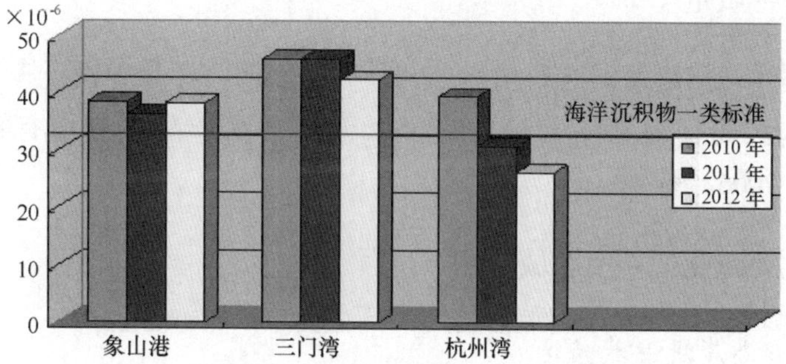

图 8 2010—2012 年沉积物铜平均含量比较

2. 锌

监测水域沉积物锌含量均低于一类海洋沉积物质量标准值（≤150×10^{-6}），从高到低依次为象山港水域（0.79 倍）、三门湾宁波水域（0.75 倍）和杭州湾南岸沿岸水域（0.62 倍），平均含量为标准值的 0.77 倍，比 2011 年有所降低（图 9）。

3. 其他重金属

监测水域沉积物中除杭州湾和三门湾水域中部分站位汞和铅超标外，其他监测指标均符合一类海洋沉积物质量标准。其中，铅平均含量为标准值（一类海洋沉积

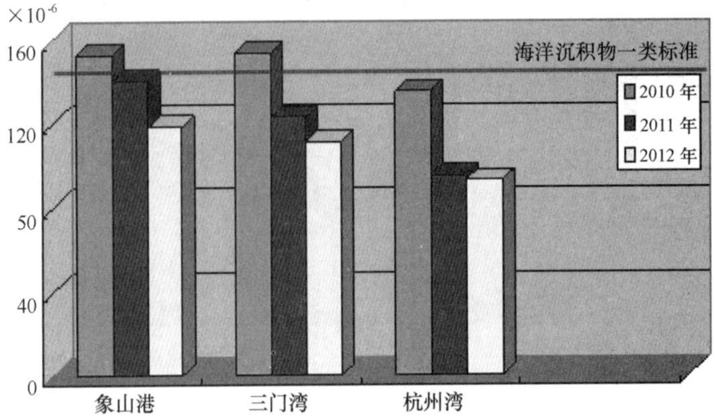

图9　2010—2012年沉积物锌平均含量比较

物质量标准≤60×10⁻⁶）的0.59倍，超标站位达14.3%；镉平均含量为标准值（一类海洋沉积物质量标准≤0.5×10⁻⁶）的0.33倍，未发现有超标站位；砷平均含量为标准值（一类海洋沉积物质量标准≤20×10⁻⁶）的0.63倍，未发现有超标站位；汞平均含量为标准值（一类海洋沉积物质量标准≤0.20×10⁻⁶）的0.37倍，超标站位达20.0%。

（三）生物质量

对象山港水域沿岸缢蛏进行质量监测，结果表明，样品中铜、锌、铅、镉、无机砷、总汞和大肠杆菌平均含量均符合《无公害水产品中有毒有害物质限量》（NY/T5073—2006）标准。

（四）主要渔业增养殖水域监测

1. 杭州湾南岸浅海养殖区

2012年杭州湾南岸水域以沿岸滩涂养殖区为监测范围进行跟踪监测，结果显示：水质中重金属（砷、汞、铅、镉、铜、锌）符合《渔业水质标准》；无机氮、活性磷酸盐指标的监测平均值分别为《海水水质标准》二类标准值的8.03倍和1.95倍；石油类监测平均值为标准值的0.74倍，符合《渔业水质标准》（≤0.05 mg/L）；沉积物中铜平均含量为标准值的0.75倍，符合一类海洋沉积物质量标准（≤35.0×10⁻⁶），但超标站位达20.0%；锌平均含量为标准值的0.62倍，符合一类海洋沉积物质量标准（≤150×10⁻⁶），但超标站位为10.0%；汞平均含量为标准值的0.59倍，符合一类海洋沉积物质量标准（≤0.2×10⁻⁶），超标站位达20.0%；其余各项监测指标均符合相关标准规定。监测结果表明，与2011年监测结果相比，杭州湾南岸滩涂水域水质中无机氮和活性磷酸盐含量有所降低，沉积物中重金属含量比 2011 年减少，污染程度已经有所缓解（图 10）。

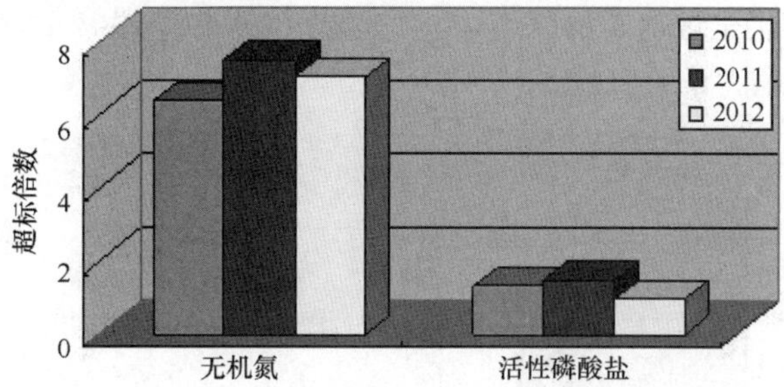

图 10 2010—2012 年杭州湾营养盐超海水二类标准比较

2. 象山港海水增养殖区

2012 年象山港水域以沿岸滩涂养殖区为监测范围进行跟踪监测，结果表明：水质中无机氮平均值为二类《海水水质标准》（≤0. 30 mg/L）的 2. 04 倍；活性磷酸盐平均值为二类《海水水质标准》（≤0. 030 mg/L）的 1. 69 倍；石油类监测平均值为标准值的 0. 10 倍，符合《渔业水质标准》（≤0. 05 mg/L）；监测水域水质重金属监测结果符合《渔业水质标准》；沉积物中重金属锌含量符合一类海洋沉积物质量标准（$\leqslant 150 \times 10^{-6}$）要求，铜平均含量高于一类海洋沉积物质量标准（$\leqslant 35 \times 10^{-6}$），超标站位达 72. 7%，污染程度高于 2011 年。监测结果表明，2012 年象山港水域水质仍呈现富营养化（图 11）。

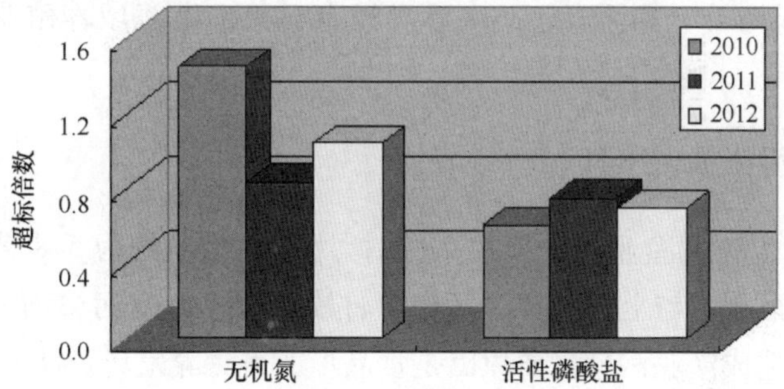

图 11 2010—2012 年象山港营养盐超海水二类标准比较

3. 三门湾海水养殖区

2012 年三门湾海水增养殖区主要以沿岸滩涂养殖区为监测范围，结果显示，水质中无机氮平均含量为二类《海水水质标准》（≤0. 30 mg/L）的 4. 17 倍；活性磷酸盐平均含量为二类《海水水质标准》（≤0. 030 mg/L）的 2. 53 倍。沉积物中铜平均含量为一类海洋沉积物质量标准值的 1. 21 倍，超标站位达 57. 1%；铅平均含量为一类海洋沉积物质量标准值的 0. 61 倍，超标站位达 14. 3%；其余各项监测指标均符合相关标准规定。监测结果表明，三门湾水域无机氮和活性磷酸盐含量较 2011 年明显增加，水体仍呈现富营养状态；一个站点沉积物中铅含量超沉积物铅污染评价标准值（$\leqslant 60\times10^{-6}$）（图 12）。

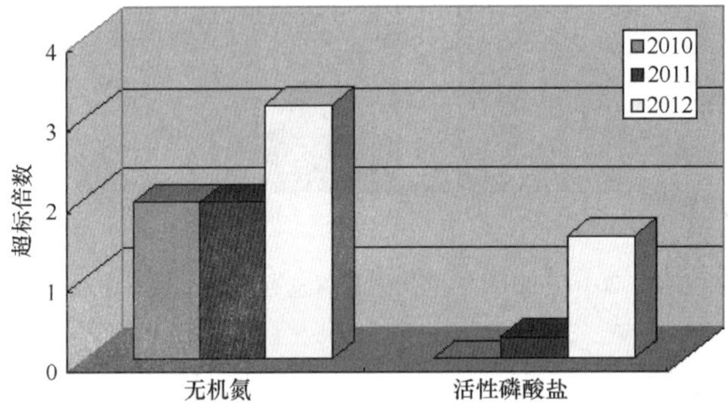

图 12　2010—2012 年三门湾营养盐超海水二类标准比较

三、渔业水域灾害、污损事件

（一）赤潮

2012 年 8 月 12 日象山港海域发现 1 起赤潮，历时 5 天，面积约 390 km^2，赤潮优势种 Ⅰ 为中肋骨条藻（*Skeletonema costatum*），赤潮优势种 Ⅱ 为旋链角毛藻（*Chaetoceros curvisetus*），均无毒，此次赤潮没有对象山港海域养殖业造成直接经济损失。

（二）渔业污染损害事件

2012 年共发生较大渔业污染事故 26 起，污染总面积约为 548 公顷，造成直接经济损失 291 余万元。与上年相比，污染事件次数增多，受污染面积增大，但经济损失明显减少。造成渔业污染主要原因是食品厂、畜禽养殖场及涉渔工程等的废水、泥浆超标排放，农药和生物制剂污染等。

2012 年主要渔业污染事件如下。

① 2012 年 1 月 10 日，象山县晓塘乡月娄村淡水养殖塘鱼类大量死亡，经调查监测，上流食品厂排放的废水中氨氮和总磷超标，而养殖池塘在其排放渠道中进水，属超标排放导致养殖鱼类死亡。

② 2012 年 5 月 10 日，东钱湖流域下流高钱渔业合作社承包的外荡养殖区发生鱼类浮头缺氧死亡事件，经调查，该养殖区受上游养猪场的废水排放影响，水体中氨氮、总氮和总磷超标，溶解氧较低，围网内鱼类无法逃逸，造成鱼类应急缺氧死亡。

图 13 2012 年渔业污染事故调查鉴定典型案例经验交流会

③ 2012 年 5 月 6 日，象山县新桥镇崇馋港养殖网箱内鲈鱼、美国红鱼等鱼类死亡，经调查，系养殖户采用菊酯类农药进行清塘，在退潮时一次性排入崇馋港中，导致临近养殖网箱中鱼类中毒死亡。

④ 2012 年 7 月 30 日，慈溪市杭州湾龙山镇海涂发生泥螺、海瓜子等贝类死亡，监测结果表明，龙山镇杭州湾沿岸工业区废水由管道通向海涂，排放水体中含有超标的 COD 和挥发性酚，属超标排放导致贝类死亡。

⑤ 2012 年 7 月 28 日，象山县泗州头海水养殖池塘出现大量梭子蟹死亡，经调查，隔洋塘海水池塘梭子蟹养殖户不当且过量使用经销药店配方的微生物制剂，造成养殖池塘严重缺氧和亚硝酸盐超标，导致梭子蟹死亡（表 1）。

表 1 宁波市近三年渔业污染损害事件情况

年 份	污染事件/起	污染面积/公顷	经济损失/万元
2010	20	821.2	180.0
2011	20	308.0	758.5
2012	26	548.0	291.0

四、渔业生态环境保护和修复行动

（一）主要渔业水域增殖放流

2012 年，象山港、渔山列岛等海域放流岱衢族大黄鱼 200 万尾、黄姑鱼 31.5 万尾、黑鲷 10 万尾、青石斑鱼 5.05 万尾、褐鲳鲉 2 万尾，日本对虾 8 905.5 万尾、中国对虾2 079万尾、毛蚶7 100斤（1斤=500克）、管角螺31.4万颗；在姚江、东钱湖等水域增殖放流淡水鱼苗鲢鳙草鳊（夏花）1 500万尾、鲢鳙草鳊（冬片）50万尾；奉化桐照港放流海蜇4 300万只；象山港海洋牧场放流乌贼受精卵376.5万粒、幼体30.6万只；南韭山海域放流岱衢族大黄鱼100万尾；在桐照港外海放流日本对虾3 000万尾。

各县（市）区合理规划放流工作，宁海县、鄞州区、镇海区、余姚市、江北区、东钱湖旅游度假区与管理局等县（市）、区放流淡水鱼苗鲢鳙草鳊等苗种4 000余万尾，为渔业资源可持续发展、促进渔民增收、净化水质和改良水源做出了积极贡献。

（二）海洋渔业生态保护区建设

1. 推进韭山列岛海洋碳汇实验区和环境整治工程

2012年在南韭山海域投放20余座人工浮礁、10余万平方米人工浮礁藻场，建成了规模为60余万平方米的海洋碳汇实验区，达到固定海洋环境中的二氧化碳，吸收海水中富营养化物质N/P的目的，有效促进了海洋生态环境的改善和恢复，产生了一定的经济效益。同时，加强保护区的基础设施建设，提升管护能力，完成了北渔山岛200亩的山体复绿工程，开展了海岛环境整治工作，开展了海监直升机坪建设工程的选址等前期工作。

2. 推进马鲛鱼种质资源保护区建设

对象山港内捕捞的马鲛鱼数量进行了调查；完成了《象山港蓝点马鲛国家级水产种质资源保护区建设规划》的编制，开展保护区的执法管理。

（三）伏季休渔

推进第18年海洋伏休制度，宁波市4 590艘各类应休渔船全部按时回港休渔，确保了全市今年伏休管理的良好开局，伏休期间，组织巡航、海上执法行动共52次，检查渔船180艘，收缴罚款12万元；开展港口行动共230次，检查渔船总数1 467艘，收缴罚款138万元。

伏季休渔期间，充分利用宁波市水生野生动物救护中心的专业救助共建平台，建立了救护快速反应体系，对误捕、搁浅、受伤、受困以及需要依法没收或移交的水生野生动物进行及时救治、饲养和放生。

（四）水生野生动物保护

渔业执法部门通过发放水生野生动物宣传保护手册和标语等多种形式，宣传水生野生动物保护各项法律法规，做好水生野生动物救治、放生及死亡动物妥善处理工作。2012 年共处理 74 起共 88 头（尾）水生野生动物事件，涉及江豚、娃娃鱼、鲟鱼、鲸鱼、花鳗鲡、海龟等保护品种，成功放生达 25 头（尾），送大学科研部门做研究用 40 头（尾），填埋处理 10 头（尾），冷库冷藏 5 头（尾），救护中心疗伤 8 头（尾）。查获了 1 起非法收购红蠵龟利用长途大巴客车托运案件，依法没收了 8 只死亡的红蠵龟个体，准备移交公安部门处理（图 14）。

图 14　水生野生动物救治

（五）渔业生态养殖技术推广工程

1. 推进养殖池塘节能保温大棚建设

通过不断技术创新，示范推广养殖池塘底增氧技术、对虾双茬大棚高效健康养殖等一批养殖新技术，发展渔业节能高效健康养殖。养殖池塘底充式增氧技术在南美白对虾、梭子蟹养殖中得到有效推广，单位产量电费支出下降 0. 2 ~ 0. 4 元/千克；对虾双茬大棚高效健康养殖技术延长了对虾养殖时间，节约了土地资源，显著增加了对虾养殖产量和效益，该养殖模式已推广 3 000 余亩。

2. 推进现代渔业园区建设

2012 年建设 15 个优势水产品养殖示范园区，总投资 1. 13 亿元，其中政府投资 3 782 万元，拉动自筹资金 7 566 万元。按照园区建设上台阶、上档次、上水平的要求，加强技术支撑，建立了市县渔业部门参加的园区建设联系人制度，并指导园区规划建设，协助解决建设单位出现的问题，改善了渔业基本生产条件，为推进渔业结构调整，建立特色渔业基地和吸纳社会资金营造了良好的平台。

3. 推进农业部健康养殖示范场建设

根据农业部办公厅《关于开展 2012 年农业部水产健康养殖示范场创建活动的通

知》要求，2012 年 6 家水产养殖企业通过农业部水产健康养殖示范场验收（图 15、图 16）。

图 15　优势水产品养殖示范园区

图 16　水产健康养殖示范场

（六）推进象山港海洋牧场试验区域建设

2012 年建成象山港海洋牧场试验区人工渔礁区域面积 250 000 平方米，投放渔礁体 1 015 个，其中台面框架型鱼礁 1 000 个（2.5 米×2.5 米×2 米），圆角六边形大型鱼礁 15 个（对角直径 5 米，高 3.5 米），投放鱼礁体 13 550 立方米，形成 7 个鱼礁群，共 36 384 空方。扩建海藻场面积 10 公顷，5 个移植品种（移植品种有海带、紫菜、铜藻等大型海藻）和 3 种养殖模式试验同时开展。增殖底播毛蚶 204 万颗，管角螺 31.4 万颗，增殖放流乌贼受精卵放流 350 万颗和初孵小乌贼 30 万只，岱衢族大黄鱼 50 万尾、黄姑鱼 31.5 万尾、黑鲷 10 万尾、石斑鱼 5.05 万尾、褐菖鲉 2 万尾，同时继续推进海洋牧场建设，打造宁波“百万亩碳汇渔业”示范区(图 17)。

图 17 象山港海洋牧场试验区人工渔礁

第五部分　政策法规

宁波市海洋经济发展规划

海洋是21世纪人类社会可持续发展的宝贵财富。国务院2011年2月底正式批复《浙江海洋经济发展示范区规划》，标志着浙江海洋经济发展上升为国家战略，为浙江海洋经济发展带来了前所未有的战略机遇。宁波位于我国长江发展轴和沿海发展轴“T”字形交汇处，是浙江省海洋经济发展示范区的核心区，在促进浙江海洋经济发展中具有重要的战略地位。为贯彻落实国家和浙江海洋经济发展战略，加快建设海洋经济强市，增强服务长三角、长江流域和中西部地区发展的能力，特制订《宁波市海洋经济发展规划》（以下简称《规划》）。

《规划》主要依据《长江三角洲地区区域规划》、《浙江海洋经济发展示范区规划》、《宁波市国民经济和社会发展第十二个五年规划纲要》和《宁波海洋功能区划》等重要规划编制。《规划》范围包括宁波整个市域，陆域面积9 672平方千米，海域面积9 758平方千米，重点是沿海县（市）区及其毗邻海域。规划期为2011—2020年，重点为“十二五”时期。《规划》是指导宁波海洋经济发展的纲领性文件。

一、现实基础与重大意义

（一）发展基础

宁波海洋资源丰富，区位优势突出，工作基础扎实，具备发展成为浙江海洋经济发展示范区核心区的现实基础和条件。

港口优势得天独厚。宁波港口岸线总长为1 562千米，占全省的30%以上，其中可用岸线872千米，深水岸线170千米。现有生产性泊位300多座，其中万吨级以上深水泊位60多座，已与世界100多个国家和地区600多个港口通航。2010年完成货物吞吐量4.12亿吨，居大陆第2位、全球第4位，完成集装箱吞吐量1 300.4万标箱，居大陆第3位、全球第6位。港口岸线资源既是宁波经济社会发展的战略性、龙头性资源，也是浙江省发展海洋经济、打造“海上浙江”最为独特的优势和载体。

海洋资源十分丰富。拥有丰富的“岛、涂、渔、景、油”等海洋资源，组合优势明显，适宜较大规模开发。岛屿资源良好，共有500平方米以上海岛516个，约占全省的1/5，岛屿面积524平方千米，岛屿岸线长758千米。滩涂资源充裕，拥有可围滩涂资源约140万亩，占全省滩涂总面积的34%，主要分布在杭州湾、大目洋和三门湾北岸等，围垦开发条件良好。渔业资源优良，紧邻中国四大渔场之一的舟山渔场，象山港是具有国家级意义的大渔池。海洋旅游资源优越，滨海地区具有“滩、岩、岛”三大特色，主要集中在象山港内和象山县沿岸。油气储量丰富，春晓油气田探明天然气储量达700多亿立方米，开发利用潜力巨大。

战略区位十分突出。宁波位于我国长江发展轴和沿海发展轴“T”字形交汇处和长三角城市群核心区，海域位于长江黄金水道入海口，紧邻亚太国际主航道要冲，是长三角地区与海峡西岸经济区的联结纽带。宁波－舟山港口一体化的顺利推进，使沿海港口物流、战略物资储运优势得到了进一步发挥。随着杭州湾跨海大桥、甬台温铁路的建成和杭甬运河通航设施不断完善，宁波由交通末端发展成为连接上海、江苏和海峡西岸地区的枢纽城市，成为浙江温台和浙西地区接轨大上海的桥头堡。

特色优势比较突出。2010年全市实现海洋生产总值806亿元，海洋产业体系比较完备。在临港工业方面，初步形成以石化、钢铁、能源、汽车、造船等行业为支柱，绵延20多千米的沿海临港产业带，2010年实现总产值7 000多亿元，基本建成华东地区重要的能源原材料基地和先进制造业基地。在港航物流方面，14个大宗商品交易平台加快建设，2010年实现交易总额近2 000亿元。现代物流业实现增加值507亿元，现有各类物流相关企业4 000多家。在海洋新兴产业方面，培育了浙江造船、新乐船厂等一批高端装备生产企业，2010年实现产值200多亿元。

海洋科教实力较强。拥有宁波大学海洋学院、生命科学与生物工程学院、宁波市海洋与渔业研究院等一批科研机构，拥有海洋与渔业领域重点实验室9家，海洋科技工作人员达2 000余人，在航海航运、海洋养殖、海洋生物等领域取得一批关键技术成果。海洋科技教育实力较强，有利于提升海洋经济发展核心竞争力。

体制机制比较灵活。宁波是我国民营经济发达地区，县域经济发达，在全国较早地开展了要素配置市场化、资源环境有偿使用等改革，资源要素市场化配置水平较高。近年来海洋资源开发领域的改革顺利推进，市场信用建设不断加强，民营企业积极进入海洋开发领域，成为海洋经济发展的重要力量。

也要清醒地认识到，宁波市海洋经济发展还存在不少问题，主要表现在：海洋经济占地区生产总值比重与海洋资源优势还不匹配，海洋产业规模不够大，发展质量不够高；海洋经济发展方式总体比较粗放，海洋高技术产业和服务业发展滞后；海岛资源开发总体比较滞后；海洋生态环境不容乐观，陆地开发与海洋发展统筹亟待加强。

（二）重大意义

宁波发展海洋经济，建设海洋经济强市，对于推进宁波转变经济发展方式、促进浙江海洋经济发展示范区建设、实现全国区域协调发展等都具有示范重要的战略意义。

一是贯彻国家海洋经济发展战略、优化沿海区域开发布局的客观需要。党的十七大提出“实施海洋开发战略”，全国“十二五”规划《纲要》明确要“发展海洋经济”。近年来国务院先后作出了天津滨海、上海“两中心”建设、海峡西岸开发等区域发展战略。充分发挥海洋资源优势，推进宁波海洋经济发展，北承苏南浙北地区、南联海峡西岸经济区，有利于进一步完善国家沿海区域发展布局，也是落实国家建设海洋强国战略的实际行动。

二是落实国家长江三角洲地区区域规划，共同打造亚太地区重要国际门户的客观需要。国务院《长江三角洲地区区域规划》明确提出“把长江三角洲地区建设成为亚太地区重要的国际门户”。宁波地处我国黄金海岸、黄金水道“T”字形经济带核心区，对内是江海联运枢纽，对外是远东国际航线要冲。充分发挥区位优势和港口优势，加快发展海洋经济，有利于共同建设上海国际航运中心和国际金融中心，打造亚太地区重要国际门户，提高我国对外开放和参与国际经济竞争与合作的水平。

三是浙江打造“海上浙江”和“港航强省”、建设海洋经济发展示范区的客观需要。2011 年 2 月底国务院正式批复《浙江海洋经济发展示范区规划》，标志着我省海洋经济发展上升为国家战略。加快推进宁波海洋经济发展，有利于浙江省拓展新的发展空间、培育新的增长极、探索建立适合海洋经济发展体制机制。

四是宁波实施“六个加快”发展战略、转变经济发展方式的客观需要。今后一段时期是宁波实施“六个加快”发展战略、实现现代化国际港口城市新跨越的关键时期。发挥海洋资源优势，建设海洋经济强市，有利于按照科学发展观的要求，科学规划海洋经济发展，加快打造国际强港，集约利用海岛、岸线、海域等海洋资源，推进经济发展方式转变和现代化国际港口城市建设。

二、总体思路与发展目标

（一）指导思想

以邓小平理论和“三个代表”重要思想为指导，认真贯彻落实科学发展观，深入实施“六个加快”发展战略，以科学发展为主题，以加快转变经济发展方式为主线，以港航服务业、临港先进制造业、海洋新兴产业和海岛资源开发为重点，以创新体制机制为动力，统筹陆域经济和海洋经济发展，统筹资源开发和环境保护，统筹经济建设和改善民生，着力构建现代海洋产业体系，着力完善海洋基础设施体系，着力提升海洋科教研发能力，着力加强海洋生态文明建设，努力实现“海洋经济大市”向“海洋经济强市”的战略性转变，把宁波建设成为海洋经济实力较强、辐射服务功能突出、空间资源配置合理、科教文化体系完善、海洋生态环境良好、体制机制灵活的我国海洋经济发展的核心示范区。

（二）战略定位

浙江海洋经济发展引领区。充分发挥区位、港口和产业基础优势，以港口开发为重点，以海洋科技进步为支撑，加快海洋资源综合开发，着力推进海洋产业高端发展，充分发挥宁波对周围区域的辐射带动功能，建设成为浙江海洋经济发展引领区。

上海国际航运中心的主要组成部分。充分发挥港航资源和区位优势，依托梅山保税港区和宁波杭州湾新区等功能区，构建大宗商品交易平台，完善海陆联动集疏运网络，强化金融和信息系统支撑，加快大宗商品储运、加工、贸易基地和集装箱干线港建设，发展成为上海国际航运中心的主要组成部分。

我国重要的新型临港产业基地。依托比较扎实的临港产业基础，紧紧瞄准产业链和价值链的高端，优化产业布局、推进转型升级，择优发展石化、钢铁、能源等临港工业，大力发展现代物流、国际贸易、国际金融、滨海旅游等临港服务业，培育发展海洋战略性新兴产业，发展成为我国重要的新型临港产业基地。

我国重要的海洋科教研发基地。依托宁波在海洋经济人才培养方面的比较优势，大力发展港口物流、航运航海、海洋生物等专业，建设成为全国重要的海洋经济科教研发基地，为浙江乃至全国培养一批具有全球视野、创新意识的现代海洋经济人才。

我国海洋生态文明建设先行区。坚持科学规划、合理开发、可持续利用的原则，以象山港、三门湾等区域为重点，推进海洋经济的有序开发、高效利用和严格保护，加强重点海域污染防治和生态修复，实施海洋污染海陆联动防治，探索跨区域海洋环境联合治理，为探索我国海洋生态文明建设积累宝贵经验。

（三）基本原则

坚持联动发展。坚持以海带陆、以陆促海，统筹陆海产业布局、基础设施建设和环境治理保护，把海洋的资源优势、后发优势与陆域的综合优势、先发优势结合起来，以陆域经济支撑海洋经济发展，以海洋经济拓展提升陆域经济。

坚持转型发展。深入实施“科技兴海”战略，提高海洋经济自主创新能力，切实转变发展方式，推进海洋经济发展从粗放型转向集约型。改造提升传统产业，培育壮大新兴产业，促进产业间相互融合，形成海洋产业核心竞争力。

坚持集群发展。优化海洋经济空间布局，构筑健全的投融资、科教创新、对外开放等海洋开发平台。整合沿海城市、重要海岛等载体，建设一批沿海产业集聚区，形成功能清晰、各具特色、优势明显的海洋产业带。

坚持绿色发展。坚持“在开发中保护，在保护中开发”，妥善处理好海洋资源开发与环境保护的关系，切实加强海洋生态文明建设，发展循环经济和低碳经济，使海洋经济的发展规模和速度与资源环境的承载能力相适应，实现海洋经济可持续发展。

坚持开放发展。立足于亚太国际门户城市重要节点区的有利位置，充分利用国际国内两个市场、两种资源，注重内引外联和外向发展，引导民间资本积极参与海洋经济发展，着力建设内外对接的开放型海洋经济体系。

（四）发展目标

总体目标是，力争到2015年，基本建设成为我国海洋经济发展的核心示范区，海洋经济实力较强、辐射服务功能突出、空间资源配置合理、科教文化体系完善、海洋生态环境良好、体制机制灵活，对浙江海洋经济发展发挥先行示范和龙头带动作用。

——海洋经济实力显著增强。在优化结构、提高效益的前提下，到2015年海洋生产总值突破2 500亿元，占全省海洋经济比重提高到35%左右。海洋三次产业结构进一步调整优化。海洋经济综合实力、辐射带动能力和可持续发展能力进一步提升，基本建设成为浙江海洋经济发展示范区的核心区。

——辐射服务功能明显增强。“三位一体”的港航服务体系比较完善，成为区域性资源配置中心。港口货物吞吐量和集装箱吞吐量稳步增长，到2015年分别达到5.5亿吨和2 000万标箱，成为全球大宗商品枢纽港和集装箱运输远洋干线港。大宗商品交易市场影响扩大，实现市场交易额4 000亿元以上。金融服务功能显著提升，金融机构本外币存贷款余额达到40 000亿元。

——海洋经济转型走在前列。海洋产业结构、空间布局结构和增长动力结构优化取得实质性进展。临港工业“集群化、循环化、高端化”发展，建成世界先进的临港先进制造业基地。海洋服务业占海洋经济的比重明显提升，海洋经济核心竞争力明显增强。海洋战略性新兴产业增加值占海洋生产总值达到30%以上。

——海岛综合开发成效明显。在统筹规划、优化布局的基础上，海岛综合开发步伐加快，形成定位清晰、导向明确、功能协同的海岛开发新格局。象山海洋（海岛）综合开发试验区顺利推进。海岛基础设施进一步完善，形成海陆联动、便捷高效的现代化综合交通网、城乡给水和能源供应设施网、海洋环保设施网等。

——海洋科教文化比较发达。“科技兴海”战略顺利实施，涉海院校和学科建设加快，海洋自主创新能力显著提升。建成一批国家级海洋科研基地，基本建成海洋经济高等教育和职业教育改革试点城市。到2015年，海洋研发投入占海洋经济生产总值比重在2.5%以上，海洋科技进步对海洋经济贡献率达70%。

——海洋生态建设全国领先。海洋生态文明建设扎实推进，象山港区域保护等取得实质性进展，陆源污染和涉海污染得到有效治理，沿海地区和主要大岛基本建成有效的防灾减灾体系，滩涂资源得到科学保护和开发，重点海域主要污染物排海量比 2010 年削减 15% 以上，基本建设成为我国海洋生态文明建设示范区。

到 2020 年，全市海洋生产总值达到 4 500 亿元，海洋三次产业结构进一步优化，形成特色明显、竞争力强的现代海洋产业体系，海洋经济科技贡献率达 80% 左右，海洋战略性新兴产业增加值达 40% 左右。全面建成海洋经济强市和浙江海洋经济发展示范区的核心区，对全省海洋经济发展的龙头带动作用进一步发挥。

三、优化海洋经济功能布局

坚持海陆联动、协调发展，遵循海洋经济自然属性和发展规律，发挥不同区域的比较优势，优化形成重要海域基本功能区，着力构建“一核两带十区十岛”空间功能布局框架。

（一）打造一个核心区

以宁波—舟山港宁波港区及其依托的海域和城市为核心区，具体包括穿山半岛、梅山保税港区以及中心城区。围绕增强龙头带动、辐射服务和产业引领功能，优化港口岸线资源开发，加快打造国际强港，重点发展“三位一体”的港航物流服务体系，规划建设大宗商品交易平台，完善海陆联动集疏运网络，加强金融和信息系统支撑，择优发展临港大工业，力争发展成为全国性物流节点城市和上海国际航运中心的主要组成部分。

（二）加快推进“两带”建设

即以环杭州湾产业带及其近岸海域为主的北部海洋经济产业带，以象山港、大目洋和三门湾及其附近区域为主的南部海洋经济产业带，是宁波新型产业化和新型城镇化融合发展的重点区域。北部海洋经济产业带，要统筹规划建设沿海中心城市、卫星城市、中心镇和基础设施网络，加快发展临港先进制造业，改造提升传统优势产业，科学开发深水岸线资源。南部海洋经济产业带，要在科学布局、合理开发、注重环保的基础上，要充分发挥山海资源优势，提升生态经济和海洋经济发展水平，建设成为海洋经济发展的重要承载区。在推进“两带”发展过程中，根据各海域的自然条件和经济发展需要，科学确定各海域的基本功能。

专栏 1　宁波重要海域基本功能

1. 杭州湾近岸海域。指从甬江口镇海港区以西至宁波市杭州湾海域西界，海域面积约 900 平方千米，是浙江省发展海洋经济的战略大平台和宁波都市北部核心区域。要协调好围填海与河口海域防洪管理的关系，建立统一的海域管理体制，推进传统产业优化升级，形成临港工业、滨海旅游、湿地保护等基本功能。

2. 镇海北仑近岸海域。指从甬江口镇海港区至北仑穿山北海域，海域面积约300平方千米，是宁波发展临港大工业、港口服务业的主阵地和建设现代化国际港口城市的核心区。重点强化岸线资源的统筹规划，推进临港产业和港口物流合理布局，形成港口物流、临港工业、滨海旅游等基本功能。

3. 象山港海域。北仑穿山南至象山钱仓以北近岸海域，海域面积920平方千米，承担宁波重要的景观保持、气候调节、水土保持功能，是宁波重要的生态功能区。坚持以“开发、保护、整治”为主线，严格保护生态环境，加强海域污染治理，合理布局涉海产业，重点发展休闲旅游、海洋产业、现代物流业，适度推进清洁工业，建设成为我国著名的生态型经济港湾。

4. 大目洋海域。从象山钱仓以南至石浦港北界，海域面积200多平方千米，是宁波发展现代海洋产业和海洋旅游等的重要平台，是我国重要的海洋文化试验区。要合理高效利用岸线资源，适当控制临港工业布局，形成滨海旅游、生态保护等基本功能。

5. 宁波三门湾海域。石浦港南界至台州三门海域分界处，海域面积近500平方千米，是浙江海洋经济发展的战略大平台、上海国际航运中心重要功能区。要充分发挥三门湾区域的滩涂资源优势、港口资源组合优势，以港口开发为先导，以临港型产业、现代物流、生态农业为重点，建设成为浙江省海洋经济发展带的战略大平台。

（三）重点建设十大产业集聚区

即在推进现有开发区、工业园区开发建设基础上，以培育经济增长点和竞争制高点为目标，重点建设宁波杭州湾产业集聚区、梅山国际物流产业集聚区、余姚滨海产业集聚区、慈东产业集聚区、宁波石化产业集聚区、北仑临港产业集聚区、象山港海洋产业集聚区、大目湾海洋产业集聚区、环石浦港产业集聚区和宁海三门湾产业集聚区。整合区域空间、发挥特色优势、集聚要素资源，培育壮大海洋战略性新兴产业，增强产业集聚区资源环境承载能力，保障合理建设用地用海需求，努力发展成为推动宁波市经济转型发展的重大平台和城市新区培育的主要载体。

专栏2　十大产业集聚区建设导向

1. 宁波杭州湾产业集聚区。位于杭州湾跨海大桥南岸慈溪市境内，规划控制区235平方千米，“十二五”开发建设区28.8平方千米。发挥海洋资源和区位优势，大力发展海洋新兴产业、海洋服务总部经济，加快培育一批战略性新兴产业、现代服务业、先进制造业以及高效生态产业，建成浙江省产业转型升级引领区、浙江省海洋经济发展示范区、长三角地区战略性新兴产业先行区和沿海地区现代服务业重点示范区，成为具有现代都市气息与浓郁田园风光的国际化新城区。

2. 宁波梅山国际物流产业集聚区。包括宁波象山港区域北部以及北仑梅山、春晓和白峰的郭巨、上阳片区，面积220平方千米，“十二五”规划建设面积28.19平方千米。以国家保税港区为核心，以自由贸易港区为方向，着力推进大宗商品交易平台、集疏运网络、金融和信息支撑“三位一体”的港航服务体系建设，全面建设以港口为依托，以国际贸易为龙头，以现代物流为支撑，以航运、金融、商务服务为配套，海洋新兴产业与现代生态都市高度融合发展的国际港城。

3. 余姚滨海产业集聚区。地处余姚市北部，濒邻杭州湾，规划总用地面积67.39平方千米。重点发展电子信息产业及设备产业、现代机械产业、精细化工产业、模具加工产业、食品加工产业等六大产业，努力将滨海产业集聚区打造成为以技术密集型和知识密集型产业为主导，新兴产业和传统产业并举，集生产、研发、贸易为一体的配套齐全、生态环保、循环节能的智慧创新型产业集聚区。

4. 慈东产业集聚区。位于慈溪东部龙山镇的沿海围垦之地，东临杭州湾，北至淞浦河，南抵宁波石化经济技术开发区。规划用地面积42.2平方千米。以环杭州湾产业带为建设导向，以产业集群培育为目标，努力建成以装备制造、电子电气、新能源、新材料、金属制品、家电等为主体，大规模、高层次、集约化的先进制造业基地和城乡统筹发展试验区，成为慈溪工业经济提升发展的重要载体和平台。

5. 宁波石化产业集聚区。包括镇海、北仑、大榭三大片，规划面积74平方千米，是宁波发展临港石化产业的核心功能区。要以石化工业循环经济理念为指导，依托镇海炼化等特大型项目，深入实施石化产业链规划，形成比较完善的石化产业链，最终形成1亿吨炼油能力和350万吨乙烯能力、增加值过千亿元的世界级石化产业基地。

6. 北仑临港产业集聚区。包括北仑穿山北滨海区域，总面积约150平方千米，是宁波临港工业的核心功能区。按照国家战略布局和长三角区域规划的要求，坚持“集群化、循环化、高端化”方向，重点发展市场前景好、环境影响小、产出效益高的钢铁、能源、汽车、装备制造等先进制造业，努力打造国内一流的临港先进制造业基地。

7. 象山港海洋产业集聚区。包括鄞州、奉化、宁海、象山等沿象山港区域。要坚持开发和保护并重原则，充分发挥“海、湾、岛、滩”等资源优势，大力发展海洋旅游业、海洋渔业、海洋新兴产业和海洋服务业等，推进海洋休闲旅游功能区、物流园区和船舶制造等建设，适度推进清洁工业发展，努力打造国内著名的生态经济型港湾。

8. 大目湾产业集聚区。依托滨海区位和生态优势，进一步优化总体规划，高起点谋划功能定位和发展方向。推进基础设施建设，加快构建与象山中心城区道路连接纽带，形成相向发展态势。推动一批重大功能性与战略性项目落户。促进大目湾新城和松兰山景区联片开发，实现功能互补，打造休闲象山的核心代表区和滨海新城的支撑点。

9. 环石浦港海洋产业集聚区。主要指象山石浦镇及周边区域，陆域面积约200平方千米。要以石浦卫星城建设为契机，大力推进港城联动发展。提升国家中心渔港辐射带动作用，创建国家级文明渔港；推进水产品加工和船舶制造业转型升级，提升临港工业发展水平；加快景区建设和海岛开发，构建独具魅力的滨海休闲基地。

10. 宁海三门湾产业集聚区。主要指宁海宁东新城和下洋涂围垦区域，陆域面积约80平方千米。充分发挥土地、港口资源等组合优势，以宁东新城开发建设为基础，积极谋划田湾岛港区、下洋涂区域、胡陈港旅游度假区等开发建设，争取设立省级开发园区和国家海关特殊监管区，重点发展新能源、生物医药、新材料、滨海旅游等战略性新兴产业，为宁海现代化综合性滨海新区的崛起奠定基础。

（四）科学开发利用十岛

根据各海岛的自然条件和自然禀赋，科学规划、合理利用海岛及周边资源，重点开发梅山岛、大榭岛、南田岛、高塘岛、花岙岛、檀头山岛、对面山岛、东门岛、悬山岛、田湾山岛等重要海岛，着力打造成为全省乃至全国重要的综合利用岛、港口物流岛、临港工业岛、海洋旅游岛、清洁能源岛等，努力成为我国海洋开发开放的先导地区。

专栏3　重要海岛分类开发利用导向

综合利用岛：陆域面积较大、城镇依托较好、主导功能较为综合的海岛，包括象山的南田和高塘等岛屿，发展成为城镇化与工业化融合发展的区域。

港口物流岛：具有优越地理区位条件、深水岸线和合适的陆域空间，以港口物流功能为主导的海岛，主要包括梅山岛，发展成为国际物流和对外贸易示范区。

临港工业岛：具有较好建港条件和较大腹地空间，资源环境承载力较好、适宜发展临港大工业的海岛，主要包括大榭、打鼓峙岛、中界山岛等岛屿。

海洋旅游岛：具有优美自然风光、生态环境等旅游资源的海岛，包括象山港内的强蛟群岛、奉化的阳光海湾群岛、象山的花岙岛、檀头山岛、三门湾满山岛、鄞州的盘池山岛等岛屿。

现代渔业岛：具有良好的海域生态环境，渔业资源丰富，以现代渔业为主体功能的岛屿，包括象山对面山岛、东门岛、铜钱礁等岛屿。

海洋生态岛：具有较高海洋生态环境和生态保护价值的海岛，主要包括渔山列岛、韭山列岛、以及象山港湾底部的部分岛屿。

四、发展“三位一体”的港航物流服务体系

发挥港口资源优势和区位交通优势，着力构建大宗商品交易平台、海陆联动集疏运网络、金融和信息支撑系统“三位一体”的港航物流服务体系，努力建设成为我国大宗商品区域性配置中心和现代化国际枢纽港，积极培育海洋经济发展的核心竞争力。

（一）构建大宗商品交易平台

建设大宗商品交易中心。按照国家《长江三角洲地区区域规划》要求，发挥海铁联运优势，以液体化工、铁矿石、煤炭、塑料、钢材、木材、粮油、镍金属、船舶等为重点，积极打造大宗商品交易平台，力争形成若干个在长三角、全国甚至全球有影响力的交易平台，到 2015 年实现市场交易额 4 000 亿元以上。在大榭、北仑、镇海、余姚等地统筹规划建设一批大宗散货储运基地和交割仓，完善配套设施，提高储运能力。培育引进一批中转、运输、配送等物流企业，形成集储存、交易、运输为一体的交易服务体系，着力构建大宗商品的区域性配置中心。

建设战略物资储运基地。根据国家战略部署和长三角、长江流域经济发展需要，以石油、天然气、铁矿石等战略物资为重点，在大榭、镇海等地统筹规划建设一批国家战略物资储运基地，完善配套设施，提高中转储运能力。结合东海油气资源开发，根据浙江省统筹规划需要，在北仑、大榭等地规划建设后方服务基地，开展转储运、加工等服务，更好地保障国家能源等战略安全。

专栏4　“十二五”时期规划建设的大宗商品交易平台

序号	名　称	建设内容
1	宁波液体化工产品交易市场	引进国际液化品贸易中转企业落户市场，促成产业集聚，力争建成国际液化品进出口中转贸易基地
2	宁波煤炭交易市场	引进企业以煤炭销售企业为主，做大煤炭现货交易，探索中远期现货交易；吸引山煤集团、神华集团等大型、特大型的煤炭经营企业落户镇海，建成浙江省煤炭中转贸易基地
3	宁波钢材交易市场	以镇海和宁波华东物资城为依托，推进黑色金属期货交割库建设和钢材公共仓储建设，优化钢材港口物流服务、剪切加工服务等功能，推动钢材仓单抵押质押融资、提升金融服务功能，建成浙江钢材贸易基地
4	中国镍金属交易中心	进一步完善搭建电子商务平台，加快完善仓储、运输、银行、信息管理等配套服务
5	宁波长三角固体石化产品交易中心	在全国重点城市兴建一系列专业的石化产品供应链运营中心，依托现有的市场资源和客户资源及分销网络，建成全国性的物流网络骨干体系
6	宁波船舶及船用产品交易市场	利用船舶交易市场的运营，培育组建专业的船舶投资公司，吸引各地船东来宁波落户；利用多种融资渠道，提供船舶金融服务
7	宁波大宗生产资料交易中心	以发展现代物流业为主要职能，以建设临港服务业中心和打造国家重要的区域性资源配置中心为目标，力争建设成为国际液化品进出口中转贸易基地
8	宁波铁矿石交易中心	2010—2012年底，交易市场正式注册成立，并着手进行各项认证工作和仓储物流系统的支持体系的规划和建立；2013—2015年底，年交易规模达到3 000万吨，年交易额超过500亿元
9	余姚中国塑料城	整合注入优质国有资产，进行股份制改造，组建中国塑料城股份有限公司，争取尽快上市。配套建设中国塑料城改性塑料产业园，总投资估算10.8亿元，建成投产后，年处理加工塑料能力100万吨

（二）完善海陆联动集疏运网络

优化港口集疏运基础设施。坚持“集散并重”原则，把集装箱运输作为港口发展的重中之重，加快推进梅山、大榭、穿山三个港区专业码头建设，续建梅山港区3#～5#集装箱码头、大榭港区小田湾油品码头等，新建镇海港区19#～20#液体化工码头等，力争新增5 000万吨的港口货物吞吐能力和600万标箱的集装箱码头吞吐能力。规划开发象山港、三门湾等岸线，适时启动田湾山港区的开发建设。疏浚石浦港下湾门航道，拓展港口锚地。推进集装箱陆域堆场建设。研究六横岛－梅山岛联动开发合作模式。研究推进甬沪宁原油管道运输走廊复线建设，加紧研究长江沿线管道运输走廊建设。在宁波口岸规划建设一批大型综合性集装箱查验场站，提高查验通关效率。

积极推进多式联运。以新一轮大规模铁路建设为契机，大力推进镇海大宗货物海铁联运物流枢纽港建设。加快宁波铁路集装箱场站和支线建设，努力形成30万标箱/年的作业能力。开展海铁联运综合发展试验区建设，建立宁波海铁联运信息平台。加快培育海铁联运市场，开通到长沙、合肥、重庆、成都等城市的集装箱班列。培育和壮大一批货运代理和船运代理企业。加快杭甬运河及港区建设，强化与杭甬运河、京杭运河以及内地重要城市、内陆港的沟通联运，最大限度地发挥宁波港效应。

推动港口联盟建设。坚持“优势互补、共同开发、互利共赢、促进融合”的方针，进一步完善宁波—舟山港联合发展机制，强化港口岸线开发、管理运营、资本技术等合作。按照“市场主导、风险分担、互利共赢”的原则，以资产运营为纽带，建立与嘉兴、温州、台州等港口的合作关系，形成功能明确、优势互补、布局合理的浙江港口联盟。深入开展APEC港口合作，提高港口资源利用效率，提升港口在全球航运体系的物流效率和资源配置能力。

（三）强化金融和信息支撑

加快发展航运服务业。扶持发展船舶交易、船舶管理、航运经纪、航运咨询、海洋培训等航运服务业，延伸产业链条、提升服务功能，建设成为长三角区域的航运服务集聚区。依托国际航运服务中心，加快建设宁波航运金融集聚区。积极争取全国船舶检测中心落户宁波，扩大船舶检验检测与鉴证业务规模。努力争取中资外籍船舶特案减免税政策，研究制订具有国际竞争力的航运税费改革制度。加大与上海航运交易所合作力度，探索开发“中远期大宗交易运价指数”。大力推进检验检测和法律、中介、咨询等专业服务发展，积极开展专业化、个性化中介服务。

加快发展航运和物流金融服务。围绕海洋产业转型升级，大力发展航运、物流金融服务，积极发展船舶融资、航运租赁、金融仓储、航运结算、航运保险等金融服务。以梅山保税港区为依托，向国家有关部门争取获得与上海洋山保税港区同等的金融政策待遇，先行先试航运、物流金融政策和业务创新，探索发展离岸金融业务。扩大投融资业务和渠道，探索设立海洋经济政府创投引导基金，引导民间资本参与港口航运事业。

加快完善航运物流信息系统。以建设智慧港口、智慧物流为依托，提升宁波电子口岸、物流市场信息平台服务功能，进一步完善航运物流信息系统。以创新海关和国检管理体制机制为先导，全面推进电子口岸（EDI）信息系统建设，实现宁波—舟山港口岸物流管理与国内国际口岸物流无缝衔接。探索宁波物流市场信息平台系统开发，完善信息发布、交易匹配、合同签订、整体物流等解决方案。推进航运物流企业信息示范工程建设，提升航运物流信息化整体水平。

专栏5　宁波“三大中心”规划建设的总体情况

序号	名　称	地点	功能定位和发展方向
1	国际航运服务中心	东临昌乐路，西靠江澄路，南靠惊驾路，北临规划路，规划建筑面积20万平方米	以基础设施建设、服务功能提升、航运要素集聚为核心，全力建设成国际一流水准的大通关与综合政务窗口服务平台，一流的电子口岸与物流市场信息平台，一流的航运及服务企业集聚的窗口平台，成为辐射长三角地区的综合性国际航运服务中心
2	国际贸易展览中心	北起通途路，南至民安路，西临甬新河，东界河清路，总面积约1.1平方千米，规划总建筑面积达250万平方米	建设成为区域性、行业性国际贸易和会展企业总部的集聚区，进出口产品与装备的展览贸易区，进出口电子商务平台的先行区，国外先进技术与装备引进的服务区，进出口贸易口岸优质服务的示范区
3	国际金融服务中心	位于东部新城中央商务区，北靠国际贸易展览中心，西接国际航运服务中心，南临东部新城门户区，规划地上建筑面积约55万平方米，总投资约60亿元	根据国家长三角率先发展战略的战略要求，以促进产业结构优化和经济发展方式的转变为核心，强化银行、保险、证券、会计、咨询等国内外金融机构总部、地区总部和办事处的引进与培育，提升产业金融中心和金融创新中心功能，力争成为上海国际金融中心主要组成部分

五、择优发展临港大工业

宁波具有发展临港工业的资源禀赋和现实基础，要按照国家的战略定位和国务院《长江三角洲地区区域规划》的要求，把择优发展临港工业作为宁波海洋经济发展的战略重点，努力打造国内一流、世界先进的临港先进制造业基地。

（一）明确临港工业发展原则

发挥资源禀赋优势。宁波具有深水良港优势，濒临亚太国际主航道要冲，是连接国际国内两个市场的节点和枢纽，物流成本低、市场腹地广。要充分发挥宁波的深水良港和区位优势，大力发展大吞大吐的石化、钢铁、造船等临港先进制造业。

体现国家战略要求。要按照全国主体功能区规划、国家长三角地区区域规划、国家产业调整和振兴规划、浙江海洋经济发展示范区规划等的战略要求，择优发展有利于优化全国生产力布局、区域影响大、关联效应广的临港制造业。

符合绿色环保标准。妥善处理好临港工业发展与环境保护的关系，坚持走新型工业化道路，按照国际领先、国内一流的要求，实行更为严格的节能与环境准入标准，合理选择资源消耗低、环境污染少的临港先进制造行业，使临港工业的发展规模和速度与资源环境的承载能力相适应，实现海洋经济可持续发展。

（二）合理发展临港工业重点行业

石化产业。深入实施《浙江石化产业链规划》，坚持“基地化、大型化、一体化、专业化”发展方向，推进镇海炼化炼油乙烯扩建、台塑石化二期等重大项目建设，延伸石化产业链，提升产品价值链，提高市场竞争力。重点发展附加值高、产业关联度强、替代进口、填补国内空白的高端石化产品。炼油能力规划目标 7 000 万吨/年，到 2015 年达到 4 000 万吨/年；乙烯生产能力规划目标是 300 万吨/年，力争到 2015 年基本建成具有全球战略影响、石化产业增加值过千亿的世界级石化产业基地。

钢铁产业。在现有宁波钢铁 400 万吨项目的基础上，积极推进 200 万吨钢铁项目和 1 500 万吨钢铁项目规划建设。以宝新不锈钢、华光不锈钢为重点，推进集聚集约发展，延伸不锈钢产业链。积极推进钢铁的规模化生产和各种优质钢、特种钢的生产，丰富钢铁产品品类，提高钢铁产品附加值率。力争到 2015 年，钢铁生产能力达 600 万吨/年，不锈钢生产能力达 250 万吨/年，努力建设成为我国东南沿海新兴的钢铁生产基地。

汽车产业。把握我国乘用车市场快速发展的有利机遇，发展符合国家环保节能要求的经济型轿车。积极发展汽车零配件产业，进一步做大做强吉利汽车，积极引进央企、外资整车生产项目，形成北仑、杭州湾新区轿车生产基地，提高专业化协作水平，完善产业配套功能，积极发展整车工业，打造完整的汽车产业链，培育具有核心竞争力的区域产业集群。力争到 2015 年，整车产量达到 50 万辆/年，汽车发动机产量达到 50 万台/年，努力建设成为长三角地区乃至全国的重要汽车产业基地。

造船产业。深入实施《宁波修造船工业中长期规划》，加快推进浙江造船二期、三期扩建和三星重工扩建、中策动力船用柴油机等项目，加快推进建设高附加值船舶及装备基地，重点发展高技术高附加值的海上平台、海洋工程船、豪华游艇邮轮及齿轮箱、船用导航及自动化装置等。推进船舶企业联合、重组，推广现代造船模式，培育一批较强国际竞争力的企业，形成现代船舶产业链协作体系。力争到 2015 年，修造船生产能力达到 400 万载重吨/年，努力建设成为我国东南沿海重要的修造船生产基地。

装备制造业，推进发展新型注塑机、节能环保型数控机床、复合加工机床、高速精密主轴单元配件等，重点发展数控装备、高压超高压输变电成套设备、大型精密模具、高性能物流设备、新型仪器仪表、轨道交通设备、核电设备等八大领域，积极建设“中国南车宁波产业园”。到 2015 年，新装备产业实现产值 1 600 亿元，成为国家重要先进装备制造业基地。

专栏6　重点临港产业基地

序号	产业基地	发展方向和重点
1	石　化	坚持炼化一体化、园区化发展模式，推进循环经济链、延伸石化产业链、提升产品价值链，重点推进镇海炼化扩建1 500万吨炼油100万吨乙烯一体化、台塑宁波石化一期后续和二期、大榭1 000万吨炼化一体化、大榭石化馏分油综合利用、逸盛扩建150万吨PTA和宁波万华MDI改扩建等项目，规划形成7 000万吨炼油、300万吨以上乙烯、550万吨PTA、100万吨MDI生产能力，打造具有国际竞争力的世界级石化产业基地
2	钢　铁	贯彻落实国家长三角地区区域规划和产业振兴规划，规划建设"千万吨级"宁波大型临港钢铁基地，重点推进宁波钢铁扩建200万吨、华光10万吨精密不锈钢压延等项目，发展家电板、汽车板、高档建材板等国家鼓励发展的高附加值品种，推动不锈钢产业园建设，启动1 500万吨/年钢铁项目前期研究，力争形成600万吨/年钢铁、250万吨/年不锈钢生产能力，逐步建成我国沿海新兴的钢铁生产基地
3	造　船	推进浙江船厂三期等项目，加快推进建设高附加值船舶及装备基地，重点发展海上平台、工程船舶、船用电机等关键零部件高附加值产品，力争形成400万载重吨/年的产能，建设成为船舶工业强市、长三角造船基地的重要组成部分
4	汽　车	推进吉利汽车18万辆整车、波导新能源汽车等重大项目，力争整车产能达到50万辆/年
5	装　备	发展新型注塑机、节能环保型数控机床、复合加工机床、高速精密主轴单元配件、数控装备、高压超高压输变电成套设备、大型精密模具、高性能物流设备，到2015年，新装备产业实现产值1 600亿元

（三）推进临港工业集约化发展

推进产业集中。以镇海、北仑临港区域为重点，以国家级和省级工业园区为载体，推进石化、钢铁、能源和修造船等临港工业的空间集中。力争到2015年，临港工业园区化率达到85%，基本建成国内一流、国际有影响的临港制造业产业带。

促进产业集聚。推进各级各类开发区和重点园区的整合提升，构筑全国一流的产业集聚平台。推进产业融合发展，增强研发、信息、标准、培训、营销等服务功能。鼓励中小型企业为大型企业配套服务，提高生产专业化水平。推进临港制造业与生产性服务业的融合发展，延长产业链、提升价值链。

打造产业集群。以园区为基本载体，优化布局、整合资源、推进融合，重点引进"补链型"项目，延伸产业链、提升价值链、完善供应链，再创产业竞争新优势。力争到2015年，形成区域特色鲜明、产业关联度大、创新能力强的石化、能源、钢铁、装备制造等五大新型临港产业集群。

（四）提高临港工业生态化发展水平

提高环境准入标准。根据宁波资源环境承载力水平，实行项目环评、规划环评和区域环评联动，从源头上禁止污染类项目入驻。既要控制污染排放强度，更要严控污染排放总量。根据国际先进标准，严格控制新上高能耗、高污染项目，坚决淘汰落后产能。

大力推进循环发展。全面开展循环经济试点示范城市建设，在企业、园区和社会三个层面，推行清洁生产和低碳发展，推进临港工业园区生态化改造，进一步提高资源利用效益。严格实施《浙江石化产业链规划》，推行产业链招商，构筑比较完善的循环经济产业链，提高临港工业循环化发展水平。

优化调整空间布局。坚持科学布局、区域统筹、集约利用、错位发展的原则，推进区域功能优化整合，努力形成临港制造功能、生活居住功能、物流交通功能的合理分区和空间独立的布局结构。推进工业区和居住区相对独立，推进镇海新城区和北仑滨海新区的建设，推进人口集聚和现代服务功能向新城区集中。在新城区与临港工业区之间要保留足够宽的绿化隔离带。

六、建设新兴海洋产业基地

发挥海洋资源优势，扶持发展海洋战略性新兴产业，培育发展海洋服务业，提升发展现代海洋渔业，基本形成区域特色鲜明、产业关联度大、创新能力强的新型临港产业集群。

（一）扶持发展海洋新兴产业

海洋装备制造业。以北仑、杭州湾新区和三门湾区域为重点，以高技术专用船舶为重点，着力发展海上钻井平台、石化成套设备、高性能轻工机械装备、核电设备、风电设备、海洋环保设备等，提升技术集成和设备成套化水平。提升海洋高技术专用船舶生产能力，加强船舶设计、船舶共性技术、基础技术和船舶关键配套产品的开发和应用。坚持自主创新与国内外合资合作并重，发展海洋钻井平台、海上浮式生产储油装置、水下运载装备等海洋工程装备。推进工业化与信息化融合发展，促进海洋装备产业向技术自主化、制造集约化、装备成套化、产品品牌化方向发展。

清洁能源产业。发挥优势、做大规模、拓展功能，重点推进宁波LNG接收站及储备基地建设，发展成为华东地区最大的天然气资源加工、储备、应用和综合配置中心。根据国家能源发展布局要求，集聚核电装备制造企业，建设成为我国新兴核电产业基地。加快发展海岛和近海风能、潮汐能、生物质能等新能源。积极培育风电大产业，规划建设象山东南沿海、杭州湾新区、国电北仑穿山半岛风电等风电场。开发宁海黄墩港等潮汐能项目。推进西气东输宁波天然气管网建设，统筹推进抽水蓄能电站建设。

海洋药物及生物制品产业。加强海洋生物产业的基础研究和应用研究，提高产业化水平和规模。以宁波超星、宁波海浦、宁波王龙等企业为依托，推动海洋生物保健品和功能性食品、丙烯酸等开发。加强海洋生物肥料开发，尝试推进海洋生物芯片产业发展。在杭州湾新区或国家高新区，规划建设宁波海洋生物科技园，重点发展海洋药物、海洋生物保健品和海洋生物功能材料产业。利用在甬涉海科研院所优势，加强海洋功能食品生产技术研究。探索设立海洋生物产业引导基金，规划建设宁波海洋生物工程院，形成较强海洋生物医药技术研发能力和产业化促进体系。

海洋生物育种及健康养殖产业。发展海洋生物育种业、现代海水健康养殖业、高端远洋捕捞业和海产品精深加工业，延长海洋渔业产业链，增强海洋渔业综合竞争力。突出发展海洋生物育种产业，加强杂交、细胞工程、基因工程等技术在育苗中的应用，推进岱衢族大黄鱼、三疣梭子蟹等遗传育种工作。建立良种检验检疫制度，促进海洋生物育种产业的持续发展。积极发展现代海水健康养殖和高端远洋捕捞业。加快建设"海洋牧场"，重点建设象山港、渔山列岛和韭山列岛等三个海洋牧场核心示范区。大力推进远洋渔业发展，重点推动象山远洋渔业基地建设。

海水综合利用及深海开发技术产业。加快发展海水综合利用和海洋油气的开发技术，力争形成竞争优势。依托大唐乌沙山电厂、国华宁海电厂等在水处理方面的先进技术，加大对海水的直接利用技术研究，提高海水直接灌溉和海水循环冷却技术水平。实施大唐国际乌沙山发电有限责任公司二期海水淡化工程和象山大塘湾亚海水淡化项目。以海洋油气资源的开采和利用为突破，尝试发展深海资源开采技术。发挥春晓油气田天然气登陆和液化气中转基地的优势，参与春晓油气田的勘探技术研究。

海洋新材料产业。充分发挥中科院材料所在海洋新材料技术开发、成果转换中的优势，积极开展海洋防腐材料研究和关键技术攻关，开发绿色环保、节约资源、高性能防腐材料。充分发挥行业协会在海洋新材料发展的积极作用，加强相关企业与科研单位的合作，建立产学研相结合的联合体，提升企业技术开发能力。

（二）培育发展海洋服务业

滨海旅游业。充分利用"港、桥、渔、滩、岛、景"等资源优势，推动滨海旅游业快速发展，重点建设象山港—石浦—三门湾海洋旅游带。在梅山保税港区、春晓滨海新城、宁海湾旅游度假区等区域，科学布局和有序开发邮轮、游艇俱乐部、海洋主题公园等高端产品，培育引进国际知名酒店连锁管理集团、旅游代理商和旅游资讯集成商，建成我国海洋文化和休闲旅游目的地。

海洋商贸服务业。以镇海液体化工交易市场、中国（余姚）塑料城、中国（象山）水产城等专业市场和专业展会为重点，加强电子商务和海洋产品指数开发，促进有形市场和无形市场融合，提升海水产品、海洋石油及制品、海洋旅游产品等现代商贸服务水平，力争成为全国性海洋产品和生产资料贸易中心。积极发展连锁经营、物流配送等现代营销形式，形成以水产城为骨干，专卖店、仓储式商场等为补充的多元化、多层次的水产销售网络。

海洋金融服务业。支持各金融机构积极开展银团贷款、海域使用权抵押贷款等业务，满足海洋经济重大项目的资金需求。鼓励有条件的企业通过发行企业债、公司债、短期融资券等，拓展多元化融资渠道。支持有条件的海洋经济企业境外上市，探索设立海洋经济相关政府创投引导基金，引导民间资本参与相关基础设施和公共事业建设。吸引、组建航运专业保险公司，探索海洋经济相关行业资金互助社、互助保险等金融创新试点。

海洋信息与技术服务业。建立海洋信息系统，发展“数字海洋”，提供海上通信、海上气候、海上定位服务、海洋资料及情报管理服务等。积极培育大型信息服务企业，促进海洋信息服务向集团化、网络化、品牌化发展。扶持发展涉海企业投资、涉海法律与公证、涉海财务及税务、涉海咨询、涉海知识产权等海洋信息与技术服务业，使之成为海洋经济发展新的增长点。

（三）提升发展现代海洋渔业

突破发展海洋养殖业。加强渔船管理，控制捕捞强度，优化捕捞结构。加快建设“海洋牧场”。大力发展远洋渔业，加强远洋渔船更新改造和远洋渔场开拓，增强获取国际渔业资源能力和综合竞争力。改造提升传统海洋养殖产业，优先发展高效生态海水养殖，建设一批生态友好型水产养殖园区。加快渔港渔村建设改造，挖掘渔文化资源，发展多元化、精品化休闲渔业。

深化海产品精深加工。规划建设石浦水产城等一批水产品加工区，加强科技攻关和技术改造，丰富精深加工产品，大幅提高水产品精深加工比例。加快开发海产品精深加工的新工艺、新设备、新产品。加强水产品市场升级与信息化平台建设，探索发展主要渔货远期合同交易，建成多渠道、便捷化水产品物流配送体系。推广应用超高压、超低温等海产品加工新技术，建立水产品精深加工示范基地，形成一批核心竞争力强的高新技术加工产品。

七、完善海洋基础设施网络

根据海洋经济发展的目标要求，因地制宜、适度超前地配套建设交通、电力、供排水、通讯电信等基础设施，为海洋经济的长远发展提供强有力的支撑和保障。

（一）完善现代化综合交通网

完善高速公路和机场体系。推进完善“一环六射”高速公路网，建成象山港大桥及接线、穿山疏港高速公路等，加快推进甬台温高速复线、杭州湾跨海大桥杭甬高速连接线和六横大桥宁波接线等项目建设，加强港口、城市和产业集聚区之间的高等级公路有机组织。力争到2015年，形成以市区为中心的“213”高速交通圈，公路网密度达到100千米/百平方千米。坚持“客货并举、以货为主”，加快宁波空港枢纽及空港物流中心建设，完成栎社机场三期扩建工程，打造4E级大型机场。

加快发展铁路轨道交通。推进“一绕五射”铁路网建设，建成杭甬客运专线和宁波铁路枢纽工程（含货运北环线、南站改建、北站迁建等项目），完善到大榭、穿山、梅山港区的疏港支线，谋划甬台温铁路货运复线和石浦港区、三门湾区域铁路货运支线。规划建设沪甬（跨杭州湾）铁路、甬金铁路宁波段、甬舟跨海铁路等。建成运营轨道交通1号线一期工程，基本建成轨道交通2号线一期工程，加快轨道交通1号线二期工程建设，积极推进轨道交通后续线路建设，谋划市域轨道交通，预留规划通道。

专栏7　综合交通网络项目

公路：

高速公路。杭州湾跨海大桥—杭甬高速连接线工程、象山港疏港高速一期（穿山疏港至里蔡）、宁波穿山疏港高速公路、象山港大桥及连接线工程干线公路、石浦港区西向快速通道（宁海—新昌高速公路）等。

干线公路：宁波穿山疏港高速梅山保税港区连接线工程、滨海快速路及辅道工程、杭甬高速公路至沿海北线余姚连接线、奉化莼湖对外快速通道工程、沿海中线奉化段、宁海湾公路、石浦—下洋涂快速通道、环象山港公路（林善岙至黄避岙）、大榭对外第二公路（大榭第二大桥）工程、梅山岛环岛公路等。

铁路：

沪甬（跨杭州湾）铁路、甬金铁路（宁波段）、宁波港口（大榭、穿山）铁路支线、甬台温铁路货运复线和三门湾区域铁路货运支线，宁波铁路集装箱中心站。

港口航道：

宁波—舟山港北仑港区五期集装箱码头工程、宁波－舟山港穿山港区中宅煤炭码头工程、穿山港区1#集装箱泊位工程、三星重工配套码头工程、穿山港五期集装箱码头10#、11#泊位、宁海磨盘山码头、田湾山码头、石浦港雷公山水上货运中心、石浦港区下湾门航道工程、梅山保税港集装箱码头工程、余姚西港区码头。

积极建设水路设施。加快梅山港集装箱码头建设，续建杭甬运河余姚东港区、奉化方桥港区、城西港区等工程，提高泊位利用效率，加强重要航道、锚地建设。

（二）健全水资源保障网络

加强水资源供应能力。推进跨区域引供水重大工程建设，实施钦寸水库及引调水工程、曹娥江至宁波引水工程、郑徐水库和慈西水库等工程，开展青溪水库和富春江引水工程前期规划研究。增强沿海和海岛地区水资源保障能力，重点加强象山南塘、高塘等缺水地区的保障能力，力争到2015年，水资源供应基本能满足当地经济社会发展需要。加快象山10万吨级/日海水淡化工程，提高海水利用规模和比例。

提高水资源配置效率。根据水资源条件强化需水管理，加强以市场化手段作调节的、总量控制与定额管理相结合的水资源管理制度。进一步完善水资源有偿使用制度。做好多水源供水系统和应急水源工程建设。推进分质供水，推进节水型社会建设。切实加强水资源保护。

（三）健全高效能源保障网

完善能源输送网络。规划建设与省天然气主干网配套的天然气管网，推进川气东送、西气东输二线工程甬台温天然气管道建设。促进中心城区和余慈组团管网日益完善，推进奉化、宁海、象山供气管网建设。加快甬杭湖和甬台温丽衢成品油输油管道建设，形成输油管网，提高管输能力。

增强能源供给保障。改善能源供应结构，加快新能源和再生能源开发，加快打造能源储运基地，形成安全、清洁、高效的能源保障体系。结合“上大压小”和国家燃煤项目选优工作，协同推进输电通道保护与建设，积极建立完善厂网协调、电压等级匹配、运行调度灵活的现代化智能电网。改造一批燃煤电厂，削减电厂污染排放，严格控制新上火电项目。鼓励发展宁波市海岛和近海风能、潮汐能、生物质能等新能源。

（四）构建智慧海洋信息网

健全现代信息系统。加强公共信息网络共建共享，推进“三网”融合，实施数字海洋工程，完善海洋信息服务系统。完善物流市场信息平台系统信息发布、交易匹配、合同签订、支付结算、信用评价、整体物流等解决方案，健全交易、金融、监督“三合一”物流平台架构和会员准入机制。

提高现代信息服务能力。发展完善微波和卫星网，作为沿海和海岛地区光缆传输的重要补充、保护和应急手段，提高海上作业和海上救助通讯保障水平。依托无线传感网研发优势，扶持发展物联网，重点发展传感器与无线传感器网络、网络传输与数据处理、系统集成与标准化开发，争取在梅山保税港区率先采用。

（五）完善海洋防灾减灾网

建立健全海洋防灾减灾预报预警体系。整合完善海洋环境监测观测机构和设施，形成遥感卫星监测、站点监测与数据处理－监测船舶核实补充的实时、立体网络，提高海洋环境监测观测与应急决策的科学性、及时性。建立全市统一、权威的台风、热带气旋、风暴潮、赤潮、海啸、浓雾、地质等海洋灾害预报预警和防御决策系统，提高防灾减灾、应对突发事件的能力。

构筑安全生产和海上船舶应急救助体系。制定完善船舶溢油事故等海洋污染应急预案，加强船舶溢油事故、化学品泄漏或爆炸事故等监测观测、应急救助设施建设。建立海事、海洋与渔业、海上搜救等部门间的协调合作与应急制度，加强船舶安全管理，保障港口海运、渔业生产安全有序。

推进“强塘固堤”和标准渔港工程建设。完善海堤强化加固工程，加快围垦区域标准海堤建设，加强沿海平原防洪排涝设施配套。完善沿海防洪御潮体系、江河堤防工程及上游拦蓄工程体系，有效控制洪涝、风暴潮。加快建设以标准渔港为基础的防灾减灾体系，加强季节性避风渔港或港湾维护，保障渔民作业安全。

八、推进海岛的有效保护和科学开发

立足于丰富的海岛资源优势，切实加强对海岛资源的分类管理、有效保护、科学开发，完善基础设施体系，加强科学有效开发，把海岛建设成为海洋经济发展新的增长点。

（一）推进海岛资源科学开发

在保护好海岛及其周围海域生态环境的前提下，坚持高标准规划、分阶段开发、市场化运作的思路，推进南田岛、高塘岛、檀头山岛等海岛资源科学开发，形成综合利用岛、港口物流岛、临港工业岛、海洋旅游岛、海洋科技岛、现代渔业岛、清洁能源岛、海洋生态岛等主体功能岛。

推进海岛科学发展，打造综合利用岛。主要包括象山的南田和高塘等岛屿。充分发挥港、岛、城等组合资源优势，重点发展滨海休闲度假、海景房产、游艇基地及城市海岸等高端产业，加快发展海洋研发、海洋新能源、海洋高端服务业等战略性新兴产业，发展成为城镇化与工业化融合发展的区域。

推进港口物流发展，打造港口物流岛。主要包括北仑梅山、奉化大小列山、象山外门山内门山、象山西屿山东屿山、宁海田湾山港口区。坚持“深水深用、浅水浅用”原则，重点推进梅山、大榭、穿山三个港区专业码头建设，开展工业企业所需原材料和成品仓储、运输服务，发展货物装卸储存、现代物流国际中转等。

推进临港产业发展，打造临港工业岛。主要包括大榭岛、象山港口部的大列山和小列山、石浦港内的中界山和打鼓峙陆域。充分发挥港口资源和陆域经济优势，坚持“集群化、循环化、高端化”方向，重点发展钢铁、石化、能源、造船和装备制造等市场前景好、环境影响小、产出效益高的临港先进制造业。

推进海洋旅游发展，打造海洋旅游岛。主要包括奉化悬山、宁海中央山周围诸岛、鄞州串山、象山乱礁洋、道人山、旦门山、檀头山、宁海满山等。充分利用“港、桥、渔、滩、景”等资源优势，重点发展滨海度假、海洋观光、游艇（游船、邮轮）、海上运动等，建设成为我国海洋文化和休闲旅游目的地。

推进现代渔业发展，打造现代渔业岛。主要包括象山对面山岛、东门岛、铜钱礁等岛屿。要改造提升传统海洋养殖产业，优先发展高效生态海水养殖，建设一批生态友好型水产养殖园区。深化海产品精深加工，大幅提高水产品精深加工比例。

推进新能源开发，打造现代能源岛。指具备开发海洋能源条件或风力资源丰富、具备风能发电条件的区域。主要包括象山檀头山岛和南韭山岛等。积极推进海洋清洁能源建设，发展海岛和近海风能、潮汐能、生物质能等海洋可再生能源。

（二）加强海岛资源的有效保护

加快推进海岛保护规划编制工作，抓紧研究制定《海岛保护法》相关配套制度，制定系列技术标准规范用岛、护岛行为。根据现实基础和发展前景，宁波市无居民海岛保护区分为海洋保护区、植被保护区、一般保护区。

海洋保护区。指以具有一定代表性和完整性的生物群落和非生物环境共同组成的生态系统作为主要保护对象的海岛或区域，主要包括韭山列岛海洋生态自然保护区、渔山列岛海洋特别保护区。要严格保护海洋生物资源和非生物资源，实行限量采捕措施，加强海岛植被及其生态系统保护，基本禁止海岛开发和利用。

植被保护区。指以植物和森林植被及其生境所形成的自然生态系统作为主要保护对象的海岛，主要有：奉化南沙岛植被与候鸟保护区、奉化缸爿山植被保护区、象山屏风山周围诸岛植被保护区等。要严格保护海岛植物和森林植被，严禁开山取石，适度发展海洋海岛旅游业。

一般保护区。指资源环境状况不清，或者功能不明确，或者生态环境脆弱需进行保护但无明确保护对象的海岛或区域，主要有穿山半岛两侧诸岛一般保护区、象山港诸岛一般保护区、象山东部诸岛一般保护区、象山南田岛周围诸岛一般保护区、岳井洋一般保护区和宁海三门湾一般保护区。要做好海岛植被及其周围海洋生态环境的保护，维持海岛及其周围海洋生态现状。

九、构建海洋科教文化创新体系

根据国家和省海洋经济发展的战略需要，依托宁波在海洋经济人才培养方面的比较优势，着力构建海洋科教文化创新体系，为宁波、浙江省乃至全国海洋经济发展培养高素质人才。

（一）加强涉海院校建设和人才培养

提升涉海院校实力。实施宁波市政府与国家海洋局的战略合作计划，强化海洋生物工程、船舶与海洋工程等若干重点学科建设，共建海洋科技人才创新体系。加大涉海类教师的培养力度，在甬江学者特聘教授、高校中青年学科、专业带头人培养、青年教师资助等方面给予重点支持。大力扶持宁波高校海洋经济相关专业、学科，积极发展港口物流、航运航海、海洋生物、现代养殖、物联网、智慧城市等专业，争取在涉海类博士后流动站、国家级重点学科、本科重点专业、重点实验室等建设方面实现零的突破。加大海洋教育设施和研究设备的投入，提高办学质量。

加大涉海人才培养力度。探索在海洋经济和专业领域的定向招生制度，进一步扩大面向中职学生的招生比例。探索校地联合培养，提高人才培养能力。促进高校与社会、企业合作，探索建立政府、企业共同参与的高校管理体制，推动产学研合作深入开展。发展海洋类继续教育，深入开展岗位培训、预备劳动力培训等教育培训。加强渔民职业技能和职务船员培训。

（二）构建海洋经济创新发展平台

构建海洋科技创新平台。设立宁波大学海洋综合性研究院，加快建设海洋基础研究与高科技研发平台、海洋公共服务与科技孵化平台、高层次创新人才培养与培训基地。把浙江大学软件学院发展成为物联网、智慧城市和工业设计等研究基地，把浙江万里学院发展成为现代物流特别是物流市场信息平台等研究基地，把宁波工程学院发展成为港口城市发展等研究基地。依托在甬海洋科研院所，建立省级乃至国家级重点涉海实验室、中试基地等。鼓励市内外企事业单位与科研院所联合共建海洋科技孵化器、共性技术研发平台等。支持有条件的县市组建海洋研究所。

推进海洋科研创新服务基地建设。鼓励企业、社会团体和个人创办一批海洋科研创新服务基地，提高海洋科技成果转化与应用水平。完善海洋科研成果产业化扶持政策和区域性技术交易中心功能，建立一批海洋科研成果产业化基地，形成孵化、转化、产业化相互协调的科研成果转化体系。实施一批带动海洋产业发展的重大科技成果产业化项目，力争本地海洋科研成果转化率、引进和转化国内外成果走在长三角地区前列。扶持一批海洋战略规划、勘测设计、海域评估等中介机构。

（三）引导转变海洋经济发展方式

深入实施“科技兴海”战略，建立健全政府关于海洋科技创新的政策扶持体系，提高科技对海洋经济发展的贡献率，推进海洋经济从传统的粗放型发展向集约型科学发展转变。建立以政府为引导，社会、企业、民间及外资等参与的多元化、多渠道的海洋科技创新投入体系。加大政府对海洋科技创新的投入力度，加强对公益性海洋科研院所的支持，建立健全财政性海洋科技投入稳定增长的机制。深化涉海科研体制改革，建立政府海洋科技创新风险投资基金，形成海洋科技创新风险共担、成果共享的投入支持机制。进一步加强开展对外科技合作与交流，积极引进大院名所，签订长期科技合作协议。不断拓展国际间的科技合作。

（四）加强海洋文化建设

弘扬先进海洋文化，吸取世界先进海洋文化的优秀成果，促使宁波市海洋文化焕发出新的生命力。办好中国海洋论坛和中国海洋经济投资洽谈会，积极做好世界海洋博览会申办工作。保护涉海文化古迹，传承民间海洋文化艺术，扶持发展海洋文化产业。普及传播海洋文化，发挥各类学校的教育主阵地作用，促进海洋文化知识的持续传播，加强对企业、城乡社区等基层群众的海洋文化宣传，培养社会对海洋文化的认知和兴趣。

十、加强海洋生态文明建设

牢固树立生态海洋、和谐海洋的发展理念，坚持在保护中开发，在开发中保护，促进海洋生态建设和海洋经济可持续发展。

（一）集约节约利用海洋资源

合理开发利用海洋资源。树立集约开发利用的理念，有偿、有度、有序地利用海洋资源，加强海域、海岛、岸线等基础调查与测绘工作。科学修编海洋功能区划，实行海岛、岸线等资源分类指导和管理，合理开发利用海洋资源，有序开展围填海工程。

加强资源利用监管。加强涉海项目的区域规划论证和环境影响评价工作，规范海洋产业、海域围填、海洋工程的规划审批、建设监管和监测评估。加强无居民海岛管理，严格控制无居民海岛开发利用。健全公众参与机制，形成海洋科学开发长效机制。

（二）加强海洋污染综合防治

完善陆海污染综合防治体系。建立入海污染物总量与浓度控制制度和海洋与海岸工程环保管理制度，制定和实施近岸海域排污总量控制计划，严格控制陆源污染物排放。加强沿海城镇、开发区和旅游区等重点陆源污染控制，加快沿海、沿河城镇生活污水、垃圾处理和工业废水处理设施建设。实施重点陆源污染物排放在线监控，加强海水养殖、船舶排污及港口环境执法监督。严格执行海洋工程、海岸工程等建设项目环境影响评价制度。限制高污染项目在重点海域沿岸布点。建立海洋环境质量公报和定期预报制度。加强海上污染源管理，强化海洋工程和船舶溢油管理。

推进跨区域海洋污染防治。加强与舟山、三门等地协作，加大近海生态环境建设支持力度，建立完善市际联席会议制度，重点在入海污染源联合监控、海洋污染协同治理、重大海洋污染事件防范应对、海洋生态修复建设、涉海环境联合执法、废弃物海洋倾倒监管等领域开展广泛合作。

（三）加强海洋生态建设和修复

加大典型海洋生态系保护力度，加强现有海洋自然保护区保护能力建设，规划建设一批海洋自然保护区、生态湿地保护区、海洋特别保护区等，有效维护海洋物种多样性。建立象山港海洋渔业种质资源与濒危物种特别保护区，杭州湾河口海岸、象山港海岸等滨海湿地保护区，形成分布广泛、类型多样的海洋保护区网络。实施海洋生态环境保护修复工程，保护海洋岸线和滩涂资源，修复近海重要生态功能区，重点是加强象山港、大目洋等近岸海洋生态修复建设。

（四）加强海洋资源保护和管理

保护海洋生物资源。控制和压缩近海传统渔业资源捕捞强度，严格实行禁渔区、禁渔期和休渔期制度。在近岸重点增养殖区建设一批生态养殖示范区。加强重点渔场、江河出海口、海湾等海域水生资源繁殖区的保护，强化渔业资源开发的生态环境保护监管。抓好象山港、韭山、渔山海洋保护区等海域的增殖放流工作，扩大增殖放流品种和规模。加强珍稀濒危水生野生动植物的救护工作，依法打击偷猎、偷捕受保护的野生动植物的行为。

加强渔业生态环境监督管理。大力加强象山港海域水环境实时检测系统建设。实施象山港海洋牧场建设项目及生态修复工作，加强重要经济动植物繁殖、索饵、洄游与栖息地保护，通过礁体投放、藻类移植、底播增殖等多种形式，建设成为生态和经济效益明显的港湾牧场。完善沿海群众渔业管理法规，用法律的形式保护海洋生物资源，保护渔民合理的渔业生产活动。

十一、建设象山海洋（海岛）综合开发试验区

象山拥有“港、岛、海、桥”综合优势，为浙江省海岛数量最多的县，是宁波发展海洋经济和浙江海洋经济示范区的重要载体。打造象山海洋综合开发试验区，对于宁波市探索海洋海岛综合开发新模式、推进浙江海洋经济发展示范区建设具有重要意义。

（一）推进南田（高塘）新区建设

南田（高塘）新区包括南田岛、高塘岛和花岙岛。要充分发挥海岛、港口综合

资源优势，推进南田（高塘）新区建设，为省市海岛开发开放积累经验、作出示范

积极承接台湾产业转移。促进两岸产业深度对接，积极承接台湾新一代技术密集型产业和现代服务业转移，争创对台加工贸易基地。重点引进海洋工程装备、光电信息技术类台资企业。积极发展现代生态农业，引进台商从事精品农业、设施农业、现代渔业，建设省级现代化渔业标准化养殖示范区。加快发展海洋休闲旅游业，鼓励台资企业参与花岙岛、风门口等旅游资源开发。

加快发展大宗商品交易。加快金七门等深水岸线开发，以煤炭、粮油、船舶等为重点，建设大宗物资转储运、配置、交易中心，积极打造大宗商品交易中心。鼓励海运企业与生产企业、营销企业的合资合作，扶持发展万吨级以上散货运输船舶。设立海运服务中心，打造象山海运品牌形象。启动雷公山石浦水上货运中心，拓展对台贸易业务。加快航运物流信息服务平台建设。

推进两岸低碳技术产业化合作。以低碳科技创新为核心，重视低碳技术研发，努力建设两岸低碳经济合作示范区。依托海岛独特的资源禀赋，引进一批带动作用强的低碳产业项目，综合开发风能、潮汐能、太阳能等新能源，建设海洋新能源综合开发基地。鼓励台湾高等院校、科研院所、企业组织设立低碳技术创新机构，建设两岸低碳产业技术研发服务基地。

加快推进新型城市化。发挥海陆联动优势，高标准推进城市建设，完善基础设施体系，形成展现海岛风貌和两岸特点的城市风格。加强海域生态保护与建设，促进海岛自然生态良性循环。强化海岛对外对内交通设施建设，高标准建设污水垃圾处理设施，加强信息网络基础设施建设，打造特色鲜明、设施先进、生态优美、生活舒适的现代化“生态宜居岛”。

创新开发管理体制机制。优化海岛管理体制，建立南田（高塘）岛综合开发园区，争取享受省级开发区待遇。创新海岛开发运营机制，允许在海岛开发建设及投融资机制方面实行先行先试。按照“谁开发、谁经营、谁保护、谁受益”的原则，建立多元化的海岛开发投入机制。积极引进国内外金融机构设立经营机构，鼓励利用多种融资方式支持南田（高塘）岛开发建设。

（二）推进石浦对台经贸综合试验区建设

立足良好的对台贸易基础，充分发挥石浦港对台小额贸易试点口岸的优势，逐步扩大对台交流开放合作的领域，争取国家赋予特殊政策，创建以对台贸易为特色的石浦对台经贸综合试验区。

探索对台经贸合作新模式。积极争取国家支持实行更灵活、更开放的对台经贸交流合作政策，推动设立对台经贸合作的新型海关特殊监管区域，实施旅游购物、人员往来、贸易投资等特殊政策，营造台商投资的产业配套环境。积极探索“共同规划、共同开发、共同经营、共同管理、共同受益”的合作新模式，广泛吸引台湾

各界人士参与开发建设，共同拓展境内外市场。

推进对台经贸合作综合试验。积极开展两岸区域合作综合试验，进一步开放台商投资领域和股比限制，推进两岸产业深度对接，推动两岸投资贸易自由化。构建新的两岸直接往来便捷通道，开辟石浦至台北、新竹两岸海上快捷客货滚装航线，争取更加开放的对台小额贸易政策，实现对台贸易从水产品出口为主转变为进口台资企业生产生活用品为主，逐步扩大活鲜水产和水果等农产品进口，将石浦对台经贸综合试验区打造成为台湾居民和产品货物进入大陆的海上便捷快速客运通道和物流综合通道。

完善港口设施和口岸功能。加快港口基础设施建设，改造升级3 000吨级对台码头，建设雷公山万吨级以上公用码头，启动石浦港物流园区建设。完善码头监管设施，扩展公用型保税仓库面积和查验场地，规划建设口岸办公场地。积极鼓励发展以陆路运输、快件传递为主的物流公司，使石浦口岸到港货物能够及时疏运至台资企业和台商所在地。推进口岸、台办、海关、检验检疫、边防等部门相互协作，加快创建石浦港一类口岸。

推动全方位对台开放合作。组建并运作有台湾相关人士参加的石浦对台经贸综合试验区开发开放议事咨询机构。创新招商引资机制，鼓励台湾各类机构以各种形式参与开发建设。积极引进台湾企业设立地区总部、配套基地、采购中心、物流中心，共同经营推广开发建设项目。全方位拓展开放开发层次领域，创新利益共享机制，积极吸引大型央企、境外财团投资开发。

（三）推进海洋文化建设示范区建设

提升象山影视文化产业区建设水平。争取向国家有关部委申报影视文化产业基地，争创国家级影视产业基地。加强影视基础设施建设，延伸影视产业链，扩大文化旅游休闲功能。加快建设影视产业核心区七大功能区，打造以影视文化产业为龙头、现代休闲旅游业为支撑、海洋生态涵养为特色的重要功能区块。到2015年，开发面积达到2 000亩，接待游客达到150万人次以上。

建设国家海洋渔文化生态保护实验区。规划建设中华渔文化主题公园、塔山遗址博物馆等，加强海洋文化主题公园经营，大力弘扬海洋文化。加强海洋文化发展载体建设，开辟一条海洋文化走廊，兴建一个海洋文化教育基地，建造一批海洋文化城雕，演绎一台海洋文化主题剧。加快海洋文化与产业融合发展，主打“中国渔文化之乡”象山文化旅游品牌，全面建设环石浦港渔文化旅游带。以海洋文化提升节庆活动内涵，构建“1 + 3 + N”的海洋节庆文化体系，创新办好中国开渔节、石浦“三月三·踏沙滩”民俗节、渔山国际海钓节、象山海鲜美食节等节庆活动。

建设长三角新兴海洋会展中心。坚持以活动带产业，通过积极承办重大会展活动，带动会展产业发展，打造长三角独具特色的海洋会展中心。继续办好中国海洋论坛，提升中国开渔节等海洋节庆举办水平，加快会展产业化发展，不断扩大在长三角地区的会展知名度，为争办中国海洋博览会和世界海博会奠定基础。

（四）推进现代化滨海休闲城市建设

发挥区位、大桥、海洋、生态、文化等组合比较优势，加强象山中心城区与大目湾区块、石浦卫星城市、中心镇、渔（农）村的特色建设与协调发展，打造经济较为发达、海洋魅力独特、生态环境优美、宜居宜游宜业的现代化滨海休闲城市。

集聚提升中心城区。以完善公共交通、商贸商务、金融保险等功能为重点，推动重大城市项目建设，积极构建城市新中心区。加快旧城和城中村改造，拓展城区发展空间，改善生活居住环境。高起点谋划一批新的功能区块，建设以东陈为中心的城市南延功能区和产业发展大平台，形成一批产业集聚区和城市综合体。

开发建设大目湾区块。充分发挥滨海区位和生态等资源组合优势，重点培育海洋旅游、不老养生等产业，推进休闲旅游、新城中心等功能区建设，打造成为以休闲旅游为主导功能的海洋文博生物中心、养生休闲度假海湾、低碳示范新城。推进大目湾新城和松兰山景区联片开发，打造休闲象山的核心代表区和滨海新城的重要支撑点，积极创建国家级低碳示范城。

加快建设石浦卫星城市。高起点编制实施石浦卫星城市发展总体规划，加快昌国工业旅游区块、东部区块、南汇区块、渔港古城区块等建设，完善基础设施，拉大城市框架，提升城市功能，实现从“中心镇”向“省级小城市”、“市级卫星城市”的跨越。到2015年，建成区面积达到14平方千米。

加快建设北部临港新城。抓住象山港大桥建设和临港产业区发展机遇，推进新型工业化与新型城市化融合发展，发挥贤庠区域中心的辐射带动作用，打造大桥经济桥头堡和北部临港新城。

（五）推进岛屿开发开放

提高对外开放水平。在海陆联动上先行先试，加快石浦开发开放，建设成为港城岛联动开发示范区，创新海陆协调发展模式。以开发区、产业区、科技园区等“三区两城一中心”、六大区块以及“大桥经济”为载体，以浙洽会、开渔节等重大节会为平台，提高开放水平。加强与宁波－舟山港的分工协作，引进大集团、大项目，提升港口服务功能，成为浙江港口联盟的重要组成部分。

拓展发展空间。在新一轮土地利用总体规划修编中，适当核减象山耕地保有量；大力推进低山缓坡开发，增加建设用地、基本农田等用地指标。适度增加象山新增建设用地规模和年度计划指标。依据海洋功能区划，适度扩大围填海规模。适当下放海域、岸线、无居民岛等开发的审批权限。

加大扶持力度。实行“以岛养岛”政策，允许享受省海岛县（市）优惠政策。

进一步加大对海岛的财政转移支付力度，在基础设施建设、生态环境保护、社会事业发展等方面适当降低地方配套资金比例。建立市海岛综合开发专项资金，重点加快改善陆岛、岛岛连通工程及岛上水、电、路等基础设施建设。涉及海岛的建设项目优先列入市级计划。建立多元化的海岛投入机制，允许在海岛管理、建设及投融资体制机制方面实行先行先试。大胆探索小岛整体拍卖转让和海岛产权抵押融资等政策。

十二、建立海洋经济综合开发长效机制

进一步强化用海用地支持，加大海洋综合管理力度，建立健全海洋经济综合开发投入机制、政策扶持机制。

（一）建立健全海洋开发投入体制

强化财政投入。优化整合各部门对海洋经济的投入，进一步加大政府财政性资金投入，重点支持海洋经济重大平台，以及海岸带和无居民海岛整治与修复、海洋生态保护和海岛基础性设施建设。各县（市）区要建立专项配套资金，强化资金保障。

拓宽融资渠道。鼓励外资金融机构进驻宁波，加强金融服务创新，加大对海洋核心产业、新优项目、重点工程信贷支持。鼓励设立股权投资、信托和创业等多形式基金支持海洋经济产业项目开发，综合运用股票发行、企业债券、股权置换等融资方式，带动社会资本投资。支持民营资本公平参与海洋产业、事业投资开发，培育一批大型本地海洋经济开发企业集团。

（二）建立健全海洋开发政策扶持机制

完善税收政策。充分发挥税收政策引导作用，制定和完善促进海洋生态保护、科技研发创新、现代海洋产业体系健康发展的税收优惠政策，着重引导发展海洋高端制造业、现代服务业、战略新兴产业等现代海洋产业。加大对海洋科技型创新企业的支持培育力度，吸引国内外大型资本集团参与海洋经济开发建设。

改善投资环境。加强涉海价格规范管理，进一步推进行业标准、监督检查等的依法行政进程，营造公平、公正、公开发展环境。要建立健全有利于人才集聚的机制，研究制定吸引各类高层次人才的配套措施，加强人才培养和职业教育，鼓励合作办学，营造良好、便利的工作和生活环境，为企业发展提供人才支撑。

强化要素保障。深化与海洋经济发展相关的水、电、土地等要素价值政策改革，营造优惠价格环境。加强海洋经济开发水、电保障建设，优先安排重大涉海工程项目用地、用海指标，依法划拨海洋环保、防灾减灾等公共基础设施建设用海用地。

（三）建立健全海洋开发开放机制

健全对外开放平台。探索开展跨区域合作，在促进跨区域生产要素共享、推进重大基础设施对接、加强产业合作等方面先行先试，创新完善合作模式和机制。积极参与国际海洋事务，加强与国内外的交流与合作，大力引进资金、先进技术和海洋人才。鼓励企业走出去，推动境外资源合作开发，增强国际竞争力。

加快区域合作进程。加快宁波—舟山一体化开发进程，推进浙东沿海港口联盟建设，积极参与上海“两个中心”建设。加强同海峡西岸、江苏沿海、中西部等区域经济发展协作，建立资源能源战略合作关系，重点形成港口物流产业对接与协调机制。加强与港澳台、新加坡等国内外著名港口国家的跨区域战略合作。

加大招商引资力度。出台促进投资政策，以海洋新兴产业、新型临港产业为重点，通过举办和利用海洋经济论坛、宁波活动周、走出去招商等各类方式，加强海洋高端产业项目的推介和招商工作。着重引进国际知名大型企业集团参与海岸海岛资源开发建设，鼓励其在贸易、金融、物流等方面拓展业务。积极引导社会力量参与招商引资，建立奖励制度，形成全社会招商引资氛围。

（四）建立健全用海用地管理体制

加强对科学用海的支持。严格实施《海域使用管理法》，加快推进海域资源市场化配置进程，完善海域使用权招拍挂制度。对列入国家和省重点的涉海工程、海洋生态环境项目，优先安排用海指标。重点保障航道、锚地、海洋环保、防灾减灾等公共基础设施建设的用海需求。完善海洋功能区划制度，严格海域使用许可管理，做好海域管理与土地管理的衔接协调。

加强对科学用地的支持。按照集约节约集中的要求，严格执行宁波土地利用总体规划，科学控制沿海和有居民海岛建设用地规模和开发强度，优化用地方式和空间布局，保障生态和重点项目用地，提高用地效率和水平。

十三、强化规划实施保障

实施海洋开发，发展海洋经济，必须进一步转变发展观念，强化组织领导，创新机制体制，采取切实有效的政策保障措施，确保本规划确定的战略目标和各项任务的落实。

（一）完善组织领导

加强组织领导。进一步健全市海洋经济工作领导小组工作机制，强化综合协调和决策功能，加强海洋经济发展战略研究与谋划，协调解决海洋经济发展中面临的重大事项和问题，推进市政府与国家相关部门签署促进海洋经济开发战略合作的框架协议。

强化协调推进。完善宁波市海洋经济工作领导小组办公室工作机制，建立健全联络制度、督促检查机制和考核激励机制。强化综合协调，及时将推进中的重大问题向领导小组和市委、市政府汇报，及时解决推进中的实际问题。各级政府也要加快建立完善相应海洋经济工作领导机构，形成全市上下良性互动推进机制。

（二）强化综合管理

完善法规体系。严格执行国家和省《海洋环境保护法》、《海域使用管理法》、《渔业法》等法律法规，结合宁波实际和海洋开发新形势，制定出台具体实施细则。适时制定和完善《海域使用管理条例》、《海洋功能区划实施管理办法》等地方性法规体系，为海洋强市战略提供法律保障。加强法律培训，开展多种形式的宣传教育活动，提高法律认识和执行力，促进依法用海和管海。

严格项目审批。加强海岸、海域和海岛开发管理，严格实行海域使用审批制度、环境影响评估制度和污染控制排放制度，严把产业项目审批关，依法依规严格规范海洋资源开发利用活动。加强海洋工程建设项目管理，坚决制止乱用海、乱填海、乱倾废行为。强化项目建设过程的监督管理，形成执法监察制度。

提高执法水平。强化执法队伍和机构建设，改进海洋执法装备和手段，增强海洋综合管理部门的综合协调能力，加强与海关、部队等涉海部门间协作，构建海上联合执法长效机制。加大杭州湾、象山港等重点海域污染防治，从源头上制止海洋污染。

健全应急管理。加强海洋灾害、海洋环境、海上安全实时监测和预警体系建设。建立和完善统一的海洋观测数据库和网络，形成立体监视体系。制定海上及海岸灾害防御应急预案，健全海洋灾害、海洋污损和海洋安全等海上突发事件快速反应和处理机制。建立联合救助网络，加强跨海大桥、海岸工程的安全监测。

（三）创新体制机制

深化行政体制改革。继续深化财税、金融、土地、投融资、工商等领域审批模式改革，实行限期办结制，简化程序和环节，建立公开透明、规范简便的审批制度，创建高效服务型政府。建立海洋经济信息网络平台，注重收集最新海洋产业、行业、科技发展动态，加强统计信息发布和预测分析等信息服务。

创新管理体制机制。完善和健全海洋经济发展重点区域建设管理与开发经营统分结合管理体制，理顺海洋经济开发管理机制。探索推进海上统一执法机构建设，专门负责海洋综合管理和执法监督。确立企业投资的市场主体地位，完善海洋资源开发竞争机制，建立和完善海洋排污收费，海域使用权审批制等制度。

完善海域开发市场。健全完善海域使用权登记管理制度，搭建海域使用权储备交易平台，积极推进海域使用权二级市场和海域使用权流转机制建设。充分发挥市场机制在海洋资源开发中的基础性作用，探索开展海域使用权招投标制度。创新海域开发融资模式，制定海域使用权质押贷款办法。

（四）完善推进机制

强化规划引导。编制并实施好海岸利用、空间布局、产业发展、环境保护以及交通等相关专项规划，制定区域海岸带发展控制性详细规划，形成海洋经济建设规划体系。制订出台“三位一体”港航服务体系构建、临港产业发展、海岛资源综合开发等具体行动计划方案，为海洋经济建设有序推进提供指导性文件。

明确实施载体。围绕海洋经济发展网络、体系、平台、项目四大抓手推进工作，重点抓好《关于加快海洋经济发展的实施意见》等一批政策文件的制定和完善。推进梅山保税港区、杭州湾新区等一批产业集聚平台建设，成为海洋开发主要空间载体。推进一批重大产业及科研项目建设，推进海洋开发转型升级。

加强考核管理。进一步建立健全海洋经济统计制度，出台任务分解和责任考核办法，列入干部考核体系。加强对海洋经济重大决策、重大项目和政策措施的执行落实情况进行督促检查，实施定期考核评估制度，保证各项措施的落实。

营造社会氛围。各级政府及有关部门要将与海洋经济、海洋生态环境保护等有关的科学知识和法律常识纳入宣传教育计划，充分利用广播、电视、报刊、网络等媒体，广泛开展多层次、多形式的海洋经济可持续发展的舆论宣传和科普宣传，积极组织以海洋经济为主题的论坛、培训和讲座等多种形式的活动，营造人人支持海洋经济发展、保护海洋环境的良好氛围。

宁波市“十二五”现代渔业发展规划（2011—2015年）

宁波位于浙江沿海北部，三面环海，沿海有三门湾、杭州湾和象山港。宁波市海域总面积为9 758平方千米，岸线总长为1 562千米，拥有500平方米以上的岛屿531个，面积524平方千米；陆域总面积9 816平方千米，内陆江河水网纵横，湖塘水库棋布，丰富的渔业资源和良好的区位条件为宁波市渔业发展提供了得天独厚的条件。“十一五”期间面对来自资源、环境、产品质量安全和市场等诸方面的挑战，积极转变渔业增长方式，不断优化渔业产业结构，努力实现从传统渔业向现代渔业转变，宁波市渔业得到了快速发展。2010年，全市水产品总产量97.78万吨，实现渔业产值100.62亿元，渔民人均收入16 061元，分别比“十五”末增长6.61%、36.25%和75.61%。

浙江省委、省政府将“建设海洋经济强省，打造海上浙江”作为浙江省21世纪发展的一个主导战略，作为加快浙江省转变发展方式、推进转型升级的一个重要突破口，作为促进城乡、陆海协调发展的一个重要途径。现代海洋渔业的建设，作为浙江省海洋经济五大传统支柱产业之一，是实施“建设海洋经济强省，打造海上浙江”战略的重要组成部分。作为海洋渔业大市，“十二五”期间，宁波市渔业将进入一个重要的发展阶段，面临着新的形势、新的机遇、新的挑战，面对建设海洋经济强省、打造海上浙江对建设现代渔业所赋予的重任，面对渔业产业转型升级增效压力加大和市场对水产品质量要求的提高等新特点，要进一步加快现代渔业发展方式转变，提升产业发展质量和水平，建设与渔业资源、生态环境、社会需求及渔农民致富协调发展的和谐渔业，必须对渔业经济的发展进行战略性规划。根据《宁波市国民经济和社会发展第十二个五年规划纲要》、《浙江海洋经济强省建设规划纲要》和《全国渔业发展第十二个五年规划框架》，结合宁波渔业发展实际，编制《宁波市“十二五”现代渔业发展规划》，作为“十二五”期间指导宁波市现代渔业建设的纲领性文件。规划期限为2011年至2015年，重大问题展望到2020年。

一、“十一五”渔业发展概况

（一）“十一五”渔业发展取得的主要成绩

“十一五”期间，宁波市渔业面临着来自资源、环境、产品质量安全和市场等诸方面的挑战，以科学发展观为指导，根据国家、省、市发展现代渔业的战略部署，积极实施“转变”和“提升”战略，加快推进渔业和渔村经济增长方式转变，推进传统渔业向现代渔业转变，发展节约型、环保型渔业，提高渔业经济效益，不断增强渔业渔村经济发展的可持续性；重点提升渔业自主创新能力和支撑保障能力，强化渔业生产技术基础，健全渔业政策法规体系，提高渔产品质量安全水平，不断提高渔业和渔村经济的发展能力和竞争力，渔业经济快速发展，已成为农业和农村经济发展的新热点和渔农民增收的新亮点。

——以池塘标准化改造和渔港建设为抓手，推进设施渔业发展，大力提高渔业设施化水平。全市实施水产养殖池塘标准化建设 4 000 公顷，建设国家中心渔港 1 个、一级渔港 3 个、二级渔港 8 个、三级渔港 10 个、贸易渔港 5 个和避风锚地 33 个。

——以科技创新和基层渔业技术推广体系改革为抓手，推进渔业科技进步，加快科技成果转化，促进渔业产业升级。积极实施科技兴渔战略，海洋与渔业科技创新体系得到进一步完善。全市已拥有海洋与渔业领域重点实验室 9 家，国家级企业工程技术中心 1 家，省级、市级企业工程技术中心 7 家。努力推进科技创新，获得国家科技进步奖 1 项，省、部科技进步奖 18 项，市科技进步奖 40 项，专利授权 40 余项，其中“海水生物活饵料和全熟膨化饲料的关键技术创新与产业化”获得国家科学技术进步奖二等奖，“三疣梭子蟹人工育苗、养殖与加工技术研究”获省、市科技进步一等奖，“滩涂底栖贝类高效人工繁育及健康养殖技术体系建立与应用”获农业部中华农业科技奖二等奖。基层渔业技术推广体系得到进一步加强和完善，稳定了渔业技术推广队伍。

——以初级水产品质量安全监管为抓手，推进绿色渔业发展，保障水产品质量安全。不断推进水产品质量“双认证”，建设 204 个无公害水产品基地和 165 个无公害水产品；水产品质量检测网络基本形成，水产品质量监测合格率达到 96% 以上。

——以渔业资源增殖放流为抓手，推进水生生物资源养护工程建设，促进渔业资源生态环境保护。“十一五”期间在象山港、渔山列岛、韭山列岛等保护区海域及姚江水域投放鱼苗近 5 700 万尾、梭子蟹苗近 5 000 万只、贝类苗近 7 400 万粒；启动了渔山列岛海洋生态特别区和象山港白石山群岛人工鱼礁建设和海洋牧场建设步伐。

——以生态养殖技术示范与推广和健康养殖示范区建设为抓手，推进生态渔业发展，提升渔业产业化水平。培育了大黄鱼、鲈鱼、南美白对虾、青蟹、梭子蟹、甲鱼等一批名特优主导产品，开展了水产与水生经济植物共生、渔业与畜牧轮作等复合生态养殖系统的试验推广，建设农业部水产健康养殖示范区（场）29 个、市级农业产业渔业基地 15 个。

——以岱衢族大黄鱼原种采捕、保存、繁育与选育工作为为抓手，推进水产良种工程建设，不断提高良种化水平。启动了国家级中华鳖良种场和岱衢族大黄鱼良种场及“宁波市水产增养殖种质资源库”建设，采捕并保存岱衢族大黄鱼野生亲本，繁育子一代岱衢族大黄鱼10余万尾。开展了梭子蟹、泥蚶、缢蛏等良种选育研究，突破黄姑鱼、银鲳和马鲛鱼等本地野生经济种类的采捕和繁育技术难题。

——以水产品加工园区和水产市场建设为抓手，推进水产品加工与流通的发展，努力延伸渔业产业链。建立了4个水产品加工园区和8个水产市场，水产品加工工艺、装备水平和生产能力进一步提高，涌现一批年产值上亿元、有较强发展后劲的水产加工企业和名牌水产品，有中国名牌农产品1个、中国驰名商标5个、省级名牌产品17个、市级名牌产品32个，有机产品16个、绿色水产品13个。

——以发展远洋渔业为抓手，加强远洋渔船更新改造和远洋渔场的开拓。“十一五”期间，巩固提高过洋性渔业，加快发展大洋性渔业。至今宁波市已有农业部远洋渔业资格企业6家，共从事11个远洋渔业项目，外派远洋渔船31艘（其中鱿鱼钓船19艘、拖网2艘、灯光围网4艘、定置网6艘），总功率14 341千瓦，实现产量3.58万吨，产值3.28亿元。作业海域涉及缅甸、乌拉圭和印尼管辖海域以及北太平洋与东南太平洋。宁波市已初步形成了捕捞、运输、加工、销售、后勤补给一条龙的海外渔业发展体系，使宁波市远洋渔业的生产规模、产量及从业人员数量有了较大的提高。

——以渔文化研究为抓手，推进休闲观赏渔业发展，不断拓宽渔业发展方式。各种休闲渔业基地142家，总产值达到2.06亿元。建设渔文化产业创意园，举办了中国开渔节、明凤甲鱼文化节和锦鲤大奖赛等多台大型休闲渔业文化活动，休闲观赏渔业已成为渔业经济新的增长点。

——以养殖池塘底增氧和捕捞渔船柴油节能设施与技术的推广为抓手，推进渔业节能减排工程建设，切实降低渔业能耗水平。研究、试验和示范推广了养殖池塘底增氧技术、大棚高效健康养殖等一批渔业节能高效生态健康养殖新技术和新模式，推广应用底充式增氧技术4 600余公顷，大棚高效健康养殖模式300余公顷；推广捕捞渔船柴油节能装置1 400余艘，平均节油率3%～5%。

——以渔业专业合作社建设为抓手，紧紧抓住龙头企业、基地建设和渔业合作组织三个关键环节，推进渔业机制与体制创新，提高渔业组织化水平，培植国家、省和市级渔业龙头企业61家，成立各类渔业合作组织138个。

——以水产标准框架体系建设和标准化示范园区为抓手，推进渔业标准化工作，提高渔业标准化水平。建立水产标准化技术委员，编制了市级地方标准体系框架，建立15家市级渔业标准化示范区。

——以强化渔业互保为抓手，推进渔业风险保障体系建设，确保渔民生命财产安全。建立完善渔船安全管理长效机制和渔船救助网络，渔船的救生消防设备配备率达 100% 左右；渔业互保工作取得突破性进展，250 马力以上渔船参加人身互保比例已达 100%，大马力投保渔船比例已达 100%；水产养殖政策性保险开始启动，南美白对虾养殖政策性保险试点面积达 667 公顷。

——以提升远洋装备和海外基地建设为抓手，拓展宁波市渔业产业空间，初步形成了以大洋性鱿钓和过洋性拖网渔业为主要作业方式的远洋渔业生产格局。拥有农业部远洋渔业企业资格的企业 6 家，建设海外渔业基地 2 个，建设远洋装备研发中心 1 个。

“十一五”渔业发展的实践证明：必须以科学发展观统领渔业发展全局，保证渔业生产稳定发展；始终坚持“以人为本”，把保障渔民权益、促进渔民增收作为工作的出发点和落脚点；始终坚持渔业生产与资源保护并举，走资源节约、环境友好、人与自然和谐的可持续发展道路；始终坚持改革与创新，走科技兴渔之路；始终坚持统筹国内外两个市场和两种资源，在发展外向型经济与扩大内需的平衡中实现渔业经济又好又快发展。这些经验对“十二五”期间全面加快推进现代渔业建设具有深远的借鉴意义。

（二）“十一五”渔业规划主要指标完成情况

从“十一五”规划主要渔业经济指标至 2010 年完成情况看，“十一五”期间，渔业经济运行状况总体符合“十一五”渔业规划的预期，其中渔业产值、总产量等关键性经济指标基本能达到规划制定的目标（表 1）。预期性指标中养殖产量、水产品加工量和水产品出口额与指标尚有距离，主要原因一是城市和工业化进程中，一些养殖水面和滩涂被围垦和征用，养殖面积减少，影响养殖产量的提升；二是受国际金融危机和贸易壁垒的影响，高价值的海水养殖活鱼出口受阻，影响水产品出口额的增加；三是水产品加工主要以捕捞产品为主。水产品出口量在“十一五”增幅较大，主要得益于鱼糜和远洋产品加工企业的快速增长；“十一五”期间柴油补助政策的实施使渔民收入增长较快。约束性指标中除海洋捕捞机动渔船数达标外，海洋捕捞机动功率数和捕捞产量均未达指标，显示“十一五”期间仍维持较强的海洋捕捞力量，实现双控和海洋捕捞产量零负增长任务艰巨。

“十二五”期间宁波渔业将继续面临资源、环境和市场的压力，加快转型升级，发展现代渔业是根本出路。

表 1　“十一五”规划主要指标完成情况

指　标	“十五”末情况	“十一五”计划指标	年均增/减幅（%）	完成情况（2010 年）	完成计划比例（%）
渔业产值/亿元	73.85	94.0	8.04	100.62	107.04%
总产量/万吨	91.72	103.5	1.61	97.78	95.51%

续表

指 标	“十五”末情况	“十一五”计划指标	年均增/减幅（%）	完成情况（2010年）	完成计划比例（%）
其中：养殖产量/万吨	34.92	47.5	0.21	35.21	74.13%
捕捞产量/万吨	56.79	56	2.45	62.57	88.27%
出口量/万吨	4.83	8.5	30.76	14.12	166.12%
出口额/亿美元	2.13	4	16.55	3.93	98.00%
加工量/万吨	45.6	68	3.12	51.56	75.82%
加工值/亿元	44.6	74	12.45	71.31	96.36%
渔民收入/元/人	9 145.7	12 000.0	15.12	16 061	133.84%
海洋捕捞机动渔船数/艘	6 974	6 800	0.60	7 142	94.97%
海洋捕捞机动功率数/万千瓦	67.26	65.5	1.93	72.60	89.16%
养殖产品药残抽检合格率（%）	93%	95%	1.10	97%	完成
贡献率	50%	60%	4.66	60%	完成

二、“十二五”渔业发展前景分析

渔业是高度国际化的产业，从国际来看，世界多极化、经济全球化深入发展，以生物技术和信息技术为代表，科技进步日新月异，各国对国际资源的竞争日趋激烈、国际金融危机影响深远，不稳定不确定因素增多；从国内来看，我国已进入工业化中期，社会主义新农村建设大力推进，工业化、城镇化进程还将不断加快，目前国内居民人均GDP已超过3 000美元，人民生活水平不断提高，城乡水产品消费结构和需求正在逐步调整。我国渔业发展面临的国内外环境发生了深刻变化，发展的有利条件和制约因素并存，共同影响着“十二五”渔业发展的前景。

（一）“十二五”渔业发展的趋势判断

1. 加快转变渔业发展方式的要求更加迫切

随着劳动力等渔业成本递增，传统渔业发展空间缩小，渔业生态、生产和质量“三大”安全的社会关注度日益提高和市场化进程不断加快，宁波市渔业以增产量提效益的粗放型增长方式、产业结构不合理、效益和安全水平不高、科技支撑能力和信息化水平不高等问题将日益凸显，优化结构、提高效率、保障安全、提高产业化水平和渔民增收的任务将更加艰巨。因此，加快推进渔业发展方式转变，显得尤为重要和迫切。

2. 调整渔业产业结构的要求更加迫切

渔业是高度依赖资源条件、直接影响自然环境的产业，面对日益恶化的渔业资源和环境条件，不断变化的水产品消费结构和需求，宁波市渔业发展方式粗放、产业结构不合理、资源消耗过大等问题也日益突出，继续加快调整渔业产业结构，优化调整养殖、捕捞结构，协调发展渔业一、二、三产，进一步延长渔业产业链显得更加迫切。

3. 拓展渔业多功能性的要求更加迫切

渔业多功能性是渔业及其发展的客观属性，宁波市渔业的基础性地位决定了其在经济功能上，保供给、扩就业、促增收的作用仍然十分重要；但随着海洋经济建设和城市化、工业化进程的快速推进，人民生活水平的不断提高，渔业与食品产业、海洋产业、生态产业、健康产业与旅游产业等相关产业的关联度更强，拓展渔业在休闲娱乐、生态修复、水生野生动物保护、渔文化、工业原料、海洋牧场的碳汇渔业等多功能性的要求更加迫切，在继续提升渔业经济效益的同时，将更加突出渔业的生态和社会效益。

4. 实现渔业管理现代化的要求更加迫切

当前渔业发展还面临诸多制约因素，渔业生产组织化程度仍然不高，生产主体量大面广、经营分散、产业综合素质较低、经营管理体制相对滞后依然是宁波市渔业经济的基本格局，渔业健康发展、渔民稳定增收的困难还十分突出。因此，按照现代渔业对渔业管理的要求，急需我们应用标准化等先进管理理念和信息化等现代科技推进渔业管理理念、手段、装备、方法、队伍的现代化，引导渔业企业走现代企业管理制度之路。

5. 发展远洋渔业的要求更加迫切

远洋渔业是一项具有战略意义的重要产业。作为渔业经济的重要组成部分，发展远洋渔业是解决宁波市海洋捕捞转型升级及缓解近海渔业资源衰竭的重要途径之一。

（二）“十二五”渔业发展的有利条件

1. 新时期“三农”工作方针政策为渔业发展提供了有利的宏观环境

党和政府对“三农”问题的高度重视，对“三农”的扶持力度不断加大。特别是十七届三中全会提出的《关于推进农村改革发展若干重大问题的决定》指明了农业和农村改革发展的长期目标，给渔业发展提供了历史性的机遇，为现代渔业带来巨大的发展空间和投资机会。

2. 国力提升为加强渔业公共服务提供了有力的物质保障

国家和地方经济实力增强，具备了“工业反哺农业、城市支持农村”的条件，基本步入了以工补农、以城带乡的新阶段，为加大支农投入提供了有利条件。“十二五”时期，随着国力的不断提升和宁波市综合经济实力增强，各级财政将更加有条件、有能力对农村经济社会发展提供资金支持，必将为渔业公共服务提供有力的保障。

3. 保障食物安全和满足市场多样化需求将继续为渔业发展提供空间

随着人口高峰、工业化高峰和城镇化高峰来临，耕地保护形势日趋严峻，粮食安全保障任务十分艰巨。渔业是农业的重要产业之一，在未来大粮食安全体系的构建中对保障人们食品的安全供给有着重要作用。所以渔业可以发挥更加重要的作用。随着经济的发展和居民生活水平的提高，水产品的消费结构也将趋于优质化、多样化，农村和中西部市场的开拓也将拉动常规水产品消费市场。

4. 国家建设生态文明战略为推进水生生物资源养护事业创造了有利的社会环境

党的十七大提出了“建设生态文明”和“加强能源资源节约和生态环境保护”等要求，十七届三中全会决定进一步明确要“加强水生生物资源养护，加大增殖放流力度”。维护渔业生态安全既是建设现代渔业的重要内容和目标，也是国家建设生态文明的重要组成部分，《中国水生生物资源养护行动纲要》从国家层面和战略高度提出了水生生物资源养护工作的重要性，为宁波市推进水生生物资源养护事业创造了有利环境。

（三）“十二五”渔业发展的制约因素

1. 资源环境的刚性约束与渔业可持续发展之间的矛盾依然突出

随着城市化、工业化进程的加快，沿海、城郊优良的渔业水域、滩涂被大量占用，传统的养殖区域受到挤压，旅游、航运等产业开发与渔业发展的矛盾日益尖锐；捕捞渔船多、渔民转产转业安置困难的现状加剧了渔民生产生活与资源保护的矛盾和难度，海洋捕捞渔民面临转产转业的压力增大，减船转业的难度增大，渔业生产成本上升，渔民生产生活面临较大困难。资源与环境的刚性约束将成为今后长时期制约宁波市渔业可持续发展的主要因素。

2. 水产品质量安全保障的基础与日益提高的社会要求还存在较大差距

随着经济的发展和人民生活水平的提高，国内外消费市场对水产品质量安全要求越来越高，水产品质量安全面临严峻挑战。同时，由于渔业组织化程度较低，水产品加工出口企业在国际贸易战中优势难以发挥，水产品的生产、出口、消费都不同程度地受到负面影响和冲击。水产品质量问题已成为制约渔业增效、扩大和巩固国内外水产品市场，以及保证消费者食用安全的关键因素。

3. 渔业支撑保障体系建设与发展现代渔业的要求不相适应

渔业是一个高投入、高风险的产业。由于公共基础设施建设投入长期不足，抵御各种风险能力较差，每年因自然灾害和生产安全事故给渔业造成重大损失，一些渔民受灾后生产自救能力弱，生活无法保障，渔民生命财产安全的保护总体水平还比较低。渔业产业化组织化程度不高，专业经济合作组织等中介服务机构不够健全，渔业技术支撑体系和水产种苗及成品的质量标准和检测体系、水生动物防疫检疫体系、渔业环境监测体系尚未完善，行业管理相对滞后，管理水平无法适应市场经济条件下现代渔业发展的要求。这些问题均不同程度地影响着渔业健康发展，与现代渔业建设的要求很不适应。

4. 渔业经营制度与渔民权益维护和渔业资源保护的要求不相适应

随着改革的深入和市场经济体制的逐步完善，当前渔业经营体制逐步暴露出深层次的问题和弊端。宁波市渔业专业合作经济组织占全市农民专业合作经济组织的比重还偏少，有些发展规模偏小，自我发展能力较差，服务水平较低，带动辐射能力不强。由于渔船与渔船、渔船与销售、前方与后勤之间没有相互结合，经营松散，生产门路狭窄，产业链无法拉长，资源破坏严重，不能适应市场经济的规模竞争和渔民维权和渔业资源保护的要求。

三、“十二五”渔业发展的指导思想、基本原则和发展目标

（一）指导思想

坚持以科学发展观统领现代渔业发展，以转型升级为主线，以改革创新为动力，以发展设施渔业、生态渔业、远洋渔业、绿色渔业、品牌渔业、休闲渔业、科技渔业、数字渔业和远洋渔业为重点，以优化空间布局，提高水域利用效率为载体，以提高产业质量、效益和从业者素质为目标，进一步推进渔业组织化、产业化、标准化进程，提高渔业综合生产能力、市场竞争力和抵御风险能力，为建设国际先进、国内一流的现代渔业产业奠定坚实基础。

（二）基本原则

1. 保障三大安全原则

必须保障渔业生产安全、水产品质量安全和渔业生态安全，以养护和合理利用水生生物资源，保障水产品质量安全，构建“平安渔业”作为建设现代渔业的重要内容。

2. 生态协调与可持续发展原则

必须坚持渔业产业与生态环境和谐发展，把渔业资源和生态环境保护放在优先位置，处理好资源开发利用与生态环境保护的关系，在保护的基础上进行开发，以开发促保护，建设资源节约型、环境友好型渔业，促进渔业可持续发展。

3. 科技优先和科技创新原则

坚持以现代科学技术和先进装备武装传统渔业，坚持现代管理理念、管理方法经营渔业，坚持不断提高从业人员素质，建立自主创新的激励机制，提升产业的科技水平。

4. 质量与效益优先原则

以市场为先导，注重质量和效益提高，按照高产、优质、高效、生态、安全的要求，着重提高产品的质量、品质、生产效率和市场竞争力；坚持按照市场规律，实施产加销一体化，建立一、二、三产业协调发展机制，实施规模化生产集约化经营，推进产业协调发展，建设新型和谐渔业。

5. 统筹规划、合理布局、重点突出原则

现代渔业发展必须与全市经济和社会发展总体战略部署相结合，因地制宜，通盘考虑，合理布局、重点突出，量力而行，分步实施，逐步推进。

（三）发展目标

2020 年远期目标：

按照高产、优质、高效、生态、安全的要求，加快转变渔业发展方式，推进渔业科技进步和创新，加强渔业技术装备，健全渔业产业体系，提高水域产出率、资源利用率、劳动生产率，增强渔业抗风险能力、市场竞争能力、可持续发展能力。至 2020 年，宁波现代渔业产业水平达到国际先进、国内一流（表 2）。

至 2015 年：

现代渔业建设深入推进，渔业经济稳定发展，产业结构进一步优化，产品质量安全进一步提高，渔业生态环境得到初步改善，渔业社会事业稳步推进，科技教育对渔业的支撑作用明显增强，渔业管理与支撑体系进一步优化与完善，渔业生产组织化程度进一步提高，渔民收入稳定增加。

——渔业综合生产能力明显增强，渔业产业结构得到优化。全市水产品产量达到 100 万吨，渔业产值达到 120 亿元，渔业产业增加值 45 亿元；水产养殖面积 60 000公顷，其中水产设施养殖面积达到 6 600 公顷，养殖与捕捞产值之比调整为 6:4，渔业一、二、三产业结构调整为 3∶4∶3，渔业产值在大农业中的比重提高到 35%。

——初步建立起结构优化、生态和谐、环境友好适应社会主义市场经济要求的渔业运行机制和管理体制。渔业社会化服务水平明显提高，渔业生产要素市场基本形成建立健全政府对渔业的支持保护体系。

——渔业基础设施明显改善，渔业生产设施化、机械化水平明显提高。基本形成区域化布局、专业化生产、产业化经营、社会化服务的渔业生产经营格局。至 2015 年全市建设现代水产种业综合示范园区 1 个、现代设施渔业综合示范园区 1

个，现代渔业综合示范区3个，主导产业示范区10个，特色水产精品园20个，健康生态养殖示范基地60个，远洋渔业综合基地1个。

——渔业生态环境得到初步改善，渔业资源衰退趋势得到遏制，基本实现渔业产业与生态环境的协调发展。初步建成象山港海洋牧场示范区。水产品质量安全水平进一步提高，产地抽检合格率达到98%，无公害覆盖率达50%。

——科技教育对渔业的支撑作用明显增强。科技成果转化率达50%，水产良种覆盖率达90%，渔业科技创新与服务体系进一步完善，企业创新能力进一步增强，广大渔业劳动者的科技文化素质得到明显提高。

——渔民收入稳定增加，生活舒适、安定，社会保障体系健全。渔民人均纯收入达到26 300元以上，渔民生活达到小康水平，渔区社会文明进步。

表2 "十二五"时期渔业发展的主要指标

类别	指　标	2010年	2015年	年均增长（%）	属性
产业发展	水产品产量（万吨）	97.78	100	0.56	预期性
	其中：养殖水产品（万吨）	35.21	45	6.32	预期性
	国内捕捞水产品（万吨）	62.57	55	-3.17	约束性
	远洋渔业水产品（万吨）	3.6	8	17.31	预期性
	水产品出口总量（万吨）	14.12	15	1.52	预期性
	水产品出口额（亿美元）	3.93	4.5	3.44	约束性
	海洋捕捞机动渔船数（艘）	7 142	6 400	-2.70	约束性
	功率总数（万千瓦）	27.60	72	-0.21	预期性
	渔业产值（亿元）	100.62	120	4.50	预期性
	渔业增加值（亿元）	35.74	45	5.93	预期性
	养殖总面积（公顷）	61 660	60 000	-0.68	预期性
	其中：海水养殖面积（公顷）	35 240	32 500	-2.00	预期性
	淡水养殖面积（公顷）	26 420	27 500	1.00	预期性
	休闲渔业产值比重（%）	2.16%	5%	23.34	预期性
	远洋渔船数量（艘）	31	50	12.69	预期性
	远洋渔业产量（万吨）	3.58	5	8.71	
生态养护	增殖放流种苗数［亿尾（颗）］	2.6	6.3	24.76	预期性
	海洋牧场示范区数（个）	0	3	—	预期性
	渔业种质资源保护区（个）	1	3	31.61	预期性
	生态健康养殖示范基地（个）	35	60	14.42	预期性

续表

类别	指　　标	2010 年	2015 年	年均增长（%）	属性
渔业科技	科技成果转化率（%）	50%	60%	4.66	预期性
	科技创新基地（个）	1	2	18.92	预期性
	科技创新团队（个）	15	30	18.92	预期性
	万元渔业增加值耗能（吨标煤）	2.54	2	-5.80	约束性
	良种化率（%）	60%	75%	5.74	预期性
	设施渔业产值比重（%）	5.3%	20%	39.38	预期性
质量安全	产地抽检合格率（%）	97%	98%	0.26	约束性
	无公害覆盖率（%）	35%	50%	9.33	预期性
渔民发展	培训渔民数量（人次）	15 099	20 000	7.28	预期性
	渔民人均纯收入（元）	16 061	26 300	10.56	预期性

四、主要任务

（一）发展环境友好、质量安全的水产健康养殖业

以加快发展设施养殖和生态养殖业为重点，提升优化水产养殖业，转变水产养殖发展方式，发展环境友好、质量安全的水产健康养殖业，促进标准化、优质化、产业化的现代水产养殖业形成。

1. 加快推进设施水产养殖业发展，提升水产养殖装备水平。

大力推进养殖池塘保温大棚和工厂化设施建设，加快发展工厂化养殖，重点实施海水养殖网箱改造和削减工程，进一步推进养殖池塘标准化改造建设，加快推进水产苗种培育设施改造，推广应用节水、节能型水产养殖设施和技术，全面提高水产养殖设施化水平。至 2015 年，全市工厂化养殖 3 万平方米，标准化水产养殖节能保温大棚示范 700 公顷，新增标准化池塘改造 3 300 公顷，改造完成海水养殖网箱 1 万只大网箱、削减 3 万只小网箱，改造完成 30 家水产苗种场水处理设施，新增池塘底增氧设施 2 000 公顷。并建成 1 个现代水产种业综合示范园区（1 000 亩）和 1 个现代设施渔业综合示范园区（1.8 万亩）。

2. 重点发展生态养殖业，建立生态健康养殖示范基地。

以象山港、三门湾和杭州湾海水生态养殖带和余慈、象山循环渔业示范园区建设为载体，发展基于生态系统的可持续水产养殖业。围绕大黄鱼、南美白对虾、梭子蟹三大主导产品和中华鳖、锦鲤观赏鱼二大特色产品以及青蟹、滩涂贝类、紫菜等其他优势主导养殖产品，应用生态学原理，建立多种模式的投饵性种类、滤食性

种类和水生植物间的多元混养与轮养的复合生态养殖系统；建立水产与水生经济植物共生，渔业与畜牧轮作等循环渔业生产方式。至2015年建设一批高效生态健康养殖示范基地和现代设施渔业示范园区。

——海水池塘养殖区，围绕青蟹、梭子蟹对虾和滩涂贝类等优势主导品种，优化蟹、虾、贝、藻复合生态养殖模式，建立高效生态养殖模式示范，建设30个海水池塘高效生态健康养殖示范基地。至2015年，全市海水池塘养殖面积15 000公顷，养殖产量12万吨。

——浅海养殖区，建立和优化的鱼、贝、藻间养、轮养复合生态养殖模式，重点鼓励发展浅海藻类养殖，根据养殖环境容量，调整和优化海水网箱养殖布局，开展养殖网箱标准化改造建设，推广应用配合饲料，逐步构建基于生态系统水平的鱼、藻、贝海区多元复合生态养殖系统。至2015年浅海养殖4 000公顷，产量10万吨。

——滩涂养殖区，根据海洋环境功能区划的调整和海洋经济开发的整体部署，调整滩涂养殖布局与规模。对划定的滩涂养殖区，依据养殖环境容量和贝类划型调查，合理制定养殖规划，控制滩涂养殖规模，推行滩涂轮养轮休及间养制度，调整优化养殖结构与方式，严禁农药使用，建设10个具有特色的滩涂生态养殖示范基地。至2015年滩涂养殖13 500公顷，养殖产量10万吨。

——淡水池塘养殖区，建立和优化虾、鳖、鱼混养、套养，鳖与茭白、莲藕等水生植物套养，虾菜、虾草牧循环轮作和立体种养，鱼－鹅、鱼－鸭轮养等多种生态养殖模式，建立10个以淡水循环生态养殖为特色的生态健康养殖示范基地。至2015年，全市淡水池塘养殖面积12 000公顷，养殖产量7万吨。

——水库、河道和湖泊等内陆水域养殖区，围绕生态城市、新农村建设和对内河、湖泊进行生态改造与修复以及商业化生态小区与景观的建设，培育和发展为水体生态系统提供设施、种苗、技术、信息、设计管理和服务的水生生态系统修复生产业和服务业。利用河道、溪流、库叉，积极开展土著特色品种的增养殖，拓展增养殖空间，到2015年建立10个淡水特色品种增养殖示范场。

3. 加强水产品质量监管，保障水产品质量安全。

加强养殖投入品规范使用监管，加强认证认可体系、药残整治和质量全程管理体系建设，增强对渔业生产全过程的质量监控；加强水生动物防疫体系建设，构建水产病害防控预警预报和渔用药物安全使用技术体系；完善水产品质量安全检测和监管体系，加大水产品质量安全监管和水产养殖业专项执法力度，建立水产品产地准出和可追溯制度，确保水产品质量安全。

4. 推进水产良种工程建设，提高水产养殖良种化率。

围绕宁波市高效生态现代渔业发展对水产种子种苗的重大需求，加快水产良种繁育体系建设，提高水产原良种的生产能力，提高良种覆盖率；进一步推进规模化优质种苗繁育基地建设，全面改造与提升苗种培育硬件和软件设施；加强优势特色水产种质资源保护，建设宁波重要水产生物种质资源库；开展优良水产种类的遗传育种，重点对岱衢族大黄鱼、三疣梭子蟹等优势主导养殖品种开展优良新品种选育；进一步加强水产良种繁育技术与推广体系建设，培育建设良种良法示范点；强化水产苗种质量监管，提高水产苗种质量。至2015年，建设5家省、市级水产原良种场，2~3家国家级原良种场，1家国家级遗传育种中心，20家水产苗种规模化繁育基地和1个现代水产种业综合示范园区，创制2个以上水产新品种（系），培育30个良种良法示范点，水产优质种苗覆盖率提高到90%以上。

5. 大力推进水产养殖节能减排工程，发展碳汇渔业。

大力推广水质净化、节水节能关键技术，扩大推广池塘底充式增氧等节水、节能设施和技术的应用，应用和推广新型水产养殖节能保温大棚，积极推广环保型优质饵料，逐步减少直接使用小杂鱼等生物饵料。建立和示范基于生态系统的循环养殖模式，试验示范养殖场有机污染沉积物原位和异位修复技术。积极发展以海洋贝、藻增养殖为核心的碳汇渔业，建立和示范基于IMTA低碳养殖技术和模式。

（二）调整稳定捕捞业，积极发展远洋渔业

严格执行海洋伏季休渔制度，切实强化渔船“双控”制度和捕捞许可制度；引导外海渔船的技术改造和作业结构的优化调整，改进捕捞作业方式；积极发展远洋渔业，根据国际环境和资源状况变化，合理布局和完善远洋渔业生产结构。至2015年，全市海洋捕捞业保持零增长，产量控制在55万吨，产值40亿元；其中远洋渔业产量达到8万吨，产值6亿元。

1. 不断完善海洋捕捞管理制度，加强监管

探索完善海洋伏季休渔制度，建立起捕捞强度与海洋渔业资源增长相和谐的机制；加大捕捞业基础性工作的研究力度，开展渔业资源调查与评估，探索对渔业资源限额管理。在积极保护渔业资源的前提下，继续按照“淘汰一批、改造一批、发展一批”的原则，减轻近海渔业资源压力，促进海洋捕捞零增长目标的实现和生产效益的提高。

2. 加快捕捞业生产结构调整，着力优化海洋捕捞结构

继续实施海洋捕捞“双控”制度，推进海洋捕捞减船转产工程，严格控制新建捕捞渔船，有计划、按步骤地精减捕捞渔船，重点压减拖网、张网和定置作业渔船；规范捕捞许可管理，完善渔具标准，严厉打击“三无”渔船和非法捕鱼行为。至2015年，全市拟报废渔船总数300艘，减功率3万千瓦。

3. 鼓励引导远洋生产渔船更新改造，推进远洋渔业基地建设

按照强化基础、优化结构、提升国际竞争力的要求，加快远洋渔船更新改造；支持和鼓励企业建造现代化、专业化远洋渔船替代老旧渔船，推动渔船升级换代。引导企业建造集冷藏、加工与运输于一体的远洋渔业辅助船舶，建立现代化、专业

化、功能配套的远洋渔业船队。加快国内外综合基地建设，延长产业链，构建产加销一体化的生产经营模式，提升远洋渔业整体发展水平和现代化水平，推进远洋渔业产业向加工、物流、贸易等领域延伸，形成与国内外市场、资源相适应的产业格局。至2015年，远洋渔船数量发展到80艘。

（三）发展水产品精深加工业，建立健全的水产品市场体系

以完善产业链为主线，大力发展水产品精深加工和综合利用，全面改造和提升传统水产加工技术和工艺，围绕三大水产加工产业发展区域，建设和提升水产品四大加工园区，发展十类主导产品，培育扶持有较强竞争力的企业和品牌，提高开拓国内市场的能力。加快市场基础设施改造升级，完善市场服务功能，拓展市场经营领域，推动水产品市场体系的硬件设施和软件管理向现代化迈进，加强现代水产品物流体系建设，提升宁波市水产品竞争力。

1. 发展水产品精深加工，增强水产品加工业竞争力

集成和应用现代生物工程技术、食品加工技术和包装技术全面改造和提升升水产品加工业，以特色、优质、高附加值、综合利用为重点，优化产品结构，大力发展水产品精深加工和综合利用，培植和引导一批具有活力的水产品加工龙头企业，促进水产品加工业整体水平的提高。围绕海洋渔业精深加工与综合利用、远洋渔业与来料加工和淡水渔业精深加工与综合利用三大水产加工产业发展区域，建设和提升石浦水产品加工园区、北仑现代农业加工园区、孔浦水产品加工园区和崇寿农业食品加工园区等水产品四大加工园区，发展来料加工、进料加工和远洋渔业产品、鱼糜及鱼糜制品、海淡水养殖鱼类制品、海洋捕捞低值水产品、传统水产食品、虾蟹类产品、藻类产品、饲料和海洋保健及药物制品等十类主导产品，培育扶持有较强竞争力，提高开拓国内市场的能力。

至2015年，形成一批产值上亿元的龙头企业，十个国家级著名品牌，实现水产品加工总产值90亿元，水产品加工比率达到65%，基本接近先进发达国家水产品加工比率。

——完善水产品加工园区建设，提升水产品精深加工能力。进一步完善水产品加工园区建设，加快建设园区污水处理厂等配套设施，改善和提升园区综合功能；加快园区企业技改和升级步伐，建设和改造一批符合环保要求的水产精深加工和海洋生物研制开发项目，加大水产加工下游产品的综合开发利用，加强海洋功能食品研发，延长产业链，提升水产品精深加工能力和产品增强竞争力。加大对加工龙头企业、渔业合作组织的扶持力度。

——加快应用水产品精深加工新技术和先进加工装备，改造提升传统水产品加工业。集成与开发应用大型海藻精深加工及其产业化、海产贝类净化海产低值鱼类和水产品加工废弃物综合利用和超高压、超低温等水产品加工新技术，建立水产品

精深加工示范基地；加大大型海藻精深加工设备、水产品鲜态保存装备、超低温速冻设备、鱼糜鱼粉先进加工生产设备、智能杀菌设备、海藻精深加工装备、海洋低值鱼类高值化加工装备和鱼粉环保生产关键装备等先进水产加工设备的开发和应用。

——以市场为导向，开发形式多样的高附加值系列产品。围绕国内外市场需求，引导和扶持企业开展加工技术研发，在发展十类主导产品同时加快健康、营养、安全、方便加工水产品研发，注重水产功能食品的研发创意，积极开发迎合各类消费群体需求的水产功能食品，引导市场提高水产品烹饪技术，努力开拓国内外市场。

——加快推广建立水产品加工质量管理体系，保障水产品质量安全。集成与应用水产品安全生产技术，建立水产制品非法添加物预警和监管机制，制订和建立主要水产品质量标准及良好的生产技术规范，应用和推广水产品生产 GAP 和HACCP质量管理体系，逐步建立水产品质量安全检测、控制和可追溯技术体系。

2. 建立健全的水产品市场体系

整合现有的水产品批发交易市场，加快市场基础设施改造升级，完善市场服务功能，拓展市场经营领域，推动水产品市场体系的硬件设施和软件管理向现代化迈进，加强现代水产品物流体系建设，提升宁波市水产品竞争力。加强水产品市场监管与规范，全面实施水产品市场准入制度，建立水产品质量安全监测检测体系，扩大水产品交易的辐射范围，提升宁波市水产品质量安全水平。积极推进外向型渔业的发展，优先发展鲈鱼、对虾、大黄鱼等优势出口水产品养殖，做大做强优势出口产业带，出口加工业达到国际先进水平。至 2015 年，全市水产品批发交易市场的年交易产量达到 100 万吨，水产品交易额达到 100 亿元；水产品出口量 15 万吨、出口额 4. 5 亿美元。

——发展水产品现代流通方式，完善现代水产品供应链，提高水产品集中采购、统一配送的能力。鼓励专业合作经济组织在城市建立品牌直销连锁店，同时大力开拓农村市场。

——以冷链系统和信息系统为支撑，加强现代水产品物流体系建设。加快鲜活水产品物流系统建设，开发与应用海水养殖鱼类高密度保活运输等鲜活水产品保鲜保活技术与设备，加快鲜活水产品冷链物流系统建设，建立成鲜活水产品长距离物流体系。

——主动满足人们生活水平提高，膳食结构优化的需要，发挥水产品营养、免疫、益智等独特功效和优势，制定合理的引导政策，促进居民不断形成合理的水产品消费习惯，提高水产品消费比重和水产品在消费者心目中的地位。

——加强发挥渔业行业协会的指导作用。不断培养和提高市渔业行业协会对市场组织化程度、市场信息等处理和指导能力，帮助解决流通市场发展的实际困难，同时建立和完善宁波市水产流通行业自我管理和配套服务等工作机制，推进宁波市水产品流通行业的持续发展。

——积极培育、壮大水产品经纪人队伍，引导营销合作组织发展，鼓励运销大户、水产品加工和流通企业领办营销合作组织，提高渔民参与水产品流通的组织化程度，增强市场竞争力。

——探索开展水产品电子商务。培育大型水产网站，强化水产品市场信息收集发布。积极创造条件建立网上交易平台，探索开展水产品电子商务。扩大水产品网上宣传、推介力度。

（四）发展形式多样的休闲、观赏渔业

紧密结合城镇化进程和渔港建设、增殖放流、海洋牧场建设等渔业工作，大力发展休闲垂钓、观光旅游、生物保健、展示教育、观赏渔业等多种形式的休闲渔业，不断提升休闲渔业文化内涵。加强安全保障设施建设，提高休闲渔业安全保障能力。至2015年，全市培育50家上规模休闲渔业基地，努力构建多元化、市场化、精品化的休闲渔业产业群，使全市休闲渔业年游客500万人次，休闲渔业产值达5亿元。

1. 努力构建多元化、市场化、精品化的休闲渔业产业群

结合宁波市渔业和旅游发展总体布局规划，选择渔业和旅游业相结合的最佳切入点，提升传统休闲渔业基地，完善各项服务设施，形成集养殖、观赏、垂钓、餐饮、旅游、住宿、疗养为一体的大型休闲娱乐场所。到2015年，建设形成以象山港休闲渔业圈、滨海休闲渔业带、大四明山休闲渔业带、都市休闲渔业区、杭州湾大桥休闲渔业区和北仑港休闲渔业区等为核心的休闲渔业产业群。

2. 重点开发建设象山港休闲渔业圈

充分挖掘象山港海光山色、渔乡风情、人文景观等港湾特色资源，利用桐照港、强蛟峡山渔业基地、南沙岛海域科技兴海示范区等地海产品养殖和捕捞的良好基础，开发建设各类休闲渔业区，开展出海捕捞、海岛垂钓、自助海鲜、渔文化体验等旅游项目；结合象山港旅游开发和海洋牧场示范区建设，因地制宜开发基础条件较好的横山岛、中央山岛、白石山岛、铜山岛等岛屿，形成不同主题的港湾岛礁型生态休闲渔业。

3. 提升和发展以锦鲤养殖为支撑的观赏鱼产业

高起点、高水平地发展具有区域特色的观赏渔业，结合现代设施渔业建设，在重点发展高档日本锦鲤繁殖与养殖，建设观赏鱼养殖示范基地；加快建设中国锦鲤拍卖中心和宁波市观赏鱼交易市场，带动观赏鱼养殖业以及与直接相关的水族器材、专用饲料等产业发展；加强行业或专业性经济技术协作组织建设，通过举办观赏鱼大奖赛等活动，促进技术交流，培育观赏鱼文化。到2015年，建成1个中国锦鲤拍卖中心和1家观赏鱼交易市场，每两年举办一次全国性观赏鱼展会。

4. 开展丰富多彩的渔文化活动，提升渔文化内涵

充分发挥宁波渔文化促进会的作用，推动渔文化理论研究，积极保护、发掘、

利用好渔文化资源，丰富渔文化底蕴；建立健全渔文化研究和宣传的平台，不断扩大渔文化研究的影响力；继续办好中国开渔节、国际海钓节等渔文化节庆活动，加快渔文化创意园建设，促进渔文化产品的开发和产业发展。

（五）全面推进水生生物资源养护事业

以海洋牧场建设建设为重点，着力推进水生生物资源养护事业。扩大增殖放流规模，加强规范管理，促进资源养护工作的规范化、常态化，着力提高资源养护水平。继续加强水生野生动物和重要渔业种质资源保护，努力提高渔业水域污染事故的应急反应能力，进一步促进全社会水生生物资源养护和水域生态文明意识的提升。

1. 大力推进海洋牧场建设，改善水域资源和生态环境

依托象山港、韭山列岛海洋自然保护区和渔山列岛海洋生态特别保护区，通过采用工程和生物技术，有计划地选择海域营造海洋经济生物适宜的生长环境，开展鱼、贝、藻和海珍品人工增殖和农牧化养殖，提高自然海域的生产力，改变渔业产业增长方式，保护宁波近岸海洋生态系统，实现渔业资源的可持续利用。“十二五”期间重点建设象山港海洋牧场、渔山列岛海洋牧场和韭山列岛海洋牧场区三个海洋牧场核心示范区。

——象山港海洋牧场示范区建设。通过在象山港中底部海域投放人工鱼礁，开展规模化移植大型海藻、底播增殖经济贝类，降低海域富营养化状况，修复海洋生态环境，建设成为独具港湾特色的海洋牧场。

——渔山列岛海洋牧场建设。通过保护岛礁资源保护、贝藻类资源保护、伏虎礁领海基点保护和重建藻场，开展鲍鱼、海参等海珍品底播增殖，增殖放流名贵岛礁性鱼类，底播增殖经济贝类，建设成为鲍鱼、海参等海珍品和石斑鱼、条石鲷等名贵岛礁性鱼类增养殖基地。

——韭山列岛海洋牧场建设。通过设立核心区、缓冲区和实验区，开展岱衢族大黄鱼、曼氏无针乌贼、黄姑鱼等放流增殖和鲳鱼、鳓鱼、梭子蟹、小黄鱼等优势种类、底播增殖经济贝类，以及对马蹄螺、荔枝螺、芝麻螺、佛手、藤壶等岛礁生物资源进行保护和综合监管，保护大黄鱼、曼氏无针乌贼、江豚和繁殖鸟类及与之相关的海洋岛礁生态系统。

2. 扩大增殖放流规模，养护渔业资源

科学制定规划，扩大增殖放流规模，加强规范管理。“十二五”期间，结合海洋牧场建设和淡水水域生态系统修复，进一步开展海洋与内陆渔业资源增殖放流，继续开展岱衢族大黄鱼、黄姑鱼、梭鱼、对虾、梭子蟹、曼氏无针乌贼等重要经济种类，黑鲷、石斑鱼、条石鲷等岛礁性鱼类，泥蚶、毛蚶、青蛤、缢蛏、菲律宾蛤子、管角螺等滩涂贝类，鲍鱼、海参等海珍品，香鱼、月光鱼等溪流性鱼类的增殖放流，继续推进濒危水生野生动物的救助和放生，尽快恢复宁波近海和内陆渔业

资源。

“十二五”期间，计划增殖放流大黄鱼、黄姑鱼等重要经济鱼类2 000万尾、淡水鱼种苗1亿尾，黑鲷、石斑鱼、条石鲷等岛礁性鱼类1 000万尾，对虾3亿尾，梭子蟹1亿只，泥蚶、毛蚶、青蛤、缢蛏、菲律宾蛤子、管角螺等滩涂贝类1亿颗，鲍鱼、海参等海珍品100万头。

3. 加强水生动物自然保护区和渔业种质资源保护区建设

加强象山港、韭山列岛海洋自然保护区和渔山列岛海洋生态特别保护区的建设与管理，强化象山港、三门湾等海域大黄鱼、马鲛鱼、银鲳、黑鲷、日本对虾、梭子蟹、锯缘青蟹、菲律宾蛤子、缢蛏、毛蚶等重要渔业资源产卵场、繁育场和附苗场的养护和种质资源保护，通过海洋牧场建设和增殖放流，继续加强水生野生动物和重要渔业种质资源保护，建立水生野生动物和重要渔业种质资源库，结合水产原良种场建设，建立岱衢族大黄鱼、三疣梭子蟹、锯缘青蟹、缢蛏、泥蚶等重要渔业经济种类活体保存库。

（六）推进渔业体制机制创新，提高渔业生产组织化程度。

现代渔业的建设需要依托渔业经营与管理的体制机制的创新，通过创新渔业合作社发展模式，实施现代渔业产业集群计划和建立现代渔业政策性保险机制，探索和建立适应市场经济规律和符合现代渔业发展的渔业经营与管理新体制新机制。

树立大渔业理念、渔业规划理念和健康水产品理念，推进渔业管理思路创新。进一步完善水面流转机制，大力推进产业化经营，发挥龙头带动作用，加快建立以“订单”为纽带的“公司 + 合作社 + 基地 + 农户”等经营机制，引到龙头企业与农户结成紧密利益共同体，提高渔业组织化程度。探索建立渔民社会保障制度和资源利用补偿机制，提高渔民抵御风险的能力；加快建立以政府为主导、社会力量广泛参与的多元化渔业科研投入体系，形成稳定的投入增长机制。鼓励、培育、扶持技术咨询、信息服务、鱼苗种供应、水产品销售等服务实体和中介组织，健全和完善渔业服务体系，完善产前、产中、产后服务。

1. 探索建立多种模式渔业经营体制，创新渔业经营体制

——根据渔业产业特点，因地制宜探索建立多种模式渔业经营体制。以组成利益共同体为纽带，以龙头企业为重点，优化专业合作社结构，形成产前、产中、产后一体化和养殖（捕捞）、加工、销售、服务及一产、二产、三产全覆盖的新型专业合作社，通过人才引进、管理人才专职化、增加技术含量等方式提高合作社服务、经营管理能力。

——提升和发展以慈溪高背浦专业合作社为代表的“养殖管理六统一”模式，以象山齐心合作社为代表的产前、产中、产后一体化和养殖（捕捞）、加工、销售、服务及一产、二产、三产全覆盖模式，以宁海旗门青蟹专业合作社为代表的通过养

殖池塘流转整合发展公司的模式。

——继续培育渔业龙头企业，大力发展多种类型的渔业企业，探索和建立适应市场经济规律和符合渔业行业特点的现代渔业企业管理制度。

——以加强渔业安全管理为核心，以捕捞渔船编组生产、组建渔船管理公司、建立重点渔业村渔船管理站为主要形式，推进捕捞渔船生产中队（或大队）、渔船管理公司化以及重点渔业村渔船管理站建设工作，提高捕捞渔船安全管理能力。

——以自我管理、信息互通、协调行动为目的，将分散的个体生产经营者组织起来，建立各类渔业协会，充分发挥渔业行业协会的作用。

——以加强对渔村干部、渔村技术人员以及经营管理能人的培训为手段，提高村民自治组织的自我管理、自我服务能力；发挥渔村技术人员、渔村经营管理能人的带动作用。

2. 探索实施现代渔业产业集群计划，创新渔业经营机制

坚持以工业思路抓渔业，探索实施现代渔业产业集群计划，引领发展育苗、养成、饲料、加工一体化渔业大型集团型现代渔业公司，并以此为核心建立现代渔业形成产业集群，创造乘数效应，提升品牌价值，通过集群过程形成现代企业制度。

——探索实施现代渔业产业集群计划，围绕大黄鱼、南美白对虾、梭子蟹三大主导产品和中华鳖、锦鲤观赏鱼二大特色产品以及青蟹、滩涂贝类、紫菜等其他优势主导养殖产品，建立环象山港海水养殖与加工产业集群、杭州湾南岸水产饲料与养殖加工产业集群和宁波市区品牌渔业集群，形成具有科技创新能力、品牌经营能力、食品安全保障的更加强大的主导型企业，并在此基础上，在水产养殖、加工、饲料供应之间形成上下联动的产业群体。从产业集群中挖掘产业组合的前景，从产业组合中推动企业重组，向上市公司的方向逐级推进，以逐步形成宁波现代渔业发展所必需的大型企业基础。

3. 探索建立现代渔业政策性保险机制

——继续推进和完善政策性渔业互助保险。按照“政府推动、政策扶持、市场运作、风险共担、自主自愿”的政策性渔业互助保险机制，充分发挥渔业互保协会的特殊优势，积极调整大马力渔船和渔民人身承保与理赔额度，推进渔船修造企业人员实名制互助保险，进一步扩大投保面；借鉴日本、韩国的做法，设立课题组，以渔业互保协会为农业保险立法试点单位，按农业保险渔业先行的原则，推进渔业保险立法进程，建立船东义务投保制度。

——大力推进水产养殖品种政策保险。在南美白对虾养殖政策性保险试点的基础上，加大水产养殖政策性保险工作力度，逐步增加保险品种，扩大保险数量，尽量将养殖基地全部纳入保险范围，降低养殖风险，促进水产业持续健康发展。

（七）强化现代渔业科技与服务支撑体系建设

加快推进渔业产业科技支撑体系建设，提高现代渔业保障与服务能力；加强渔业公共服务平台建设，提升渔业公共服务能力；推进渔民专业合作社和行业协会发展，提高渔业生产组织化程度；加强渔业避风锚地建设，提高渔业减灾防灾能力。

1. 加快推进产业科技支撑体系建设，提高现代渔业科技保障能力

加强水产技术推广体系改革与建设，进一步加强海洋与渔业科技创新体系建设，加快建设宁波市海洋与渔业科技创新实验基地，创建水产养殖科技创新团队和产业创新联盟，增强企业创新能力，提高现代渔业科技保障能力。

——继续推进水产技术推广体系改革与建设，进一步加强渔业技术推广基础条件建设、体制机制创新和人员队伍建设，增强公共服务能力。加强市渔业技术推广站中心实验室和 5 个重点渔业县水产技术推广站标准站建设，使全市水产技术推广体系全面达到新“五有站”的标准。

——加强海洋与渔业科技创新体系建设。加强海洋与水产学科重点实验室建设，建设好“海洋应用生物技术重点实验室”、“水产养殖苗种培育研究工程中心”等重点实验室、工程中心建设，加强象山港科技兴海示范园区建设，新建“水产品质量安全重点实验室”等创新平台。

——加快建设宁波市海洋与渔业科技创新实验基地。建成一个集海洋生态环境监测、保护与修复，渔业资源增殖，水产苗种引进与繁育，水产种质资源保存，海洋环境与水产资源保护的研究、试验和教育培训，海岸带管理等功能于一体的海洋与渔业科技创新基地。

——大力推进企业创新能力建设。围绕高产抗逆养殖新品种、海水健康养殖、水产品加工、海洋渔业装备等技术，培植一批规模化的渔业高技术龙头企业，扶持发展一批企业研发（工程）中心。至 2015 年，培育发展 10 个以上具有较强核心竞争能力、技术创新能力、规模效益、有一定影响的渔业高新技术企业或企业集团、20 个具有生机和活力企业研发（工程）中心。

——创建水产养殖科技创新团队和产业创新联盟。整合宁波市从事水产养殖科学研究和生产实践的资源，组建水产养殖科技创新团队，培育学科带头人等高层次人才；整合宁波市渔业科技资源和骨干企业组建渔业技术创新战略联盟，促进高校、科研院所与渔业生产企业的产、学、研合作，围绕宁波市渔业优势和特色产业，开展科技创新、技术推广和科技成果转化。

2. 建设渔业公共服务平台，提升渔业公共服务能力

加快建设水生生物疫病防控体系，建设水产种质资源共享平台，提升渔业公共服务能力。

——加快建设水生生物疫病防控体系。水产重大流行性疫病预警和防控网络，

建设市县两级水生动物疫病监测实验室和重大疫病预防指挥中心，培养一支具有相应资质的防疫检疫专职队伍，建立重大水生动物疫病预警、应急控制机制。在水产养殖病害防治网络基础上，依托在甬高校、科研院所，建立水生动物病害防控技术公共服务平台，研究重大疫病快速诊断和防控技术，开展重大疫病流行的风险评估、疫病诊断和防控技术培训，提高水产重大疾病防控能力。

——建设水产种质资源共享平台。建立宁波市水产种质资源采集分析与管理系统，在物种和分子水平调查和采集水产种质资源；建立重要产品增养殖种类的原良种活体保存库、水产动物精子库、微藻种质库和种质基因库与微生物菌株库；建设由国家和市级水产良种场、重点水产育苗场为核心的水产良种和优良苗种生产供应体系。

3. 加强渔业避风锚地建设，提高渔业减灾防灾能力

进一步完善渔港建设，加强渔业避风锚地建设。至2015年重点推进建设“梅山水道”和“奉化阳光海湾”二座抗超强台风渔业避风锚地，建设完成象山县鹤浦一级渔港、番西一级渔港。同时，进一步完善渔业防灾减灾体系，提高渔业应急事件的处置能力。

五、重点工程

（一）渔业设施化工程

实施渔业设施化工程，大力推进养殖池塘保温大棚和工厂化设施建设，重点实施海水养殖网箱改造和削减工程，进一步推进养殖池塘标准化改造建设，加快推进水产苗种培育设施改造，推广应用渔业节水、节能设施和技术，更新改造远洋生产渔船，推进远洋渔业基地建设，推进水产品流通加工先进装备的应用，全面提高渔业装备水平水产养殖设施化水平。

1. 大力推进养殖池塘保温大棚和工厂化设施建设

研制、应用和推广结构强度高、保温性能好、使用寿命长、操作简便、维护成本低的新型水产养殖节能保温大棚，建立标准化水产养殖节能保温大棚应用示范；鼓励发展工厂化养殖，推进保温大棚和工厂化设施的应用，延长养殖季节、节约土地和水资源、节约能源、增加养殖产量和效益。至2015年建立工厂化养殖场3家、标准化水产养殖节能保温大棚示范700公顷，并建成1个现代水产种业综合示范园区（总面积1 000亩）和1个现代设施渔业综合示范园区（总面积18 000亩）。

2. 重点实施海水养殖网箱改造和削减工程

根据海域生态环境和养殖容量，调整和削减海水养殖网箱数量，优化和调整网箱养殖布局，将3 m×3 m×3 m的小网箱改造成6 m×6 m×（5~6）m的网箱，完善网箱养殖配套设施，全面提升网箱养殖设施条件，试验推广多重立体网箱养殖设

施和技术，建立和实施良好养殖规范，增加抗风险能力和效益。至 2015 年改造完成 1 万只大网箱、削减 3 万只小网箱，并适度发展大型海水围网鱼类养殖。

3. 进一步推进养殖池塘标准化改造建设

继续推进养殖池塘标准化改造工程，提高池塘改造标准，加大投入力度，完善配套设施，全面提升养殖池塘条件。至 2015 年新增改造完成 3 300 公顷标准池塘。

4. 加快推进水产苗种培育设施改造

全面改造和更新育苗场水处理、节能环保、质量检测和抗灾等设备设施，提升苗种培育设施，达到育苗设施标准化、育苗品种特色化、育苗数量规模化。至 2015 年改造完成 30 家水产苗种场水处理设施，并建成 1 个现代水产种业综合示范园区。

5. 积极推进水产品流通加工先进装备的应用

推进水产品鲜态保存装备、鱼糜鱼粉先进加工生产设备、海藻精深加工装备、海洋低值鱼类高值化加工装备和鱼粉环保生产关键装备应用，加快鲜活水产品冷链物流系统建设。到 2015 年建立 2 个水产品精深加工研发中心、引进建设水产品精深加工生产线 10 条。

（二）海洋牧场建设工程

实施海洋牧场建设工程，“十二五”期间重点建设象山港海洋牧场、渔山列岛海洋牧场和韭山列岛海洋牧场区三个海洋牧场核心示范区。

1. 象山港海洋牧场示范区建设

在象山港中底部铜山——白石山岛海域，建设集资源增殖保护、农牧化增养殖、资源增殖保护研究和展示、海上休闲游钓等功能于一体的海洋牧场核心示范区，通过核心示范区辐射作用，带动象山港中底部区域养殖结构调整和渔业资源的保护与恢复。至 2015 年，建成 2 个人工鱼礁群，总建礁规模 4 万空方；移植大型海藻 60 公顷；底播贝类苗种 2 000 万颗；放流各类鱼苗 1 000 万尾；开展鲍鱼、海参等海珍品农牧化养殖试验；建设 1 080 平方米的海上资源增殖保护研究和管理浮式平台；通过加强渔政管理，优化牧场区捕捞作业方式，实现资源的有效恢复并带动海洋休闲旅游发展。

2. 渔山列岛海洋牧场建设

结合渔山列岛国家级海洋生态特别保护区建设规划，在进行岛礁资源保护、贝藻类资源保护、伏虎礁领海基点保护、人工鱼礁增殖放流、生态养殖和生态旅游基础上，继续开展渔山列岛附近海域的自然环境条件和海洋生物资源调查，进一步开展人工鱼礁建设可行性研究，开展人工藻场建设研究与试验，适度改造和优化海洋生物栖息地，制定特别管理规定强化岛礁贝藻资源和恋礁性鱼类资源的保护，重点开展鲍鱼、海参和扇贝等名贵海珍品的底播放流增殖的探索和研究，扩大试放规模，在此基础上实行海珍品苗种的人工繁育、暂养和规模化底播增殖，实现从苗种培养、底播增殖和收获一条龙生产，将渔山列岛海洋牧场建设成为鲍鱼、海参等海珍品和石斑鱼、条石鲷等名贵岛礁性鱼类增养殖基地。

3. 韭山列岛海洋牧场建设

依托韭山列岛是海洋生态自然保护区，通过设立核心区、缓冲区和实验区，保护大黄鱼、曼氏无针乌贼、江豚和繁殖鸟类产卵、种苗和索饵场及其之相关的海洋岛礁生态系统，在此基础上开展岱衢族大黄鱼、曼氏无针乌贼、黄姑鱼等放流增殖和鲳鱼、鳓鱼、梭子蟹、小黄鱼等优势种类和底播经济贝类以及对马蹄螺、荔枝螺、芝麻螺、佛手、藤壶等岛礁生物资源进行保护和综合监管，保护大黄鱼、曼氏无针乌贼、江豚和繁殖鸟类及与之相关的海洋岛礁生态系统。

（三）水产品质量安全保障工程

加强水产品质量监管，强化和完善水产品质量安全监管的法律环境和管理制度，加强认证认可体系、药残整治和质量全程管理体系建设，完善水产品质量安全检测和监管体系，构建水产病害防控预警预报和渔用药物安全使用技术体系，加强对渔业生产全过程的质量监控，建立水产品市场准入和可追溯制度，确保水产品质量安全。至 2015 年，全市水产品质量监测合格率达 98% 以上。

1. 强化水产品生产企业质量管理体系建设

推进水产养殖企业质量管理和认证体系建设，推行水产品生产过程全程质量控制和无公害水产品一体化认证，使“生产准入”和“产地准出”有机结合；按照渔船卫生设施标准，推进渔船卫生设施示范改造，新造渔船必须强制达标；在无公害养殖企业建立诚信体系，提高诚信意识，规范无公害水产品生产行为，提高水产品质量。至 2015 年，全市水产养殖基地无公害双认证达 50%，15 个产品通过绿色、有机认证，完成 100 艘渔船卫生设施示范改造。

2. 重点提升水产品质量安全监管能力和水平

加强水产品质量安全监督管理，建立常态监督检测与专项整治结合的水产品质量安全监督检测管理机制；加大水产种苗产业的监管和执法力度，加强水产种苗的药残检验和疫病检疫工作；加快推进贝类养殖区域类型划分，重点开展象山港、三门湾和杭州湾等重点贝类养殖区环境监控监测；加强水产品质量安全监管执法能力建设，提升执法装备，推进现场快速检测技术研究和应用，提高现场执法技术水平；重点研究养殖水域中的病原性微生物对主要养殖水产品质量安全的影响，初步建立水产品主要危害物的风险评估机制。到 2015 年，实现每千吨养殖水产品抽检样品 1 个、每千吨捕捞水产品抽检样品 0.5 个。

3. 完善水产品质量安全检验检测体系建设

加快推进水产品质量检验检测硬件设备的更新和升级改造，研究和开发常见鱼药残留的快速检测技术；充分发挥市、县两级水产品质检中心的作用，加强水产品质量检测队伍建设，进一步提高检测技术水平。

4. 探索建立水产品质量安全可追溯体系

积极探索水产品质量安全监管的长效机制，推进水产品产地准出与市场准入工作，进一步落实水产品生产记录、包装标识等制度，逐步推进水产品质量安全追溯系统建设。到 2015 年，完成重点养殖水产品在重点地区的可追溯体系建设以及产地准出制度建设。

（四）渔业节能减排工程

实施渔业节能减排工程，“十二五”期间重点推广应用节水、节能型渔业生产设施，加大渔船节能技术和产品推广，大力推广水质净化、节水节能关键技术，达到渔业节能降耗目标。

1. 推广应用节水、节能型渔业生产设施

推广应用养殖池塘底增氧设施等节能型的养殖机械设备，努力降低高耗能，大力发展生态养殖模式，开发工厂化高效养殖模式和市场潜力大、能耗低、污染少的休闲渔业。采用行之有效的节能产品改造旧渔船，在不断应用和推广渔船节能装备的同时，重点开展渔船外龙骨及导流管改装、渔船螺旋桨桨毂优化设计和渔船船体结构优化等项目研究。至 2015 年，新增池塘底增氧设施 2 000 公顷、改造渔船节能装置 1 000 艘、柴油机燃油“轻改重”装置 100 艘。

2. 积极加大渔船节能技术和产品推广

开展海洋捕捞渔船高耗能老旧设备调研，结合渔船更新改造推广渔船节能技术和产品，重点在象山、奉化、宁海等地大马力渔船中进行技术成熟的节油设备和技术的推广。至 2015 年，渔船节能装备和技术推广面积达到 50%，平均节油 3% 以上。

3. 积极推进象山港小型渔船玻璃钢化改造

为进一步推进小型捕捞渔船节能减排工作，在全市 300 艘中小型渔船中，积极推广节能、节木、性能优良的玻璃钢渔船，把发展玻璃钢渔船作为实现宁波捕捞渔业现代化的一项重要措施。至 2015 年，完成 100 艘小型渔船玻璃钢化改造。

4. 大力推广水质净化、节水节能关键技术

积极推广环保型优质饵料，研究水产养殖节水、节能和达标排放等关键技术，进一步扩大太阳能、风能、地热能、余热等在养殖业上的应用；开发渔船、网箱的节能设施，集成推广污物资源化利用技术，建立海洋渔业对海域污染及能源消耗的控制模式。

（五）品牌与精品渔业建设工程

实施品牌与精品渔业建设工程，通过整合地方区域性品牌，培育精品渔业示范

区；加强渔业标准化建设，不断推进品牌提升；实施品牌化战略，切实加强品牌营销，不断提升水产品竞争力和影响力。

1. 整合地方区域性品牌，培育精品渔业示范区

围绕建设生态、绿色渔业，加强水产品品牌建设，着力培育渔业绿色品牌、有机品牌、无公害品牌；围绕提升区域渔业经济水平，鼓励行业协会、农民专业合作社和龙头企业协作，切实加强地方区域性品牌整合，开展地理标志认证，致力打造区域性品牌，积极培育精品渔业示范区。到2015年，全市建立区域性品牌10个。

2. 加强渔业标准化建设，不断推进品牌提升

建立和完善渔业标准化体系，制定、修订和完善渔业地方标准，使其符合国内国际的有关市场标准；加快产业标准化示范区建设，建立基于负责任渔业的渔业生产GAP管理体系和以HACCP计划为基础的质量保证体系，扩展品牌的作用范围，提升宁波水产品的美誉度、知名度。到2015年，建成产业标准化示范区35家，其中国家级5家、省级10家、市级20家。

3. 实施品牌化战略，切实加强品牌营销

积极探索水产品营销的各种渠道模式，开展代理、经销、专柜和直销窗口等方式鲜活销售，不断探索产品直接进超市、连锁商店或开展网上销售、订单营销，尝试探索水产品现场拍卖交易模式，提高产品品牌效应；利用水产品博览会、展销会和推介会等平台进行品牌宣传、引导消费，提升品牌的知名度和影响力。到2015年，在全国开设统一标识的宁波特色海鲜直销窗口100个，每年组织开展宁波水产品推介活动。

（六）水产良种化推进工程

推进水产良种工程建设，加快水产良种繁育体系建设，提高水产原良种的生产能力，提高水产养殖良种化率。提高良种覆盖率；进一步推进规模化优质种苗繁育基地建设，全面改造与提升苗种培育硬件和软件设施；加强优势特色水产种质资源保护，建设宁波重要水产生物种质资源库和现代水产种业综合示范园区；开展优良水产种类的遗传育种，加强水产良种繁育技术与推广体系建设，培育建设良种良法示范点。

1. 水产种苗繁育体系建设

大力扶持种业龙头企业，重点加强水产遗传育种中心、国家级水产原良种场、省、市级水产原良种场、规模化繁育基地以及市级水产引种育种中心基地建设和现代水产种业综合示范园区建设，完善水产种苗繁育体系。

——加快已批准的国家级中华鳖、岱衢族大黄鱼良种场建设提高工程质量，确保尽快竣工验收投产。针对大黄鱼、三疣梭子蟹、锯缘青蟹、缢蛏、泥蚶、曼氏无针乌贼、黑鲷、坛紫菜等增养殖优势主导品种建设5家省级水产原良种场，2个省、

市级遗传育种中心，在此基础上争取申报2～3个国家级水产原良种场，1个国家级遗传育种中心。

——加强规模化优质种苗繁育基地建设。扶持改造建设市级重点水产苗种企业10家，县级重点水产苗种企业10家。至2015年，全市建成南美白对虾规模化繁育基地6家，海水蟹类5家，海水鱼类2家，海水滩涂贝类4家，藻类3家，龟鳖类2家，淡水鱼类1家，溪流性鱼类等地方特色品种2家，显著提高优质种苗的生产能力。

2. 优势特色水产种质资源的保护

建设宁波重要水产生物种质资源库。采集宁波市重要的水产种质资源，重点鉴定与评价具有优势特色水产种类，构建水产种质资源信息平台。依托水产遗传育种中心、水产原良种场保存优良种质资源的活体、基因等材料。

3. 优良水产种类的遗传育种

——强化水产良种选育。重点对岱衢族大黄鱼、三疣梭子蟹、锯缘青蟹、滩涂贝类等优势主导养殖品种开展新品种选育与水产亲本更新，培育具有优良生产性状的水产良种。至2015年，选育出2个以上具有抗逆强、生长快等经济性状优势明显的养殖新品种（系）。

——继续进行本地优质水产种类的开发与优良水产品种的引种。重点对宁波市本地野生种类如银鲳、灰鲳、黄姑鱼、梭鲻鱼、石斑鱼、条石鲷、半滑舌鳎、曼氏无针乌贼等进行规模化繁育驯养技术开发，形成苗种的批量生产。

4. 加强水产良种繁育技术与推广体系建设

依托规模化优质种苗繁育基地，建立主要苗种的规模化培育和养殖生产的技术体系，培育建设30个良种良法示范点。至2015年全市水产优质种苗的覆盖率达到90%以上。

（七）现代渔业园区建设工程

通过强化渔业基础和装备设施建设、优化产业结构布局、推广应用先进适用技术、创新经营管理机制等途径，集中力量建设一批现代渔业园区，充分发挥典型示范和辐射带动作用，引领传统渔业产业改造升级。

1. 融合多种产业，努力创建现代渔业综合示范区

紧紧围绕促进渔民增收和渔业转型升级，立足资源区位条件和产业发展基础，按照“集聚、集约、生态、高效”的思路，发展现代水产、农业、加工、休闲等多种产业融为一体的现代渔业综合示范区。至2015年，重点在象山港、三门湾、南杭州湾等渔业主导产业相对集中连片的区域，集中力量建设3个规划布局合理、生产要素集聚、科技和设施装备先进、经营机制完善、经济效益和示范带动效应明显的现代渔业综合示范园区和建设一个现代设施渔业综合示范园区。

2. 发挥主导产品优势，建设渔业主导产业示范区

在渔业产业化基地的基础上，通过强化渔业基础和装备设施建设、优化产业结构布局、推广应用先进适用技术、创新经营管理机制等途径，推进养殖、加工、流通等一、二、三产业联动，积极选择产品优势突出、市场竞争力较强的主导产业开展渔业主导产业示范区建设。至2015年，重点在象山港区域、三门湾区域、南杭州湾区域、奉化余姚四明区域建设10个以水产养殖、加工流通、休闲渔业为主体的渔业主导产业示范区。

3. 依托品牌建设，加快特色水产精品园建设

按照高标准建设、园区化管理的要求，以虾蟹类、龟鳖类、鱼类、贝藻类或区域性特色优势品种为养殖主导品种，通过完善基础设施建设、培养渔业产业品牌、完善产业发展模式等措施，全面推进特色水产精品园建设。至2015年，建成20个产品特色鲜明、竞争优势明显、品牌效应突出、经济效益领先的特色水产精品园。

（八）渔业科技与信息化工程

实施渔业科技与信息化工程，加强科技创新攻关，加快科技成果转化与产业化；加快建设海洋与渔业科技创新基地，提高科技支撑能力；强化渔业科技服务，推进渔业产业发展，加强技术培训，着力培育新型渔民；发展数字渔业，提高渔业信息化水平。

1. 加强科技创新攻关，加快科技成果转化与产业化

——组织科技优势力量，针对现代渔业发展中渔业设施化装备与技术、渔业资源保护与合理利用、渔业生态环境保护与修复、海洋牧场建设、水产增养殖良种选育与新品种培育、水产养殖病害防控与水产品质量安全、生态健康养殖新技术新模式、渔业节能减排、水产品精深加工、远洋渔业装备、渔业体制机制创新和渔文化建设等领域开展联合攻关，切实解决渔业生产中的关键技术问题；加快科技成果转化与产业化，应用、示范和推广先进实用技术，提升渔业产业技术水平。

——继续实施渔业科技入户示范工程建设，建立渔业科技入户长效机制，扩大示范户和辐射户数量，增加示范和辐射面积，围绕主导优势养殖品种，主推10项以上无公害、标准化和节能节水等先进实用技术。至2015年示范和辐射带动10 000公顷。

——建立水产养殖自然灾害技术救助机制，建立技术救助专家队伍，研究和集成应用防灾救灾减灾关键技术，建设水产养殖自然灾害实时监控和快速反应体系，预防和降低自然灾害对水产养殖造成的重大损失，保障水产养殖生产的安全。

2. 加快建设海洋与渔业科技创新基地，提高科技支撑能力

加快宁波海洋与渔业科技创新基地建设，建设完成总面积3 980平方米水产育种与海洋生态修复实验设施和总建筑面积9 107平方米海洋与渔业科技实验培训楼，

配套一批先进的设备和仪器，引进国内外具有影响力科研和教学机构，吸引和培养一批海洋和渔业领域一流专家，加强科技管理和运行体制和机制改革与创新，建立适应现代海洋经济和渔业发展需求的新型科技创新体制和机制，将创新基地尽快建设成为浙东地区海洋与渔业科技创新中心。

3. 强化技术培训，着力培育新型渔民

实施“渔业金蓝领”培训计划，加强渔民技术和技能培训。开展渔业职业技能鉴定、渔业实用技术和渔民转产转业培训等多种形式渔民培训，提高渔业从业人员持证上岗的比例。加强捕捞渔民“四小证”等渔业安全生产技能的培训，提高捕捞渔民安全生产、自救互救和应对突发事件的能力。开展渔业全民素质教育、渔村党员干部远程教育、新渔村建设顾问团、科技人员继续教育等教育培训活动。建立渔业高技能人才培养考核和扶持机制，加快培养渔业高技能人才。

4. 发展数字渔业，提高渔业信息化水平

加快建设渔业地理信息管理系统，建设水产养殖病害远程诊断系统，建立渔业产品网上交易系统，提高渔业信息化水平。

——加快渔业建设地理信息管理系统。加快开展全市水产养殖、加工信息普查工作，建立渔业产业基础数据库；推进水产养殖、加工信息系统的应用，探索信息系统在统计表的报送和水产品质量安全管理等领域的应用创建水产品质量安全管理信息网络，建立水产品质量安全管理电子平台；建立设施渔业数字化生产生物信息、环境信息采集体系，开展水产养殖生产和苗种繁育过程中环境和养殖生物体的数字信息获取、数字信息处理和数字信息应用研究。

——建设水产养殖病害远程诊断系统。开发应用水产养殖病害远程诊断系统，建立病害数据库和专家系统，在病害测报点建立远程诊断联络点，开展水产养殖病害远程诊断等技术服务，至2015年，水产养殖病害远程诊断系统在重要渔业生产区域得到应用。

——建立渔业产品网上交易系统。建立宁波市水产品网上交易采购、销售、批发、配送、支付等功能的水产品电子商务平台，探索水产品竞价拍卖等现代交易方式，通过水产品营销与拍卖系统的对接，实现水产品营销与电子商务的有机结合、传统市场与无形市场的良性互动。至2015年建成网上交易平台10个。

（九）远洋渔业装备与基地建设工程

以远洋渔船现代化建设为重点，积极推进远洋渔船更新改造，建设1~2个国内外渔业基地，组建远洋渔业装备与技术国产化研发生产基地。支持企业引进先进设备和关键技术，提高远洋渔船整体装备水平。

1. 打造装备先进的远洋捕捞船队

根据国家鼓励发展船型要求，积极稳妥地建造（购置）一批现代化远洋渔船，有计划地淘汰船体老化、设备陈旧、安全性能差的渔船。至2015年，新建造远洋渔船60艘，完成对20艘老旧远洋渔船的改造。

2. 加强基地建设，完善配套设施

在有宁波市远洋渔业捕捞船队的印尼、缅甸、乌拉圭等国家，建立具有渔船维修、后勤补给、冷藏加工和销售等功能的综合性渔业基地3个。利用象山远洋渔业产业集群优势，扶持渔港、渔船、装备、渔需物资、产品贮运、精深加工配套的产业体系建设，推动远洋渔业产业配套升级，将象山建设成集远洋捕捞、加工、鱼货贮运、集散、渔船修造为一体的综合性渔业基地。

3. 加大科技投入，提升远洋渔业科持支撑水平

加大对远洋渔业的科技投入，利用北仑落户全国远洋渔业装备的研发基地的优势，支持对渔具、装备和适用技术研究，提高远洋渔业产业科技支撑体系，引导企业通过引进、消化、吸收国际先进技术，加快捕捞、加工等船用装备改造升级。

六、保障措施

（一）加强规划实施的组织领导，扎实推进规划实施

加强规划实施的组织领导，落实领导责任制和主要任务、重大措施实施效果评估制度，为规划落实提供组织和制度保障。加强对规划发展成效的宣传，提高社会各界对渔业发展重要性的认识和参与规划实施的积极性。规划的实施必须调动作为生产主体的渔民的积极性，也离不开各级政府的重视和支持。必须自觉将渔业工作与各级党委、政府的工作大局有机结合起来，与广大渔民的需求结合起来，加强政策扶持、加大资金投入、确立重点项目，扎实推进发展。

（二）完善渔业政策与法律法规，提高行政能力

完善现代渔业各项管理制度和政策措施，加强渔民权益保障体制机制建设。研究和制定渔业养殖和增殖管理办法，落实渔业管理的各项制度；研究和制定水域滩涂使用权流转管理办法，规范水域滩涂使用权流转，保护水域滩涂使用权人的合法权益；研究和制定渔业合作社建设管理指导意见，促进渔业合作社规范发展。研究制定鼓励渔业转型升级、发展现代渔业的扶持政策，对水产育种、水产品精深加工、工厂化养殖、远洋渔业和海洋牧场等现代渔业产业，在土地和海域使用、电力、投融资和人才等资源要素配置方面给予必要的扶持。

（三）增强资金投入与项目管理，提高扶持能力

围绕加快推进现代渔业中心任务，进一步强化渔业投资的主体渠道，加大政府公共财政的支渔力度，逐步建立稳定的渔业投入增长机制。推出一批养殖、加工、

远洋渔船和海内外基地重大项目，开展招商引资，引导外资、民间资本投资渔业，形成多渠道、多元化投入、利益共享的投资新机制；提高金融支渔水平，加大渔业信贷资金投入，为渔业发展提供更多资金支持，重点支持渔业基础设施、远洋渔船更新改造、海内外基地、渔业服务体系、渔业科技和渔业资源增殖保护等建设；建立完善渔业发展专项资金制度，增加设施养殖、渔业机械、渔业节能等方面的专项资金，增强渔业经济发展后劲。加强对财政支持渔业发展项目资金的管理，规范渔业发展资金的使用，实施项目绩效考核制度，提高资金的使用效益。

（四）加强远洋渔业的宏观调控和管理，提高抗风险能力

要采取现代化手段加强对远洋渔船的跟踪管理，健全境外突发事件预警和应急处理机制，依据国际国内有关法律法规，提高依法维权的能力和水平，切实保障船员的人身安全和合法权益。组织搞好远洋渔业海外项目的前期风险评估和可行性论证工作，多渠道开辟合作途径，选择最佳合作伙伴，最大限度地少走弯路，减少项目的盲目性。加强远洋渔业从业人员教育和培训，特别要加强有关国际海洋法、资源法、生态保护法等方面的知识培训，努力提高他们的文化素质、专业知识和生产技能。紧紧依靠科技进步，努力提高生产力水平。要充分考虑到资源、政策、企业承受能力和市场等多方面因素，做到分期分批、循序渐进，保障远洋渔业持续、快速、健康发展。

（五）加强渔业系统队伍建设与人才培养，提高管理服务能力

以加强行业管理、服务渔民为宗旨，加强学习型队伍建设。加强渔业管理、科研、执法等多方面人才教育培训，深入开展文明窗口创建活动。积极开展渔业职业技能、渔业实用技术和渔民转产转业培训等多种形式培训，提高渔业劳动力素质。加快建立渔业高技能人才培养考核和扶持机制，积极培养渔业高技能人才；加快培育渔业科技和经营管理高层次人才，建立人才激励机制，稳定和壮大渔业科技人才队伍，提高人才整体素质。加强渔技推广队伍建设，加强现有渔业科技人员在职培训，提高渔业科技人员的业务能力。加强海洋与渔业高技术领域国内外科技交流交流和合作，通过搭建技术合作交流平台、项目合作等多种形式与途径，推动政府、学术和企业多层面的科技合作与交流，引进先进技术，拓展市场，改造提升传统渔业产业。

表3 宁波市“十二五”现代渔业发展规划重点工程项目计划表（2011—2015）

单位：万元

序号	项目名称	项目内容、规模、目标	建设年限	总投资
1	渔业设施化工程	大力推进养殖池塘保温大棚和工厂化设施建设，重点实施海水养殖网箱改造和削减工程，进一步推进养殖池塘标准化改造建设，加快推进水产苗种培育设施改造，推进水产品流通加工先进装备的应用，全面提高渔业装备水平水产养殖设施化水平	2011—2015	60 500
1.1	养殖池塘保温大棚和工厂化设施建设	推进养殖池塘保温大棚和工厂化设施建设，鼓励发展工厂化养殖，推进保温大棚和工厂化设施的应用，建立工厂化养殖场3家、标准化水产养殖节能保温大棚应用示范700公顷	2011—2015	25 000
1.2	海水养殖网箱改造和削减工程	调整和削减海水养殖网箱数量，优化和调整网箱养殖布局，将3 m×3 m×3 m的小网箱改造成6 m×6 m×（5～6）m的网箱，改造完成1万只大网箱、削减3万只小网箱，建立标准化网箱养殖示范基地	2011—2015	13 000
1.3	养殖池塘标准化改造建设	继续推进养殖池塘标准化改造工程，提高池塘改造标准，完善配套设施，全面提升养殖池塘条件，新增改造完成3 300公顷标准池塘	2011—2015	15 000
1.4	水产苗种培育设施改造	推进水产苗种培育设施标准化改造建设，全面改造和更新育苗场水处理、节能环保、质量检测和抗灾等设备设施，改造30家水产苗种场水处理设施	2011—2015	1 500
1.5	应用推广水产品流通加工先进装备	推进水产品鲜态保存装备、鱼糜鱼粉先进加工生产设备、海藻精深加工装备、海洋低值鱼类高值化加工装备和鱼粉环保生产关键装备应用，加快鲜活水产品冷链物流系统建设。建立2个水产品精深加工研发中心、引进建设水产品精深加工生产线10条	2011—2015	6 000
2	海洋牧场建设工程	“十二五”期间重点建设象山港海洋牧场、渔山列岛海洋牧场和韭山列岛海洋牧场区三个海洋牧场核心示范区	2011—2015	23 900
2.1	象山港海洋牧场示范区建设	在象山港中底部铜山——白石山岛建设2个人工鱼礁群，总建礁规模4万空方；移植大型海藻60公顷；底播贝类苗种2 000万颗；放流各类鱼苗1 000万尾；开展鲍鱼、海参等海珍品农牧化养殖试验；建设1 080平方米的海上资源增殖保护研究和管理浮式平台	2011—2015	3 900
2.2	渔山列岛海洋牧场建设	结合渔山列岛国家级海洋生态特别保护区建设规划，将渔山列岛海洋牧场建设成为鲍鱼、海参等海珍品和石斑鱼、条石鲷等名贵岛礁性鱼类增养殖基地	2011—2015	10 000

续表

序号	项目名称	项目内容、规模、目标	建设年限	总投资
2.3	韭山列岛海洋牧场建设	依托韭山列岛海洋生态自然保护区，通过设立核心区、缓冲区和实验区，保护大黄鱼、曼氏无针乌贼、江豚和繁殖鸟类及与之相关的海洋岛礁生态系统	2011—2015	10 000
3	水产品质量安全保障工程	“十二五”期间重点强化水产品生产企业质量管理体系建设；提升水产品质量安全监管能力和水平；完善水产品质量安全检验检测体系建设；探索建立水产品质量安全可追溯体系	2011—2015	8 000
3.1	建立水产养殖企业质量管理和认证体系	推行水产品生产过程全程质量控制，探索水产养殖诚信体系建设。全面推进无公害水产品一体化认证，水产养殖基地无公害双认证达50%，15个产品通过绿色、有机认证	2010—2015	1 000
3.2	渔船卫生设施改造示范工程	按照渔船卫生设施标准，推进185马力以上渔船卫生设施改造工程，要求新造渔船必须强制达标，完成100艘渔船卫生设施示范改造	2010—2015	2 000
3.3	建立水生动物防疫体系	建立市级和三个重点渔业县级水生动物防疫中心，加大对3~5种发生频率较高的重大水生动物疫病监测力度	2010—2015	2 000
3.4	水产品质量安全常态监测	加强水产品质量安全监督管理，建立常态监督检测与专项整治结合的水产品质量安全监督检测管理机制，加强水产品上市前质量安全抽检，实现每千吨养殖水产品抽检样品1个、每千吨捕捞水产品抽检样品0.5个	2010—2015	1 000
3.5	水产品质量安全检验检测体系建设	加快推进水产品质量检验检测硬件设备的更新和升级改造，研究和开发常见鱼药残留的快速检测技术；充分发挥市县两级水产品质检中心的作用，加强水产品质量检测队伍建设，进一步提高检测技术水平	2010—2015	2 000
4	渔业节能减排工程	实施渔业节能减排工程，“十二五”期间重点推广应用节水、节能型渔业生产设施，加大渔船节能技术和产品推广，大力推广水质净化、节水节能关键技术，达到渔业节能降耗目标	2011—2015	6 000
4.1	节水、节能型渔业生产设施应用与推广	继续推广应用池塘底充式增氧设施，新增池塘底增氧设施2 000公顷。继续应用和推广渔船节能装备和技术，改造渔船节能装置1 000艘、柴油机燃油“轻改重”装置100艘	2011—2015	3 100
4.2	渔船节能技术和产品推广	结合渔船更新改造推广渔船节能技术和产品，渔船节能装备和技术推广面积达到50%，平均节油3%以上	2011—2015	1 000

续表

序号	项目名称	项目内容、规模、目标	建设年限	总投资
4.3	象山港小型渔船玻璃钢化改造	积极推广节能、节木、性能优良的玻璃钢渔船，把发展玻璃钢渔船作为实现宁波捕捞渔业现代化的一项重要措施。在象山港试点区域完成100艘小型渔船玻璃钢化改造	2011—2015	1 000
4.4	推广水质净化、节水节能关键技术	积极推广环保型优质饵料，研究水产养殖节水、节能和达标排放等关键技术；开发渔船、网箱的节能设施，集成推广污物资源化利用技术	2011—2015	900
5	品牌与精品渔业建设工程	实施品牌与精品渔业建设工程，通过整合地方区域性品牌，培育精品渔业示范区；加强渔业标准化建设，不断推进品牌提升；实施品牌化战略，切实加强品牌营销，不断提升水产品竞争力和影响力	2011—2015	4 600
5.1	地方区域性品牌建设	围绕提升区域渔业经济水平，鼓励行业协会、农民专业合作社和龙头企业协作，切实加强地方区域性品牌整合，积极开展地理标志认证，致力打造区域性品牌，建立区域性品牌10个	2011—2015	600
5.2	产业标准化建设	开展标准化建设，制定、修订产业地方标准，建立基于负责任渔业的渔业生产GAP管理体系和以HACCP计划为基础的质量保证体系，扩展品牌的作用范围，建成产业标准化示范区35家，其中国家级5家、省级10家、市级20家	2011—2015	700
5.3	宁波特色海鲜直销窗口建设	开展以总代理、总经销、设专柜和直销窗口等方式鲜活销售，不断探索产品直接进超市、连锁商店或开展网上销售、定单营销，尝试探索水产品现场拍卖交易模式，提高产品品牌效应，在全国开设统一标识的宁波特色海鲜直销窗口100个	2011—2015	3 000
5.4	组织开展水产品推介	继续拓展宁波市水产加工产品的市场，每年选择一个具有水产品消费潜力的省会城市，组织开展宁波水产品推介活动，为企业开拓市场搭好平台。其中2010年组织开展1次活动	2011—2015	300
6	水产良种化推进工程	加快水产良种繁育体系建设，加强优势特色水产种质资源保护，开展优良水产种类的遗传育种，加强水产良种繁育技术与推广体系建设，强化水产苗种质量监管，提高水产苗种质量	2011—2015	11 400

续表

序号	项目名称	项目内容、规模、目标	建设年限	总投资
6.1	原良种场建设	针对大黄鱼、三疣梭子蟹、锯缘青蟹、缢蛏、泥蚶、曼氏无针乌贼、黑鲷、坛紫菜等增养殖优势主导品种建设5家省级水产原良种场，2个省、市级遗传育种中心，在此基础上争取申报2－3个国家级水产原良种场，1个国家级遗传育种中心	2011—2015	6 600
6.2	规模化优质种苗繁育基地建设	扶持改造建设市级重点水产苗种企业10家，县级重点水产苗种企业10家，对苗种培育硬件和软件设施进行全面改造与提升，提高水产良种的生产和供应能力	2011—2015	1 000
6.3	优势特色水产种质资源的保护	建设宁波重要水产生物种质资源数据库，构建水产种质资源信息平台；依托水产遗传育种中心、水产原良种场保存优良种质资源的活体、基因等材料	2011—2015	1 200
6.4	水产良种选育	重点对岱衢族大黄鱼、三疣梭子蟹、锯缘青蟹、滩涂贝类等优势主导养殖品种开展新品种选育与水产亲本更新，选育出2个以上具有抗逆强、生长快等经济性状优势明显的养殖新品种（系）	2011—2015	1 200
6.5	本地优质水产种类的开发与优良水产品种的引种	重点对宁波市本地野生种类如银鲳、灰鲳、黄姑鱼、梭鲻鱼、石斑鱼、条石鲷、半滑舌鳎、曼氏无针乌贼等进行规模化繁育驯养技术开发，形成苗种的批量生产;；适当引进高价值、高品质、具有发展潜力的优良养殖种类	2011—2015	500
6.6	水产良种繁育技术与推广体系建设	依托规模化优质种苗繁育基地，建立主要苗种的规模化培育和养殖生产的技术体系，培育建设30个良种良法示范点	2011—2015	600
6.7	水产苗种质量监管	加强水产种苗的药残检验和疫病检疫工作，不断加大水产种苗产业的监管和执法力度，从苗种源头上保障水产品质量安全	2011—2015	300
7	现代渔业园区建设工程	通过强化渔业基础和装备设施建设、优化产业结构布局、推广应用先进适用技术、创新经营管理机制等途径，集中力量建设一批现代渔业园区，充分发挥典型示范和辐射带动作用，引领传统渔业产业改造升级	2011—2015	39 000
7.1	现代渔业综合示范区创建	在象山港、三门湾、南杭州湾等渔业主导产业相对集中连片的区域，集中力量建设3个规划布局合理、生产要素集聚、科技和设施装备先进、经营机制完善、经济效益和示范带动效应明显的现代渔业综合示范园区。其中要建成1个现代水产种业综合示范园区（总面积1 000亩）和1个现代设施渔业综合示范园区（总面积18 000亩）	2011—2015	25 000

续表

序号	项目名称	项目内容、规模、目标	建设年限	总投资
7.2	建设渔业主导产业示范区	在象山港区域、三门湾区域、南杭州湾区域、奉化余姚四明区域建设10个以水产养殖、加工流通、休闲渔业为主体的渔业主导产业示范区	2011—2015	8 000
7.3	特色水产精品园建设	以虾蟹类、龟鳖类、鱼类、贝藻类或区域性特色优势品种为养殖主导品种，通过完善基础设施建设、培养渔业产业品牌、完善产业发展模式等措施，建成20个产品特色鲜明、竞争优势明显、品牌效应突出、经济效益领先的特色水产精品园	2011—2015	6 000
8	渔业科技与信息化工程	加强科技创新攻关，加快科技成果转化与产业化；强化渔业科技服务，推进渔业产业发展，加强技术培训，着力培育新型渔民；发展数字渔业，提高渔业信息化水平	2011—2015	20 000
8.1	海洋与渔业科技创新基地	建设总面积3 980平方米水产育种与海洋生态修复实验设施和总建筑面积9 107平方米海洋与渔业科技实验培训楼，配套一批先进的设备和仪器	2011—2012	4 800
8.2	水产养殖新品种选育及其配套养殖技术研究与推广	建设水产增养殖种质资源库，进行海水养殖优良种质创制和健康苗种规模化繁育；建立现代良种培育技术体系和育种群体，培育高产、抗逆、优质新品种；开展名优海水养殖种类规模化繁育技术研究，建立优质苗种规模繁育技术体系	2011—2015	2 500
8.3	水产品质量与安全技术研究与推广	开展水产品质量安全标准体系和检测技术研究、高效健康养殖和产品质量安全控制配套技术开发，研发和应用水产疾病快速诊断技术，研究和集成水质生态调控、病害生态防治等无公害养殖技术，开发健康养殖生态系统的抗风险能力和快速重建技术，制定健康养殖技术规范，建立健康养殖示范基地	2011—2015	1 000
8.4	水产品精深加工及保鲜技术研究与推广	开发大型海藻精深加工及其产业化技术和海水养殖鱼类高密度保活运输技术，继续集成与开发海产贝类净化技术和海产低值鱼类和水产品加工废弃物综合利用技术，建立水产品精深加工示范基地	2011—2015	1 000
8.5	渔业环境保护与修复和生态养殖技术	开展海湾养殖环境修复原理与技术研究和海洋牧场技术集成与产业化，研究和建立基于海湾养殖容量和生态系统水平的养殖模式和技术；研究养殖池塘异养型自持综合生态养殖系统的原理和技术，建立基于IMTA多种模式多元复合生态养殖系统；开发推广和应用节水节能型养殖方式和养殖新技术	2011—2015	1 000

续表

序号	项目名称	项目内容、规模、目标	建设年限	总投资
8.6	远洋渔业装备国产化研究开发	开展远洋渔业装备国产化研制，对拖网围网捕捞机械装备、钓捕渔捞等捕捞机械进行国产化研究和开发，达到拥有自主产权并国产化生产的目的，组建1个远洋渔业装备研究开发机构	2011—2015	3 900
8.7	渔业科技服务体系建设	实施渔业科技入户示范工程，建立渔业科技入户长效机制，扩大示范户和辐射户数量，围绕主导优势养殖品种，主推无公害、标准化和节能节水等先进实用技术。建立水产养殖自然灾害技术救助机制，预防和降低自然灾害对水产养殖造成的重大损失，保障水产养殖生产的安全	2011—2015	500
8.8	开展渔业实用技术培训	实施“渔业金蓝领”培训计划，加强渔民技术和技能培训。开展渔业职业技能鉴定、渔业实用技术和渔民转产转业培训等多种形式渔民培训，提高渔业从业人员持证上岗的比例。开展渔业全民素质教育、渔村党员干部远程教育、新渔村建设顾问团、科技人员继续教育等教育培训活动	2011—2015	1 800
8.9	渔业地理信息管理系统建设	加快开展全市水产养殖、加工信息普查工作，建立渔业产业基础数据库；推进水产养殖、加工信息系统的应用，建立水产品质量安全管理电子平台；建立设施渔业数字化生产生物信息、环境信息采集体系，开展水产养殖生产和苗种繁育过程中环境和养殖生物体的数字信息获取、数字信息处理和数字信息应用研究	2011—2015	2 000
8.10	水产养殖病害远程诊断系统建设	开发应用水产养殖病害远程诊断系统，建立病害数据库和专家系统，在病害测报点建立远程诊断联络点，开展水产养殖病害远程诊断等技术服务	2011—2015	1 000
8.11	渔业产品网上交易系统的建立	建立宁波市水产品网上交易采购、销售、批发、配送、支付等功能的水产品电子商务平台，探索水产品竞价拍卖这种新型现代交易方式，建成网上交易平台10个	2011—2015	500
9	渔业体制机制创新工程	通过创新渔业合作社发展模式，实施现代渔业产业集群计划和建立现代渔业政策性保险机制，探索和建立适应市场经济规律和符合现代渔业发展的渔业经营与管理新体制新机制	2011—2015	25 000

续表

序号	项目名称	项目内容、规模、目标	建设年限	总投资
9.1	实施现代渔业产业集群计划	探索实施现代渔业产业集群计划，建立环象山港海水养殖与加工产业集群、杭州湾南岸水产饲料与养殖加工产业集群和宁波市区品牌渔业集群，有效提升产业集群的科技创新能力、品牌经营能力、食品安全保障，为培育品牌型科技型上市公司、构建水产食品安全流通体系打下坚实基础	2011—2015	15 000
9.2	建立现代渔业政策性保险机制	充分发挥渔业互保协会的特殊优势，积极调整大马力渔船和渔民人身承保与理赔额度，推进渔船修造企业人员实名制互助保险；以渔业互保协会为农业保险立法试点单位，推进渔业保险立法进程，建立船东义务投保制度；在南美白对虾养殖政策性保险试点的基础上，加大水产养殖政策性保险工作力度，逐步增加保险品种，扩大保险数量，促进水产业持续健康发展	2011—2015	10 000
10	渔港及避风锚地建设	通过石浦中心渔业扩建、番西一级渔港和超强台风避风锚地建设，进一步提高宁波市渔业防灾减灾能力	2011—2015	308 000
10.1	宁波市象山石浦番西国家一级渔港建设项目	1. 建造浮码头泊位 8 个，泊位总长 348 米；2. 建造固定引桥 3 座（长度分别为 110、115.5、115.5 米，宽度均为 7.5 米）；3. 建造钢引桥 3 座，长均为 21.4 米、宽均为 4 米；4. 建造护岸长 480 米；5. 建造网场 7 200 平方米（长 480 米、宽 15 米）；6. 建造港区道路 3 500 平方米（长 194.3 米、宽 18 米）	2011—2013	3 000
10.2	宁波市象山石浦国家中心渔港改扩建项目	1. 老护岸改造 3 000 米；2. 新建双联码头 2 座；3. 渔港港池疏浚 100 万立方；4. 配套设施等	2012—2014	6 000
10.3	北仑梅山水道抗超强台风渔业避风锚地工程建设项目	在北仑梅山水道南北向约 11.5 千米二头采用双头拦截，建设两条可抗百年一遇台风风暴潮的海堤，配套建设水闸两座及配套工程	2012—2015	182 000

续表

序号	项目名称	项目内容、规模、目标	建设年限	总投资
10.4	奉化市象山港避风锚地建设项目	在奉化市莼湖镇象山港北侧，东至南沙山岛，西至悬山岛，南至象山港北侧航道，北至现有海岸线区块内建设海堤、水闸、船闸等。海堤分为东堤、西堤、南堤三部分，堤线总长3 515 m，其中南堤长2 766 m，西堤长294 m，东堤长455 m；在东、西海堤上各建设一座水闸，规模为闸孔总净宽40.0 m，闸底高程 -2.0 m；在东侧海堤上建设一座船闸，规模为75 m×16 m×4.8 m	2012—2015	117 000
11	远洋渔业装备基地建设工程	"十二五"期间，全面提升远洋渔业装备水平和远洋渔业科技支撑能力。重点打造现代化远洋渔业船队和国内外远洋渔业基地	2011—2015	150 000
11.1	远洋渔船新建	实施远洋渔船现代化工程。2012年前，投资6亿元，完工建造远洋渔船30艘，2013—2015年，投资5亿元，完工建造远洋渔船30艘	2011—2015	110 000
11.2	远洋渔业辅助船建造	新建2艘总吨5 000，船长118 m，宽度18 m，型深7.8 m，功率2 800 kw，远洋辅助船，投入东南太平洋、西南大西洋作业。新建1艘总吨2 987，船总长101.00 m，型宽为17.00 m，功率2 350 kw。远洋辅助渔船，投入东南、西北太平洋及西南大西洋鱿钓作业	2011—2015	10 000
11.3	国内综合基地建设	象山县鹤浦镇盘基塘建造1万吨级冷库1座，2座1 500吨级自备码头；象山石浦镇新建造3万吨级冷库1座，2万平方米深加工厂1座，万吨级码头1座	2011—2015	30 000
	总投资合计			656 400

宁波市发展与改革委员会

宁波市海洋与渔业局

二〇一一年十一月

宁波杭州湾产业集聚区发展规划

宁波杭州湾新区位于杭州湾南岸慈溪境内，区位条件优越，开发基础良好，体制机制灵活，发展空间广阔，是宁波重要的经济增长极和城市发展新区，也是浙江省环杭州湾产业带重要的组成部分。依托宁波杭州湾新区构建产业集聚区，是宁波构建现代产业体系、优化生产力布局、打造宁波都市经济圈的客观需要，也是浙江发展海洋经济、加快转变经济发展方式、进一步扩大对外开放的重要平台，对于实现宁波市乃至浙江省今后五年乃至更长一段时期经济社会发展目标，全面建设小康社会、基本实现现代化具有十分重要的战略意义。

为抓住国家新一轮沿海开发开放和长三角区域率先发展所带来的战略机遇，进一步贯彻落实省委、省政府关于发展海洋经济、建设产业集聚区、推进经济发展方式转变的战略决策，更好地推进环杭州湾产业带和宁波都市经济圈建设，宁波市委、市政府决定编制《宁波杭州湾产业集聚区发展规划》，以指导宁波杭州湾产业集聚区的开发建设。

规划范围：位于杭州湾大桥南端两侧，东至水云浦及四灶浦江，南至七塘公路，西至建塘江，北至十一塘。重点规划区 72 平方千米，“十二五”开发建设区 28.8 平方千米。

规划依据：《浙江省产业集聚区发展总体规划》（浙政发〔2010〕45 号）、《中共浙江省委办公厅、浙江省人民政府办公室关于加快推进产业集聚区建设的若干意见》（浙委办〔2010〕74 号）、《浙江省人民政府办公厅关于做好全省产业集聚区规划工作的通知》（浙政办发明电〔2010〕39 号）、《浙江省产业集聚区发展规划编制导则》（浙发改地区〔2010〕260 号）、《浙江省产业集聚区产业准入指导意见》（浙发改地区〔2010〕1049 号）等，并与省、市国民经济与社会发展规划纲要、主体功能区规划、产业带规划、产业发展规划、土地利用规划、城乡规划、生态功能区规划、海洋功能区规划和相关专项规划等相衔接。

规划期限：规划期限为 10 年（2011—2020 年），其中以“十二五”时期（2011—2015 年）为重点，远景展望到 2030 年。

一、现实基础与重大意义

（一）现实基础

从区位条件、产业基础、开发潜力等方面看，规划建设宁波杭州湾产业集聚区，具有良好的现实基础和有利条件。

1. 区位优势得天独厚

该区域位于杭州湾跨海大桥的南岸桥头堡，既处于上海、杭州、宁波、苏州等大都市的几何中心，又处于上海浦东、杭州萧山、虹桥国际、宁波栎社四大机场的中心，时距均在一个小时左右，是长三角地区建设亚太国际门户的重要节点区域，也是浙江省甬台温沿海产业带对接上海的重要载体，有条件促进形成“南上海、北宁波”的空间格局，战略地位极其突出。特殊的区位条件，便于该区域接受上海和杭州等的功能辐射，集聚高端人才和优质要素资源，促进现代产业体系的形成。

2. 土地资源极为丰富

宁波杭州湾产业集聚区北临开敞式海域，区域平整开阔，土地资源丰富，国土承载力强，特别是滩涂资源优势明显，拥有丰富的后备土地资源和广阔的发展空间。目前该区域滩涂在围面积 5.85 万亩，近期计划围垦 4.95 万亩，远期到 2050 年可再围垦 10 万亩①。在长三角区域土地资源十分紧缺的背景下，杭州湾新区的滩涂资源非常宝贵，是浙江沿海区域最具成长性和发展空间的产业集聚区之一。与此同时，滩涂区的水资源也较为丰富，拥有纵横交错的塘、江、水库、湖泊，适宜发展高端服务产业。新区滨海湿地生态系统是中国仅存的温带海滨咸水湿地及中国八大湿地资源之一，其生态环境资源为动植物群落提供了很好的栖息环境，为规划建设生态休闲产业提供了独特的生态与环境资源优势。

3. 产业发展基础良好

具备构建现代产业集聚区的先发优势和配套优势。① 工业区块初具规模。截止 2009 年，宁波杭州湾工业区块基本建成 30 平方千米基础设施框架。累计引进工业项目近 300 个，总投资 469 亿元，进驻 3 家世界 500 强企业，其中已有 189 家企业投产。2009 年全区完成生产总值 58 亿元，完成工业总产值 331.8 亿元。目前初步形成智能家电、新材料、装备制造、医疗器械、纺织化纤等优势产业集群，规划建设了欧洲工业园、宁波高性能金属材料基地、宁波医疗器械产业园等三个园区。② 服务业区块核心区建设启动。引进了投资超 100 亿元的合生创展大型休闲综合体项目，进驻各类高端研发、服务外包、科技创新等优势项目 30 余个。③ 产业综合配套能力强。周边余慈地区集聚了民营企业 10 万多家，拥有家电、塑料、汽配、模

① 根据《慈溪市滩涂围垦区开发利用总体规划（2008—2050）》和浙江省滩涂围垦规划。

具、轴承等10多个全国性特色块状产业，配套半径短、物流成本低、配套较齐全。

4. 基础设施初具规模

交通、电网、给排水等基础设施建设项目逐步落实，区域综合承载能力显著增强。① 道路交通方面。宁波杭州湾工业区完成道路建设24条，累计完成塘渣路基125千米（其中沥青路面120千米），基本建成“九纵八横”主要道路网络框架。② 给水方面。目前宁波杭州湾工业区块生产生活用水主要由航丰水厂供水，一期工程设计日供水能力5万吨；此外，拥有慈溪城北水厂至宁波杭州湾新区供水专线，供水能力为3万~5万吨/日。③ 污水处理方面。目前区内建有杭州湾新区污水处理厂、慈溪市域北部污水处理厂等4个污水处理厂，日处理能力10万吨/日。④ 电力设施方面，已建成变电所四座，合计供电容量660MVA。区内众茂杭州湾热电有限公司可年供电25MVA。⑤ 供热供气方面，由区内宁波众茂热电有限公司实施供热，装机容量为36MW，供热量为230吨/小时；杭州湾新区与华润燃气（集团）签约燃气项目，项目总投资3亿元，其中一期投资1亿元，今年已获得省天然气指标，并正式供气。

5. 工作基础比较扎实

宁波杭州湾新区开发建设得到了省、市两级党委政府的高度重视和支持。省委、省政府主要领导明确提出，要把宁波杭州湾新区打造成为浙江省最具特色的海洋经济和产业发展大平台。宁波市委、市政府成立了专门的工作领导小组，出台了《关于加快开发建设宁波杭州湾新区的决定》，形成了全市上下联动、协同推进区域开发建设的良好格局，并明确要求在杭州湾新区的基础上，积极向省里申报建设现代产业集聚区。

与此同时，也要清楚地看到，构建杭州湾产业集聚区还面临着不少困难和问题。一是产业层次整体偏低。杭州湾产业集聚区主要以从慈溪平移出来的传统优势产业为主，处于产业链和价值链的低端，单位土地产出率和贡献率不高，该区域目前主要依赖粗放型增长模式。二是基础设施配套尚显不足。集聚区内交通、电力、供排水等基础设施尚待进一步完善，还难以支撑较大规模的产业集聚区开发建设，特别是杭州湾新区与宁波、上海和杭州等城际间快速交通有待完善。区域社会事业发展滞后，医疗卫生、文化教育、社区服务等公共设施落后，限制了区域城市功能的完善，一定程度上也限制了产业集聚。三是环保形势依然严峻。集聚区内原有产业和经济发展比较粗放，特别是部分漂印染、电镀、五金、化纤行业等，给区域环境保护带来了较大压力，迫切需要加以整治。滩涂围垦也给海洋生态环境造成一定程度的不利影响。四是对外开放有待深化。区域整体对外开放不足，国际化相对滞后。该区域长期以来主要依靠体制机制的先发优势，以民营经济为主，依靠自我积累，实现滚动发展，尚未形成借助外力发展区域经济的强有力机制。

（二）重大意义

无论是从顺应国家和省新一轮开发开放趋势、再创科学发展新优势的要求来看，还是从推进经济发展方式转变、抢占后危机时代的战略制高点的要求来看，加快开发建设宁波杭州湾产业集聚区，不仅是十分紧迫的，也是非常必要的。

一是有利于深入贯彻国家新一轮沿海开发开放战略，更加积极主动地融入经济全球化，进一步提高宁波乃至浙江省的对外开放水平。21 世纪是海洋经济世纪，经济全球化进程正在加速推进内陆经济向海洋经济转变。沿海开发战略是我国长期坚定不移贯彻执行的国家发展战略。天津滨海开发、江苏沿海开发、上海“两中心”建设、海峡西岸、北部湾开发等上升为国家战略，标志着我国新一轮沿海开发开放格局正在形成。建设宁波杭州湾产业集聚区，有利于进一步完善国家沿海地区发展布局，拓展发展新空间，培育发展新增长极，调整经济结构，转变发展方式，再创科学发展新优势，更加积极融入经济全球化。

二是有利于全面实施国家长三角区域发展战略，更好更快地接轨大上海、融入长三角，共同建设亚太地区重要的国际门户和世界级城市群。2010 年 5 月国务院发布实施《长江三角洲地区区域规划》明确提出，要把长三角地区建设成为亚太地区重要的国际门户、全球重要的先进制造业基地、具有较强国际竞争力的世界级城市群。充分发挥杭州湾新区的区位优势、产业优势和土地优势，以宁波杭州湾产业集聚区为空间载体和战略平台，以功能对接为主导，以交通对接为依托，能为甬台温产业带接受大上海经济社会辐射提供支撑，从而提升宁波长三角地区区域中心城市的地位，这有利于宁波融入上海“两个中心”建设，促进国家长三角区域发展战略实施。

三是有利于落实省委、省政府“发展海洋经济，建设海上浙江”战略部署，推进科学发展和转型升级，努力打造浙江新一轮经济社会发展重要的增长极和海洋经济发展的战略大平台。浙江是我国重要的海洋大省之一，海洋资源极为丰富，发展潜力巨大。为顺应国家新一轮沿海开发开放战略，省委、省政府作出了发展海洋经济的战略部署，并着手在沿海地区打造一批海洋经济发展大平台。依托良好的区位条件和产业基础，在杭州湾南岸地区高起点、高品位地建设宁波杭州湾产业集聚区，发展海洋新兴产业，打造海洋经济示范基地，可以成为宁波和浙江抓住国家新一轮沿海开发战略机遇、打造海洋经济发展大平台最直接、最现实、最有效的途径和载体。从这个意义上看，宁波杭州湾产业集聚区不仅仅是宁波的，也是浙江的、长三角的。

四是有利于转变经济发展方式，拉开宁波城市框架，建设宁波都市经济圈。经过改革开放 30 年的发展，宁波进入了人均生产总值 1 万美元向 2 万美元的发展阶段，经济社会发展处于改革攻坚和转型升级的关键时期，转变经济发展方式已成为最为紧迫的任务。建设宁波杭州湾产业集聚区，建成宁波发展装备制造、智能家电、新材料等先进制造业和总部经济、生态休闲等现代服务业的重要基地，引领全市发展方式转变和经济转型升级，有利于加快宁波经济转型升级、实现全面协调可持续发展、发挥宁波作为长三角地区区域中心城市的功能。同时，依托宁波杭州湾产业集聚区，以产业开发为先导，以产业集中推进人口集聚和基础设施完善，必将加速推进环杭州湾地区的城市化进程，从而有利于进一步拉开宁波城市框架，推动大都市区北部中心形成。

五是有利于应对国际金融危机冲击，培育区域经济增长极、保持经济平稳较快增长、抢占后危机时代战略制高点。受国际金融危机的影响，全球经济增长模式面临深度调整，“后危机”时代催生新一轮科技创新和产业革命。在此背景下，加快构建杭州湾产业集聚区，加大基础设施投入，加快重大项目建设，加强对外招商引资，大力培育战略性新型产业，有利于进一步拉动经济增长、培育我省新的经济增长极、抢占新一轮全球竞争战略制高点，这对于宁波无论是应对金融危机冲击、保持经济增长，还是调整经济结构、促进区域长远发展而言都是至关重要的。

二、总体思路与发展目标

（一）指导思想

坚持贯彻落实科学发展观，深入实施“六大联动、六大提升”战略，紧紧把握国内外产业发展新趋势，以加快培育经济增长点、打造发展制高点为目标，以加快发展方式转变、推进产业转型升级为主线，以高端化、高新化、低碳化为方向，以改革创新和开放合作为动力，严格准入标准、提高质量效益、加快跨越发展，着力打造产业集聚大平台，着力营造经济发展制高点，着力培育科学发展新优势，加快宁波杭州湾产业集聚区的建设和发展。

（二）基本原则

宁波杭州湾产业集聚区的发展，必须按照统一规划体系、统一产业政策，提高国际化市场化水平、提高产业层次、提高要素集聚度、提高生态环境质量的要求，切实遵循以下原则。

1. 引领升级、高端发展

坚持战略高度、世界眼光和国际化标准，瞄准国内先进、国际一流的目标，高品位策划，高起点规划，高标准建设；以提升自主创新能力为核心，抢占产业发展战略制高点，加快建设创新型产业集聚区，以该区域的高端规划建设，引领和支撑全市产业结构升级和经济发展方式转变。

2. 走在前列、跨越发展

按照省和市对该区域提出的新要求，坚持率先发展、跨越发展、加快发展，发挥后发性优势，以非常规的思路谋划产业集聚区发展，力争在推进经济增长上走在全市前列，在推进科学发展上继续走在全市前列，在转变经济发展方式上继续走在全市前列，努力实现弯道超车和跨越发展。

3. 优势互补、错位发展

立足于宁波资源禀赋、区位条件和产业基础，始终坚持因地制宜、发挥优势、差异竞争，妥善处理好与宁波、上海以及长三角地区的关系，融入宁波都市区，对接上海“两中心”建设，培育特色产业，推进主导产业差异化发展，着力形成功能互补、差异竞争、优势突出的区域发展新格局。

4. 产业联动、集群发展

尊重现代产业发展内在规律，调整和优化产业结构和生产力布局，推动重点项目和优势企业向基地集聚，推进产业集中、促进产业集聚、打造产业集群，延伸产业链、提升价值链、完善供应链，提高产业关联度，增强配套能力，形成合理空间布局，形成特色明显、竞争力强的产业集群。

5. 生态优先、持续发展

按照生态文明建设要求，根据环境容量和资源承载力，合理安排区域开发规模。坚持在节能降耗、保护环境的前提下谋划发展，发展循环经济，培育低碳产业，推进绿色发展，把节能降耗贯穿于产业发展的全过程，努力集约利用土地资源、水资源和能源资源，着力提高资源要素的利用效率。

6. 滚动开发、有序发展

坚持以点带线、以线促面，分期建设、滚动发展。在做好总体规划、明确功能定位、理清发展思路的前提下，做到近期开发与远期发展相结合，远期发展体现时代特色，瞄准一流，严格准入，提高标准，为未来发展留有余地；近期要立足现实可能性，突出重点，科学建设，局部起步，开发一块，建成一块，收效一块。

（三）战略定位

按照产业集聚区发展的指导思想和基本原则，通过努力，力争将宁波杭州湾产业集聚区建设成为浙江产业转型升级引领区、浙江海洋经济发展重要战略平台、长三角地区战略性新兴产业先行区和沿海地区现代服务业重点示范区。

1. 浙江产业转型升级引领区

抢抓后国际金融危机时期全球产业结构出现大调整、新兴产业发展酝酿大突破的战略机遇，积极改造提升传统优势产业，推动低技术、劳动密集型产业向高技术、知识型产业迈进；充分利用杭州湾新区区位条件较优、开发空间较大的优势，大力吸收并发展高端产业要素，加快培育一批战略性新兴产业、现代服务业以及高效生态农业，建成浙江产业转型升级引领区。

2. 浙江海洋经济发展重要战略平台

贯彻落实省委、省政府“发展海洋经济、建设海上浙江”发展战略，抓住我国新一轮海洋经济发展战略机遇，充分发挥海洋资源优势和区位优势，以开发区和功能区块为载体，与发展海洋服务总部经济相呼应，大力发展海洋生物产业、新兴海洋装备产业、海水综合利用产业，重点发展海洋生物制品和药物、小型海洋装备制造，建成我省海洋经济发展重要战略平台。

3. 长三角地区战略性新兴产业先行区

按照宁波市委、市政府关于发展战略性新兴产业的战略部署，把握世界科技和产业发展的新方向，立足现状、发挥优势、着眼未来，协调与宁波大都市区内其他制造业优势区块的分工，寻求在长三角产业链整合和产业集群化发展中形成战略性新兴产业的集聚，着重培育新材料、新能源（太阳能光伏）、电子信息产业（半导体照明）等能对区域产业起辐射带动作用的产业，打造长三角地区战略性新兴产业先行区。

4. 沿海地区现代服务业重点示范区

对接长三角“全球重要的现代服务业中心”发展定位，大力发展总部经济、金融服务业、现代高端物流业、创意设计产业以及教育培训产业；开发利用湿地资源、滩涂资源和水资源，以运动休闲和健身休闲为主导，建造高端体育休闲俱乐部、主题性运动公园、体育场馆、国际会议中心，发展运动休闲产业；利用滨海资源，发展现代生态观光农业。充分利用区域资源禀赋，联动三次产业发展，建成沿海地区现代服务业重点示范区。

（四）发展目标

按照“分阶段推进、有序化发展”原则，并结合滩涂围垦、综合交通等重大基础设施项目推进进度，宁波杭州湾产业集聚区开发建设可分为三个时期。

1. 近期即重点启动期（2011—2015 年）

总体目标是：到 2015 年，重点功能区的开发初具规模，重大基础设施开始启动和不断完善，传统产业转型升级基本完成，新兴先进制造业和高端现代服务业相互融合、互为支撑，主导产业初步形成。具体目标如下。

——综合经济实力持续增强。在节约资源、提高效益的前提下，地区生产总值年均增长超过 20%，力争到 2015 年 GDP 总量突破 200 亿～250 亿元。产业园区用地面积达到 45 平方千米以上，工业总产值突破 1 000 亿元；现代高端服务业持续快速发展，服务业增加值占地区生产总值比重 30%～35%，高新技术产业总产值占工业总产值比重达到 40%，主导特色产业主营业务收入占全部企业主营业务收入比重达到 60%。涌现出一批拥有自主知识产权和知名品牌、国际竞争力较强的优势企业，力争到2015年实现年销售收入超10亿元的大企业10~15家，其中超过50亿元的企业3~5家，100亿元的企业1~2家。

——区域主导产业初步形成。重点功能区开发成效显著，国际汽车产业城、高性能金属材料基地、医疗器械产业园、重大装备产业园等工业园区基本建成。到2015年基本形成全国重要的金属性新材料生产基地、长三角地区重要的新能源生产基地、国家级小家电研发生产出口基地、沿海地区经济型轿车和汽车零部件产业基地等。总部经济基地初步形成，浙江民营企业总部、海洋新兴服务业总部和金融后台基地总部初具规模，国际采购机构分支机构、大型物流企业区域性总部聚集速度加快。运动休闲产业健康发展，湿地主题公园建成，引进3家高端体育俱乐部。

——产业发展效益明显提高。高新技术产业和战略性新兴产业培育效果明显，占引进项目总量的80%以上，占工业总产值的90%以上。新产品总产值占工业总产值比重达30%~35%，全员劳动生产率突破25万元/（人·年）。产业发展的单位土地产出率和贡献率与全国先进开发区的差距明显缩小，单位面积土地产出突破380万元/亩。力争到2015年，产业集聚区土地开发强度达到60万美元/亩以上，亩均税收超过30万元。

——基础设施建设成效显著。未来五年力争基础设施投入达到200亿元，建成跨十塘江骨干路桥、中心湖特色湖区、滨海二路西延、滨海一路杭州湾连接线、陆中湾和建塘江两侧围涂工程、220千伏浦东输变电工程等一批重大基础设施工程，基本形成与社会经济发展相匹配的基础设施框架。力争到2015年，初步建成外接内联、便捷高效的现代化综合交通网；基本建成互联互通、宽带化的信息网；基本建成安全稳定可靠的城乡给水和能源供应设施网；初步建成保障有力、布局合理的环保设施网。

——生态环境得到明显改善。基本建成资源节约、环境友好的生态产业体系。万元GDP能耗低于0.48吨标煤；万元工业产值COD排放量低于1.8千克；万元工业产值SO_2排放量低于0.3千克；主要河道水质、空气环境质量和近岸海域水环境质量得到明显改善。

——体制机制改革创新初见成效。多元化开发建设模式基本形成，民营经济创新发展综合配套改革有效推进，行政管理体制改革步伐加快，要素配置市场化改革取得突破性进展，市场化投融资体制不断完善，城乡一体化发展机制基本确立，投资环境在长三角具有较强竞争力。

2. 中期即全面发展期（2016—2020年）

在近期开发取得初步成效的基础上，依托杭甬高速公路、沿海北线高速公路、杭州湾新区—宁波轨道线等重大交通项目的投入运行，以及十一塘以南区域围垦工程的建成，推动海洋新兴产业、战略性新兴产业规模化发展，制造业专业园区基本建成，金融服务、现代物流、创意设计、教育培训等现代服务业加速发展，运动休闲中心建成，现代生态农业园区初步形成，建成先进制造业、现代服务业、运动休闲业、现代生态农业协调发展的现代产业集聚区。力争到2020年，区域实现生产总值500亿元，人均GDP超过3万美元。产业转型升级取得明显成效，工业总产值达到2000亿元，服务业增加值占GDP比重超过40%～45%，高新技术产业比重达到60%以上。

3. 远期即提升巩固期（2021—2030年）

力争到2030年，基本形成以现代制造业、战略性新兴产业和高端服务业为主导，空间布局合理、产业结构优化、基础设施完善、生态环境良好、产业与城市融合发展的现代产业集聚区，全面建成浙江产业转型升级引领区、浙江海洋经济发展重要战略平台、长三角地区战略性新兴产业先行区和沿海地区现代服务业重点示范区。成为宁波、浙江乃至长三角地区重要经济增长极和长三角世界级城市群的重要组成部分。

三、空间布局与功能分区

（一）区域空间结构

在前期多方案比较研究基础上，根据杭州湾新区功能定位、交通格局和自然资源状况，规划确定宁波杭州湾产业集聚区规划空间结构为“一心、两轴、四区”空间结构：

1.“一心”

即整个杭州湾产业集聚区的核心区，以杭州湾新区公共服务核心区为中心，构筑整个产业集聚区的中心区。规划面积10平方千米，是产业集聚区的公共服务核心和标志性景观地域，将是以功能复合为特点，集企业总部、金融服务、商贸商务、产业服务、品质居住等一体的城市中心区。

2.“两轴”

结合八塘、十塘两条生态走廊串接东西各功能区，形成若干以湖面为节点的公共服务轴。依托两条生态走廊及河道绿化带，形成连续贯通的绿色生态网络，同时也为周边功能区块提供公共服务功能。

3.“四区”

根据区域功能定位和土地自然属性，将产业集聚区从东到西分别划分为：以高端先进制造业为主导的先进制造业区块，以总部经济、金融服务、研发设计等为主导的高端服务业区块，以休闲产业为主导的生态休闲区块和现代生态农业区块。

（1）先进制造业区块

——区域范围。位于宁波杭州湾新区东部，东起兴慈大道，西至兴慈八路，南起滨海大道，北至十一塘横江。

——功能定位。先进制造业和战略性新兴产业的主要集聚区，建设成为长三角地区重要新能源生产基地、国家级小家电研发生产出口基地、沿海地区经济型轿车和汽车零部件产业基地等。

——发展方向。坚持高端化、高新化、高产化方向，发展节能环保设备、智能家电与IT制造、交通装备、新材料、新能源、医疗器械等主导产业。在严格准入、注重环保的前提下，重点布局国际汽车城，海洋生物医药、新材料、新能源（太阳能光伏）、信息网络产业，形成先进制造业和战略性新兴产业集群。

（2）高端服务业区块

——区域范围。位于宁波杭州湾新区中部，东临陆中湾江，西临杭州湾大桥，南起滨海一路，北至十一塘横江。

——功能定位。总部经济、金融后台等高端服务业主要集聚区，建设成为长三角地区销售总部基地、研发基地、服务业外包基地和上海国际金融中心的后台服务基地等。

——发展方向。坚持新兴化、高端化方向，大力发展总部经济、现代物流、研发设计、运动休闲等高附加值服务业，形成商务投资、创业创新、运动健身、休闲度假等共同发展格局。重点布局浙商总部基地、长三角金融后台服务中心、长三角海洋服务总部、国际会议中心、创意研发中心和高端人才培养基地。

（3）生态休闲区块

——区域范围。位于宁波杭州湾新区西北部，东临杭州湾大桥，西至中生路，南起滨海二路，北至十塘横江。远期向北扩展到规划控制区北部边界，西至建塘江。

——功能定位。运动健身、商务办公、休闲度假等集聚区，是杭州湾产业集聚区的高端运动健身区和生活休闲区，努力打造成为长三角地区生活品质高地和最佳生态休闲基地。

——发展方向。依托区域内部丰富的湿地资源和较为开敞的环境空间，推进杭州湾国际商务健身高端服务区建设，坚持开发和保护相结合，重点发展运动健身、商务办公、休闲度假等。

（4）现代生态农业区块

——区域范围。位于宁波杭州湾新区西南部，东起杭州湾大桥，西至中生路，北起滨海二路，南止八塘横江。远期向西扩展至建塘江，向南扩展到规划控制区南部边界。

——功能定位。都市型高效生态农业的集聚区，在承担都市农业生产功能的同时，重点承担生态涵养、休闲等生态生活功能。

——发展方向。坚持生态化、规模化、产业化方向，大力发展高效生态农业，重点布局农业示范基地、农业科技园、生态农庄。

（二）功能分区

根据功能类型不同，规划将宁波杭州湾产业集聚区划分为先进制造业区、高端服务业区、生态休闲区、现代生态农业区以及城市配套区四种类型。

1. 先进制造业

先进制造业区是以发展先进制造业为主的建设区域，是宁波杭州湾产业集聚区的主导功能空间。应根据产业集聚区总体发展要求和产业选择，立足现有产业基础，推进传统产业转型，培育战略性新兴产业，按照打造产业集群的要求实施重点开发建设。同时，遵照土地集约节约利用的原则，推动多层厂房等利用方式，提高土地利用效率；在产业开发过程中加大环保设施建设投入，减少环境污染。

2. 高端服务区

高端服务区是以发展现代高端服务业为主的建设区域，是引领宁波杭州湾产业集聚区发展的重要功能空间。应遵循引领升级、高端发展的原则，大力引进和培育总部经济、金融后台、创意设计等高端服务产业。

高端服务区布局于产业集聚区高端服务业园区区块。

3. 生态功能区

生态功能区是指对维持区域生态平衡、改善生态环境、维护生物多样性具有较高价值，以生态涵养为主的区域；是构建区域基本生态格局、维护生态系统平衡的重要组成。应注重对此类功能区的生态维护，以生态涵养与环境保护为核心，加大绿化建设和河道综合整治，积极发展景观旅游和生态农业，严控无关的建设活动进入。

生态功能区主要布局于产业集聚区生态休闲区块和现代生态农业区块，此外还包括产业集聚区五纵四横9条沿路、沿河生态景观带以及10个景观公园。

4. 城市配套区

城市配套区是指为产业开发活动提供相关产业配套服务的区域，是支撑宁波杭州湾产业集聚区产业功能开发的重要依托。应按照新型城市化的建设要求，以形成现代化城市社区网络为核心，完善各项社会公共服务能力。城市配套区以现代商贸为主体，兼顾行政管理、生活居住等城市功能。

城市配套区布局于中心湖周边区域、海洋家园周边区域、现杭州湾新区管委会周边商住区域、越林湖与越溪湖之间居住区域。

四、“十二五”开发建设重点

（一）规划控制区

规划控制区为今后10年（到2020年）或20年（到2030年）产业集聚区发展

需要统筹规划和控制的区域，包括产业集聚区的重点规划区及与产业集聚区发展有着密切联系的周边相关地区。

考虑到位于杭州湾跨海大桥南岸桥头堡的杭州湾新区，是未来宁波市都市圈的重要拓展空间，也是浙江省环杭州湾产业带的重要组成部分，拥有优越的区位优势和现实产业基础，战略地位极其突出，具有极好的发展潜力。据此，将杭州湾大桥南端两侧，东至水云浦及四灶浦江，南至七塘公路，西至湿地保护区西侧边界，北至十一塘大道的区域列入产业集聚区规划控制区。

其中，重点规划区是宁波杭州湾产业集聚区近期实施重点建设区域，要按照功能区的布局要求，加大投入力度，加快完善基础设施配套建设，推动新的产业项目落地，尽快形成规模。重点规划区外的其他区域，应根据实际情况适时推动开发建设，并加强与重点规划区互动融合发展。

（二）重点规划区

重点规划区是产业集聚区“十二五”时期的重点启动区。重点规划区的主体部分是“十二五”时期可开发建设的区块，同时包括部分已用地和生态用地等。

根据“重点规划区”的设置要求，充分考虑宁波杭州湾产业集聚区的现实基础及近期启动可能性等条件，本次规划设置面积72平方千米的重点规划区。其中：先进制造业区块26平方千米，高端服务业区块35平方千米，生态休闲区块7平方千米，现代生态农业区块4平方千米。重点布局新材料、新能源、海洋生物、高端装备制造、电子信息等战略性新兴产业，加速发展总部经济、金融服务等高端服务业，适度发展运动休闲产业和现代生态农业。

按照规划总体布局和功能分区，本区为重点新建的区域，集先进制造业、高端服务业、运动休闲产业和现代生态农业协调开发的区域，应积极完善区内各项基础设施建设，加大新项目引人力度，尤其是战略性新兴产业项目，尽快形成集聚规模；同时要加快发展总部经济、金融服务、现代物流、创意设计、教育培训等现代服务业，推进城镇功能配套建设。在开发建设时要注意土地集约利用，同步做好环境综合整治。

（三）“十二五”开发建设区

“‘十二五’开发建设区”是“十二五”时期按可提供省级产业集聚区开发需要的新增建设用地总量而确定的开发建设区块。

根据“十二五”开发建设区的设置要求，从建设用地的实际供给可能出发，综合考虑宁波杭州湾产业集聚区内的土地资源空间容量、基本农田保护任务和耕地占补等因素，本次规划在重点规划区内选择28.8平方千米的新增建设用地，作为“十二五”开发建设区，进行重点建设。

根据前述四大片区的不同分工和开发建设条件，“十二五”开发建设区规划国际商务休闲园、国际汽车产业园、海洋新兴制造产业园、智慧产业园、高性能金属材料产业园、国际半导体照明产业园、宁波医疗器械产业园、现代生态农业示范园等八大重点建设平台，力争到“十二五”期末重点建设平台基本建成，并初见成效。

1. 国际商务休闲园

占地面积约9.43平方千米，是杭州湾国际商务健身高端服务区的核心区。目前已引进各类高端研发、服务外包、科技创新项目、金融后台项目30余个。规划建设运动休闲综合体，占地8 000亩，包括建设超五星级酒店、标准网球馆、游泳馆、住宅以及一批高档配套项目，未来五年总投资额将超过100亿元，总投资200亿元，总建筑规模将达到600万平方米。规划建设金融后台服务基地，占地1 500亩，重点培育发展金融后台服务、创意研发、软件外包等产业，加快建设各类数据处理中心、银行数据备份中心、呼叫中心等项目，成为宁波金融后台服务中心的重要组成部分。规划建设城市产业综合体，占地约2 000亩，包括建设国际名品直销店、大型商场、中国美食城、体育休闲酒店、国际体检中心等一批特色服务业项目。

2. 国际汽车产业园

“十二五”时期开发建设8.8平方千米。布局分两块：一块位于产业集聚区东北角，占地8平方千米；另一块位于兴慈七路西侧、滨海五路与句章江之间，依托现有产业基础，“十二五”时期开发建设0.8平方千米。国际汽车产业园主要发展汽车整车及关键零部件产业，力争建成中国最重要的汽车产业基地之一，集产品设计、研发、制造、销售、服务等于一体的产业发展平台。重点建设轿车、商用重卡车、客车及汽车零部件制造基地。加快建设吉利汽车整车项目，积极推进北方重汽、北汽集团整车制造、奥地利特种消防车等重点项目，力争形成年产20万台汽车产能。

3. 海洋新兴制造产业园

浙江省海洋新兴产业重点基地先期启动区块，占地3.87平方千米，布局在十塘与十一塘之间区域。园区重点发展传感器、水文监测器等小型海洋装备制造，建成沿海小型海洋装备生产基地；重点发展反渗透海水淡化膜元件、高压泵、能量回收器等海水淡化装备制造产业，开发膜蒸馏海水淡化技术，建立海水综合利用示范工程。

4. 智慧产业园

智慧产业园占地约1.33平方千米，通过大力发展智慧产业，生产传感器、射频设备、无线连接设备等智慧产品，为宁波及全国的智慧城市建设提供服务。园区布局分两块，一块位于高端服务园区块，占地720亩，重点布局研发设计产业，主要开发创新性工业激光器模块及集成电光电子系统为主导的项目，为物联网关键传感器产业提供技术服务；打造网络数据基地，规划引进万国数据IT数据中心服务外包产业基地型项目，建设IT数据中心、服务外包企业总部基地以及服务外包产业基地，建立数据保税区。另一块位于先进制造业区块，占地约1 280亩，重点布局制造产业，打造物联网产业基地，继续与中科院物联网研究机构沟通，与中科院上海微电子所共建宁波物联网产业园。

5. 高性能金属材料产业园

该产业园已被国家发改委确定为国家级高性能金属新材料基地，以新型铜钢复合材料、高精度电子铜带及高精电工线为主的新材料产业已形成一定规模的生产能力。依托已有产业基础，“十二五”开发建设约2.67平方千米。以通用高性能金属材料产业和新型复合高性能金属材料产业为主导，大力引进和发展高性能金属新材料，到2015年，高性能金属材料产值力争突破200亿元，打造具有全国知名的金属新材料制造基地。

6. 国际半导体照明产业园

布局在十塘与十一塘之间区域，占地1.33平方千米，力争建成区域投资环境最好、政策扶持力度最大、服务产业的公共检测平台最优、产业链最齐全、产出规模最大的园区。将按照“产业上中下游垂直整合，园区半导体照明产业集群发展”的要求，在境内外引进一批上游晶片制造、中游晶片封装、下游应用产品生产的半导体照明产业厂商，以塑造更为完备的产业链，成为国内具有影响的国际半导体照明产业园区。

7. 医疗器械产业园

医疗器械产业已被列入宁波市重点扶持发展的新兴产业。园区布局在十塘与十一塘之间区域，占地面积约0.67平方千米。按照打造长三角地区重要医疗器械制造基地的目标，重点发展高精度医疗器械及配件、高质量医疗器械耗材、高技术中小型医疗设备、高品位治疗保健产品及理疗型医疗设备，努力建设成为长三角区域新兴医疗器械产业集聚区。

8. 现代生态农业示范园

占地约0.7平方千米，布局在现代生态观光农业区块。主要以现有的生态农庄为基础，实施品牌化战略，开发建设1～2个生态农业示范项目，利用湿地资源，开发以湿地观鸟、滨海嬉戏、滩涂野趣、农耕文化展示为主要内容的生态观光农业。

八大建设平台区位设置参见表1。

表1　宁波杭州湾产业集聚区“十二五”开发建设区设置　　单位：千米^2

平台名称	规模		“十二五”开发建设区块	所属功能分区
国际商务休闲园	9.43		1#区块	高端服务园区块
国际汽车产业园	8.8	8	2#区块	先进制造业区块
		0.8	3#区块	先进制造业区块
海洋新兴制造产业园	3.87		7#区块	先进制造业区块
智慧产业园	1.33	0.85	4#区块	先进制造业区块
		0.48	5#区块	高端服务园区块
高性能金属材料产业园	2.67		6#区块	先进制造业区块
国际半导体照明产业园	1.33		8#区块	先进制造业区块
医疗器械产业园	0.67		9#区块	先进制造业区块
现代生态农业示范园	0.7		10#区块	现代生态观光园区块
总　计	28.8		—	—

五、产业发展

围绕长三角地区打造“全球重要的现代服务业和先进制造业中心”的战略定位，面向国际国内两个市场，以提高自主创新能力为重点，重点发展新材料、新能源、电子信息、装备制造和海洋新兴等五大先进制造业，加速发展总部经济、金融服务业、现代高端物流业、创意设计产业、教育培训产业等五大现代服务业，联动发展运动休闲产业和高效生态农业，建立起具有创新性、开放型、融合性和可持续性的现代产业体系，努力打造引领宁波和浙江经济转型升级的战略高地。

（一）重点发展五大先进制造业

根据国家和省市产业发展导向，立足已有产业优势，抓住发展具有竞争优势的特色产业这一中心环节，突出提高科技含量和增强国际竞争力这两大导向，重点发展新材料、新能源、海洋新兴、电子信息和装备制造等五大先进制造业。

1. 新材料产业

——发展目标。到2015年，培育3个以上产值超过50亿元的国内知名企业、3～5个产值10亿元以上的区域龙头企业；高性能金属材料产值力争突破200亿元，其中，新型金属复合材料产能达到40万吨，产值100亿元。到2020年，高性能金属材料产业产值达到400亿元。力争培育100亿元以上的国内知名企业，引进3～5家相关的国家级科研机构落户，引进相关的世界500强企业实现零突破，基本建成长三角南翼新兴的新材料产业基地。

——发展重点。重点发展以铜合金、锌合金、合金铸钢、粉末冶金等通用高性能金属材料产品为主的通用高性能金属材料产业和以镁合金、铝锂合金、钛合金、镍合金等新型复合高性能金属材料产品为主的特种高性能金属材料产业。

——发展路径。依托国家级高性能金属新材料分基地，以金属材料优势企业为龙头，设立东部通用高性能金属材料和西部特种高性能金属材料两大产业集聚园，在集聚区创意产业中心设立高性能金属材料产业公共技术服务中心，形成全国重要的金属新材料加工制造基地。

2. 新能源产业

——发展目标。2011—2015年，完成总投资50亿元，建设成为长三角新能源产业集聚区和新能源研发、制造和应用示范基地。力争到2015年，实现销售收入达到80亿元，高纯硅料5 000吨，多晶硅片和单晶硅片700兆瓦，太阳能电池及组件600兆瓦。

——发展重点。抓住国家和省市鼓励发展新能源的政策机遇，扶持发展太阳能光伏产业，重点发展非晶硅太阳能电池组件及设备制造、LED新光源、背光源、智能电网及高低输变电、太阳能光伏等相关产品，推进光伏发电示范项目应用、光伏建筑一体化、光伏屋顶等的建设。

——发展路径。设立光伏产业专项扶持基金和产品应用支持政策，制定专项发展规划，规划建设清洁能源生产基地，扶持太阳能光伏产业技术和产品研发，加强关键技术和重点领域开发，提高产业规模化水平。

3. 海洋新兴产业

——海洋生物产业。重点发展海洋药物、海洋生物保健品和海洋生物功能材料产业，规划引进、开发藻类生物多糖与寡糖生产生物农药、药物植物性胶囊、医学创伤纱布、生物可降解塑料等项目。努力申请省海洋生物产业引导基金，加强优秀海洋生物科技机构、企业和人才引进，规划建设宁波海洋生物工程园。到2015年引进相关研发生产企业4家，开发2个以上针对重大疾病、具有全球专利保护的创新药，产值达到10亿元以上。

——海洋新兴装备制造业。重点发展传感器、水文监测器等小型海洋装备制造，规划引进离线监测、遥感监测、浮标监测、芯片检测等项目。到2015年，引进和培育小型海洋装备制造企业3家，产值突破20亿元，建成沿海小型海洋装备生产基地。

——海水综合利用业。以增强自主创新能力为核心，以创建海水利用产业链为主线，攻克海水淡化与直接利用关键技术和装备，建立具有自主知识产权的海水淡化、海水循环冷却、大生活用海水、海水化学资源提取利用示范工程，形成海水利用技术、装备、产业化体系，为解决杭州湾新区水资源短缺提供安全保障，引领提升全省海水利用核心竞争力，推进浙江海水利用产业快速发展。海水蓝化，集成疏浚吹填技术、人工沙滩技术、养殖生物过滤技术、造浪造波技术，开发建设大型深水围塘，打造具有清洁海水的蓝区。一期规划20平方千米海水蓝化工程，包括蓝海景观、人工沙滩，发展海水综合养殖体、海水直接利用、海水淡化以及藻类生物资源。海水淡化，重点突破大规模海水淡化工程技术，突破反渗透海水淡化膜元件、高压泵、能量回收器的制造技术，建立示范工程。海水直接利用，重点突破海水循环冷却示范工程和大生活用海水等成套技术，形成海水直接利用成套技术与装备设计制造能力；突破浓海水综合利用等关键技术。

到2015年，攻克国产化海水淡化、海水直接利用关键技术，初步形成海水淡化工程设计、成套技术、装备制造能力，完成技术标准1项。建立5万吨级膜法淡化示范工程，突破高压泵、能量回收装置、国产化单机制造技术，反渗透海水淡化工程国产化比例达到75%以上。建设海水淡化及海水综合利用示范区，获得专利2~3项，完成自主知识产权科技成果3项以上。

4. 电子信息产业

——发展目标。未来五年，电子信息产业销售收入高于工业销售收入增长速度，力争到2015年实现销售收入250亿元；保持部分优势产业、重点产品在全国的领先地位。其中，到2015信息家电产业年产值突破100亿元，建成国家级小家电研发、生产、出口基地，力争成为全国具有重要影响、富有特色的家电研发、生产、出口基地之一。半导体照明产业产值100亿元，成为长三角南翼重要的生产基地；互联网产业年均增长20%，产业规模达到50亿元。

——发展方向。重点发展信息家电、半导体照明和物联网产业，积极发展电子专用材料、智能化应用产品、软件和信息服务外包、电子商务及网络服务业以及新型元器件等，形成新的经济增长点。① 信息家电产业，积极开发特色化、多功能、高档次、低能耗、低污染的新型家用电器及厨卫设备等系列产品，重点引进高智能家电研发生产项目；② 半导体照明产业，重点发展上游晶片制造、中游晶片封装、下游应用产品，形成比较完备的产业链；③ 物联网产业，重点发展高端传感器、MEMS、智能传感器和传感器网节点、传感器网关、有源RFID和RFID中间件产业，发展物联网相关终端和设备以及软件和信息服务。

——发展路径。依托省市级重点产业基地建设优势，构建“核心龙头项目—产业基地—研发中心—产业链”产业体系；依托综合区位优势和产业配套优势，积极引进国内外电子信息产业集聚；① 信息家电产业，依托信息家电出口基地，形成以龙头企业为核心，中小企业为配套的“众星拱月”的产业组织结构；② 半导体照明产业，依托国际半导体照明产业园，按照“产业上中下游垂直整合，园区半导体照明产业集群发展”的要求，在境内外引进一批上游外延及芯片制造、中游芯片封装、下游应用产品生产的半导体产业集群，塑造完备的产业链；③ 物联网产业，支持电信运营商加强网络基础设施建设，适度降低互联网企业网络接入、服务器托管等费用，建设具有国际先进水平的宽带城域网；积极推进电子商务应用，发展面向行业、区域、企业及消费者的第三方交易平台，完善支付、认证等电子商务支撑平台。

5. 装备制造产业

——发展目标。力争到2015年，装备制造实现销售收入200亿元；重点在交通装备、新能源汽车、关键零部件生产和医疗设备等方面形成竞争优势。到2015年在交通装备业新引进整车制造企业3~4家（其中至少1家有新能源汽车项目）、轨道交通装备制造企业1~2家、游艇生产企业1~2家，产值突破100亿元，建成沿海地区经济型轿车和汽车零部件产业基地。医疗设备业新引进3家医疗器械企业，开发2个以上跨领域、多系统集成、具有全球专利保护的新型生物医疗设备产品，产值突破20亿元。

——发展方向。抓住国家重大基础设施建设和装备制造扶持发展机遇，未来重点在交通设备制造、数控装备、轨道交通设备、船舶专用设备、精密检测与模具等领域取得创新突破。交通装备制造业大力发展新能源汽车、关键零部件生产，积极引进和培育轨道交通设备、海上游艇项目，打造沿海地区新型交通运输设备重要基地；医疗设备业重点发展高精度医疗器械配件、高质量医疗器械耗材、高技术中小医疗设备、高品位治疗保健产品及理疗型医疗设备；精密数控装备制造业向数控化、高精密、高效率、成型专用和成套成线方向发展。积极发展节能环保装备、风力发电装备制造业、仪表仪器等装备制造业。

——发展路径。以国家实施装备制造业调整振兴规划为契机，依托重点建设工程，加大技术改造投入，增强企业自主创新能力，推动重大装备自主化，促进产业结构优化升级，全面提升产业竞争力。积极对接和引进央企、欧美等装备制造龙头企业和行业“小巨人”企业。交通运输设备业积极引进国内外知名整车制造企业，成为带动汽车产业集群发展的龙头，以形成整车厂配套产业链为目标，有针对性地培育汽车电子、发动机等关键汽配企业。医疗设备业依托宁波医疗器械产业园，引进国内外一批知名企业，推进装备生产稳定性、安全性和功能可控性。

（二）加速发展五大现代服务业

1. 总部经济

顺应产业转型升级和提升城市竞争力的需要，紧紧抓住国际产业转移新动向和研发全球化的机遇，以城市综合体、高端服务业集聚区等为支撑，重点发展浙江民营企业总部、长三角海洋服务总部、国际采购机构区域性总部、大型物流企业区域性总部，努力成为辐射长三角、影响全国、面向世界的总部经济基地。

——浙江民营企业总部。充分利用杭州湾新区作为长三角亚太国际门户重要节点的优势条件和广阔的市场腹地，重点引进浙江省先进制造业、高技术产业和现代服务业企业总部，以及营销总部、研发总部、设计总部等总部机构，打造浙江民营企业总部。

——长三角海洋服务总部。重点发展三种类型的总部经济：① 海洋金融服务业总部，大力引进国有银行、股份制商业银行长三角分支机构，发展船舶融资、航运融资、物流金融、海上保险、航运结算、离岸金融等金融服务，推出长三角船舶产业基金、海域使用权抵押贷款等新型海洋金融产品和服务，打造涉海项目信息中心；② 海洋旅游业总部，依托甬舟、温台、跨杭州湾三大海洋旅游区，培育引进国际知名酒店连锁管理集团、旅游代理商和旅游资讯集成商总部，探索更开放、更便利的出入境政策和旅游商品免税政策，开发邮轮、游艇俱乐部、私人度假岛、海洋主题公园等高端产品，打造长三角海洋旅游业总部；③ 海洋信息与技术服务业总部，开发建设信息与技术服务园区，培育引进信息服务企业总部，大力扶持发展涉海企业投资、涉海法律与公证、涉海财务及税务、涉海市场调查、涉海咨询、涉海知识产权、涉海会展、涉海广告等海洋信息与技术服务业。

——国际采购机构区域性总部。发挥余慈地区块状经济发达、外贸企业众多、各类大型特色市场密集、会展业发达的区位优势，吸引国际采购机构在杭州湾产业集聚区设立子公司或分支机构，形成国际采购机构在华东地区、中国乃至东亚的区域性总部。

——大型物流企业区域性总部。利用上海、宁波两大物流枢纽港辐射功能，拓展慈溪出口加工区保税物流功能，依托宁波市发达的物流业，吸引国际物流巨头、国内著名物流企业在杭州湾产业集聚区建立区域性分支机构，发展大型物流企业区域性总部。

2. 金融服务业

主动参与上海国际金融中心建设，积极吸引民营金融机构落户，发展相关金融中介服务与专业服务，积极推出新型金融服务，打造宁波大都市北部金融中心，建成上海国际金融中心主要的后台服务中心之一。

——宁波大都市北部金融中心。① 信贷货币市场，建立功能完备、结构完善的银行业机构体系，吸引国有商业银行在杭州湾产业集聚区设立分支机构，新增 4 家股份制银行或外资银行，设立 1 ~ 2 家小额贷款公司。② 保险市场，建立结构合理、互补共赢、竞争有序的现代保险市场体系，保险费收入达到 15 亿元，力争保险深度（即保费收入占 GDP 之比）5%、保险密度（即人均保费收入）500 元。③ 证券市场，力争上市公司达到 10 家以上，直接融资 100 亿元以上，引进有实力的证券公司 2 ~ 3 家，改制或新设立股份有限公司 30 家以上，新设创业投资基金公司 1 ~ 2 家。④ 其他专业服务。建立健全信用担保体系，设立 1 ~ 2 家政策性担保公司，力争 2 ~ 3 家有资格从事证券业务的会计师事务所（或律师事务所、评估机构）设立分支机构。

——沪杭甬金融后台中心。建立金融后台和数据处理中心园区，发展面向金融行业的培训中心、呼叫中心、灾备中心等服务外包业务，打造金融后台服务业基地，争取发展成为宁波金融后台服务中心区、浙江金融后台服务集聚区及长三角接轨上海国际金融中心后台服务首选区。

——长三角区域新型金融服务先行区。加快发展海洋金融服务业，推出长三角船舶产业基金、海域使用权抵押贷款业务等新型业务。探索开发离甬金融业务，建成离甬金融服务中心。

3. 现代高端物流业

主动瞄准长三角地区现代高端物流市场，强化与上海、宁波—舟山港的战略协作，以专业高端物流与高端物流信息平台建设为抓手，大力发展绿色物流和电子商务物流，全面融入长三角物流体系和环球物流供应链体系。背靠国际采购机构区域性总部、大型物流企业区域性总部，依托保税物流基地，发挥交通优势，科学引导产业布局和现代高端物流招商。依托“大通关”工程，加快高端物流信息系统建设，加快与相关企业物流信息的联接，进一步促进高端产业的联动发展，促进现代高端物流发展。到2015年，建立公共信息服务平台和数据交换平台，基本形成现代高端物流信息平台，建立满足现代高端产业发展需要的高端物流网络体系，在杭州湾产业集聚区初步呈现“产业领先、区域领先、技术领先”的现代高端物流发展新格局，成为长三角南翼重要的离岸物流中心，把宁波杭州湾产业集聚区建设成长三角地区重要的现代高端物流基地，成为上海航运中心的重要组成部分。

4. 创意设计产业

着力引进各类工业设计与专业研发机构，服务区域发达制造业的转型升级需求，与战略性新兴产业发展实现互动。规划建立创意研发中心，培育发展高新技术研发机构、科研孵化、设计咨询、创意策划总部及特色高等教育基地，与周边软件学院、科技创业中心联动发展。到2015年引进3~5家创意设计企业，6~10名国内设计界的知名人士，累计举办2次以上国际性设计论坛。

5. 教育培训产业

鼓励开展各种专业资质培训，大力推进职业技术培训、继续教育培训，着力引进建设特色国际学校。到2015年，初步形成与区域特色经济发展相配套，市场需求与劳动就业紧密结合，结构合理、灵活开放、特色鲜明、自主发展的现代职业技术教育体系，引进2家以上职业技术学院，全区职业技术教育在校生规模达到2万人以上，逐步建成长三角技术人才、高素质劳动力供应基地；与区域外特色教育机构合作，开展国际海事、国际法律等高端培训。远期展望引进2家以上国际性高端教育机构，把宁波杭州湾产业集聚区打造成为涵盖金融业、保险业、IT产业、国际法律、国际海事、出国培训、商务、企业管理、政府管理、物流管理、社交礼仪等众多领域和行业的高端教育培训基地。

（三）联动发展运动休闲产业和现代生态农业

发挥杭州湾新区的区位、资源优势，联动发展运动休闲产业和现代生态农业，建成长三角南翼生态休闲基地。

1. 运动休闲产业

依托湿地资源，在维持大桥西侧湿地区域内大面积的生态面貌的前提下，建成长三角最大的湿地主题公园，打造高端生态休闲区。远期利用滩涂资源和水域资源打造互动休闲区，在发展高尔夫俱乐部的基础上，进一步引进皮划艇俱乐部，形成水上运动培训、水上生活、会所、娱乐等功能，为旅游、度假、休闲提供良好服务。规划建设体育场馆、主题性运动公园、国际会议中心，打造面向长三角区域的多层次、高端化海湾休闲区，建成全国运动休闲产业示范基地。

2. 现代生态农业

规划远期在运动休闲区的南面，在满足耕地占补平衡的前提下，适度开发湿地、耕地资源，建设现代生态农业区，落实规划建设的农业开发休闲观光园项目，重点发展优势产品、优质无公害产品和特色产品，建设集科研、垂钓餐饮、果蔬采摘和农业观光旅游于一体的高科技现代生态农业。

（四）提高产业准入标准

宁波杭州湾产业集聚区产业准入，必须按照经济发展方式转变的要求，符合差异化发展和特色竞争优势要求以及产业高成长性和高成长空间要求，重点引进国家和浙江省鼓励类产业，并将海洋新兴产业、战略性新兴产业、高新化传统优势产业、现代服务业、高效生态农业五大领域作为产业引入基本范围。

1. 产业准入基本原则

——符合国家产业政策要求。① 加大海洋新兴产业、新能源产业、新材料产业、电子信息产业的投入和政策支持，大力培育海洋新兴产业和战略性新兴产业。② 通过加大技术改造力度、全面提升产品质量，推进重点产业转型升级。③ 加速发展现代服务业，提高服务业发展水平和在国民经济中的比重。④ 坚持走特色农业现代化道路，加快构建现代农业产业体系。

——符合浙江省经济发展转型升级要求。① 将海洋新兴产业和战略性新兴产业作为宁波杭州湾产业集聚区发展的重要支撑，建成在长三角区域乃至全国具有战略意义的新兴产业基地。② 运用先进技术规模化改造提升现有优势产业，打造传统产业转型升级示范区。③ 加快发展现代服务业尤其是生产性服务业，推进先进制造业与现代服务业的融合互动发展。④ 规划发展高效生态农业，推动农业增效。

——符合差异化发展和特色竞争优势要求。发挥现有产业基础、资源、区位等优势，结合浙江省走新型工业化道路的要求，有选择地培育发展海洋新兴产业、新能源产业、新材料产业、电子信息产业等新兴产业中有条件发展的特色产业。

——符合产业高成长性和高成长空间要求。① 具有广阔的市场前景，被选产业要在未来一个时期内有较好的成长性，市场潜力较大。② 具有较高的附加值，被选产业作为扶持的重点产业，在未来发展中必须具备成长为较高附加值产业的空间。③ 具有很强的带动效应，从纵向看被选产业自身的产业链要长，从横向看被选产业对其他产业应有较强的带动作用。

2. 产业准入基本范围

——先进制造业类。大力发展新材料、新能源、电子信息、先进装备制造、海洋新兴产业等先进制造业。

——现代服务业类。加强先进制造业与现代服务业的有机融合、互动发展，加快发展总部经济、金融服务、现代物流、创意设计、现代物流、教育培训等现代服务业。

——运动休闲产业类。加快发展高端体育俱乐部、体育场馆、湿地公园、主题性运动公园、国际会议中心、区域零售中心。

——现代生态农业类。培育发展滨海特色科技型现代农业、生态观光农业。

3. 产业准入约束性指标

——集约方面。为全面提升产业发展素质，特从投资强度、资本密集度、全员劳动生产率、增加值水耗、增加值电耗等五个方面提出各项产业准入约束性指标，详见表2。

表2　产业准入约束性指标要求

行业分类	投资强度（万元/公顷）	单位用地产出（万元/公顷）	容积率	增加值能耗（吨标准煤/万元）	增加值水耗（$米^3$/万元）	全员劳动生产率（万元/人）
通信设备、计算机及其他电子设备制造业	≥5 730	≥10 310	≥1.2	≤0.05	≤0.9	≥20.2
医药制造业	≥5 060	≥9 100	≥0.9	≤0.07	≤2	≥41.2
化学原料及化学制品制造业	≥3 375	≥6 070	≥0.7	≤0.5	≤7.6	≥18.4
金属制品业	≥3 375	≥6 070	≥1.0	≤0.2	≤2.8	≥10
通用设备制造业	≥4 050	≥7 290	≥1.0	≤0.07	≤2.5	≥10.1
专用设备制造业	≥4 050	≥7 290	≥1.0	≤0.09	≤3.5	≥12.3
交通运输设备制造业	≥5 060	≥9 100	≥1.0	≤0.05	≤1.2	≥15

续表

行业分类	投资强度（万元/公顷）	单位用地产出（万元/公顷）	容积率	增加值能耗（吨标准煤/万元）	增加值水耗（米^3/万元）	全员劳动生产率（万元/人）
电气机械及器材制造业	≥4 050	≥7 290	≥1.0	≤0.05	≤0.7	≥7.2
仪器仪表及文化、办公机械制造业	≥4 050	≥7 290	≥1.2	≤0.05	≤2.0	≥8.8
工艺品及其他制造业	≥2 200	≥3 900	≥1.2	≤0.05	≤2.2	≥7
信息传输、计算机服务和软件业						≥20
金融业						≥65
文化、体育与娱乐业						≥18
房地产业						≥38
租赁和商务服务业						≥9
批发和零售业						≥7
交通运输、仓储和邮政业						≥20
教育						≥12
科学研究、技术服务和地质勘察业						≥18
卫生、社会保障和社会福利业						≥17
居民服务和其他服务业						≥4
水利、环境和公共设施管理业						≥10
电力、热力的生产和供应业				≤5.5	≤70.00	≥446
建筑业						≥12
农、林、牧、渔业						≥5

① 投资强度：固定资产投资额/项目用地面积（单位：万元/公顷）；② 单位用地产出：项目达产后年销售收入/项目用地面积（单位：万元/公顷）；③ 容积率：项目地上建筑总面积/项目用地面积；④ 增加值能耗：项目年能耗总额/项目当年增加值（单位：吨标准煤/万元）；⑤ 增加值水耗：项目年用水总额/项目当年增加值（单位：米^3/万元）；⑥ 全员劳动生产率：全市生产总值/全部从业人员年平均人数（单位：万元/人）。

——环保方面。严格执行环境影响评价制度、“三同时”制度，排污总量控制制度等，产业项目废水、废弃、固废排放必须达到国家、省市有关污染排放标准或行业清洁生产标准。

——节能方面。严格执行国家及地方有关固定资产投资项目节能评估和审查办法，把好节能准入条件，产业项目采用的技术、装备须符合有关节能标准，项目主要产品单耗或综合能耗水平须达到行业领先水平。

——安全方面。严格执行安全准入政策，产业项目必须进行安全论证，要求安全设施必须与主体工程同时设计、同时施工，同时投入生产和使用。

六、城镇建设与城乡统筹

宁波杭州湾产业集聚区以产业发展和生产功能为主导，但产业集聚必然带来人口集中，人口集中必然带来对城镇功能配套的需求。要按照产业发展和人口集中的趋势要求，优化城镇布局，合理引导居住空间，强化城镇功能配套。

（一）城镇建设导向

宁波杭州湾产业集聚区城镇建设区域的建设与发展，应围绕强化人口集聚、生产服务、公共服务和商业居住等四大主要功能能力，打造与产业集聚功能相适应的现代化城镇布局体系。

在城镇建设过程中，要转变以往传统的城镇建设与管理模式，按照打造现代城市社区的要求和标准，高标准规划和建设。不仅注重区域性商业中心建设，更要完善社区级基础商业、服务体系，提高教育、医疗、文化、体育等社会事业发展水平，提高基本公共服务均衡化水平。

按照区域一体化的要求，对接宁波都市经济圈建设，促进杭州湾产业集聚区内的城镇与产业区块协调发展。加快主要沟通道路网络的建设，完善市政基础设施网络，积极融入区域城市一体化体系，加快推动城市功能向杭州湾产业集聚区内延伸。

按照新型城市化发展的要求，注重工业化与城市化互动融合发展，通过积极、合理地引导集聚区内人口的集聚，深化城乡二元体制改革，完善“以城带乡”、“以工促农”的长效机制，促进城乡要素流动自由化、资源配置市场化，加快形成城乡一体化发展的新格局。

（二）优化城镇空间布局

根据区域空间结构和功能分区布局，结合现状人口特征和未来发展趋势，同时兼顾人口居住集聚规模效率与独立单元就近生产、生活、居住的原则，在宁波杭州湾产业集聚区规划形成“一核三心”的总体格局。

1. “一核”

即杭州湾产业集聚区中心区。规划于现代服务园区南部、中心湖周边地区，设立杭州湾产业集聚区中心区，重点建设总部经济、金融服务、运动休闲、创意设计产业配套服务区，打造成为生态、休闲区块，远景规划为行政中心，建成集商务办公、金融保险、现代商贸、行政服务、生活居住为一体的杭州湾产业集聚区中心区。

2. “三心”

包括东部的高档服务中心、临湖居住中心和现代生活中心。

——高档服务中心。以杭州湾新区管委会为中心，联动锦城名仕家园、联合广场，辐射新浦镇、崇寿镇托管行政村。近期依托新区管委会行政中心功能，发展商务办公、商贸、金融产业，远期配合高档住宅区建设，建成杭州湾产业集聚区次中心区。

——临湖居住中心。位于越林湖、越溪湖之间，北临滨海二路，南临八塘横江，规划建设杭州湾产业集聚区居住中心，承担面向先进制造业园区的生产、生活配套功能。

——现代生活中心。以海洋家园为基础，规划建设杭州湾产业集聚区生活中心，东临兴慈三路、南临中兴二路、西临兴慈五路、北临滨海大道，规划面积约4平方千米。与海星家园周边区域相呼应，承担周边托管新政村村民及部分制造业企业职工居住功能，对接现代生态农业发展需求。

（三）合理引导居住空间

根据区域空间结构和功能分区布局，结合现状人口特征和未来发展趋势以及城市人口分布的一般规律，在产业集聚区规划形成“中心集聚、带状延伸、块状分布”的商务居住空间格局。

1. 中心集聚

是指在现代服务园区南部、中心湖临近的城市中心区规划形成中央商务居住中心。按照“紧凑城市”要求和职住平衡原则，结合城市中心区的行政功能、城市功能、经济功能、公共服务功能，规划建设高密度、高质量的商务楼宇和精品住宅，主要为城市中心区的“金领”“白领”人士提供商住功能。

2. 带状延伸

沿八塘、十塘两条走廊以及沿滨海大道、兴慈一路布置商务居住带。沿八塘、十塘两条走廊两侧500米范围内建立控制区，培育沿路城市经济带，主要开发小高层、低密度商务住宅；沿滨海大道、兴慈一路带状区域推进开发高层、小高层、配套全的商务住宅。

3. 块状分布

围绕产业集聚区的三大片区、五大功能平台建设，在其周边区域规划形成越林湖和越溪湖居住配套片区、海洋家园居住配套片区、新城生活中心配套片区、东部生活配套片区等若干居住片区，主要为各产业区块人口配套服务。

（四）强化四大配套功能

紧紧围绕产业集聚区的功能定位，强化人口聚集、生产服务、公共服务和商业居住等四大功能，切实增强城镇配套功能。

1. 人口聚集功能

依托重点产业区块的产业发展，以产业集聚推动人口集中，加快重点区域的配套建设，提高基础设施承载力。力争到2015年人口规模达20万以上，到2020年达到30万，远景展望到2030年达到50万规模，保持劳动力和人才适度增长，为集聚区的产业发展提供人力资源保障。

2. 生产服务功能

依托现代服务园区和启动建设区块，围绕托城镇功能提升，规划建设一批现代服务业集聚区，为传统产业转型升级和新兴产业集群培育提供有效支撑。

3. 公共服务功能

随着产业集聚区建设推进，产业集中和人口集聚客观上需要完善公共服务设施、完善公共服务功能，为满足人口素质提升的需求提供有效的保障。

4. 商业居住功能

顺应产业集聚区主导功能培育，依托中心区、现代服务园区以及规划建设的主街区，规划布局一批商住用房和居住小区，为人口集聚、货物流通提供重要载体。

（五）公共设施配套

根据人口集中集聚的规模和趋势，依托高端服务园区和生态休闲园区，规划建设一批重大公共服务设施。

1. 文化娱乐配套

① 规划建设一批公共服务中心，重点以高端服务园区为依托，建设一批标志性文化设施，包括会展中心、图书馆、展览馆、文化馆、影剧院等，提升整个集聚区的文化功能；② 强化居住区周边配套。各居住区周边规划单元级文化设施，结合或靠近同级中心绿地安排文化活动中心；③ 加强社区文体设施建设。集聚区未来的全部社区和行政村都要建成适合开展日常文化活动的文化室。

2. 教育科研配套

① 基础教育，根据居住用地布局，合理安排中小学布点，确保就学需求能在居住区内部解决；② 职教教育，规划建设职业技术培训园区，近期新增引进4家以上职业技术学院，远期引进2家以上国际性高端教育机构，打造现代职业教育体系，为先进制造业和高端服务业提供技术人才、高素质劳动力；③ 科研服务，高端服务

园区规划建设创意产业研发中心，建成清华启迪科技创业园、库柏爱迪生（宁波）研究院等项目，规划建设一批行业创新服务中心。

3. 医疗卫生配套

① 区域性综合医疗，在高端服务园区、先进制造业区、生态休闲园区统筹规划建设2～3所三级综合医院和若干二级综合医院、专科医院，建设妇幼保健医院、急救中心、卫生监测中心、血液中心等公共医疗服务设施，形成分级完善，集预防、治疗、保健、康复于一体的医疗卫生体系；② 社区和基层医疗设施，按照高标准配置社区服务中心，提高社区医疗服务水平，建立健全级配合理的医疗卫生网络；③ 医疗救助和疾病预防，依托综合医院设置急诊室和感染科，完善紧急医疗救援系统建设。同时合理布局疾病预防控制体系，提高突发性公共卫生事件应对能力。

4. 体育设施配套

推进合生杭州湾国际绿色商务健身休闲居住综合体项目、博翔体育会所项目，引进建设一批高端体育休闲项目，力争把杭州湾产业集聚区建设成为杭州湾南岸高端运动健身休闲中心。此外，规划建设以中心区、居住片区以及社区为基础的公共体育设施、竞技体育设施、社区体育设施配套体系。在公共中心安排大型体育场、体育馆、游泳馆等大型体育设施；在公共次中心规划综合体育活动中心，规划建设一批运动场、网球场、游泳池等体育设施；在居住小区内设置游泳池、健身苑、各类球场和儿童活动场所等体育设施。

5. 基本公共服务均等化配置

根据各居住片区人口集聚规模，合理安排基础教育、医疗卫生、文化体育、社会服务等基本公共设施，特别注重城镇及城郊校网撤并重组和外来务工人口集聚区域的基本公共服务设施建设，确保各片区能基本满足区域城乡居民和外来人口的基本公共服务需求。

七、基础设施建设

根据杭州湾产业集聚区的功能定位要求，因地制宜、适度超前地配套建设交通、电力、供排水、通讯电信等基础设施，为产业集聚区的长远发展提供强有力的保障和支撑。

（一）综合交通

按照“适度超前、资源共享”原则，以产业集聚区的主要功能区块为关键节点，完善路网结构，提高技术等级，尽快形成以对外主要走廊、对外快速通道、对外水路交通、内部交通通道为重要组成、干线公路网与农村公路网配套协调、布局合理、便捷通畅、绿色生态的区域交通基础设施网络系统。

1. 对外交通通道

——对外主要走廊。近期加快推进杭绍甬高速复线（宁波段沿海北线高速公路）余慈段及高速公路余慈连接线建设。远期规划建设杭州湾跨海铁路宁波段，规划设立杭州湾新区铁路车站，并注意站点和其他交通方式的衔接设施建设。

——对外快速通道。高速公路连接线，由余慈专线连接新区和杭甬高速公路，并通过杭州湾跨海大桥南岸连接线建设，打通杭州湾新区的快速道路通道。轨道交通方面，规划建设杭州湾新区的新区—宁波轨道线，并与长途汽车站、公交车站对接，实现“无缝衔接和零换乘”，加强与宁波中心城区的功能联系。

——对外水路交通。规划建设杭州湾新区游艇线路，其中以八塘横江和十塘横江为主要的快艇线路，规划建设小型游轮码头，与上海游轮母港、象山游轮基地相联动。

2. 内部交通通道

近期加快海川大道（滨海一路至滨海二路）建设，远期规划建设多样化交通体系。建设杭州湾新区内主干路系统，形成新区内部联系交通走廊，服务新区内部客货运输，并与区域的快速路和轨道交通系统等相衔接；建设杭州湾新区内轨道交通系统，形成新区内部联系交通走廊；建设杭州湾新区内慢行交通系统，形成新区内部慢行交通走廊，注重与快行交通的衔接。

（二）给水和排水

1. 给水规划

——水源规划。包括杭州湾新区在内的慈溪市宁波水资源缺乏地区，难以满足产业集聚区未来发展的用水需求。考虑到慈溪境内水资源挖潜能力较小，要在继续实施曹娥江引水工程的基础上，远期规划建设富春江引水工程。近期以慈西水库和四灶浦水库作为调解水库，解决曹娥江枯水期引水问题。

——供水设施。在规划的慈西水库附近建设水厂一座，并规划建设杭州湾新区水厂二期扩建工程，主要为杭州湾产业集聚区提供生活用水；对现航丰水厂进行扩建，主要为杭州湾产业集聚区提供工业用水和市政用水。供水设施处理能力考虑1.2 倍的弹性发展容量，到 2015 年，杭州湾产业集聚区将采用分质供水模式，生活用水由新区水厂和慈溪市区水厂联网供水，逐步形成多水源联合供水系统。

2. 排水规划

——排水体制。由于杭州湾产业集聚区河网缺少涵养水源，环境容量较小，因此排水体制采用雨污分流制，雨水就近排入河道，污水经收集排至杭州湾污水处理厂进行集中处理，达标排放。

——污水处理设施。规划建议对现有污水处理厂进行扩建，远期规模应和市域污水量匹配。同时污水处理厂用地预留深度处理设施用地，远景将收集的污水大部分进行深度处理后供给部分企业，小部分进行处理后用于生态补水或排海。

（三）防涝排涝

由于特殊的自然地理特征，杭州湾产业集聚区规划防涝排涝问题极为突出。产业集聚区防洪排涝要与杭州湾新区统筹考虑。

——规划目标。根据人口规模和产业定位，防洪排涝标准设定为：防洪防潮标准为100年一遇，排涝标准为20年一遇24小时暴雨24小时排出。

——骨干河网。规划期末形成陆中湾、三八江、建塘江、四灶浦等为主要排涝河道，以八塘横江、十塘横江、十一塘江为横向汇流河道。

——工程措施。由于区域河道为平原河道，且直通大海，受潮位顶托作用，洪涝水位较高，降低河道水位最有效的办法是增加排泵站。规划在四灶浦、陆中湾、三八江建设三座排涝泵站。

（四）电力能源

1. 电力电网

近期规划建设220千伏浦东输变电工程，远期规划建设一批110千伏、220千伏和500千伏输变电工程。规划建设高压走廊，为了减少用地，110千伏高压线尽量采用同塔2~4回路敷设，220千伏及以上高压线尽量采用同塔2回路敷设。在工业区和杭州湾产业集聚区外围允许架空敷设，架空线应平行道路或河道架设，在杭州湾产业集聚区东、西侧生活区110千伏规划要求埋地敷设。高压走廊控制宽度按以下要求控制：500千伏架空线按60~70米控制，220千伏架空线按30~40米控制，110千伏架空线按照15~25米控制，35千伏架空线按照12~20米控制。

2. 供气工程

把来自西气东输和东海气田的天然气作为产业集聚区的供气气源，推进建设宁波杭州湾华润燃气有限公司杭州湾新区管道燃气项目，同时着力建设城市建设门站、调峰储配站、调压站、次高压和中压管线等基础设施，以及中低压管网、运行控制系统和进户器等配套设施项目，确保顺利、安全、稳定供气。

3. 供热工程

根据统筹安排、分期建设的要求，近期先按二炉一机方案实施，实现每小时供汽430吨的目标，满足当前和近期热负荷增长的需要，中期根据集聚区发展情况再实施一炉二机，实现每小时总供汽530吨的目标。为实现近期目标，集聚区将增设直径630毫米、管壁10毫米和直径720毫米、管壁12毫米的供热主干线各一条，主供杭州湾国际商务休闲城，满足该区块的用热需求。

（五）通信管道

规划区内所有信息管线均采用弱电共沟，所有信息管道（包括电话、有线电视、宽带网、各企事业单位内部局域网等）均下地暗敷，所有主次干道均设置信息管道，信息管道沿道路东、南侧暗敷，管孔数量按30～50年考虑，满足各类公用信息网和各类专用信息网及其发展的要求。

八、生态建设与环境保护

（一）注重保护湿地资源

杭州湾湿地的保护与可持续利用已列入全国湿地保护工程实施规划，湿地类型包括沿海滩涂、离岸沙洲和塘内围垦湿地，是宁波杭州湾新区打造生态新城的重要资源。杭州湾湿地规划布局湿地教育中心和展示区、涉禽和游禽活动区、处理湿地区域、水禽栖息地区域、鹭鸟繁殖地及有林湿地区域五个功能分区。规划建设的杭州湾湿地中心占地43.5平方千米，基本位于宁波杭州湾产业集聚区规划控制区范围之内。

保护湿地资源是宁波杭州湾产业集聚区的重要特色之一，维持集聚区内湿地区域大面积的生态面貌，保持湿地最大的生态效益。区域内不规划建设任何工业设施和厂房，环境教育中心大楼等功能性建筑采用节能材料建造并利用太阳能、风能等可再生能源支持运行，生态展示区保留原有地形和植被；依托湿地资源开发的旅游项目占地不超过该区域面积的1/6，湿地中心游客人数每天控制在2 000人以内。

将湿地资源的开发保护作为杭州湾新区生态保护的重要内容，推动生态文明观念教育的强化，努力把杭州湾湿地建设成为世界级的环境保护教育中心和亚洲海洋减排污染及生态教育的示范基地，依托杭州湾湿地生态环境的保护和修复推动区域生态文明建设。

（二）加强环境保护

1. 水环境整治

近期重点加快实施河道清水工程，提高防洪排涝能力，加强工业污水和生活污水集中处理，切实保护水环境。充分利用现有处理厂处理能力，整合所有污水处理设施，力保宁波杭州湾产业集聚区污水处理率100%，主要河道水环境功能区水质达标率达到100%。

2. 大气环境治理

加大大气污染源治理力度，严格控制污染源排放总量。根据杭州湾新区的实际情况，环境空气质量评价标准采用国家《环境空气质量标准》（GB3095—1996）中的二级标准，见表3。至2015年，杭州湾产业集聚区环境空气质量全面达到二级标准。杭州湾产业集聚区气化率达到98%以上，烟尘控制区覆盖率保持100%。

表3 环境空气质量标准（GB3095—1996）各项污染物浓度限值

污染物名称	取值时间	浓度限值（毫克/米^3）		
		一级标准	二级标准	三级标准
二氧化硫	年平均	0.02	0.06	0.10
	日平均	0.05	0.15	0.25
二氧化氮	年平均	0.04	0.08	0.08
	日平均	0.08	0.12	0.12
可吸入颗粒物	年平均	0.04	0.10	0.15
	日平均	0.05	0.15	0.25

3. 固体废物处理

坚持固体废物减量化、无害化、资源化的原则，逐步实施垃圾的分类收集，全面采取封闭转运措施，减少垃圾对环境的二次污染。到2015年，杭州湾产业集聚区生活垃圾无害化处理率达到100%，分类收集垃圾的地区达到50%左右。

（三）发展循环经济

1. 树立循环经济理念

推动“资源—产品—污染排放”所构成的传统模式，向“资源—产品—再生资源”所构成的循环经济模式转变。以物质流、能量流和信息流为突破口，遵循减量化、资源化、再利用原则，依靠科技创新和政策引导，实现经济效益、资源效益与环境效益“多赢”。充分发挥企业在循环经济体系建设中的主体作用，积极开展符合杭州湾产业集聚区经济发展的循环经济试点，扶持一批企业内资源循环利用的示范企业和企业间资源循环利用的示范园区。加快现有工业园区的生态化改造，到2015年，所有园区达到生态化改造标准。

2. 大力推行清洁生产

按照《清洁生产促进法》要求全面实施清洁生产。对污染物排放超过国家和地方规定的排放标准或市政府核定的污染物排放总量指标的企业，使用有毒、有害原料进行生产或者在生产中排放有毒、有害物质的企业，要实行清洁生产审核。到2015年全区应当实施清洁生产企业的比例达到100%，50%以上的企业通过ISO14000环境质量管理体系认证。

3. 推进资源节约与综合利用

积极推广节电节水工艺、技术和设备，努力降低资源消耗。加快废弃物资源化进程，重点解决工业“三废”的回收利用，提高资源综合利用水平。建设废旧电池、废旧家电及电脑回收利用示范工程。依托城镇污泥再利用制建材技术研发中心，开发生活污泥、工业污泥无害化项目，推广淤泥制砖，开发新型墙体材料。

（四）积极发展低碳经济

围绕形成低碳产业结构，促进工业、建筑、交通等产业低碳化发展。扶持低碳技术研发，推广应用低碳技术，逐步实现消减碳排放、增强碳吸收、缩减碳足迹。调整优化能源消费结构，加强风能、太阳能资源开发利用，明显提高天然气和新能源、可再生能源在能源消费结构中的比重。倡导低碳生活方式，发展公共交通，完善公共交通网络，推广节能家电，普及绿色消费。继续开展沿海生态防护林和平原绿化建设，力保集聚区林木覆盖率达到15%以上。选择耐盐碱的适宜树种，按照一定比例，规划建设生态防护林，以生态环境空间结构布局为基础，以海岸基干林带建设为重点，建立林网、林带、片林和路、河、渠、堤两侧绿化有机结合的综合防护林体系，既抵御自然灾害，降尘、降污、降土壤盐碱，又改善产业集聚区自然景观，增加深林碳汇，增强生态功能。

（五）集约节约利用土地资源

严格按照国家产业政策、行业准入标准和我省“双控”指标供应土地，加强农业用地的保护和建设；切实根据《土地利用总体规划》，合理安排建设用地，严格控制各项非农业建设活动。严格控制土地过度需求，提倡土地适度开发和高效利用，实现土地供需总量基本平衡；优化土地利用总体结构，重点向交通建设用地和独立工矿用地倾斜；加强土地利用的规划引导，通过国民经济和社会发展规划、城市总体规划、土地利用总体规划，明确土地分区和利用方向，加快农村居民和城镇居民向居民点集中、工业企业向园区集中、农用地向适度规模经营集中，实现农民居住用地公寓化、工业用地集约化、农业用地规模化。

九、要素保障

（一）土地资源保障

重点规划区72平方千米范围内，现状建设用地4.7平方千米，占总面积的6.53%；未利用地面积44.7平方千米，占总面积的62.08%；农用地面积22.6平方千米，占总面积的31.39%，其中耕地14.8平方千米（含基本农田13.98平方千米），占总面积的20.56%；基本农田13.98平方千米，占总面积的13.42%。

“十二五”开发建设区28.8平方千米范围内，现状建设用地0.65平方千米，占总面积的2.25%；未利用地面积23.29平方千米，占总面积的80.64%；农用地面积4.86平方千米，占总面积的16.83%，无耕地。

重点规划区和“十二五”开发建设区土地现状参见表4。

表4 重点规划区和“十二五”开发建设区土地现状一览表

	总面积/千米²	建设用地		农用地		耕地		基本农田		未利用地	
		面积/千米²	占比/%	面积/千米²	占比/%	面积/千米²	占比/%	面积/千米²	占比/%	面积/千米²	占比/%
重点规划区	72	4.7	6.53	22.6	31.39	14.8	20.56	13.98	19.42	44.7	62.08
“十二五”开发建设区	28.8	0.65	2.25	4.86	16.83	0	0	0	0	23.29	80.64

为保障集聚区重点规划区特别是“十二五”开发建设区的顺利建设，本次规划提出相应的土地保障方案，更好保障集聚区用地需求。

规划空间指标问题。新一轮宁波杭州湾新区土地利用总体规划（2006—2020年）中新增建设用地12 612亩，其中2006—2008年已用3 428亩，新农村建设用地指标2 211亩，余下6 973亩指标（2009—2020年）全部用于“十二五”开发建设区，尚有36 227亩建设用地规划指标缺口，要积极利用省级产业集聚区的土地支持政策，争取增加新区建设用地规模指标，以缓解规划建设用地指标不足的矛盾。

耕地占补平衡和基本农田问题。“十二五”开发建设区按尽量少占耕地为布局原则，产业配套工程（如生活区、公益及道路等基础设施用地）所占用耕地和基本农田，一方面通过自身围垦造地或向外积极购买占补平衡指标，计划每年购买1000~2000亩指标解决，另一方面争取海涂围垦中1.6万亩的省统筹的10%补充耕地指标予以返还，用于产业集聚区的耕地占补平衡，同时争取在全省范围内进行基本农田有偿异地代保。

标准农田问题。集聚区的标准农田与基本农田高度重合，在规划修编中标准农田已无腾挪的空间，新的围垦造地在“十二五”规划期内也很难达到标准农田的等级标准，争取在全省范围内异地补划帮助解决。

海域使用权问题。为切实保护土地资源，建设尽可能地避让、少占耕地和基本农田，新区“十二五”时期重点开发建设区将向海洋要空间。其中，重点规划区中走海域使用权的面积为44.7平方千米，“十二五”开发建设区中走海域使用权的面积为23.29平方千米。目前已围用于建设的海涂地，大部分建设用空间将走海域使用的形式，下一步要争取有关部门在制定使用海域使用权政策和安排海域使用权指标时予以政策倾斜。

城市配套建设用地。在重点规划区内另行安排3.79平方千米的城市生活配套区和拆迁安置区，其中2.22平方千米为建设区（安排新增建设用地指标1.54平方千米），1.57平方千米划定为扩展边界，更好地为保障集聚区用地需求配套服务。

（二）水资源保障

规划预测2015年需水量达20万吨/天，2030年需水量达40万吨/天。杭州湾新区属缺水地区，需从全省层面统筹协调新区未来水资源的保障。

强化水源工程建设。为保证新区的生活、生产和景观用水，近期加快开工杭州湾新区水厂扩建工程，使总产水项目工程合计达到10万吨供水能力；加快与慈溪市关于水分配调剂方案的磋商，争取保留曹娥江引水分配给慈溪的2.4亿立方米水中原有分配比例，保证新区的生产和景观用水需求。远期积极推进从宁波中心城区分流用水的方案论证，探索河道水深度处理，解决部分用水；争取保留在水云浦、郑徐和半掘浦修建滩涂水库，增加亚海水淡化总量。

推广节约用水理念。在集聚区建设开发中加强节约用水管理，充分贯彻及体现循环经济、节能减排的主题。加大工业节水技术改造力度，把节约用水纳入工业生产指标体系，实行行业用水定额管理；发展高效节水特色农业，推广科学的节水灌溉制度和技术；大力开发及推广使用生活节水设施和器具，提高节水器具普及率，深入开展节水型社会创建活动。

（三）能源保障

根据慈溪电力规划判断2015年本区最高日用电负荷约为85万千瓦，规划建设4个110千伏变电所以满足基本用电需求。展望2030年本区最高日用电负荷约为120万千瓦，需要新建8个110千伏变电所以满足用电需求。此外，利用区位优势积极探索开发利用风能资源增加能源供给。

（四）环境容量保障

2009年宁波杭州湾产业集聚区各主要污染物排放中，化学需氧量（COD）排放约0.76万吨，二氧化硫（SO_2）排放约0.13万吨。随着产业集聚区的滚动开发以及人口和产业的不断集聚，上述污染物排放总量必然呈上升趋势。预计2015年COD排放为1.8万吨，SO_2排放为0.3万吨。“十二五”期间氮氧化物和氨氮的下降幅度达到省市要求，并力争走在前列。

为应对产业集聚区COD和SO_2等主要污染物排放可能增多的趋势，必须严格贯彻实施《清洁生产促进法》、《浙江省关于全面推行清洁生产的实施意见》，坚决执行产业集聚区产业准入标准，通过清洁生产实现企业污染排放最小化。对污染物排放超过国家和地方规定标准的企业，以及使用有毒、有害原材料进行生产的企业，要依法实施清洁生产审核，督促其实施清洁生产方案。

在严格执行国家和地方有关环保法规的前提下，一方面要合理分配指标，优先分配产业集聚区的污染总量控制指标；另一方面把储备的污染物排放指标中预留部分指标用于支持产业集聚区发展，集聚区内的国家、省重点建设项目争取省级储备支持。根据集聚区用水量规模，调整和新增一批污水处理厂，进一步完善污水管网建设，全面提高污水集中处理能力。

（五）资金保障

根据预测，“十二五”期间，宁波杭州湾产业集聚区重大基础设施建设及产业项目累计投资总量达到 1 000 亿元。其中，水利、能源等重大基础设施投入约 19 亿元，城乡建设及社会发展投入约 118 亿元，产业投入约 865 亿元。投资来源主要有财政资金、民间资金、银行贷款和外资，积极争取财政部门的大力支持，积极探索和运用 BT、BOT、TOT 等投融资模式，引导社会力量参与区内的基础设施和公共事业建设。积极探索投融资平台、渠道和开发建设投入机制等方面的创新，与相关金融机构加强战略合作，与相关机构洽谈设立股权投资基金。

十、机制创新

规划建设宁波杭州湾产业集聚区，事关宁波市现代化建设的全局。要在行政、法律、经济等方面，采取切实有效的措施，增强区域自我发展动力，完善发展机制，全面落实规划目标和任务。

（一）协调机制

1. 加强组织领导

充分发挥宁波杭州湾新区开发建设管理委员会的职能，切实加强对各重点产业的组织领导，协调解决产业集聚区建设重大问题。各职能部门积极协调，推进项目实施。

2. 推进行业管理

各重点产业由核心企业牵头成立行业协会，协会加强对产业的指导、引导和协调，促进行业自律，推进企业间资源共享，加强技术咨询，推动产业健康有序发展。

3. 加强咨询论证

按照高品位策划、高起点规划、高标准建设的要求，聘请国内外著名专家，并动员全社会力量，在制订规划、产业布局、项目论证、技术选择等方面提供智力支撑。

（二）推进机制

1. 行政管理体制

整个产业集聚区的规划建设，在杭州湾新区管委会的统一领导下进行。杭州湾新区管委会作为宁波市委、市政府的派出机构，行使相关市级经济管理权限。原则上保持慈溪市行政区划不变、司法管辖不变、汇总统计不变，杭州湾新区实行财政收支独立和开发主体独立。要积极探索实行“大部制”的管理模式，进一步提高行政运行效率。

2. 开发建设机制

坚持政府主导、社会资本参与、市场化运作的开发模式，加强多元复合投融资平台建设。以现有慈溪出口加工区投资开发公司为基础，组建新区开发建设公司，主要负责推进土地综合开发和新区基础设施建设。新区开发建设公司实行财务独立核算、自主经营、封闭运作，年限为开发建设公司注册成立之日起20年。鼓励社会资本参与，引进战略投资者，推出一批面向社会资金的基础性、环保型和公共服务型开发建设项目，引导社会资本共同参与新区开发建设。

3. 政策扶持机制

优先将优质资源和高端项目在杭州湾新区布点，加大土地、水资源、电力等重大要素资源以及重大公共服务设施、重大产业项目的倾斜；实行独立的财政体制，财政收入地方所得部分的100%和土地出让净收益的100%返还给新区，由财政部门建立专项发展资金，其中70%资金须用于新区基础设施及开发配套建设；完善金融扶持政策，鼓励和支持各类金融机构在宁波杭州湾新区设立分支机构。

4. 企业创新机制

加快提升企业自主创新能力，培育自主品牌。以市场为导向、产学研用相结合，引导创新要素向企业聚集，通过产业联盟、公共技术平台等方式，促进产业链上各环节的合作，推动企业联合创新。

（三）人才引进培育机制

依托便利的区位优势，引进上海、杭州、宁波等各地优秀人才，积极扶持宁波大红鹰杭州湾校区、慈溪职工技术学校等技能人才学校，到2015年增加引进2家以上职业技术培训机构，培育大批优秀人才。完善人才引进政策，推进实施大学毕业生和各类优秀人才购买限价房等优惠政策，加大柔性人才引进力度，促进创业创新人才集聚。与大专学院建立人才输送机制，定期召开人才招聘推介会，解决人才需求。培育和发展继续教育，建立高端人才孕育机制。

（四）绩效考核机制

产业集聚区建立严格的绩效自评机制，并积极接受上级有关部门监测评价。绩效评估指标主要包括产业竞争力、要素利用、创新提升和环境保护等四个方面。产业竞争力方面突出“优、新、高、特”的产业导向，应用高新技术产业总产值占工业总产值比重、主导特色产业主营业务收入占全部企业主营业务收入比重等指标加以考核；要素利用方面强调产业集聚区高效发展、集约发展的能力，应用劳动生产率、单位面积土地产出效益等指标加以考核；创新提升方面重视产业集聚区创新发展潜力，应用科技活动经费支出相当于主营业务收入比重、新产品总产值占工业总产值比重等指标加以考核；环境保护方面突出产业集聚区可持续发展的能力，应用主要污染物排放强度、单位主营业务收入能耗水平、工业用水重复利用率等指标加以考核。

宁波杭州湾产业集聚区产业导向目录（2010）

为深入贯彻落实科学发展观，推进资源节约、节能降耗和清洁生产，加快形成以循环经济为特征的可持续发展新模式，促进经济增长方式转变和产业结构优化升级，加快形成三次产业联动发展的现代产业体系。根据国家有关法律法规和新近公布的产业政策，结合新区产业发展规划的要求，特制定本目录。

一、优先鼓励发展产业

（一）新材料产业

1. 高性能精密合金板带、电子铜板带生产；
2. 有色金属复合材料技术开发及应用；
3. 高性能、高精度金属合金铸造及板、管、型材加工技术开发；
4. 复合材料、功能性高分子材料、工程塑料及低成本化、新型塑料合金生产；
5. 环保新型建筑材料、墙体材料生产；
6. 汽车玻璃（LOW－E 玻璃、SOLAR－E 太阳能热反射环保夹层玻璃）；
7. 新型节能环保复合门窗、墙体材料、绝热隔音材料、防水材料和建筑密封材料、建筑涂料开发生产；
8. 绿色新型包装材料生产；
9. 特种纤维复合材料开发生产；
10. 优质环保型摩擦与密封材料生产；
11. 高等级子午线轮胎关键材料生产；
12. 新一代差别化、功能化、超细化、高仿真化学纤维生产；
13. 碳纤维等新型合成纤维生产；
14. 高强高模聚乙烯纤维生产。

（二）新能源产业

1. 高技术绿色储能电池制造（无汞碱锰电池、氢镍电池、锂离子电池、燃料电池、锌空气电池、太阳能电池）；
2. 太阳能、风能、生物质能、海洋能、地热能、空气热能等可再生能源开发利用及相关产品开发制造；

3. 储氢材料开发生产；

4. 新型节能环保照明产品开发制造（LED 、高频无极荧光灯、微波硫灯、无汞金卤灯等）；

5. 太阳能照明技术开发及应用；

6. 光纤照明技术开发及应用；

7. 城市照明智能化系统技术开发；

8. 新型节能照明产品配套用材料开发生产。

（三）通信设备、计算机及其他电子设备制造业

1. 网络设备及产品、数字通信设备及产品、光传输设备及产品开发制造；

2. 集成电路设计、制造、封装及测试开发制造；

3. 新型电子元器件（片式元器件、敏感元器件及传感器、频率控制与选择元器件、混合集成电路、光电子器件、多层挠性板）开发制造；

4. 新型显示器开发制造；

5. LED 和 LD 封装；

6. 光通信器件（光组件、光模块、光无源器件、光交换器件、光子集成器件等）；光存储器件开发制造；

7. 数字摄录机、数字录放机、数字电视终端接收产品技术开发及制造；

8. 数字多功能电话机、普通纸传真机制造；

9. 数字音视频广播系统设备制造；

10. 6 英寸及以上单晶硅、多晶硅及晶片制造；

11. 多媒体信息终端产品开发制造；

12. 数字音视频产品开发制造；

13. 计算机软件及应用系统开发生产；

14. 计算机外部设备及其关键零部件制造；

15. 电子专用设备、仪器及工模具制造；

16. 电子专用材料、光通信材料开发生产；

17. 汽车电子、医疗电子产品开发生产。

（四）智能家用电器制造业

1. 环保、节能、新型家用电器生产；

2. 智能化家用电器开发生产；

3. 新型家电电子控制系统、部件开发生产；

4. 新型家电用压缩机、电机、发热元器件开发生产；

5. 具有品牌或自主知识产权和出口中高档家用电器生产。

（五）交通运输设备制造业

1. 汽车整车及发动机系统设计开发制造；
2. 汽车总成及零部件关键技术开发制造；
3. 汽车轻量化及环保型新材料制造；
4. 天然气汽车、清洁燃料汽车、混合动力汽车、电动汽车等新能源汽车整车及关键零部件开发及制造；
5. 轨道交通装备制造；
6. 游艇设计和制造；
7. 节能环保型小排量乘用车整车设计开发；
8. 作业类专用车辆开发制造；
9. 通信信号设备开发制造；
10. 海洋船舶关键部件开发制造。

（六）装备制造业及机械基础件制造业

1. 数控机床、加工中心、专用数控设备及关键零部件制造；
2. 中高压输变电设备、自动化系统、智能型组合式变电站制造；
3. 海洋油气田开发工程设备制造；
4. 公路、港口新型机械设备制造；
5. 数控或节能型注塑机、数控或节能型压铸机；
6. 烟气脱硫工艺及成套设备；
7. 清洁能源（核电、风力发电、太阳能、潮汐等）发电设备制造；
8. 专用工程机械设备制造；
9. 精密轴承、车用轴承、出口型中高档轴承制造；
10. 新型仪器仪表、新型传感器生产；
11. 中高档阀门、新型液压、密封、气动元器件生产；
12. 高强度异型紧固件生产；
13. 精密模具设计制造。

（七）医疗器械制造业

1. 新型医疗器械及制造技术开发；
2. 新型医用精密诊断及治疗仪器；
3. 植入进入人体的新型医用材料生产；
4. 新型药品包装材料、容器制造；

5. 新型医用卫生防护材料及制品；
6. 新型大众化预防保健装置开发制造；
7. 高档运动健身器械开发生产；
8. 医疗废物集中处理设备制造。

（八）生物医药

1. 具有自主知识产权的新药开发及生产；
2. 天然药物、海洋药物开发与生产；
3. 医药生物工程新技术、新产品开发（不包括医药化工生产）；
4. 新型药用包装材料生产。

（九）现代服务业

1. 企业总部经济园；
2. 创意设计、动漫设计制作及衍生品开发；
3. 以连锁经营形式发展的大型超市、名品店、专业店等新型零售业态；
4. 旅游基础设施建设及旅游信息服务系统开发；
5. 参与性强的科技、海洋、休闲等特色旅游项目；
6. 会展信息咨询和会展会务；
7. 就业、创业咨询、辅导、中介及培训服务；
8. 经济、规划、投资、工程、管理、会计、税务、审计、法律、环保等咨询与服务；
9. 现代物流业；
10. 金融、保险、证券等服务业。

（十）运动休闲产业

1. 体育健身休闲服务；
2. 体育健身场所和服务设施建设、体育中介组织、体育俱乐部。

（十一）现代生态农业

1. 蔬菜、水果现代栽培技术及产品开发、生产；
2. 名优特水产养殖；
3. 生态农业、太空农业及节水农业；
4. 现代化农产品生产基地、农作物良种成果转化基地建设。

二、限止淘汰类产业

按国家《产业结构调整指导目录（2008 年本）》限止、淘汰类项目执行。

宁波梅山国际物流产业集聚区发展规划

“十二五”时期是浙江经济社会转型发展的关键时期，省委、省政府在2009年的经济工作会议和2010年的政府工作报告中提出，要推进大平台、大产业、大项目、大企业建设，在三大产业带和主体功能区规划的基础上，谋划和构筑一批产业集聚区，作为区域经济发展新的增长点，纳入省级战略层面，统筹规划、合理开发、重点培育。为贯彻落实省委省政府这一重大决策和部署，加快宁波梅山国际物流产业集聚区开发建设，推动这一地区又好又快发展，增强保税港区带动发展能力，促进与舟山六横等周边地区协同发展，特编制《宁波梅山国际物流产业集聚区发展规划》。

本规划是指导宁波梅山国际物流产业集聚区（以下简称梅山集聚区）发展的纲领性文件和编制相关规划的重要依据。规划重点明确梅山集聚区建设的总体思路、战略目标、空间布局、开发时序、产业导向、基础设施、生态保护、要素保障和体制机制等。

规划范围包括规划控制区、重点规划区和“十二五”开发建设区等三个层次。规划控制区包括宁波象山港区域北部以及北仑区东南部的梅山乡、春晓镇和白峰镇的郭巨、上阳片区；重点规划区以规划新的发展空间和产业功能区为主，规划面积为68.15平方千米；“十二五”开发建设区是指“十二五”期间可以提供梅山集聚区开发需要的新增建设用地区块，规划面积为28.19平方千米。

规划依据：《浙江省产业集聚区发展总体规划》（浙政发〔2010〕45号）、《中共浙江省委办公厅　浙江省人民政府办公厅关于加快推进产业集聚区建设的若干意见》（浙委办〔2010〕74号）、《浙江省人民政府办公厅关于做好全省产业集聚区规划工作的通知》（浙政办发明电〔2010〕39号）、《浙江省产业集聚区发展规划编制导则》（浙发改地区〔2010〕260号）、《浙江省产业集聚区产业准入指导意见》（浙发改地区〔2010〕1049号）等，并与省、市国民经济与社会发展规划纲要、主体功能区规划、产业带规划、产业发展规划、土地利用规划、城乡规划、生态功能区规划、海洋功能区划和相关专项规划等相衔接。

规划期限为10年（2011—2020年），以“十二五”时期（2011—2015年）为重点。

一、发展背景与现实基础

（一）发展背景

1. 区域发展背景

长三角地区战略地位进一步提升。国务院正式批准实施《长江三角洲地区区域规划》，长三角地区定位为亚太地区重要的国际门户、全球重要的现代服务业和先进制造业基地和具有较强国际竞争力的世界级城市群，要求围绕培育区域性综合服务功能，加快发展金融、物流、信息、研发等面向生产的服务业，努力形成以服务业为主的产业结构，建设一批主体功能突出、辐射带动能力强的现代服务业集聚区。长三角地区地位的提升和对现代服务业发展重视程度的加大，为梅山集聚区发展提供了坚实的依托。

上海国际航运中心建设进一步加快。上海致力于建立金融、航运两大国际中心，必将推进以服务经济为主导的经济形态在长三角地区的快速发展，为长三角城市全面提升发展水平提供了重大机遇。由“一体两翼”组成的上海国际航运中心的建设，一方面对长三角城市群各港口间的定位和分工提出了新的要求，有利于克服过去各港口间普遍存在的重复投资、过度竞争现象，有助于形成各港口间良性的竞争合作关系，对发展现代制造业和现代服务业，增强长三角城市群国际竞争力起到非常重要的作用。另一方面，配套建成的便捷、畅通的交通基础设施网络以及物流设施和信息化建设，对推进长三角城市群交通、物流、信息的一体化起到了积极的推动作用。作为长三角南翼对外开放的重要门户，梅山集聚区的建设是进一步发挥宁波—舟山港作为上海国际航运中心主要组成部分作用的内在要求。

省内港口联盟正在全线启动。近年来省内港口联盟和“无水港”建设取得了突破，宁波港收购或参股建设乍浦港、台州港，与温州港的龙湾港区和灵昆港区进行了深入的合作。尤其是宁波—舟山港加大港口内部合作开发力度，作为上海国际航运中心的主要组成部分，重点发展集装箱和大宗散货运输。港口规模效应明显，目前已经成为国际集装箱运输干线港，国内最大的矿石中转基地、原油转运基地，国内沿海最大的液体化工储运基地和华东地区重要的煤炭运输基地。梅山港区作为上海国际航运中心的主要港区和宁波—舟山港集装箱运输核心港区之一，发展前景十分看好。

宁波现代国际港口城市地位更加凸显。作为长三角南翼的重要经济中心和港口城市，宁波以打造现代化国际港口城市竞争力为核心，明确提出区域、产业、港口、国际化、可持续发展等方面的重大提升举措。进一步拓展经济腹地，促进陆域经济与海洋经济联系更加紧密，提高城市综合竞争力。加快建设梅山集聚区，既是建设全省乃至全国重要的区域性资源配置中心的重要举措，也是提升宁波城市国际化水平、优化产业结构、加快推动经济社会发展转入科学发展轨道的必然选择。

周边地区接受保税港区辐射的需求日益增强。在《长江三角洲地区区域规划》明确提出建设舟山海洋综合开发试验区、《浙江海洋经济发展示范区规划》将舟山海洋综合开发试验区作为海洋经济发展重中之重、舟山积极打造海洋产业集聚区的背景下，舟山海洋、海岛开发力度不断加大，尤其是六横岛已被规划为重化工业、修造船等临港工业基地建设的重要海岛之一。同时，六横港区作为大型深水港区，未来发展潜力不断提升。而随着宁波—舟山港六横梅山疏港公路的规划建设，梅山与六横的联系也将日益密切。由此，梅山集聚区的建设，集疏运体系的完善，港航服务能力的提升，对于促进宁波—舟山港一体化建设、辐射带动周边地区特别是六横发展将起到至关重要的作用。

2. 海洋经济发展背景

浙江海洋经济发展示范区建设上升为国家战略。国务院近日正式批复《浙江海洋经济发展示范区规划》，浙江海洋经济发展示范区建设上升为国家战略，未来经济发展和生产力布局重心将进一步向沿海地区转移。《浙江海洋经济发展示范区规划》明确了宁波—舟山港的核心地位和梅山岛的重要作用。作为浙江海洋经济发展的重要组成部分，梅山集聚区开发将进入全面发展的大好时期，特别是港口物流、国际贸易、临港工业、滨海旅游等领域将迎来前所未有的发展机遇。

重要海岛是建设海洋经济强省的突破口。“十二五”时期，以浙江省海洋经济发展试点为契机，海岛将成为我省打造全球大宗商品枢纽港和集装箱干线港的重要区域，成为集装箱、原油及成品油、铁矿石、煤炭、粮食等主要货物的集散地。根据《浙江省重要海岛开发利用和保护规划》的初步方案，梅山岛被定位为浙江省重要的港口物流岛，将在国际集装箱储运、中转以及相关的增值加工、国际贸易、分拨、配送等物流增值服务领域发挥重要作用。

3. 现代服务业发展背景

现代服务业成为经济发展的新引擎。发展现代服务业已经成为优化产业结构与促进经济转型的一个重要途径和核心内容，世界各发达经济体经济结构变化的突出特点是服务业在经济结构中的地位迅速上升。我国在国务院 7 号文件中提出新时期我国加快服务业发展的战略方向、目标、要求和基本思路，明确强调要大力发展面向生产的服务业，促进制造业和服务业有机融合、互动发展。浙江省通过加大服务业政策扶持力度和要素支持力度、优化服务业创业环境、加快服务业集聚区发展等措施，进一步引导现代服务业加速发展。宁波梅山保税港区物流园区作为首批浙江省现代服务业集聚示范区，在财税、用地等方面享有相关扶持优惠政策，其现代服务业发展将成为梅山集聚区的亮点和重点。

港口物流地位逐渐提升。现代化港口既是货物海陆联运的枢纽，又是国际商品储存、集散的分拨中心，集物流服务、商贸服务、信息服务和人员服务为一体。随着梅山保税港区的获批和推进建设以及国家开放政策和功能的叠加，梅山集聚区国际化进程将进一步加快，有望成为推动我国港口物流发展的中坚力量。此外，我省正在积极推进“三位一体”港航物流服务体系建设，即建设大宗商品交易平台、集疏运网络、金融和信息支撑系统，为梅山集聚区特别是保税港区延伸港口物流产业链、提升价值链带来重大机遇。

（二）基础条件

非常优越的战略区位。梅山集聚区地处我国大陆海岸线中部、南北海运航线与长江黄金水道“T”字形交汇处，处于杭州湾的门户要地，航运价值十分明显。宁波—舟山港濒临国际主航道，该国际航道承担着60%以上的国际货物贸易量和全球60%~70%的集装箱运输，航运区位条件优势明显。在浙江海洋经济发展示范区“一核两翼三圈九区多岛”的总体布局中，宁波—舟山港是核心，梅山岛是重要的港口物流岛，战略地位优势明显。

得天独厚的资源条件。梅山集聚区港口岸线绵长，拥有规划可用岸线56千米，其中集装箱、工业、物流等生产岸线20.8千米，居住、休闲、旅游等生活岸线35.2千米，宁波港未来可拓展的空间主要集中于此；同时，梅山集聚区土地资源丰富，近期直接可开发利用的土地近60平方千米，其中有40平方千米左右土地不需拆迁；此外，集聚区以梅山保税港区为龙头，周边有宁波经济技术开发区、宁波保税区、宁波出口加工区、大榭开发区等，是长三角地区南翼开放功能最全、开放程度最高的区域，对梅山集聚区具有强大的辐射带动效应。

实力雄厚的腹地支撑。梅山集聚区直接经济腹地是宁波市北仑区乃至整个浙江省，间接腹地则以长江三角洲地区为主。宁波北仑区是浙江省经济规模较大、开发开放水平较高、海洋产业体系较完善的区域；浙江省经济发达，综合实力较强，经济总量和增速近年来一直位居全国前列，是我国外向型经济大省和民营经济最发达的省份；长三角地区为我国经济发展中的主引擎。梅山集聚区所依托的腹地是中国经济发展速度最快、经济规模最大、社会发展水平最高的区域之一。发挥梅山集聚区的各方面发展优势，加强与腹地优势的有效结合，进一步整合腹地资源，可为集聚区发展国际贸易和现代物流奠定坚实的基础。

较为坚实的发展基础。梅山保税港区2008年正式启动建设，各项建设扎实迅速推进，梅山岛开发建设枢纽性基础设施工程——梅山大桥已建成通车，梅山岛港区集装箱码头1号、2号泊位已具备生产条件，行政商务中心已交付使用，七姓涂围涂工程完成近3 000亩；梅山大道一期等8条连接大桥与港区、大桥与商务中心的道路也都已建成投用，国内第一个大型专题性港口博物馆——宁波港口博物馆及东海水下考古基地已落户春晓。两年来梅山集聚区内实施了一批总投资近75亿元的基础设施重点工程，水、电、网络、通信等配套设施基本建成，基本实现了“七通一平”，为加快梅山集聚区的建设发展奠定了较为坚实的基础和条件。

在看到良好发展基础和潜力的同时，梅山集聚区在加快发展、促进集聚过程中，也存在一些问题和制约因素：一是宏观法制政策环境存在制约。土地、财税、融资等配套政策有待进一步完善，上海国际航运中心的相关政策和各项优惠政策仅限于上海港，影响了两翼港口的协同发展；梅山保税港区的各项优惠政策仅限于港区，不利于梅山集聚区的整体协调推进。二是开放程度有待进一步提高。作为对外贸易的重要窗口，保税区的运作必须遵循国际规则和国际惯例，因此，在建设过程中应充分借鉴国外成功经验，积极探索有利于梅山保税港区和梅山集聚区发展的更大开放度和自由度。三是制约国际中转的关键因素有待突破。由于目前保税港区尚未具备“境内关外”的地位，按照国内现行的航运管理和海关监管等规则，与一些国际中转相关的关键环节还存在障碍。四是功能优势缺少有力保障。各地保税港区优势不同，选择的发展重点也不尽相同，目前国家缺乏对大宗散货战略储备政策支撑，使得梅山保税港区功能优势未能得到有效发挥，从而制约了梅山集聚区的进一步发挥优势、加快发展。

二、总体思路与战略目标

（一）指导思想

以邓小平理论和“三个代表”重要思想为指导，全面贯彻落实科学发展观，深入实施“八八战略”和“创业富民、创新强省”总战略，按照宁波实施“六个加快”的战略决策，立足基础，整合空间，发挥优势，以国家保税港区为核心，着力推进国家战略物资交易平台、集疏运网络、金融和信息支撑“三位一体”的港航物流服务体系建设，全面建设以港口为依托，以国际贸易为龙头，以现代物流为支撑，以航运、金融、商务服务为配套，海洋新兴产业与现代生态都市高度融合发展的国际港城，加快推进梅山集聚区的建设和发展。

（二）战略定位

根据梅山集聚区建设的基础和条件，通过努力，力争将梅山集聚区建设成为我国沿海新一轮对外开放先行区、浙江“三位一体”港航物流服务体系建设示范区、浙江海洋新兴产业发展引领区和宁波现代化国际港口城市新城区。

我国沿海新一轮对外开放先行区。依托港口优势和腹地优势，发挥体制机制灵活的优势，在加快梅山国家保税港区建设的基础上，顺应我省全力深化推进对外开放，进一步加大在管理体制、监管方式、运行机制等领域的改革创新力度，先试先行、及时总结，提升梅山集聚区对外开放的层次和水平，引领参与国际竞争，着力打造浙江产业互动、资源交易、资金融通和对外交往的国际平台，引领我省扩大对外开放，努力成为我国沿海和我省新一轮对外开放的先行区和引领区。

浙江“三位一体”港航物流服务体系建设示范区。紧紧把握我省加快“三位一体”港航物流服务体系建设的战略机遇，充分利用梅山保税港区的政策优势以及优良的岸线资源、较为充足的陆域腹地资源，以海陆联动的集疏运网络为支撑，以大宗商品交易、金融和信息服务为突破口，拓展梅山保税港区功能，推动梅山集聚区港口物流业全面发展，成为浙江省“三位一体”港航物流服务体系建设的先行示范区。

浙江海洋新兴产业发展引领区。顺应长三角地区一体化进程进一步加快的趋势，加快落实国家、省、市产业调整振兴和战略性新兴产业规划的相关要求，立足梅山集聚区的区位优势、资源优势和产业基础，进一步加快梅山港区建设和以保税仓储、转口贸易、中转、增值加工为重点的现代物流业以及新兴海洋产业的发展，充分发挥梅山集聚区在上海国际航运中心建设和浙江海洋经济发展示范区建设中的重要作用。

宁波现代化国际港口城市新城区。坚持新型工业化与新型城市化，坚持生态约束与合理开发相结合，坚持新城区与主城区错位互补发展，以现代港口服务业为重点，以完善的商务和社区配套服务为依托，以观海、亲海、享海为特色，力争成为集居住休闲、保税物流、金融服务、教育创新等功能于一体的宁波现代化国际港口城市的新城区。

（三）基本原则

梅山集聚区的建设和发展，应注重把握以下“五个发展”的原则。

港城统筹，联动发展。注重国家保税港区与陆域新城区建设互动，在进一步加快梅山保税港区建设的同时，注重商务、居住等城市功能的完善，构建港城统筹的港口集疏运、能源保障、资源要素保障和防灾减灾等网络，实现港城产业联动发展、基础设施联动建设、资源要素联动配置和生态环境联动保护。

立足优势，特色发展。要充分利用保税港区的政策优势以及我省加快海洋经济发展和省级产业集聚区建设的机遇，突出大宗商品储运和交易功能培育，突出国际集装箱物流加工增值服务，突出以现代港口物流为特色的现代服务业发展，实现差异化竞争、特色化发展。

协力共建，合力发展。要将梅山集聚区的发展放在环杭州湾产业带、长三角地区乃至更大范围里考虑，特别要强调与舟山六横、象山港等周边区域协调互动，统筹考虑城镇、产业的合理布局、功能的相互配套和资源的共同分享。要强调集聚区内不同主体之间的协力合力，通过统一的领导协调机制、统筹的建设推进机制和创新的开发建设体制等，进一步强化合力、强调协同，推进发展。

生态优先，集约发展。按照生态文明建设要求，将绿色发展理念贯穿于梅山集聚区建设的全过程，根据环境容量和资源承载力，科学开发。坚持生态建设、环境保护和产业发展的有机统一，强化资源集约开发和综合利用，优先发展循环经济、低碳技术，实现集约和可持续发展。

科教先导，创新发展。强化科技、教育、人才资源配置，着力推进自主创新，加强现代物流、海洋科技等研发和成果转化应用，切实提高科技对集聚区建设和发展的核心作用。注重体制机制创新，着力探索和完善集聚区综合管理和分工协作体系，坚持改革现有不适应物流发展要求的管理体制，创新发展机制，以良好的制度安排促进发展。

（四）目标预期

1. 近期目标

至2015年，梅山集聚区在现有基础上实现对外开放功能全面提升、主导产业培育初见成效、区域开发效益明显提高、生态建设持续推进，产业集聚区大规模开发建设的基础条件基本形成。

——港口航运能力明显提升。港口建设不断强化，海陆联运、水水中转能力明显提高，海陆联动集疏运网络日益完善。力争到2015年，全面建成3#～5#集装箱码头和2个5万吨级散杂货码头，集装箱吞吐能力达到200万标准箱，货物吞吐能力达到2 000万吨；全面开通日韩、东南亚、欧美、中东等国际航线。

——对外开放能力全面加强。在节约资源、保护环境、提高效益的前提下，梅山保税港区建设取得实质性进展，贸易功能、服务贸易不断拓展，国际贸易平台建设卓有成效，成为我省乃至全国沿海对外开放的重要门户。力争到2015年，梅山集聚区建成保税仓库面积50万平方米，实现贸易交易额50亿美元，其中，中转保税货物交易额占贸易交易额的20%以上。

——港航服务业和海洋新兴产业不断强化。现代高端服务业和先进制造业融合发展、互为支撑的格局初步形成，“三位一体”的港航物流服务业加快发展，形成以国际采购、国际配送、国际贸易、金融信息和航运服务等为重点的高端服务业体系，形成一批特色鲜明的大宗商品交易市场，涌现出一批拥有自主知识产权和知名品牌的优势企业。力争至2015年末，建成国际船舶及配件交易、进口酒类、石化产品、有色金属、高档化妆品、医疗器械分拨等10大商品交易平台；形成2～4个在国内有一定影响力的大宗生产资料交易平台或成套设备分拨中心；努力实现1～3类商品在亚太地区有重要影响力、3～5类商品在长三角地区有重要影响力，有5～8类商品在浙江省内有重要影响力，成为全省重要物资、基础原材料的配置中心。

——要素利用水平明显提高。土地、人才等要素的集约发展能力显著提升，达到全省领先水平，产业发展的单位土地产出率和贡献率与全国先进开发区的差距明显缩小，新增单位面积土地产出突破300万元/亩。力争到2015年，土地开发强度达到200万元/亩以上，亩均税收超过20万元。

——创新发展能力明显增强。港航服务新产品总产值占工业总产值比重达30%，科技活动经费支出相当于主营业务收入比重高于宁波市和北仑区平均水平，以政府为支撑、企业为主体、市场为导向、产学研紧密结合的技术创新体系基本建成。力争到2015年，企业研究开发投入（R & D）占销售产值的平均比例提高到3%以上；口岸服务、港口服务、政府服务等各项配套设施建设持续深化，先试先行，不断创新，力争成为全省乃至全国服务效率最高的地区。

——生态环境持续保持优良。生态文明建设取得重大进展，在节能减排、保护环境、集约发展、生态建设等方面迈出重大步伐，基本建成资源节约、环境友好的生态产业体系。力争到2015年，单位GDP综合能耗、二氧化硫排放量符合区域环境容量的控制要求，化学需氧量排放量在840吨以下，加快主要河道水质、空气环境质量和近岸海域水环境质量改善，污水集中处理率达到80%以上，工业用水重复利用率达到60%以上。

——现代化国际港城建设持续推进。坚持培育区域中心城市的理念，积极呼应宁波建设现代化国际港口城市，坚持新型工业化、新型城市化，加快城市配套服务功能建设。力争至2015年，现代化国际港城的框架基本形成，商贸服务、生态住区和休闲旅游功能初步完善，成为宁波现代化国际港口城市最靓丽的新城区之一，集聚人口达到7万左右。

2. 远期目标

力争至2020年，梅山集聚区逐步建成为产业特色鲜明、集群优势显著、要素支撑有力、基础设施完善、城市功能配套、生态环境优美的省级产业集聚区，成为宁波和全省经济发展新的增长点和区域竞争的制高点，集聚人口达到20万左右。

三、总体布局与功能分区

（一）布局原则

坚持生态保护优先，实施合理开发。以集聚区资源承载能力和环境容量为前提，在维护集聚区生态安全格局的基础上，适度、合理、科学地进行建设布局，区内要留足生态涵养空间，以利于维护生物多样性和改善生态环境状况。

坚持产业集群导向，推进有序开发。适应未来产业集群化发展需求，对产业内上、下游关联性较高的企业，或产业间互动性强的企业，就近集中安排，以促进产业规模经济效应的体现；同时，应突出各分区之间现有基础与特色，适当分工、错位发展。

坚持功能多元复合，加快融合发展。避免单一的产业功能开发，适应当前现代产业活动多元化发展的趋势，加强对生产性服务业、现代商贸业等城市综合服务功能的培育，将梅山集聚区纳入宁波北仑区一体化发展，实现城市、产业、社会、生态等多领域的融合发展。

（二）开发架构

根据梅山集聚区的总体发展要求，围绕建立“与区域发展相适应、与产业体系相配套、与资源环境相协调”的空间结构，形成“一核三片”的总体开发框架。

1. “一核”：梅山发展核

区域范围：梅山岛及含七姓涂滩涂围垦区。

功能定位：梅山集聚区的港口门户与物流枢纽，国际集装箱保税物流基地与“三位一体”港航物流服务核心区。

发展导向：是梅山集聚区建设的核心区域，主要依托宁波梅山保税港区，充分发挥在宁波市打造现代化国际港口城市和宁波—舟山港一体化发展中的核心地位与作用，以国际集装箱保税物流功能为核心，加快发展港航增值服务功能，建设成为长三角资源配置中心和上海国际航运中心的主要功能区。

2. “三片”：春晓、上阳、郭巨三大发展片区

（1）春晓片

区域范围：春晓镇域范围。

功能定位：梅山集聚区的综合配套服务中心和临港先进制造业基地，现代化的滨海城市新区。

发展导向：是梅山集聚区的重点拓展区域之一，以总部经济园、中央商务区、高端商业中心、滨海旅游景区的开发建设为重点，加快发展公共服务、科技研发、教育培训、品质居住和休闲旅游服务等功能，兼顾临港先进制造业的发展，成为现代服务业与先进制造业发达、文化辐射力强、公共配套好、滨海景观美的现代化城市新区。

（2）上阳片

区域范围：白峰镇上阳部分地区。

功能定位：现代化滨海城市的特色宜居组团，滨海休闲旅游基地。

发展导向：立足“山海”特色资源，打造集海滨、山谷、坡地、河流、农场等多种自然空间要素于一体的特色休闲度假旅游基地。加快推进新型城市化进程，按照现代化新市镇（具备完整城市公共服务功能的小城镇）建设和管理标准，打造成为梅山集聚区的宜居宜游板块。

（3）郭巨片

区域范围：白峰镇郭巨部分地区。

功能定位：现代化滨海城市的特色宜居组团，集聚区预留发展区。

发展导向：根据梅山集聚区产业发展态势与空间发展需要，形成有效接受周边

地区辐射，同时面向乡村地域的临港型新市镇。考虑到未来发展的不确定性，作为梅山集聚区的重要预留区域，对郭巨东部及穿山半岛南侧的区域进行控制，积极研究未来发展方向。

（三）功能分区

根据区域主导功能的差异，将梅山集聚区划分为港口物流区、工业功能区、现代服务业区、生态功能区和预留区等五种类型，共计 25 个具体功能区。

1. 港口物流区

港口物流区是依托港口的交通枢纽作用，发展与港口直接关联的现代物流业的建设区域，规划在集聚区的梅山片内设置 1 处，即梅山保税港区。

梅山保税港区重点发展以国际性集装箱为主的中转储运、转口贸易、采购配送、保税仓储等港口物流功能。

港口物流区应结合当前浙江海洋经济发展的总体趋势，加快推进码头泊位、仓储堆场等港口公共设施建设，在现有保税港区封关运作的基础上，加快后续开发建设进程，并积极完善港区集疏运系统的配套能力。

2. 工业功能区

工业功能区是以发展先进制造业为主的建设区域，规划共设置 2 个区块。其中，在梅山片设置梅山物流增值服务区，主要为梅山保税港区的物流功能配套，发展大宗商品交易、分拨配送、出口加工、中转储运等物流增值服务；在春晓片设置春晓高新产业区，主要发展海洋新兴产业、战略性新兴产业和高新化制造业等临港先进制造业。

工业功能区应根据集聚区总体发展要求和产业选择，立足现有产业基础，推动关联性产业和企业集中布置，按照打造现代产业集群的要求，实施重点开发建设。应适应当前土地集约节约利用的发展趋势，推动多层厂房等利用形式，提高土地的利用效率；并增强环境整治力度，在产业开发过程中加大环保设施建设投入，减少环境污染。

3. 现代服务业区

现代服务业区是以发展商业金融、商贸流通、商务办公、生活居住、休闲旅游、文化创意、信息咨询等城市服务经济、总部经济和休闲经济为主的建设区域。规划共设置 11 个区块，按其发展的服务业类别等级差异，可细分为三种。

其一，高端综合性现代服务业类，包括梅山片的梅山国际商务区、梅山国际邮轮服务区和春晓片的春晓中心商务区；重点集中发展区域性商务办公、商业金融、休闲旅游、文化娱乐、高端商住、文化创意产业等功能，主要采用高业态复合、高强度开发的城市综合体方式建设，成为梅山集聚区的综合服务中心和地标形象中心。

其二，城市综合服务业类，包括梅山片的梅山综合服务业区和春晓片的春晓综合服务业区，以大规模的城市居住区和完善的社区级公共服务设施为主，是按照新型城市化要求建设的城市新区。

其三，城市特色服务业类，包括梅山片的梅山里岙特色服务业区，春晓片的春晓慈岙特色服务业区、春晓三山特色服务业区、春晓昆亭特色服务业区，上阳片的上阳特色服务业区，以及郭巨片的郭巨特色服务业区等6个区块，是按照城乡一体化的发展要求建设的城市特色宜居组团，具备完善的城市服务功能，并根据各地特色，积极发展休闲旅游业。

现代服务业区应遵循新型城市化的建设要求，以形成现代化城市社区网络为核心，以提升各项社会公共服务能力为重点，以实现二产、三产多元融合为方向，实施重点开发建设和推进功能培育，建设过程中应注重提高土地的利用效率、紧凑拓展，控制无序蔓延和闲置土地。

4. 生态功能区

生态功能区是指对维持区域生态平衡，改善生态环境、维护生物多样性等具有较高价值，主要用以生态涵养的非建设区域。规划共设置7个区块，包括春晓生态功能区、上阳生态功能区、郭巨生态功能区、梅山港南生态功能区、梅山港北生态功能区、梅山烟墩岗生态功能区、梅山炮台山生态功能区。

生态功能区是构建区域基本生态格局、维护生态系统平衡的重要组成，也是塑造区域景观风貌的重要基础，应注重对此类区域进行严格维护。重点是围绕生态涵养与环境保护的核心功能，加大绿化建设和河道综合整治，积极发展环境影响较小的景观旅游和生态农业等产业，严控无关的建设活动进入。

5. 预留发展区

作为梅山集聚区远景拓展的空间，规划期内暂不具备开发条件，保留目前的土地利用用途，以农业开发为主。规划设置梅山东预留区、梅山西预留区、郭巨预留区和穿山南预留区等4个区块（表1）。

表1　梅山集聚区主要功能区布局一览

功能区名称	片区	序号	功能区名称	位　置	主导功能
港口物流区	梅山	1	梅山保税港区	梅山岛东侧沿岸	国际集装箱的保税物流，包括中转、储运、分拨、配送、仓储等

续表

功能区名称	片区	序号	功能区名称	位　置	主导功能
工业功能区	梅山	1	梅山物流增值服务区	梅山岛西南侧沿岸	分拨配送、出口加工、中转储运等物流增值服务
	春晓	2	春晓高新产业区	春晓镇东南部	海洋等战略性新兴产业和高新化制造业等临港先进制造业
现代服务业区	梅山	1	梅山国际商务区	梅山保税港区西北侧	行政管理、信息中心、离岸金融、国际贸易、船务、货代等
		2	梅山国际邮轮服务区	梅山岛东部侧	国际邮轮的停靠、接待和补给
		3	梅山综合服务业区	梅山岛西南部	生活居住、商业及社区公共服务
		4	梅山里岙特色服务业区	梅山岛中部烟墩岗南侧	生活居住、休闲旅游、基层公共服务
现代服务业区	春晓	5	春晓中心商务区	春晓镇东南部，高新产业区北侧	商业商务、文化娱乐、教育科研和生活居住，以及洋沙山休闲度假旅游
		6	春晓综合服务业区	春晓镇东南部北侧沿岸	生活居住、商业及社区公共服务
		7	春晓慈岙特色服务业区	春晓镇西北部	生活居住、休闲旅游、基层公共服务
		8	春晓三山特色服务业区	春晓镇中北部	生活居住、休闲旅游、基层公共服务
		9	春晓昆亭特色服务业区	春晓镇东北部	生活居住、休闲旅游、基层公共服务
	上阳	10	上阳特色服务业区	白峰镇上阳地区	生活居住、休闲旅游、基层公共服务
	郭巨	11	郭巨特色服务业区	郭巨镇	生活居住、休闲旅游、基层公共服务

续表

功能区名称	片区	序号	功能区名称	位　置	主导功能
生态功能区	梅山	1	梅山烟墩岗生态功能区	梅山岛烟墩岗	生态涵养，生态农业、休闲旅游
		2	梅山炮台山生态功能区	梅山岛炮台山	生态涵养，生态农业、休闲旅游
	春晓	3	春晓生态功能区	春晓镇北部	生态涵养，生态农业、休闲旅游
		4	梅山港南生态功能区	春晓与上阳交接，梅山港沿岸	生态涵养，生态农业、休闲旅游
	上阳	5	上阳生态功能区	白峰镇上阳区块北部	生态涵养，生态农业、休闲旅游
	郭巨	6	郭巨生态功能区	郭巨镇北部	生态涵养，生态农业、休闲旅游
		7	梅山港北生态功能区	郭巨镇东南部，梅山港沿岸	生态涵养，生态农业、休闲旅游
预留发展区	梅山	1	梅山东预留区	梅山岛西北侧	预留、生态农业
		2	梅山西预留区	梅山岛东部侧	预留、生态农业
	郭巨	3	郭巨预留区	郭巨镇东部	预留、生态农业
		4	穿山南预留区	穿山半岛南部	预留、生态农业

（四）岸线利用

根据梅山集聚区的开发架构和功能分区方案，按照“陆海统筹、优质优用、相对集聚、合理预留”的基本原则，确定梅山港与梅山岛沿岸的岸线利用方式。

规划将梅山集聚区的岸线分为港口岸线、工业岸线、生活休闲岸线、预留岸线等四类。其中：

港口岸线：指用于港口码头、泊位设施建设的岸线，主要分布在梅山岛的东部沿岸。梅山岛东北段岸线主要用于国际邮轮码头和梅山港区港口支持系统基地建设，东中、东南段岸线主要用于集装箱码头和多用途码头建设。

工业岸线：指用于临港先进制造业建设的岸线，主要分布在春晓片南部沿岸、春晓高新产业区前沿区域。主要用于为海洋新兴产业、战略性新兴产业、高新化制造业等临港先进制造业提供配套服务的相关设施建设。

生活休闲岸线：指用于塑造滨海景观风貌，开展滨水休闲娱乐、生态旅游等活动的岸线。主要分布在梅山港两岸，包括梅山岛西部沿岸，以及春晓中心商务旅游区至郭巨城镇服务区沿岸。重点是结合沿线陆域城市、生态等功能建设，积极开展堤岸整治、夜景设计和公共活动空间建设，塑造宜人的亲水性空间，打造沿梅山港景观带。

预留岸线：指暂不用于开发建设，为未来的城镇建设和产业发展预留的岸线。主要分布在郭巨片的北部沿岸（宁波—舟山港穿山港区南部作业区预留岸线，以及郭巨预留岸线）和梅山岛的东北侧沿岸（港口预留岸线），主要保留和维持岸线的自然现状。

四、“十二五”开发建设重点

（一）规划控制区

根据《浙江省产业集聚区发展规划编制导则》，所称的“规划控制区”是指今后10年（到2020年）或20年（到2030年）产业集聚区发展需统筹规划和控制的区域，包括产业集聚区的重点规划区以及产业集聚区发展有密切联系的周边相关地区。

本次规划根据“规划控制区”的设置要求，将宁波市象山港区域北部、北仑区东南部的北仑区梅山乡、春晓镇，以及白峰镇的郭巨、上阳片区列入梅山集聚区的规划控制区范围。

规划控制区范围涵盖了重点规划区和“十二五”开发建设区，其中，重点规划区（涵盖“十二五”开发建设区）是梅山集聚区近期实施重点建设区域，要按照功能区的布局要求，加大投入力度，积极完善基础设施配套，推动新的产业项目落户，尽快形成规模；而重点规划区外的其他区域，应依托现有基础，以调整提升功能为主，根据实际情况适时推动开发建设，并加强其与重点规划区的互动融合发展。

（二）重点规划区

根据《浙江省产业集聚区发展规划编制导则》，所称的“重点规划区”，是指产业集聚区“十二五”时期的重点启动区；其主体部分是“十二五”时期可开发建设的区块，同时包括部分已用地和生态用地。

面积范围：根据“重点规划区”设置要求，立足“拓展新空间、发展新产业”，充分考虑梅山集聚区四大片区的现实基础、发展潜力、近期启动可能等因素，在充分衔接宁波市、北仑区市、区两级城乡规划、土地利用规划、生态功能区规划、林地保护利用规划等基础上，本次规划选择将梅山岛以及春晓等地沿海区域列入“重点规划区”范围，总面积约68.15平方千米。

产业安排：以梅山保税港区为依托，以国际集装箱的保税物流为核心，大力发展大宗商品交易、进口分拨业、出口配送业、国际中转业、航运服务业、港口金融业、信息服务业等物流业态，积极发展海洋等战略性新兴产业和高新化制造业等临港先进制造业，加快培育现代服务业和现代农业。

建设要求：按照功能区设置和产业安排要求，本区为梅山集聚区的重点新建区域，是现代服务业、先进制造业、生态高效农业协调融合开发的区域，也是宁波市东部重要的城市拓展区域。应积极提升区内各项基础设施配套水平，加大新的产业项目引入力度，尤其是与保税型港口物流业密切相关的现代服务业和先进制造业项目的引入，尽快形成集聚规模；同时要加快商贸、商务、物流、金融、科研、教育、总部经济等现代城市服务业，以及现代高品质城市住区的发展，完善城市综合功能，成为带动梅山集聚区和宁波市东部滨海区域的重要辐射中心。在开发建设过程中，要注重提高新建项目的土地集约、节约水平，并充分体现建设生态文明的要求，做好同步的环境综合整治。

（三）“十二五”开发建设区

根据《浙江省产业集聚区发展规划编制导则》，所称的“十二五”开发建设区，即“十二五”时期按可提供省级产业集聚区开发需要的新增建设用地总量而确定的开发建设区块。

面积范围：按照“十二五”开发建设区的设置标准，在充分衔接《宁波（北仑）滨海新城空间布局规划》、《宁波梅山（保税）港城总体规划》、《宁波市北仑区春晓镇总体规划》，以及春晓镇、梅山乡土地利用总体规划等基础上，从建设用地的实际供给可能出发，综合考虑梅山集聚区内的土地资源空间容量、土地集约利用导向、基本农田保护任务和占补耕地及标准农田完成可能等因素下予以确定。本次规划在重点规划区内选择28.19平方千米的用地，作为规划的“十二五”开发建设区，进行重点建设；其中，15.12平方千米为新增建设用地；另外13.07平方千米为目前正在开发建设中的梅山保税港区等集聚区主体功能区域，考虑到这部分用地对集聚区“十二五”期间发展具有重要意义，也一并纳入“十二五”开发建设区范围。规划“十二五”开发建设区共包括1#、2#、3#、4#、5#、6#、7#等七个区块，详见表2。

产业安排：“十二五”开发建设区涉及港口物流区、工业功能区和现代服务业区等三种功能类型，主要用于安排先进制造业和现代服务业。其中梅山片内的1#区块主要安排保税型港口物流业；2#区块主要安排为保税物流配套的国际商务、国际贸易和行政管理等现代服务业；3#区块主要安排为保税物流配套的大宗商品交易、分拨配送、出口加工等物流增值服务业；4#区块主要安排生活居住和社区商贸服务业。春晓片内的5#区块主要安排海洋等战略性新兴产业和高新化制造业等临港先进制造业；6#区块主要安排商务办公、总部经济、商业金融、度假旅游、文化娱乐、生活居住等服务于大区域的现代服务业；7#区块主要安排生活居住和社区商贸服务业。各区块产业安排参见表2。

表2 “十二五”开发建设区各功能区建设一览表 单位：千米^2

区　块	所属功能区		用地面积	产业安排与建设导向
1#	梅山保税港区	全部	7.70	保税型港口物流业
2#	梅山国际商务区	南侧部分	0.65	国际商务、国际贸易和行政管理等现代服务业
3#	梅山物流增值服务区	全部	5.05	大宗商品交易、分拨配送、出口加工等增物流值服务业
4#	梅山城市服务业区	南侧部分	3.32	生活居住、和社区商贸服务业
5#	春晓高新产业区	东侧部分	5.47	海洋新兴产业、战略性新兴产业和高新化制造业等临港先进制造业
6#	春晓中心商务旅游区	东侧部分	3.55	商务办公、总部经济、商业金融、度假旅游、文化娱乐、生活居住等服务于大区域的现代服务业
7#	春晓城市服务业区	西侧部分	2.45	生活居住、和社区商贸服务业
合　计	—	—	28.19	总体建设要求：加快新项目的引入力度；完善基础设施配套；增强土地的集约节约利用水平；注重环境综合整治

建设要求：“十二五”开发建设区作为梅山集聚区主要的新增建设区域，其建设应在集聚区总体开发框架和产业安排指导下，立足“优、新、高、特”的基本要求，积极引入新的产业项目，培育形成现代产业集群，带动集聚区尽快形成规模效益。开发建设中，应加强新增建设区域与集聚区北部宁波中心城区现有产业的联动能力，尽快完善相关的道路、供水、排污、电力、通讯等配套基础设施建设，加快纳入宁波市域整体发展。坚持以新型城市化、新型工业化和建设生态文明为引领，加大土地集约节约利用、水资源循环利用、原材料综合循环利用等程度，提高资源综合利用水平，充分体现建设生态文明的要求，同步做好环境综合整治。

五、产业选择与发展导向

（一）选择原则与思路

作为省级产业集聚区之一，梅山集聚区因其拥有保税港区的资源，特色非常明显。按照梅山集聚区的发展定位，在具体产业选择上，除应符合全省产业集聚区建设的一般要求外，还应注重如下原则：

注重体现保税港区核心价值。梅山集聚区最大的资源优势在于拥有保税港区，而如何体现保税港区的核心价值，实现港口功能和保税政策功能的优势组合，是梅山集聚区建设的重中之重。港区合一，集港口、保税物流、加工组装功能之大成，是保税港区有别于其他普通港区，也有别于保税区、出口加工区和保税物流园区等其他海关特殊监管区的核心价值所在。因此，梅山集聚区发展的产业，必须能充分发挥保税港区特殊的、更为开放的功能优势，构建和发展具有保税港区特性的产业体系。

注重呼应滨海新城区建设内涵。结合宁波市域发展战略部署，梅山集聚区所在区域，将打造集居住休闲、保税物流、先进制造、金融服务、教育创新等功能于一体的宁波现代化、生态型滨海新城区。因此，梅山集聚区发展的产业，除了要呼应全省产业集聚区的一般要求和梅山的区域特征外，还应注重发展与新城区功能相匹配的产业类型，尤其是城市现代服务业的发展。

注重构建海洋经济产业体系。当前，浙江已经被列为国家三个海洋经济发展试点省之一，这为进一步增强海洋经济综合实力提供了一个历史性的发展机遇。而建设浙江海洋新兴产业发展核心区，是全省赋予梅山集聚区的重要历史任务，也是梅山集聚区建设的重要定位。因此，梅山集聚区发展的产业，除了应体现保税港区的核心价值外，还应注重构建与海洋经济发展相适应的产业体系，真正体现海洋新兴产业发展核心区的战略地位。

注重协调区域内外产业发展。梅山集聚区内含梅山乡、春晓镇、白峰镇的郭巨、上阳片区，这些区块的发展路径和发展基础各不相同；就外部而言，梅山集聚区又与北仑东片、舟山六横等区域关系紧密。因此，梅山集聚区内外区块情况复杂，其发展的产业，更需要处理好区域内外产业的协调、联动发展，既要错位发展，更要优势互补。

综合以上产业选择要求，梅山集聚区产业发展总体思路为：紧紧抓住我国沿海新一轮开放开发和浙江海洋经济发展示范区建设上升为国家战略的重大机遇，以保税港区和现代化滨海新城为依托，以集装箱物流业集群为重点，以临港先进制造业和现代服务业为配套，以高效生态渔农业为补充，着力构建临港型现代产业体系，全面提高集聚区产业核心竞争力。

（二）产业发展导向

1. 重点发展国际集装箱物流业集群

按照浙江省建设“三位一体”港航物流服务体系的要求，彰显梅山保税港区的独特优势，以建设全省大宗商品 8 大平台之一的集装箱物流平台为导向，加快保税港区的功能培育和建设，着力发展以进口分拨、出口配送、国际中转及大宗商品交易为核心，以航运服务、港口金融与信息服务为支撑的国际集装箱物流业集群，努力建设以梅山岛为载体的大宗商品物流交易岛。力争到 2015 年，集装箱吞吐能力达

300万标准箱，货物吞吐能力达2 500万吨。

（1）发展四大物流核心业态

——大宗商品交易。充分发挥保税港区港口优势、政策优势，坚持有形市场和无形市场发展相结合、国内分拨与国际配送发展相结合、保税交易与非保税交易相结合，以大容量港口物流为支撑，进一步提升集聚区大宗商品交易功能，努力形成特色大宗商品的价格形成中心。加快推进船舶交易、石化产品以及进口酒类三大交易平台建设，积极推进进口有色金属、医疗器械、化妆品等交易市场招商，尽快培育出一批新的保税港区大宗商品交易市场。力争到2015年，建成国际船舶及配件交易、进口酒类、石化产品、有色金属、高档化妆品、医疗器械分拨等十大商品交易平台，形成2～4个在国内有一定影响力的大宗生产资料交易平台或成套设备分拨中心。积极争取保税期货交割等政策试点落地，开设国际期货保税交割仓储专区，努力形成若干商品的国际期货市场交割中心。

——进口分拨业。大力开展生产资料、原材料的进口分拨分销业务。重点集聚以PTA、初级形状塑料等为主的固体化工产品，以钢材、镍、铜、铝等为主的金属材料的进口分拨分销。着力推进各类进口商品的采购配送中心、分拨分销中心建设，重点在梅山岛进口货物配送区，规划建设大宗商品进口分拨分销基地。

——出口配送业。重点发展以电子信息产品、化纤产品和汽车零配件为重点的出口国际配送业。依托浙江省内的大型专业市场，建成浙江省专业市场国际采购配送中心；依托宁波传统优势产品，建成优势制造业产品采购配送中心。重点在梅山出口货物增值加工区，规划建设高端制造业保税组装和配送基地。

——国际中转业。以中转国内出口集装箱为切入点，拓展国际集装箱中转箱源，强化拆拼箱能力，努力完善港口功能体系。积极引进国际一流的港航运营企业和船务、船运公司，增强保税港区的港航运营、揽货能力和航线服务功能。大力开展国际中转和国际转口贸易，发展国际海运货物装卸、仓储、集装箱整箱及拆拼箱中转、集装箱运输和多式联运、无船承运等业务，拓展新兴市场和国际航线。力争到2015年，建成保税仓库面积50万平方米，实现贸易额50亿美元，其中中转保税货物占到贸易额20%以上。

（2）培育三大配套服务业态

——航运服务业。围绕国际集装箱物流业发展需要，重点发展以船舶注册交易、船舶维修、船务服务和海员培训业等为重点的航运服务业，构建集“维修、交易、会展、研发、服务”于一体的航运服务业发展模式，争取国家船舶注册登记相关政策，规划建设船舶交易和综合服务基地，促进航运服务业的健康持续发展。

——港口金融业。致力于为国际集装箱物流业及集聚区建设提供便捷的金融服务，大力发展港口金融服务业，强化金融服务能力。探索发展离岸金融服务业，争取离岸金融试点。大力发展航运金融和海事金融，加快开展海运融资、航运费用及海损理赔结算、海上保险等金融业务。依托保税港区国际贸易与国际物流企业集聚优势，积极发展供应链金融，打通面向供应链上下游企业的系统性融资渠道，探索构建保税港区高端金融市场。以保税租赁业务试点为突破口，积极推进与国有大型融资租赁公司合作，重点开展单机单船融资租赁业务，探索构建保税港区融资租赁市场。加快培育港口产业投资基金、海洋发展银行、港航投资公司等三类机构，积极创新海运保险、直接融资、间接融资等金融产品，加快形成港口金融战略合作机制。

——信息服务业。按照“统筹规划、分步实施、建用并举、以用促建、互联互通”的原则，以公共服务为导向，以业务应用为突破，加快发展信息服务业，实现集聚区特别是保税港区信息的共享与交换，港口业务的动态化和协同化管理。推进数字交换平台建设，强化电子口岸、“信息港”和“数字岛”建设，努力建成与国际集装箱物流业发展和集聚区建设相匹配的科技信息服务中心。大力发展律师、会计、咨询、设计、培训、中介等信息服务业态，努力建设国际商务信息服务中心。

2. 着力发展临港先进制造业

在坚持主攻国际集装箱物流业的前提下，结合全省海洋经济和战略性新兴产业的发展趋势，充分发挥集聚区临港临海优势，注重发展技术含量高、附加价值高、与保税功能关联度大的先进制造业，加快培育海洋新兴产业，强化原有产业提升改造，加快形成具有“高端化、特色化、生态化”特征的临港先进制造业区块。

——海洋新兴产业。结合全省海洋经济大发展趋势，利用集聚区良好的区位条件，发挥海洋资源优势，大力培育发展海洋生物医药、海洋装备制造、清洁能源、海水利用等海洋新兴产业。加强国内外海洋生物科技机构、企业和人才引进，重点培育海洋药物及保健品、海洋功能食品，争取建立海洋生物工程基地，形成较强的海洋生物医药技术研发能力和产业化促进体系。坚持引进与培育并举，提升海洋装备工业技术集成和设备成套化水平，重点发展港口机械设备、海水淡化成套设备等海洋装备制造。积极引导发展海水综合利用产业，扩大海水淡化和直接利用规模。培育发展海洋环保、海洋生物能源开发等技术设备和产品，加强海洋油气等矿产资源勘查与开发，促进海洋科技成果产业化。力争到2015年，初步成为全省海洋新兴产业示范发展基地。

——临港高端加工制造业。从作为全省培育发展战略性新兴产业重点平台的高度出发，吸引长三角、国内外的知识、资金密集型制造业到集聚区扩大生产，重点发展新能源、节能环保、生物、新材料等高端产业。充分利用保税港区高度开放的政策优势和带动效应，积极发展与保税物流相配套的增值加工业，延长保税物流产业链条，提升产业附加值。

3. 加快发展现代服务业

结合集聚区独有的保税港区和现代化滨海新城建设需要，立足山海生态资源，积极发展独具滨海特色的现代服务业，加快形成宜居、宜闲、宜游的浓郁氛围，着力打造具有现代都市气息和浓郁滨海风光的现代化滨海新城区。

——滨海旅游休闲业。立足集聚区山海资源优势，积极开发游艇、度假、会展等高端产品，培育引进国际知名酒店连锁管理集团、旅游代理商和旅游资讯集成商，建设海洋文化和休闲旅游目的地。深化海洋旅游管理体制改革，探索更开放、更便利的出入境政策和旅游商品退税政策。充分利用自然禀赋优势，集中发展集进口游艇展示展销、游艇驾驶培训、二手游艇交易和维修为一体的游艇产业。积极发展生态旅游、体验农庄、康体旅游、自驾车旅游等休闲度假旅游产品。依托九峰山旅游景区、洋沙山景区，打造旅游精品，构筑象山港口岸旅游圈。加强旅游基础设施和公共服务体系、安全与质量保障体系建设，大力提升旅游业服务水平。

——特色房地产业。顺应保税港区和滨海新城区建设趋势，适应国内外高端消费人群工作、居住需求，在生态环境优良的地区，大力发展高端休闲度假房产，建设高尚生活聚居区。配合新城人口集聚需要，加强房地产市场的政策引导和调控，加大商品房供给结构调整力度，充分发挥生态宜居特色，以适应不同群体的住房需求，集聚人口和产业，促进房地产业健康发展。

——现代商贸服务业。结合现代化滨海新城区建设需要，积极发展各种层次的现代商贸业态，集中发展区域性商务办公、商贸网点、商业金融、文化娱乐等功能，丰富城市商贸业态。结合区域定位和功能转换，加快提升改造原有镇乡商贸服务设施。加快社区、村商贸流通体系建设，建立政府扶持、市场运作的现代社区服务发展机制，加快完善农村生产生活服务体系。

4. 努力发展高效生态渔农业

结合全省产业集聚区建设要求，从三次产业协调互动发展的角度出发，结合集聚区内的生态廊道、生态隔离、生态保育等功能区块的布局，规划建设现代渔农业示范园区。积极发展具有特色竞争优势的精品农业、设施农业、立体农业、绿色农业、休闲观光农业等高效生态农业。科学控制近海捕捞总量和强度，优化海洋捕捞结构，保障近海渔业资源休养生息。优先发展高效生态海水养殖，建设一批生态型水产养殖园区，提升产品品质。加快渔港渔村建设改造，挖掘渔文化资源，发展多元化、精品化休闲渔业。努力探索渔农业科技创新、经营体制机制创新，使集聚区成为现代高效生态渔农业发展的示范区域，促进三次产业协同发展。

（三）产业准入要求

围绕产业选择方向和发展重点，高标准设定集聚区发展要求的产业准入门槛，在招商和建设过程中，做好准入管理和控制（表 3）。

集约方面。为合理引导产业发展，全面提升产业发展素质，提出准入指标要求。力争到 2015 年，产业发展的单位土地产出率和贡献率与全国先进开发区的差距明显缩小，（新增）单位面积土地产出突破300万元/亩，土地开发强度达到200万元/亩以上，亩均税收超过20万元。

环保方面。严格执行国家和浙江省产业政策，全面落实淘汰落后产能要求；严格执行环境影响评价制度、“三同时”制度、排污总量控制制度等，产业项目废水、废气、固废排放必须达到国家和省市有关污染物排放综合标准及行业标准、清洁生产标准；以技术经济可行为依据，以行业先进治污水平及技术为要求，降低污染物产生和排放强度。

节能方面。严格执行国家及地方有关固定资产投资项目节能评估和审查办法，严把节能准入条件，产业项目采用的技术、装备须符合有关节能标准，项目主要产品单耗或综合能耗水平须达到行业先进水平。

安全方面。严格执行安全准入政策，产业项目必须进行安全论证，安全设施必须与主体工程同时设计、同时施工、同时投入生产和使用。

准入管理。投资管理、土地管理、林业管理、海洋、城市规划和建设、环境保护、节能审核、安监、消防、海关、工商等部门要根据各自职责，严把产业准入关，共同推进产业集聚区科学、高效发展。

结合省级产业集聚区建设要求和梅山集聚区自身发展特点，设定梅山集聚区各主要产业发展的准入指标要求，并根据全省产业集聚区准入控制的统一要求进行一定组合；同时，考虑未来产业发展的弹性，对具体细化行业给出控制引导。

表3 现代服务业和高效生态渔农业准入指标要求

行业分类	全员劳动生产率/（万元·人$^{-1}$）
一、现代服务业	
现代物流业	≥5
金融服务业	≥60
信息服务业	≥17
旅游休闲业	≥5
现代商贸业	≥6
科技服务业	≥17
二、高效生态渔农业	≥2

注：全员劳动生产率指标值参考杭州等省内外产业发展导向目录中鼓励类产业指标值。

六、城镇建设与城乡统筹

（一）新型城市化发展指引

梅山集聚区的建设，应按照新型城市化集约高效、功能完善、社会和谐、环境友好、城乡一体的要求，坚持新型工业化与新型城市化、生态约束与合理开发相结合，坚持集聚区与主城区协调互补发展，以现代港口服务业和临港先进制造业为重点，以完善的商务和社区配套服务为依托，以观海、亲海、享海为特色，着力打造现代化滨海生态新城区。同时，通过深化城乡二元体制改革，完善“以城带乡”、“以工促农”的长效机制，促进城乡要素流动自由化、资源配置市场化、基本公共服务均等化，积极、合理地引导集聚区内人口的集聚，加快形成城乡一体化发展的新格局。

（二）城镇布局优化

梅山集聚区是宁波市“十二五”乃至更长时期内，实现转型升级的主要拓展空间之一，其城镇布局和城镇功能的培育，应围绕集聚区主导产业的发展而展开，并应以城市新区的要求进行建设。根据梅山集聚区的总体开发框架和功能区布局，以产业集聚和人口集中相适应为基本原则，规划采用“分片配套、块状分布”的方式，形成“2+2+6”的城市（镇）布局。

2个城市中心区：分别为春晓中心商务旅游区和梅山国际商贸区，是梅山集聚区城市公共服务的主要载体，也是宁波市北仑区南片城市化发展的主要辐射中心。春晓中心商务旅游区和梅山国际商贸区要加快建设写字楼、酒店、商务中心、大型休闲综合体、特色商业街区等商务商贸、休闲娱乐设施的修建，形成完善的商务商贸环境。

2个城市综合区：包括春晓综合服务业区和梅山综合服务业区，是高标准规划建设的综合性城市新区，设有大型现代居住区和完善的“地区级中心—社区级中心”两级公建中心系统，是梅山集聚区人口集聚的主要载体。春晓城市服务业区和梅山城市服务业区要加快建设大型超市、高等级医院、高水平教育设施、高品质小区，促进城市服务业兴旺发达。

6个城市特色组团：包括春晓的慈岙、三山、昆亭，白峰的上阳、郭巨，以及梅山的里岙等六个特色服务业区，按照现代化城市社区的标准进行建设，配套建设完善的社区级公共服务设施，结合地域特色积极开展休闲旅游、生态农业等特色产业，是梅山集聚区特色化的宜居组团，成为联系城市与乡村的重要纽带。

（三）城镇建设导向

梅山集聚区内城镇建设区域的发展，应围绕强化人口集聚、生产服务、公共服务和商业居住等四大主要功能，打造与产业集聚功能相适应的现代化城镇布局体系。大力加强区域性商业中心的建设，打造若干辐射力较强的商业综合体，营造良好的商业氛围。完善社区级的基础商业、服务业体系，提高教育、医疗、文化、体育等社会事业发展水平和基本公共服务均等化水平。大力提升城镇建设品位，打造品质生活环境，吸引高端人才向产业集聚区集聚。把旅游发展作为提高城镇建设品位的重要手段，加大城镇旅游休闲设施建设，建立完善的旅游休闲产品体系，吸引游客向产业集聚区集聚，打造海港旅游特色小城镇。同时，应按照城乡一体化、区域一体化的要求，加强梅山集聚区内的城镇建设区域与北仑区、宁波中心城区的有机联系。要加快主要沟通道路网络的建设，完善市政基础设施网络，并积极融入区域城市一体化体系中，加快推动城市功能向梅山集聚区内延伸。

七、基础设施与重点项目

（一）综合交通网建设

按照“网络布局、重点突出”的原则，构建多式联运的现代化综合交通网络。积极推动梅山集聚区港口、航道建设，构筑高速快捷的对外公路网络，完善内部公路网络建设，为梅山集聚区发展提供硬件支撑与保障。

港口及航道网建设。一是港口码头建设。完成宁波梅山保税港区1#～5#集装箱码头工程；加快推进宁波梅山保税港区的多用途码头和港口支持系统基地的建设。二是航道建设。积极谋划梅山港水道建设工程项目，开展梅山港水道整治。

公路及道路网建设。一是对外公路建设。继续建设宁波穿山疏港高速公路、象山港大桥及接线，新建六横梅山疏港高速公路、象山湾疏港高速公路、杭绍甬高速公路等高速公路。加快推动沿海中线、六横大桥宁波连接线、梅东大桥及连接线、白洋线、穿咸线等干线公路的新（改、扩）建工程，构建高速快捷的对外公路网体系，实现与周边地区的紧密相连。二是内部道路网建设。结合梅山集聚区各功能区块的建设，积极推进区内市政道路网工程建设，完善内部路网配置，强化与对外公路网的衔接。

铁路交通网建设。结合梅山保税港区建设的进程，配合省市相关部门，积极开展和推进梅山岛铁路支线的线位选址与落地工作。

（二）能源供应网建设

加快推进电源和输变电、天然气、风电等能源设施建设，进一步完善电网布局，构建清洁安全的能源供应网。

电源和输变电设施网络建设。加强梅山集聚区受端系统建设，加快实施220千伏穿山变、昆亭变2座220千伏变电所和110千伏七姓变、炮台变、春一变、春二变、春三变、上阳变、穿山变等7座110千伏变电所的新、改、扩建工程，完善供电设施布局，优化电网结构，提高区内受电能力。积极推进建设500千伏天一至春晓输变电线路工程（北仑段）和六横电厂送出工程的建设，保证集聚区内外的电力输送顺畅。

天然气供应网建设。推动浙江LNG接收站及天然气储备基地项目、浙江LNG项目配套天然气管道工程建设。加大对天然气的开发利用，减少煤炭消费，逐步完善梅山集聚区内天然气网络建设，为天然气安全可靠供应提供保障。

风电设施建设。加快建设国电电力宁波穿山风电场项目，推动中营北仑风电项目建设。结合梅山集聚区的资源条件，进一步选择适宜的风电厂址，开发利用风能资源。以风电发展规划为依据，促进风电场建设与电力系统、风能资源相协调。

（三）水资源利用与保护网建设

加强供水设施和供水管网建设，打造清洁安全的水资源利用和保护网。

供水管网建设。加快推进春晓、梅山供水工程建设，重点建设17.1千米（含隧洞8.5千米）北仑水厂至春晓泵站DN1200给水管道和6.5千米春晓泵站至梅山大桥DN1000供水管道，配套建设泵站2座。供水设施建设适度超前，避免因供水不足而影响集聚区的发展；优化供水管网布局，将集聚区供水系统纳入到城市大供水系统之中。

环保基础设施建设。实施区域污水统一处理，重点推动宁波梅山保税港区污水处理工程建设，在郭巨规划建设12万吨/日的污水处理厂一座，建设规模6万吨/日、一期建设2万吨/日临时污水提升泵站一座，并铺设管道；逐步完善污水收集、处理及回用体系；加快建设污水收集管网系统，避免已建成污水处理设施容量闲置，逐步形成完善的污水收集和处理体系。

重视水域保护。水域面积大小对于区域防洪排涝能力具有极其重要的作用，是防洪排涝的重要措施之一。在集聚区平原围垦区内预留出足够的水域面积和水利工程建设用地，从严控制建设项目占用现状和规划水域，禁止占用重要行洪通道。

（四）防灾减灾网建设

加强沿海滩涂防洪排涝工程建设，构筑安全稳定的防灾减灾网。

防洪排涝设施建设。高度重视和加强水利工程的规划建设，尽快提高区域防洪排涝能力，保障产业集聚区可持续发展。根据需要适时进行水利规划和控制性详细规划修编，进一步明确分片防洪排涝标准、工程规模和水利工程布局等，按50年一遇防潮设计标准，建设集聚区海堤；以20年一遇设计标准，持续推进集聚区河网、排涝工程建设，新建契闸、泵站、加固海塘等；推动梅山水道抗超强台风渔业避风锚地工程、梅山七姓涂围涂建设，在构建防洪海堤的同时治理滩涂。设防或提高防震标准，一般建筑物按六度设防，供水、供电、通讯、医疗抢救、食品储备等生命线工程和上游水库及中枢机关以及易产生次生灾害的设施，应提高一度设防。

加强防御信息系统和突发公共事件应急救防体系建设。建立“气象灾害监测预警制度”，按实时监测预警要求建设灾害性天气监测预警中心，重点监测台风及风暴潮天气。建设突然性自然灾害的预防和应急处理系统。加强科学评估，根据当地气象条件，在下一步专项规划中设计集聚区工程建设气象灾害防御指标，加强对大风、暴雨等极端天气气候事件情况下的抗风、排水等工程规划；重点在人口稠密的区域，布局建设消防、避灾中心、治安、医疗急救等应急救防设施，形成“预警得体、救援及时、重建迅速”的公共安全工程体系。

建设安全生产支撑体系。建立健全安全生产责任制度，特别对从事危险货物港口作业的企业、单位以及其他组织，应严格对照《港口经营管理规定》（交通部令2009年第13号）和《港口危险货物管理规定》（交通部令2003年第9号）的有关经营资质条件，严格把关，做好港口危险货物作业资质的认定和危险货物港口作业认可证的核发工作。建立港口安全应急救援体系和应急处理机制，依法制定可能危及社会公共利益的港口危险货物事故应急预案、重大生产安全事故旅客紧急疏散和救援预案以及预防自然灾害预案，建立健全港口重大生产安全事故的应急救援体系。

（五）社会公共设施网建设

全面推动科技、教育、文化、卫生、体育等社会性公共设施网的建设，提升集聚区公共服务水平。

科技设施。按照“突出重点”的空间配置模式，围绕梅山集聚区建设和发展的需要，在国际商贸区、春晓科技研发区块积极引进工程（技术）研究中心、国家重点实验室和博士后科研工作站。加强产学研合作，提升区域科技创新能力和企业自主创新能力。

教育设施。建立与集聚区经济社会发展特点相适应的义务教育、企业社区再教育体系。基础教育设施按照“小学就近入学、中学相对集中”的模式进行布局，扩大初中、普高段学校资源对周边区域服务半径。在春晓新设国际学校、九年一贯制学校各1所，在梅山新设滨海新城36班配套小学1所。

文化设施。着力打造海洋博物馆，加强海洋特色文献的收藏，建成较大规模的文献资料库。建设梅山港休闲风情带，科学合理布置文化设施，拓展市民求知、培训、健身、娱乐及艺术享受的活动空间。积极组织重大文化艺术活动和特色海上赛事，拓宽具有海洋特色的品牌文化的发展空间。

卫生设施。在春晓布置服务综合医院和疾病控制中心，提供最优良的医疗卫生服务。在梅山结合保税港区配套住宅区，布置国际医院；按照一般1 000米服务半径设置一个社区卫生服务站，一般与社区服务站、居家养老服务站、社区居委会、社区警务室和文体活动站结合设置社区服务中心。

体育设施。按照“亲民、便民、利民”的原则，以大型体育公园为带动，以社区设施建设为重点，加强公共体育设施建设，增强居民身体素质。着力推进中央运动公园、森林体育公园、滨海休闲公园（运动）、梅山港休闲带特色体育休闲设施的建设，努力实现体育场馆和社区健身设施的类型多样化、网络化，功能人性化，环境生态化。

八、生态建设与环境保护

（一）树立生态文明理念

根据省委关于生态文明建设的要求，梅山集聚区应将生态文明建设作为一项长期的战略任务，增强危机意识，树立绿色、低碳发展理念，以节能减排为重点，加快构建资源节约、环境友好的生产方式和消费模式，增强可持续发展能力和人民生活品质。在开发建设过程中加强环境保护，特别是加强海洋和海岛生态文明建设；大力推进节能节水节地节材，促进资源节约集约利用；以循环经济试点省建设和低碳城市试点为契机，大力发展生态经济；着力完善体制机制，构建生态安全保障体系。

（二）构建生态安全格局

根据《宁波市生态市建设规划》、《宁波滨海新城经济社会发展“十二五”规划》中对近海岸带生态区的划分，在符合生态功能区划布局相关要求的基础上，结合梅山集聚区生产力布局和生态敏感性特点，以保育陆域和海洋生态系统、净化自然环境为主要目标，构建“两带一环”的生态安全总体格局。

“两带”分别是梅山港两岸滨海绿化带和以集聚区西北部山体为主的水土涵养带，打造成“山海特色”的生态景观功能带。本区域生态保护和建设方向是改善其生态环境质量，完善海洋生态系统和森林生态系统的结构和功能，科学合理保护和开发海洋资源、森林资源。

“一环”主要指沿梅山岛外围生态环，主要对现有湿地和滩涂资源进行合理保护和开发，打造沿海生态防护林带，结合现有环岛水系，为海岛筑起一道抗击自然灾害、涵养水源和调节气候的天然屏障。

（三）加强环境保护与污染防治

做好规划和建设项目环评。规划实施前，要认真贯彻落实《中华人民共和国环境影响评价法》、《规划环境影响评价条例》（国务院令第 559 号）、《浙江省人民政府关于全面推进规划环境影响评价工作的意见》（浙政发〔2010〕32 号）、《规划环境影响评价技术导则（试行）》（HJ/T130—2003）等文件，开展规划环评工作。在《规划》实施过程中，按照《国家环保总局、国家发展改革委关于加强建设项目环境影响评价分级审批的通知》（环发〔2004〕164 号）的要求，严格执行《中华人民共和国建设项目环境保护管理条例》和《浙江省建设项目环境保护管理办法》，加强建设项目环评工作，对建设项目产生的污染和对环境的影响进行全面、详细的评价。在此基础上提出防治措施和对策，防止或最大限度减少项目建设对环境造成的不良影响，改善、恢复因建设活动受到损害的环境。

“十二五”开发建设区环境影响分析。梅山集聚区环境影响主要表现在海洋方面。目前集聚区周边海域及临近的舟山群岛海域现状水质为劣四类海水，氮、磷等指标已无容量。针对海洋环境的影响，采取如下措施：一是加强与舟山等地的跨区域海洋污染防治，实施海陆污染同步监管防治，不断改善近海海域生态环境，争取2020年海洋水体功能达标率达到80%。二是建立健全海上重大污染突发事故应急体系。三是积极开展湿地生态、沿海滩涂、重要海域的环境治理和生态修复工程。四是加强对滩涂利用的规划与管理，根据《浙江省滩涂围垦总体规划》，对滩涂围垦进行科学论证和严格审批，严格控制围涂数量。五是充分利用湿地、植被防护净化功能，将陆地各种无组织排放源截留降解，减轻海洋干扰，维持海洋生态平衡。

深入实施清洁空气行动计划。减少氨氮、氮氧化物、粉尘、烟尘等大气污染物的排放，有效控制酸雨、灰霾和光化学烟雾等污染，力争2020年好于或等于二级标准的天数达到315天以上。严格审批和限制建设高耗能工业项目，新建向大气排放污染物的项目，必须对建设项目可能产生的大气环境和对生态环境的影响作出评价，规定防治措施，不断降低单位产值污染物排放量。优化能源结构，减少煤炭、石油、天然气等传统燃料使用量，推广应用太阳能、风能、核电、生物质能等新能源；控制汽车尾气污染，定期检测和抽查在用车的尾气排放，鼓励使用清洁燃料。

加强水环境保护与污染防治。严格执行建设项目环境影响评价和流域、区域开发利用规划的环境影响评价制度，实行污染物排放总量控制和排污许可证制度，严禁无证或超标排放。2020年，地表集中式饮用水源水质达Ⅱ—Ⅲ类，水体功能达标率到80%，饮用水达标率100%。以受纳水体的环境容量为依据，合理布局城市、城镇污水排放口，合理确定污水处理厂规模，分区设立污水处理厂，建立区域污水收集、处理和排放系统，确保废水处理装置正常运转率和废水达标率达到100%。积极推行清洁生产，加快污水处理及配套设施建设，对工业废水进行处理和回收利用，工业用水循环利用率达到80%。沟通水网、疏浚河道、改善水质、增强排涝功能、改善城镇景观。

加强固体废弃物污染防治。加强固体废弃物环境管理和规范处置，贯彻“减量化、资源化、无害化、产业化”的原则，建立综合利用和无害化处置相互补充的处理模式。建立危险工业固体废物、医疗废弃物等有毒有害危险固废的申报制度及台账，严格执行危险废物产生、交换和转移联单管理制度，严禁危险废物排放和擅自处理，加强全过程的监控和管理，建立应急处置预案制度。深入推广垃圾分类收集、运输和资源化综合利用系统；建设完善生活垃圾无害化处置系统，布局建设一批区域性垃圾中转站，城市生活垃圾无害处理率达到100%，进一步完善现有垃圾填埋场的污水收集系统。

加快农业面源污染防治。全面推进农业面源污染防治和土壤污染治理与修复。乡镇和农村垃圾采取“分散收集、集中清运、集中处理”的方法；对有机生活垃圾进行堆肥发酵，生产复合肥。推广平衡施肥和深施技术，充分利用有机肥，积极发展经济绿肥，大力开展秸秆还田，发展沼气建设，推行畜禽粪便堆积发酵、化粪池处理、沼气发酵；选择使用高效、低毒、低残留农药，积极贯彻病虫草害综合防治的方针，提倡生物防治。

严格环境准入和环保管理。有关管理部门应积极引导企业、金融部门和社会资金投资市场需求大、技术含量高、有利于优化产业结构、提高产业竞争力、扩大就业、符合可持续发展战略等方面的产业和项目，并给予相应的扶持和服务；限制发展生产能力严重过剩、工艺技术落后、原材料和能源消耗较高、不利于节约资源和保护生态环境等方面的产业和项目，原则上不准新建和简单扩大生产能力，并促进其加快技术改造步伐，积极推进产业、产品结构调整；进一步提高海洋战略性新兴产业和制造业的准入门槛，尽快建立全方位的环境风险防范体系，着力防范石化产品的储运风险，预防溢油、火灾、爆炸等重大环境突发事故。禁止发展严重危及生命、生态安全，环境污染严重、质量不符合国家标准等方面的产业和项目，各级政府部门不得办理新建、扩建的相关手续。建立高效的环境监督管理体制，强化执法检查和监督管理，适时组织开展专项整治活动，解决突出的环境问题。加强环境执法队伍建设，按国家标准化建设要求，配好环境监测和环境监察机构人员和装备设施。充分发挥新闻媒体的舆论监督作用。

（四）保护重要生态区域

海洋生态区域。包括集聚区范围内的海域，在象山港一类功能区内，禁止兴建污染环境、破坏景观的海岸工程建设项目。管制要求上，第一，向近岸海域环境功能区排放陆源污染物，必须遵守海洋环境保护有关法律、法规的规定和有关污染物排放标准。规范排污口设置，禁止新增排污口，对现有排放陆源污染物超过国家或者地方污染物排放标准的，限期治理，控制污染物的排放总量。第二，海洋资源应适度开发，围涂造地应经科学论证，避免引起新的环境问题；加强湿地保护，保持物种多样性。第三，建立较完善的海域生态环境监测网络并纳入国家海洋监测网络系统，及时做出海洋灾害预报；防止船舶、海岸工程、海洋工程污染，加强海上溢油应急处理工作和废弃物倾倒工作的管理。第四，切实加强沿海绿化和防护林带建设。

海岛生态区域。以梅山岛为主体区域，管制要求上，应遵循海岛保护法中对有居民海岛的相关规定，第一，开发、建设不得超出海岛的环境容量，新建、改建、扩建建设项目，必须符合海岛主要污染物排放、建设用地和用水总量控制指标的要求。第二，进行工程建设，应当坚持先规划后建设、生态保护设施优先建设或者与工程项目同步建设的原则，进行工程建设造成生态破坏的，应当负责修复。第三，海岛及其周边海域应当划定禁止开发、限制开发区域，并采取措施保护海岛生物栖息地，防止海岛植被退化和生物多样性降低。第四，优先采用风能、海洋能、太阳能等可再生能源和雨水集蓄、海水淡化、污水再生利用等技术。

滩涂生态区域。包括集聚区的全部滩涂围垦区域。管制要求上，应从可持续发展的需要出发，第一，加强区域建设用海的科学论证。合理利用滩涂资源，增加产业和城镇建设用地供给，实现耕地占补平衡。第二，探索建立海洋保护区，尽量减少围垦工程对生态环境的不良影响，逐步使滩涂湿地生态系统在动态中达到良性循环。第三，加强海岸带的生态保护，特别是加强生态脆弱带与受损生态系统的生态修复；在适宜地段建立滩涂湿地示范区，保护水禽栖息地和滩涂湿地自然生态景观。

森林生态区域。包括集聚区内春晓、上阳、郭巨山区，该区域现有土地利用结构特征以林地为主，具有重要生态服务功能价值和生态脆弱性较强的生态系统，对城市人居环境具有重要意义，需要加以重点管理和维护，同时又是宁波市生态环境较好的地区和“黄金旅游”之地；主要生态功能是景观服务、水土保持、水源涵养、调节气候、保护生物多样性以及人文景观等。管制要求上，要严格执行国家和地方的法规和有关规范标准，第一，以生态保护为前提，控制区域开发强度，限制城镇发展规模。第二，控制污染型工业企业的发展。第三，区内资源以保护为主，坚持科学规划、适度开发和合理利用，节约集约使用林地资源。

九、资源要素保障

（一）土地资源保障

1. 土地利用情况及需求分析

（1）重点规划区土地利用情况

根据正在上报省政府和宁波市政府的北仑区及所在乡镇的土地利用总体规划（2006—2020），重点规划区范围内建设用地面积约25.62平方千米，占总面积的37.59%；未利用地18.81平方千米，占总面积的27.60%；农用地面积23.72平方千米，占总面积的34.81%，其中，耕地面积21.44平方千米，占总面积的31.46%，基本农田面积13.54平方千米，占总面积的19.87%，标准农田20.59平方千米，占总面积的30.21%。详见表4。

（2）“十二五”开发建设区土地利用情况

根据正在上报省政府和宁波市政府的北仑区及所在乡镇的土地利用总体规划（2006—2020），“十二五”开发建设区范围内建设用地面积约13.07平方千米，占总面积的46.36%；未利用地12.40平方千米，占总面积的43.99%；农用地面积

2.72平方千米，占总面积的9.65%，其中，耕地面积2.62平方千米，占总面积的9.29%，区内无基本农田，标准农田1.77平方千米，占总面积的6.28%。详见表5。

表4 重点规划区土地利用现状分析表

总面积/千米^2	建设用地		农用地		其中						未利用地	
					耕地		基本农田		标准农田			
68.15	面积/千米^2	占比/%	面积/千米^2	占比/%	面积/千米^2	占比/%	面积/千米^2	占比/%	面积/千米^2	占比/%	面积/千米^2	占比/%
	25.62	37.59	23.72	34.81	21.44	31.46	13.54	19.87	20.59	30.21	18.81	27.60

表5 “十二五”开发建设区土地利用现状分析表

总面积/千米^2	建设用地		农用地		其中						未利用地	
					耕地		基本农田		标准农田			
28.19	面积/千米^2	占比/%	面积/千米^2	占比/%	面积/千米^2	占比/%	面积/千米^2	占比/%	面积/千米^2	占比/%	面积/千米^2	占比/%
	13.07	46.36	2.72	9.65	2.62	9.29	0.00	0.00	1.77	6.28	12.40	43.99

（3）“十二五”开发建设区用地需求分析

根据本次规划的用地方案，梅山集聚区“十二五”开发建设区面积为28.19平方千米，区内无基本农田，与正在上报浙江省政府和宁波市政府的北仑区及所在乡镇的土地利用总体规划（2006—2020）的符合率为100%。经进一步分析知：第一，经确定的“十二五”开发建设区中，新增建设用地15.12平方千米，其中，在新一轮土地利用总体规划中布局新增建设用地指标3.4平方千米，尚有11.72平方千米的用地大多属于滩涂用地，涉及海域使用，需明确海域使用范围和用海方式；第二，梅山保税港区封关运行后，梅山集聚区将进入飞速发展期，对年度土地利用计划指标需求量将大大增加，而上级下达给北仑区的年度土地利用计划指标额度有限，这将制约梅山集聚区的发展建设；第三，“十二五”开发建设区内尚有耕地2.62平方千米，有标准农田1.77平方千米，需要落实占补平衡。

2. 土地保障方案

充分衔接土地利用规划。利用新一轮土地利用总体规划修编的有利契机，发挥土地利用总体规划对土地资源要素的引导、统筹和控制作用，优先保障梅山集聚区的规划指标；有效利用规划布局中的拓展边界，合理布局，保障集聚区开发建设有序推进。同时加强与北仑区林地保护利用规划的衔接，集聚区内涉及的林地征用应符合国家和浙江省的相关规定。

严格落实占补平衡工作。进一步加强沿海滩涂等耕地后备资源的有序开发、保护和利用。在充分挖掘潜力的同时，争取省、市政府对梅山集聚区占补平衡落实的支持，并以资源优势与经济优势互补新机制为导向，积极向省内其他地区购买占补平衡指标，严格落实耕地特别是基本农田和标准农田保护任务。“十二五”开发建设区涉及的标准农田，争取在区外调剂解决。尽量少占耕地，逐步加大补偿耕地建设和地力提升的投入，在保障耕地占补平衡的基础上，提升耕地质量。

强化节约集约利用土地。加大农村废弃建设用地的复垦力度，推进实施城乡建设用地增减挂钩制度。积极盘活“批而未用”土地指标，合理引导符合产业集聚区发展要求的新上项目使用存量建设用地。严格执行《浙江省工业建设项目用地控制指标（修订)》的规定标准，严格准入项目的投资强度、单位用地产出、容积率、产值耗能、产值水耗等指标要求，加大集聚区土地节约集约利用和批后监管工作力度。控制集聚区的人均城市用地标准，提高土地集约利用水平。同时根据梅山集聚区的规模和开发建设时序，优先安排一定数量的年度土地利用计划指标专项用于集聚区建设，保障开发建设的顺利实施。

积极争取省市政策支持。在合理控制建设时序和用地规模前提下，省、市政府每年下达专项年度土地利用计划指标用于集聚区建设。按照梅山集聚区的规划布局，“十二五”期间尽力争取省政府解决部分规划指标，拓展用地空间。严格落实海洋功能区划，强化区域用海与相关规划、法规的一致性，在用海等相关指标的配置上适当向产业集聚区倾斜。同时，争取国家和省以上重点项目落户，申请追加规划指标和核减基本农田指标。

（二）用海及海岛使用保障

1. 用海及海岛使用需求分析

梅山集聚区用海内容重点包括滩涂围垦和梅山保税港区码头、港池等设施涉及的建设用海，其中围涂主要集中在“十二五”开发建设区内，围涂面积约为 9 平方千米，涉及的滩涂围垦工程主要为梅山七姓涂围涂。梅山集聚区内涉及的海岛利用，主要为梅山岛（有居民海岛）。

2. 用海及海岛保障方案

梅山集聚区涉及的滩涂围垦工程，符合《浙江省滩涂围垦总体规划（2005—2020 年)》、《宁波市滩涂围垦总体规划（2006—2020 年)》等相关规划要求；港区建设等用海符合各级海洋功能区划要求；涉及海岛的使用，符合我省海洋经济发展示范区规划、重要海岛开发利用和保护规划初步方案。总体上看，梅山集聚区涉及用海及海岛是有保障的。

为保障梅山集聚区开发建设顺利进行，在集聚区建设实施过程中，应进一步做好与海洋功能区划修编、海岸带保护与利用规划等规划的衔接工作，强化集聚区建设涉及的用海、海岛利用等相关规划及法规的一致性。集聚区建设涉及的用海，特别是围填海项目，要符合国家实施的计划指标管理制度和《关于做好围填海年度计划指标管理工作的通知》（浙海渔管〔2010〕53号）的要求，严格执行用海年度计划指标的管理；涉及海岛的利用应符合《中华人民共和国海岛保护法》和《浙江省重要海岛开发利用和保护规划》的相关要求，依法、依规审批。

（三）水资源保障

1. 用水量需求预测

根据相关规划的人口预测，以及《城市给水工程规划规范》中的单位建设用地综合用水量指标，结合本次规划的用地方案，预计到2015年，梅山集聚区的综合用水量约为17万吨/日，2020年约为37万吨/日。

2. 水资源保障方案

"十二五"期间，梅山片规划由江东水厂、东钱湖水厂和北仑水厂联网供水，经春晓、穿山给水泵站加压后，通过DN1000和DN600两根干管输入。远期规划建设一座再生水厂，水量2万吨/日。春晓片由北仑水厂供水，经穿山给水泵站加压后，过昆亭岭给排水管线综合隧道输送至本区。远期由北仑水厂和东钱湖水厂联合供水，经三山岙输送至本区。现状三山水厂保留，作为备用水厂。同时，加快实施建设浙东引水曹娥江至宁波引水工程、浙东引水钦寸水库工程等，积极开展海水利用研究工作，探索建设海水淡化设施，为集聚区用水提供更好的保障。更为具体的集聚区用水现状、供水水质情况、供水能力、保障措施等在下一步专项规划的编制中予以明确。

（四）能源供应保障

1. 电力

需求预测。根据本次规划的用地方案，结合各个区块的规划建设需求，预计梅山集聚区的总用电需求约为45万千瓦，其中"十二五"开发建设区的用电需求约为18万千瓦。

保障方案。"十二五"期间，建成220千伏穿山变，及110千伏七姓变、110千伏春一变，积极开展220千伏昆亭变前期工作；配合实施500千伏天一至春晓输变电线路工程（北仑段）、六横电厂送出工程等建设，以保障梅山集聚区开发建设的电力需求。

2. 天然气

需求预测。根据《宁波梅山岛天然气利用规划》、《宁波市北仑区春晓镇总体规划》等相关规划，预计"十二五"期间，梅山集聚区的天然气总用量约为2 103×10^4牛·米^3/年。

保障方案。春晓片供气气源为东海春晓油气田。由天然气分输站供气至春晓门站后，再由中压管道向春晓镇和梅山岛供气。规划建设一座占地面积约2 200平方米的天然气门站；梅山片重点加快推进浙江LNG接收站及天然气储备基地项目，供气由春晓方向接入，为天然气安全可靠供应提供保障。

（五）环境容量保障

1. 主要污染物排放量预测

根据梅山集聚区的建设方案，结合现状条件和产业发展方向，至2015年，梅山集聚区的化学需氧量（COD）排放量控制在840吨以下；目前梅山集聚区内的二氧化硫（SO_2）排放量非常小，“十二五“期间，根据集聚区发展情况，在北仑区实施总量（2.99万吨）控制的前提下，进行统一调配。

2. 保障方案

积极争取上级支持。充分利用我省关于产业集聚区环境容量的支持政策，积极引进国家和浙江省重点建设项目，积极争取省级层面的环境容量储备指标专项下达梅山集聚区。保障集聚区开发建设所需要的环境容量指标。

实施污染物排放总量控制与跨区调配。严格实施污染物总量控制，加强对污染物排放的监测、统计与考核。在此基础上，宁波市级层面要加大对梅山集聚区污染物排放指标管理工作的支持力度，在主要污染物排放指标调配上，预留部分指标，按照排污权交易调配政策专项用于梅山集聚区建设。

强化污染物排放增量控制与存量优化。严格按照梅山集聚区的产业准入标准对新增项目进行审批，鼓励高科技含量、高附加值、低排放、低污染的产业落户集聚区，实现增产不增污染。坚决淘汰落后产能，通过“腾笼换鸟”，为战略性新兴产业和海洋新兴产业的发展让出必要的发展空间。

加大污染物减排力度。鼓励开发和使用清洁能源，优先采用能源利用效率高、污染物排放量少的清洁生产工艺，工业废气排放达标率达到100%。继续强化工业、城镇生活和农业等各类水污染源治理，加强饮用水源污染防治，加快推进郭巨污水处理厂和污水收集管网系统规划建设。加强农业面源污染防治和土壤污染治理与修复。

（六）资金保障

1. “十二五”建设资金需求预测

“十二五”期间，是梅山集聚区加快配套基础设施建设并形成产能的主要投入时期。根据相关经验预测，“十二五”开发建设区的基础设施建设投资在600亿元左右。

2. 保障方案

加大财政扶持力度。继续完善春晓开发建设管理委员会、梅山保税港区管委会的财政管理体制，实行自我筹资、自我建设、自我经营、自求平衡的财政运营模式。加大市级财政对梅山集聚区建设的支持力度，设立开发专项资金，专项用于集聚区内的基础设施建设、重点项目推进以及各种奖励政策等；“十二五”期间集聚区范围内产生的地方财政收入、土地出让收入等的市级、区级留成部分，建议全额返还用于集聚区的开发建设。

加快金融服务创新。鼓励金融机构在梅山集聚区设立分支机构，优先设立村镇银行或分支机构和小额贷款公司，支持金融产品创新，从信贷政策、金融服务、保险理赔等方面全方位开展金融扶持，支持产业集聚区开发建设。推进企业与金融机构的合作，优化金融环境，向金融机构推介科技含量高、经济效益好、带动效应大、示范作用强的项目，构筑良好的企业融资平台。

拓宽直接融资渠道。支持集聚区内符合条件的企业通过主板、中小板、创业板和境外上市融资；支持开发建设主体通过资本市场募集建设资金，择优选择若干符合条件的开发主体买壳上市；对于建设周期长、开发前景好的项目，争取发行中长期基础设施债券；对规模较小但具有稳定现金流的项目，通过项目信托计划、资产证券化等多种方式扩大资金来源；大力发展股权投资基金，引入境内外知名股权投资管理机构，参与集聚区重点项目的投资；引导省内有关产业基金、创投引导基金支持集聚区重大产业项目建设。鼓励条件成熟但未上市的企业在未上市股份转让平台挂牌交易，加快资源优化配置。

大力激发社会资本。坚持政府主导、社会资本参与、市场化运作的开发模式，加强集聚区投融资平台建设，鼓励社会资本参与梅山集聚区的开发建设。降低民间投资准入门槛，探索和运用建设—移交（BT）、建设—经营—移交（BOT）、转让—经营—移交（TOT）等投融资模式，引进战略投资者，参与集聚区内基础性、环保型和公共服务型的项目建设。

十、体制机制创新

（一）建立统一的协调机制

按照“统分结合”的原则，集聚区在管理机构、规划体系、配套设施、品牌形象等方面以“统”为主。

设立统一管理机构。在市产业集聚区规划建设领导小组指导下，成立宁波梅山国际物流产业集聚区管理机构，负责集聚区规划建设和日常管理。建立定期工作协调会议制度，统筹协调集聚区建设的重大事项，协调推进各功能区块合理分工、联动发展。实行统一考核制度，产业集聚区各组成部分的年度目标责任由集聚区管理机构和所在区双重考核。实行相对统一的人事管理，产业集聚区各组成部分领导班子调整由各功能区自主确定，但要事先征求集聚区管理机构的意见。

建立统一规划体系。按照“规划共绘”的原则，构筑科学完整的宁波梅山国际物流产业集聚区规划体系。由集聚区管理机构统一编制实施宁波梅山国际物流产业集聚区总体规划，编制实施土地利用总体规划，编制实施城镇建设、产业、交通、环保等分项规划，审定各分区相关规划。各分区编制控制性详规要接受集聚区管理机构的指导。

完善统一配套设施。由宁波梅山国际物流产业集聚区管理机构组织开展集聚区内的重大基础设施建设，统筹推进各区的联动建设，避免重复投资，确保共建共享。同时，由集聚区管理机构统筹协调集聚区与宁波中心城市及周边地区的重大基础设施建设，形成功能健全、布局完善的区域基础设施网络。

塑造统一品牌形象。树立统一的品牌形象，各组成部分对外统一使用宁波梅山国际物流产业集聚区的名称，统筹利用集聚区的资源环境、产业优势、形象设计、传播推广、招商平台，实现产业集聚区品牌共树共享。

（二）建立统筹的推进机制

按照“统分结合”的原则，集聚区在分区负责、资金筹措、实施建设、财税管理等方面以“分”为主。

建立分区负责机制。在宁波梅山国际物流产业集聚区管理机构的统一领导下，梅山保税港区、梅山乡、春晓镇、白峰镇的郭巨、上阳片区等由相应的管理机构负责开发。

建立分区筹资机制。在梅山集聚区各组成部分内分别设立开发建设投资公司，负责各自范围内的土地综合开发、基础设施建设及相关项目的经营管理，确保各区建设资金自求平衡。

建立分头推进机制。按照梅山集聚区的总体规划和功能定位，各区确定各自的建设任务、工作重点、阶段目标，分步实施、联动建设、分类招商。坚持资源共享、互利共赢，由各区按产业定位开展具体招商工作，切实加大投资推广力度，加快开发建设进程。

建立科学绩效考核制度。建立产业集聚区统计监测评价制度，制定科学合理的综合考评办法，定期开展评估考核。通过对产业集聚区的统计监测评价，科学指导集聚区的建设与发展，使集聚区成为地区经济新的增长极。产业集聚区发展评价指标体系由产业优化指标、要素利用指标、创新提升指标、环境保护指标等方面构成。

（三）创新人才培育与引进机制

大力实施人才兴区战略，坚持本地培养与引进来相结合，制定科学合理人才激励机制，构建起完善的智力保障体系。

建立完善的人才培育体系。积极引进高等院校、培训机构、重点实验室，设立留学人员创业园、创业服务中心等科研服务机构，搭建高水平的人才培育平台，加大人才培养力度；近期重点引进国际知名院校落户梅山集聚区，在国际商贸区、春晓科技研发区块积极引进工程（技术）研究中心、国家重点实验室和博士后科研工作站，积极搭建人才交流平台，加强与国内外知名高校和优秀企业的合作，定期派送本区优秀人才前往国内外知名高校和优秀企业交流学习。建立高层次人才服务窗口，利用人才市场和中介的主体作用开展人才交流活动。

建立有效的人才引进机制。加快制定人才引进政策，对入驻集聚区具有正高职称的专业技术人才、出站博士后研究人员、博士、高级管理人才等高层次人才和紧缺人才给予一次性资金补贴或购房补助，对高水平科研人员提供一定的科研启动资金，并在子女入学、配偶工作、户籍迁移、社会保障、出入境管理等方面开通“服务绿色通道”。积极引进高水平科研团队和技术团队，在实验室建设、办公空间等方面给予大力支持。加快人才公寓、经济适用房、廉租房建设，合理解决各层次人才的居住问题。

建立科学的人才激励机制。建立以人才资本价值实现为导向的分配激励机制，建立职责、职务与职级相结合的机关薪酬制度。完善以岗位绩效工资为主体的事业单位薪酬制度。建立与现代企业制度相适应的企业薪酬制度，鼓励企业对专业技术人才和高技能人才实行按任务、岗位、业绩定酬的分配办法，充分体现人才、知识的市场价值。促进生产要素参与收益分配，探索和鼓励科技成果等生产要素参与收益分配，允许专业技术人员兼职从事技术创新活动。建立规范有效的人才奖励制度，设立“优秀人才奖”。健全人才培养激励措施，建立优秀人才带薪学习制度，鼓励人才根据岗位需要或发展需求实行自我提升。

浙江海洋经济发展示范区规划
象山县实施方案

一、前 言

2011 年 2 月，国务院正式批复《浙江海洋经济发展示范区规划》，核心区为宁波—舟山港海域、海岛及其依托城市。象山居浙江东部沿海，位于象山港与三门湾之间，三面环海，海洋资源丰富、海洋经济发达、海洋文化深厚，是宁波乃至浙江海洋经济发展的先行试验区。浙江海洋经济发展示范区建设上升为国家战略，为象山海洋综合开发与保护带来了重大战略机遇。

为充分发挥象山海洋资源和区位优势，深入贯彻落实《浙江海洋经济发展示范区规划》，确保实现规划确定的任务目标，进一步推进象山海洋经济科学发展，特制定《浙江海洋经济发展示范区规划象山县实施方案》（以下简称《实施方案》）。《实施方案》主要依据《浙江海洋经济发展示范区规划》、《浙江海洋经济发展试点工作方案》、《浙江象山海洋综合开发与保护试验区规划》、《宁波海洋经济发展规划》、《象山县国民经济和社会发展第十二个五年规划纲要》等重要规划编制。区域范围包括象山全部陆域和海域，陆地面积 1 382 平方千米，海域面积 6 618 平方千米，其中岛屿面积约 180 平方千米。方案期限为 2011 年—2020 年，重点为“十二五”时期，其中，第一期为 2011 年—2013 年；第二期为 2014 年—2015 年；展望到 2020 年。《实施方案》是今后一段时期指导象山海洋经济具体工作开展的指导性文件。

二、现实基础

（一）发展条件

1. 海洋资源十分丰富

兼具“山、海、滩、涂、岛、礁、湾”资源，组合优势明显，适宜较大规模开发。海域面积 6 618 平方千米，大陆及海岛岸线长 925 千米，分别占宁波的 67.8%、59.2% 和浙江的 2.5%、13.8%。港口资源良好，可用港口岸线 61.3 千米，其中深水岸线 37.3 千米，可建万吨级以上泊位 128 座，其中 10 万吨级以上泊位 7 座。滩涂资源丰富，拥有可围垦面积 29 万亩，具有淤涨型、面积大、完整性好等特点。渔业资源优良，象山港被誉为国家级大渔池，石浦港是全国首批六大中心渔港之一。海洋旅游景观300多处，主要集中在象山港内和象山县沿岸。此外，还拥有丰富的太阳能、风能、潮汐能等，新能源发展前景良好。

2. 岛屿资源得天独厚

全县拥有大小岛礁656个，其中500平方米以上岛屿452个，岛屿数量居全省前列，其中有居民海岛16个，无居民海岛436个。岛屿面积约180平方千米，海岛岸线576千米，其中南田岛面积84平方千米，为全省第4大岛。拥有36个、长达13.2千米的金色沙滩，是名符其实的“黄金海岸”。主要海岛大多毗近大陆，尤其是南田、高塘、檀头山、东门、花岙等十余个岛屿都集中于石浦港，以“群岛”形态构成了石浦港的屏障，相互间距较近，资源集聚强，整体开发成效十分明显。

3. 区位条件非常优越

象山兼具陆海之利，坐拥象山港、三门湾，地处宁波、舟山和台州交汇处。象山港大桥将于2012年建成通车，届时将进入“宁波半小时、杭州两小时、上海三小时”交通圈，成为宁波大都市区重要的滨海功能区。随着贯穿象山境内的沈海高速甬台温复线的全线贯通，象山将成为连接长三角经济区和海西经济区、杭州湾产业带和温台产业带的重要节点，区位优势将更加凸显。

4. 文化生态极富魅力

象山六千年以海为伴，形成了渔文化、海商文化、盐文化、养生文化等灿烂的海洋文化，近些年打造出“中国开渔节”、“三月三・踏沙滩”民俗文化节、“国际海钓节”、“海鲜美食节”等知名文化品牌，先后被授予“中国渔文化之乡”、“中国竹根雕之乡”、“浙江文化先进县”等荣誉称号，获国家级非物质文化遗产6项。生态环境优美，森林覆盖率达58%，空气负氧离子含量每立方厘米达到1.47万个，常年空气优良率保持在96%以上，被誉为“天然氧吧”。获批渔山列岛国家级海洋生态特别保护区、韭山列岛国家级海洋生态自然保护区和国家级海洋渔文化生态保护实验区，成为全国唯一拥有3个国家级海洋生态、文化保护区的县域。

（二）发展基础

1. 海洋产业初具实力

2010年全县实现海洋生产总值108亿元，占地区生产总值的40%。海洋产业体系比较完备，优势产业初具规模。以船舶制造业为主体的临港工业快速发展，造船能力达到180万载重吨。滨海旅游业蓬勃发展，拥有AAAA级景区3家，年游客接待量735万人次，荣获“中国最佳休闲旅游县”称号。海鲜餐饮业享誉长三角，被授予“中国海鲜之都”称号。现代渔业稳步发展，水产品产量57.4万吨，列全国前5位，石浦水产品加工园区获“中国水产食品加工基地”，中国水产城进入国家级农业龙头企业行列。港航服务业加快发展，海洋运输业总运力达到68.8万吨，货物吞吐量突破 1 000 万吨。

2. 组织领导不断强化

2011 年 3 月，为顺应加快海洋经济发展的形势需要，进一步加强对象山海洋经济工作的领导，县委县政府调整了县海洋经济工作领导机构，成立了由县委书记牵头，县委办、县府办、县发改局等 23 个部门主要负责人组成的县海洋经济工作领导小组及办公室，充实了工作力量，完善了组织机构。同时印发了《象山县海洋经济工作机构职责》，对海洋经济发展的重点工作和重大任务进行了逐一分解细化，落实了相应的责任单位，形成了比较完善的组织领导和工作推进机制，为象山海洋经济的下阶段发展提供了有力的组织保障。

3. 工作基础比较扎实

自 20 世纪 80 年末在浙江全省率先开展渔船股份制改革以来，积极推进要素市场化配置、资源环境有偿使用等方面改革，逐步形成了高效、规范的市场机制和良好的海洋经济发展环境。近年来，坚持海洋开发与保护并举，坚持海陆统筹发展，有序推进海洋开发和产业转型升级，突出海洋生态环境保护，挖掘弘扬独特海洋文化，探索形成了海洋产业、生态、文化融合发展、和谐发展、良性发展的海洋综合开发模式，走出了一条切合象山实际的海洋科学开发之路，为促进浙江省海洋经济科学发展、建设海洋文明作出了有益尝试。

（三）制约因素

象山发展海洋经济具备诸多有利条件，但也面临一些问题和制约因素：海洋资源优势尚未完全转化为经济优势，海洋经济总量及其占 GDP 比重相对较低；海洋经济发展方式总体比较粗放，产业层次较低，科技创新能力不强；海岛资源开发规模较小，基础设施体系不完善，发展比较滞后；海洋科技人才体制不完善，涉海人才的培养和引进力度不足，发展海洋产业缺乏相应的智力保障；象山港等区域的海洋生态系统比较脆弱，保护与开发的协调压力比较大。

三、总体要求

（一）指导思想

认真贯彻科学发展观，全面落实国家和省市海洋经济发展战略，深入实施“桥海兴县”总体思路，以浙江海洋经济发展上升国家战略为契机，以转变海洋经济发展方式为主线，以海洋综合开发为重点，坚持保护优先、人海和谐、陆海联动，积极发展现代海洋产业，大力完善海洋基础设施体系，加快建设海洋文化和生态文明，着力打造形成海洋产业、海洋生态、海洋文化联动发展新格局，努力实现从海洋资源大县向海洋经济强县的跨越，建设成为浙江省海洋综合开发与保护试验区。

（二）基本原则

1. 发挥优势，特色发展

充分利用和挖掘象山独特的区位条件、资源禀赋和产业基础，更加注重因地制宜、错位发展，做大做强对台经贸合作，提升海洋文化与海洋生态内涵，着力打造理念先导、产业先进、机制先试、生态优先的浙江省海洋综合开发与保护试验区。

2. 全面统筹，重点发展

象山应注重与省、市海洋经济发展的联动协调，统筹好县域经济社会发展的各个方面，协调好县域内各相关专项规划之间的关系、海洋经济内部各产业间的发展关系和涉海各方面的利益关系。同时，从县域优势出发，确定建设的重点领域、重点区域和重点项目，集中力量突显发展主题。

3. 生态优先，持续发展

坚持“在保护中开发，在开发中保护”，妥善处理好海洋资源开发与生态环境保护的关系，大力发展循环经济和低碳经济，严格实施海洋生态系统保护，使海洋经济发展的规模和速度与资源环境的承载能力相适应，切实加强海洋生态文明建设，实现海洋经济可持续发展。

4. 分步实施，有序发展

在深入调研和充分论证的基础上，确定试点工作不同阶段的具体目标、重点任务和重大举措。按照资源环境承载能力、规划开发进度和专项资金安排状况，进行分期实施、逐步推开，有重点、有次序地推进海洋经济发展工作。

（三）功能定位

1. 浙江省海洋文化与生态建设示范区

立足于国家级海洋生态与文化保护区建设，牢固树立蓝色文明发展理念。强化海洋资源有序开发和生态环境有效保护，切实加强海域污染防治和生态修复，积极推进低碳技术和循环经济。进一步挖掘和弘扬海洋文化，增强海洋文明意识，促进人海和谐共处，为浙江省建设海洋生态文明探索先进模式。

2. 浙江省对台经贸合作区

依托石浦港作为国家级对台小额贸易试点口岸的有利条件，发挥处于长三角经济区和海西经济区重要节点的区位优势，抓住创建国家对外开放一类口岸的契机，统筹港口岸线和腹地资源，强化规划管理，创新对台招商引资体制机制，搭建对台开放合作与交流平台，为推进浙江省对台经贸合作发挥纽带功能。

3. 浙江省海陆协调发展先导区

立足兼具半岛和海岛的特色地理优势，充分发挥主要海岛离岸较近的有利条件，坚持以陆带海、以海促陆、海陆协调，以石浦区块海岛、城市、港口联动开发为重点，突出南田岛综合开发，促进海陆发展在战略规划、空间布局、产业优化、政策引导与管理体制等方面的统筹协调，为浙江省积极探索海陆协调联动发展新途径。

4. 浙江省现代海洋产业发展先行区

立足象山资源条件和产业基础，按照国家和省市产业发展规划的要求，加强海洋科研与产业化基地建设，扶持壮大海洋装备、清洁能源、海水淡化和综合利用、海洋生物医药和生物制品等新兴产业，提升发展临港先进制造业、海洋旅游、现代渔业等优势产业，做强国际国内知名企业和品牌，建设具有较强竞争力的产业集群，为促进全省传统海洋产业转型升级提供借鉴和动力。

（四）主要目标

1. 发展目标

围绕象山海洋经济发展的功能定位，通过体制机制创新、政策先行先试等一系列重大改革开放措施，力争用五年时间，在以下方面取得明显成效：

——海洋经济综合实力明显增强。海洋经济综合实力、辐射带动力和可持续发展能力居浙江全省前列，在全省全市的地位进一步提升，到2013年全县海洋生产总值达185亿元，占全县GDP的比重提高到50%，到2015年全县海洋生产总值达300亿元，占全县GDP的比重提高到55%，基本实现海洋经济强县目标。

——海岛开发开放与保护取得重大进展。渔山列岛、韭山列岛保护取得实质性进展。无居民海岛开发（海岛使用权拍卖）先行先试，走在全省前列。重要海岛分类开发建设取得进展，形成五大主体功能岛。海岛交通、水资源、电力等基础设施建设进一步完善。海岛管理、建设及投融资体制改革取得重大进展。

——滨海宜居宜游品质全面提升。生态环境明显改善，区域功能加快转型，城市品质全面提升。港湾、沙滩、岛礁等稀缺资源得到科学利用，百里黄金海岸合理开发，海洋旅游加快发展，滨海休闲度假功能体系基本完善，都市型休闲、生态、人居、养生等功能更趋健全，知名度和美誉度明显提高，打造浙江滨海休闲旅游胜地。

——海洋文化与生态建设全国领先。加强国家级海洋生态自然保护区、海洋生态特别保护区和海洋渔文化生态保护区建设，打造一批海洋牧场、海洋科教、海洋文化基地，在全省的示范引领效应进一步发挥。海洋生态环境监测、灾害预警预报和海上污染事故处置体系不断健全，陆源污染物入海排放得到有效控制，防灾减灾能力有效提高。到2015年重点海域主要污染物排海量比2010年削减15%以上。

到2020年，全县海洋生产总值力争突破500亿元，占全县GDP的比重提高到70%，三次产业结构进一步优化，科技贡献率达80%左右，海洋战略性新兴产业增加值达40%左右。全面建成海洋经济强县和浙江省海洋综合开发与保护试验区，对全省海洋经济发展的先行示范和辐射带动作用得到充分发挥。

2. 工作目标

——规划体系深化完善。以《浙江海洋经济发展示范区规划》为依据，精心组织力量，高起点、高水平做好海洋经济发展及相关配套规划编制工作。2011—2013 年，编制完成象山海洋综合开发与保护试验区规划，以及浙台（象山石浦）经贸合作区、大目湾新城、宁波影视文化产业区等重点功能区块规划，制定一批专项规划。根据试点工作的实施情况，补充制定相关规划，进一步完善规划体系。

——政策支撑坚实有力。针对海洋经济发展的基本任务和重点领域，制定推动象山县海洋经济发展的一系列政策意见，明确有关财税、金融、科技及要素保障等方面的支持政策。在争取宁波市海洋经济发展优惠政策向象山重点倾斜的同时，积极向国家、省争取海洋综合开发与保护先行先试政策。定期跟踪评估相关政策的实施情况，并进一步充实完善。

——重大项目有序推进。编制《象山县海洋经济重大建设项目年度投资计划》，统筹谋划、合理安排、分期有序推进涉海重大项目建设。2011—2013 年，重点推进综合交通网、能源保障网、水资源保障网、海洋信息网、防灾减灾网等重大基础设施建设，着力推动传统海洋产业转型升级，同时积极做好重大项目谋划和前期推进工作。着力完善陆陆、陆岛、岛际交通路网建设，构建县域快捷通道。2014—2015 年，重点推进海洋新兴产业、海洋服务业、现代海洋渔业等海洋产业项目建设，有序引导项目落地，优化海洋经济发展布局。

——先行先试成效显著。通过体制机制创新、重点领域突破和涉海项目的落地布局，做好海洋综合开发与保护试验区推进工作。力争到 2015 年，象山海洋综合开发与保护改革试点工作取得阶段性成果，体制机制改革创新初见成效，试点亮点较为突出。到 2020 年，试点工作基本完成，体制机制改革创新成效显著，试点亮点转化为经济增长点。

四、优化海洋经济功能布局

（一）工作重点

按照海洋功能区划和近岸海洋生态环境功能区划，遵循海洋经济固有特性和发展规律，优化形成重要海域基本功能区，着力构建“一核、两港、三区、多岛”空间总体布局框架。

1. 打造“一核”

以石浦港及其依托的海域、海岛、城镇为核心，具体包括石浦、鹤浦、高塘岛、晓塘等两镇两乡和新桥盐场。充分发挥石浦港综合优势，深化对台经贸交流合作，加快海岛开放开发，创新岛、城、港联动开发新模式，建设浙台（象山石浦）经贸合作区，成为象山海洋综合开发与保护试验区的核心平台。

专栏1 环石浦港区域基本情况

石浦镇。石浦镇是象山县南部区域中心，在建的省级小城市、宁波市卫星城市，陆域面积约126平方千米，其中海岛面积19平方千米，大陆海岸线108千米，常住人口10万人。对台交流合作基础扎实，是国家最早批准的对台小额贸易五个开放试点口岸之一，建有3 000吨级对台专用码头，设有对台专用保税仓库，口岸查验设施完善，正在申报国家一类对外开放口岸。现有工业企业650余家，形成了以船舶修造、水产品加工、机械制造、医疗器械为主，其他门类为辅的产业结构体系。渔业经济发达，渔业总产值18.4亿元，建有亚洲第一水产交易市场——中国水产城，年渔货集散量达30万吨以上。海洋旅游资源丰富，建成中国渔村和石浦渔港古城两家“AAAA”级景区，半边山旅游度假区正在抓紧建设。

鹤浦镇。鹤浦镇是县级中心镇，陆域面积102平方千米，其中南田岛84平方千米，常住人口3.5万人，是浙江省第四大岛。现有船舶修造企业13家，2010年，实现产值16亿元。有大马力钢质渔轮600多艘，拥有19.5万亩浅海，2万亩滩涂，是宁波市第二大渔业镇。风门口、大沙等环境优美，旅游资源丰富。

高塘岛乡。高塘岛乡陆域面积52.8平方千米，其中高塘岛39平方千米，花岙岛12.6平方千米，常住人口2万余人。产业以农渔业为主，船舶配件和风电产业发展势头较好，拥有排名世界第三位的火山岩原生地貌—花岙岛石林景区。

晓塘乡。晓塘乡陆域面积45.5平方千米，人口1.9万，森林覆盖率达62%。已建成省级万亩林业特色基地，以绿色生态为主导的精品农业快速发展，辖区内景色优美，生态旅游前景看好。

新桥盐场。新桥盐场位于象山中部，由滨海滩涂修建而成，面积约5 000亩，具备成片开发的基础和条件，重点发展清洁工业、特色商贸等。

2. 开发“两港”

象山港要坚持保护和开发并重，依托深水岸线和现有产业基础，打造国内著名的生态经济型港湾和先进临港产业基地。石浦港要进一步提升港口综合服务功能，积极创建国家对外开放一类口岸，建设浙江省对台经贸交流合作的主要基地。

专栏 2　象山港和石浦港海域基本功能

象山港、石浦港是浙江建设“三位一体”港口物流体系的重要组成部分。根据《宁波—舟山港总体规划》，定位为宁波港的重要功能配套和上海国际航运中心的后备基地，功能以散杂货运输为主。

象山港海域。以象山港跨海大桥为界，分东西两部分。西部主导功能为海洋生态资源保护，海岸自然生态保护和滨海生态旅游，兼顾渔业资源利用和养护、港口运输等。东部主导功能为临港工业、港口物流，兼顾生态环境保护、渔业资源利用等。

石浦港海域。主导功能为渔港、港口航运、临港工业、水产加工、休闲旅游，兼顾渔业资源养护和利用。

3. 建设“三区”

统筹城市建设与海洋资源开发，坚持高水准规划、高标准建设、高水平管理，着力提升城市和产业功能，重点打造大目湾新城旅游产业功能区、新桥滨海影视产业功能区、临象山港先进装备制造产业功能区。

专栏 3　大目湾新城旅游产业功能区、新桥滨海影视产业功能区、临象山港先进装备制造产业功能区建设导向

大目湾新城旅游产业功能区。以建设“外海内湾”型休闲象山核心代表区为导向，充分利用海湾、沙滩、海涂等资源优势，高标准开发大目湾新城，高水平建设松兰山度假区，大力发展休闲度假、海洋文博、健康养生等功能，着力推进与中心城区、松兰山度假区协调发展，积极创建国家级低碳示范城。

新桥滨海影视产业功能区。大力推进宁波影视文化产业区建设，创建国家 AAAA 旅游区，争创国家级影视产业实验区，延伸影视产业链，拓展文化休闲旅游功能，建设具有海洋特色的国家级影视文化产业基地。

临象山港先进装备制造产业功能区。以建设西周、贤庠省级中心镇为契机，抓住象山港大桥建设和临港产业区发展机遇，依托内门山岛、外门山岛、外干门岛、大捕山岛等岸线资源，大力发展海洋工程装备和高端船舶制造，推进新型工业化与新型城市化融合发展，打造大桥经济桥头堡和先进装备制造基地。

4. 利用“多岛”

立足于丰富的海岛资源优势，切实加强对海岛资源的分类管理、有效保护、科学开发，重点开发利用南田岛、高塘岛、檀头山岛、东门岛、花岙岛等重要海岛。

根据各海岛的自然条件，科学规划、合理利用海岛及周边海域资源，建成滨海旅游岛、港口物流岛、清洁能源岛、现代渔业岛、海洋生态岛等各具特色的五大主体功能岛，成为浙江海岛开发开放的先行先试区。

积极发挥象山海洋综合开发与保护试验区对周边地区的辐射带动作用，加快完善海陆一体化综合交通网络和物流服务体系，推进海洋先进装备制造、清洁能源装备制造等海洋产业向内陆拓展，统筹推进区内外海陆联动协调发展。

（二）工作举措

1. 规划方面

编制和实施《象山海洋综合开发与保护试验区规划》、《象山县域海岸带发展控制性详细规划》、《象山重要海岛开发利用与保护规划》及重大产业功能区发展规划。

2. 政策方面

制定扶持浙台（象山石浦）经贸合作区、大目湾新城旅游产业功能区、新桥滨海影视产业功能区、临象山港先进装备制造产业功能区的发展政策，在用海用地、重大项目审批、财政投入等方面予以重点保障。对列入国家和省重点的海岛保护和开发项目，积极争取享受国家、省重大工程建设项目的用地政策。争取市县两级在年度新增建设用地指标分配中，对重点区域重大建设项目给予适当倾斜。

3. 体制机制方面

探索建立后备空间资源开发利用新机制，合理转化滩涂资源为建设用地，推动海洋资源优势向海洋经济优势转化；加强大目湾新城旅游产业功能区、新桥滨海影视产业功能区、临象山港先进装备制造产业功能区与依托城镇之间的协调机制，推动城镇建设与产业功能区融合发展；探索创新浙台（象山石浦）经贸合作区开发开放体制机制建设。

（三）责任分工

表1　优化海洋经济功能布局的责任分工

重点任务	建设内容	责任单位
开发港口	保护与开发象山港	由发改局牵头负责，规划局、海洋渔业局、象山产业区管委会、财政局、国土资源局、环保局、交通运输局、港航局、风景旅游局、经信局、海事处、环象山港各镇乡参与
	提升石浦港功能	由港航局牵头负责，发改局、交通运输局、环保局、水利局、海事处、海关、口岸办、环石浦港各镇乡参与
	构建港口集疏运体系	由交通运输局牵头负责，发改局、港航局、规划局、口岸办、海事处、海关、检验检疫局参与

续表

重点任务	建设内容	责任单位
建设产业功能区	建设大目湾新城旅游产业功能区	由大目湾开发管委会牵头负责，发改局、规划局、住建局、交通运输局、国土资源局参与
	建设新桥滨海影视产业功能区	由宁波影视文化产业区管委会牵头负责，发改局、规划局、交通运输局、国土资源局参与
	建设临象山港先进装备制造产业功能区	由象山产业区管委会牵头负责，发改局、规划局、交通运输局、海洋渔业局、国土资源局参与

五、建设浙台（象山石浦）经贸合作区

（一）工作重点

浙台（象山石浦）经贸合作区主要包括石浦、鹤浦、高塘岛、晓塘等两镇两乡和新桥盐场，陆域面积338平方千米，海域面积约4 000平方千米，对台合作交流优势明显，区位条件突出，海洋资源富集，是象山县海洋综合开发的核心区域和浙江省海洋经济发展的重要增长极。建设浙台（象山石浦）经贸合作区，打造海峡两岸石浦交流基地，对于促进对台交流开放合作，创新海洋经济发展新模式具有特殊意义。

1. 建设两岸经贸合作的创新平台

实施两岸经济合作协议早收条款，因地制宜开展两岸投资贸易便利化的先行先试。以做大做强小额贸易为切入点，促进两岸一般贸易发展壮大；创新海关监管模式，开放台湾企业或台胞对指定海岛进行旅游及综合开发，争取设立综合保税区和台湾商品离岛免税区。

2. 建设两岸海岛开发的实践平台

科学制定海岛开发与保护规划，广泛吸引台湾各界人士及国内外资本合作参与海岛开发。借鉴国际先进经验，高标准规划，高品质开发，创新体制机制，建设一批特色岛、功能岛，有效拓展区域发展空间，探索实践海岛开发和保护的新途径。

专栏4　南田岛、花岙岛建设导向

南田岛：立足现有产业优势，加快发展船舶（游艇）制造及配套产业、海洋装备产业。发挥海岛、沙滩及海洋文化特色资源优势，发展高端海洋休闲旅游业。依托鹤浦国家一级渔港，发展远洋捕捞业和海产品冷冻保鲜及深度加工

业，建设区域性现代远洋渔业基地。

花岙岛：发挥花岙岛独特优势，吸引台湾企业或台胞试行对海岛及周边海域进行整体综合开发和管理，发展观光、度假、休闲、娱乐及购物等功能，建设高品质景观住宅并拥有长期居住权。试点开放两岸游艇证照互认及在报备制下的直接靠岸。争取设立花岙岛台湾商品离岛免税区（对原产地为台湾的商品实行旅客购物离岛退税政策），并逐步扩展至整个实验区。

3. 建设两岸农渔产业的合作平台

加强与台湾资本及先进的种子种苗技术、生产经营管理经验、产品质量监管体系的对接，设立两岸农渔业科研合作机构，着力推进两岸精致农渔业深度合作。引导台商投资精品农业、休闲农业、健康农业及海洋生物育种业、现代海水健康养殖业。拓展台湾优质水果、蔬菜、花卉和鲜活鱼类等农渔产品进口、转口贸易，建立面向长三角的台湾优质农渔产品直销中心和区域性现代远洋渔业基地。

4. 建设两岸人文交流的示范平台

以两岸同胞友好交往为主体，以科技合作、旅游休闲、宗教信仰、交流研讨为载体，充分发挥中国开渔节、海洽会、甬台合作论坛等平台作用，拓展两岸政府、民间交流交往，推进两岸人文交流制度化、常态化，努力建设独具特色的“海峡两岸交流基地”。

5. 建设两岸共建共享的海港新城

以石浦中心区为核心，以环石浦港岸线为主轴，以周边海岛为拓展空间，积极吸引台湾同胞参与规划、开发、建设和管理，凸显海洋、港口、生态、文化特质，营造台湾同胞自由往来、便利生活和经营的良好环境，加快建设两岸同胞合作共赢、安居乐业、独具滨海休闲魅力的海港新城。

（二）工作举措

1. 规划方面

编制和实施《浙台（象山石浦）经贸合作区发展规划》、《浙台（象山石浦）经贸合作区空间概念性规划》、《石浦港区岸线开发利用规划》、《金七门作业区物流基地建设规划》以及区域道路交通、给水排水、电力电信等专项规划。

2. 政策方面

积极向国家争取将石浦打造成为探索两岸区域合作的新试点，在政策上先行先试，允许在对台经贸、航运、旅游、邮政、文化、教育、社会等方面的交流与合作中，采取更加灵活开放的政策，最大限度地削减影响自由贸易的关税和非关税、技术和非技术贸易壁垒，进一步探索两岸自由贸易政策，促进商品和服务及生产要素自由流通。积极争取实施台湾商品离岛免税政策，参照海南岛离岛免税政策，将石浦经贸合作区打造成台湾日用消费品免税区。创新税收政策，对从台湾进入石浦合作区与生产有关的货物实行备案管理，给予免税或保税优惠。给予区内企业所得税优惠政策，在石浦经贸合作区设立的台资企业在企业所得税方面可享受 5 年的过渡性税收优惠税率。给予农渔业、新兴战略性海洋产业、基础设施投资的税收优惠政策，对投资于环境保护、节能节水、安全生产等方面的台湾企业的所得可以免征、减征企业所得税。

争取一批涉台重大投资项目列入到国家或省级重点建设项目，在建设用地计划指标上给予支持。争取浙江省支持，石浦经贸合作区建设用地可通过异地有偿方式在省域范围内进行占补平衡。争取宁波市在安排年度围填海指标时优先向石浦经贸合作区倾斜，经上级有关部门批准可在省域或本市内调剂指标。积极向国家有关部门申请设立两岸产业合作示范基地，项目用海经国务院批准后可核减相应的围填海指标。探索渔耕平衡机制，在全县范围内实现陆海空间动态平衡，适度增加围填海指标。围填海所上缴的海域使用金全额返还补助石浦经贸合作区基础设施和生态建设。开展凭海域使用权证书办理项目建设手续试点，做好海域使用管理和土地管理的衔接。

3. 体制机制方面

成立石浦经贸合作区建设领导小组，领导小组的职责是负责整合省、市两级职能部门的支持政策，处理石浦经贸合作区与周边市、县之间的关系，确定合作区的战略定位和发展思路，及时协调处理合作区遇到的重点难题。

设立石浦经贸合作区管委会（简称管委会），参照浙江省产业集聚区的管理运作模式，管委会主要负责规划编制和实施、招商引资、城市建设、园区发展等具体事务。在管委会领导下，由县国资办独立注册，成立石浦经贸合作区投资发展有限公司，作为合作区启动开发的投资主体，负责合作区基础设施建设项目的设计、预算、招投标和工程管理。鼓励并吸引两岸及国外民间资本，通过独资、合作、联营、参股、特许经营等多种方式，参与经营性的城市基础设施和公益事业项目建设。

探索实行两岸共同治理的管理模式，努力做到“区内放开，区外管住”。合作区整体实行封闭管理，允许先行先试，实施“共同规划、共同开发、共同经营、共同管理、共同受益”的两岸共同治理新模式。积极推动由政府推动，促进两岸行业协会等中间组织的交流以及民间私人团体的交往，形成“合作区政府—协会—民间”三元融合的对台合作模式。

（三）责任分工

表2 建设浙台（象山石浦）经贸合作区的责任分工

重点任务	建设内容	责任单位
建设浙台（象山石浦）经贸合作区	提升口岸功能	由浙台（象山石浦）经贸合作区开发建设管委会（筹建）牵头负责，石浦镇、口岸办、港航局、海关、检验检疫局、海事处参与
	建设环石浦港新城	由浙台（象山石浦）经贸合作区开发建设管委会（筹建）牵头负责，发改局、规划局、交通运输局、港航局、住建局、国土资源局、有关镇乡参与
	建设对台贸易区	由浙台（象山石浦）经贸合作区开发建设管委会（筹建）牵头负责，台办、招商局、商务局、发改局、规划局、农林局、海洋渔业局、住建局、国土资源局、口岸办、海关、检验检疫局、有关镇乡参与
	建设海岛旅游区	由风景旅游局牵头负责，海洋渔业局、石浦渔港旅游开发管委会、发改局、国土资源局、环保局、有关镇乡参与
	打造国家远洋渔业基地	由海洋渔业局牵头负责，发改局、财政局、规划局、国土资源局、港航局、有关镇乡参与
	建设“海峡两岸交流基地”	由台办牵头负责，石浦渔港旅游开发管委会、商务局、石浦镇参与

六、发展现代海洋产业

（一）工作重点

依托海洋资源禀赋和科技研发创新能力，重点发展先进海洋制造业与海洋新兴产业、现代海洋服务业，优化发展海洋旅游业、现代海洋渔业，抢占海洋经济未来发展的战略制高点。

1. 培育发展先进海洋制造业与海洋新兴产业

（1）海洋工程装备。以中油海洋工程基地、中石化大型非标设备制造基地等项目为重点，加快推进项目竣工投产，并积极引进相关配套项目，延伸产业链，大力发展海洋石油、天然气、风力钻探、开采、运输等专用工程装备，培育以海洋工程基地项目为主体的产业集群。到2015年，实现产值50亿元。

（2）船舶及配件制造业。整合行业资源，引导船舶制造企业实施产品结构调整，从发展干散货船、集装箱船、多用途船的基础上，积极优化产品结构，向生产高附加值、高技术含量的化学品运输船、滚装船、海洋工程装备转变。充分利用模具制造和信息产业的优势，大力发展动力及指挥系统、甲板机械、舱室机械等船舶配件，着力营造“浙江造船象山配”的船舶产业空间格局。到2015年，力争实现产值250亿元。

（3）海洋清洁能源。依托丰富的风力、潮汐资源和良好港口岸线条件，科学开发海洋新能源，积极培育风电大产业，加快实施国电海上风电、檀头山风力发电等项目。以新桥、黄避岙等地为重点，加快太阳能发电项目的建设。到2015年，装机容量达到20万千瓦。

（4）新能源装备。发展壮大太阳能光伏电池基础材料和装备、光伏电池、电池组件及太阳能光伏照明产品产业链。通过引进消化再创新，发展一批拥有自主知识产权、市场前景好的优势产品。重点建设启鑫光电生产项目，形成年产单晶硅电池片100兆瓦、电池片组件300兆瓦生产能力。做强做大锦浪新能源科技有限公司，引进上下游配套企业，推进风能装备等制造产业规模化发展。建设乐惠新能源装备制造项目，形成年产新型生物能源装备800台（套）生产能力。到2015年，实现产值100亿元。

（5）海洋生物医药。加强海洋生物产业的基础研究和应用研究，大力推进海洋生物制药、生物保健品和功能性食品开发。加强海洋生物医药肥料开发，推进海洋生物产业发展。重点以宁波超星、宁波海浦等企业为依托，开发附加值和技术含量高的海洋生物医药和海洋生物制品。到2015年，实现产值10亿元。

2. 积极发展现代海洋服务业

（1）海运物流。鼓励海运企业与生产企业、营销企业的合资合作，加快海运企业与陆运企业、仓储企业的联动发展，促进海运企业由单纯的承运企业向物流经营企业发展，由单一海洋运输向综合物流服务发展。重点扶持发展大吨位运输船舶，鼓励县内外企业和资本进入象山县海运市场，支持组建跨地区的大中型海运集团公司，培育海运龙头企业。设立海运服务中心，充分发挥经营、管理、物流、服务的集聚优势，打造象山海运品牌形象。坚持商用储备和国家储备并举，集聚实力强、影响大的仓储物流企业，提升大宗商品中转储运加工贸易能力。

（2）大宗商品交易及金融信息服务。启动象山港物流园区的开发，建设公用万吨级泊位，发展建材、金属机械工业品、轻工业品和集装箱等货运，培育壮大物流园区市场，到2015年，力争实现商品交易额80亿元。建设石浦港物流园区，发展农渔产品冷链物流，拓展对台贸易物流，到2015年，力争实现商品交易额100亿元。推进商会大厦、海运大厦、金融中心、国贸中心等平台建设，引导国内外金融机构在象山设立分支机构开展船舶融资、航运融资、海上保险、航运资金汇兑与结算等航运金融服务。以建设智慧港口、智慧物流为方向，提升电子口岸信息系统服务功能，加快航运物流信息服务平台建设。

（3）海鲜餐饮。利用海鲜产品资源丰富、质量上乘的优势，巩固传统特色，加大创新力度，加快建设上规模、上档次的海鲜餐饮酒店，重点发展石浦、丹城、爵溪三大区域的海鲜美食基地，打造5条海鲜美食街和10家品牌美食店，加快形成餐饮硬件设施高、中、低档系列齐全的格局。挖掘和创新象山海鲜餐饮菜肴品种，形成特色鲜明、风味独特的象山海鲜菜肴系列。坚持县内与县外、餐饮与旅游、餐饮与渔业的互动，利用中国开渔节、象山海鲜美食节等节庆活动，加大宣传促销力度，打响象山海鲜餐饮品牌，壮大象山海鲜美誉度。

（4）海洋会展。加强会展设施建设，完善会展服务功能，积极承办中国海洋论坛，提升中国开渔节等海洋节庆举办水平，争取举办国内外海洋高新技术企业新产品发布会、贸洽会、展销会和企业年会，不断壮大会展规模，加快会展产业化发展，不断扩大象山在长三角地区的会展知名度。积极承办中国海洋博览会和世界海洋博览会有关活动。

3. 提升发展现代渔业

（1）远洋渔业。推进海洋捕捞减船转产工程和渔船标准化改造，严格控制捕捞强度，探索完善伏季休渔制度。加强远洋渔船更新改造和远洋渔场开拓，加快渔业捕捞队伍建设，完善配套服务体系，大力发展远洋渔业，建设国际水产冷链物流基地，建设国家综合性现代远洋渔业中心。到2015年，远洋捕捞量占全县海洋捕捞量的比重达到15%。

专栏5 发展远洋渔业的方向、规模及难点

建设方向：一是发展大洋性远洋渔业，主要在北太平洋、东南太平洋以及西南太平洋从事鱿钓作业；二是发展过洋性渔业，主要在印度洋海域国家经济专属区从事拖网等作业。

发展规模：“十二五”期末，注册在象山的远洋渔业企业10家以上，远洋渔业年产量5万吨。

需要解决的难点：随着远洋渔业的发展，象山迫切需要在石浦渔港设立远洋渔业基地，以确保远洋渔业的渔船补给、渔民生活、渔货销售等一系列问题。

（2）海洋生物育苗育种。改造与提升规模化种苗繁育基地10家，不断调整和优化养殖品种结构，加强优良品种引进、繁育与推广。加大水产良种场建设，积极与上海海洋大学、宁波大学等科研院校合作，开展海水鱼、紫菜和梭子蟹良种选育。开展贝类苗种自然增殖和人工繁育基地建设。强化水产苗种质量监管，建设全省重要水产种业园区和全国著名的海洋滩涂经济贝类种苗繁育基地。

专栏6 海洋生物育种现状与市场前景

发展现状：全县现有工厂化育苗厂28家，总育苗水体30万立方米。年生产海水鱼类1 000余万尾，蟹类6 000余公斤，虾类近20亿尾，各种贝类近1万公斤。拥有滩涂贝类中间培育基地3万余亩，紫菜育苗厂56家，年育苗能力2.5万亩。与宁波大学合作开展了岱衢族大黄鱼的选育工作，与上海海洋大学合作开展了“申福”系列紫菜的引时栽培及本地菜和福建菜杂交育苗。

市场前景：目前已是全省最重要的种苗生产基地。海水鱼类、梭子蟹苗常供舟山、温州、台州等地。尤其是贝类苗种，已成为我省第二大育苗基地及贝类苗种输出县。

（3）海水低碳生态养殖。改造提升传统海水养殖业，稳定海水养殖面积，推进养殖池塘改造，加快养殖设施现代化建设。突出低碳和碳汇渔业，大力发展生态循环洁水养殖模式，积极推广水质净化、底充式增氧技术和环保型优质饲料，实行海淡水池塘综合生态高效养殖、多品种、多模式的混养与轮养的高效复合生态养殖系统。至2015年，生态循环养殖规模达到2万亩。

（4）海产品精深加工。加快建设石浦水产品加工园区，延长产业链，提高水产品精深加工比例。加强水产品市场升级与信息化平台建设，探索主要鱼货远期合同交易。推广应用超高压、超低温等海产品加工新技术，深化海产品加工废弃物的综合利用和清洁生产技术，建立水产品精深加工示范基地，形成一批自主知识产权的高新技术加工产品。

4. 大力发展海洋旅游业

（1）提升海洋旅游水平。依托象山海洋、海岛资源禀赋，充分利用丰富的地质地貌、众多的动植物种类、多样的岛礁沙滩与海岸湿地，加快推进大目湾新城旅游产业功能区、新桥滨海影视产业功能区建设，重点打造八大景区和八大休闲产品，推进海钓项目国际化，促进观光旅游向休闲旅游、体验旅游发展，全面提升海洋旅游水平，打造长三角乃至国内一流的海洋旅游目的地。

专栏7　海洋旅游空间布局及发展方向

八大景区：松兰山度假区、中国渔村、石浦渔港古城、象山影视城、半边山度假区、花岙岛、渔山岛、檀头山岛。

八大休闲产品：休闲度假、商务会议、海上运动、影视创意、海鲜美食、康体疗养、汽车露营、生态观光。

（2）丰富海洋旅游内涵。深入挖掘风景名胜区的文化内涵，深化主题文化馆、博物馆、展览馆等文化旅游产品主题，丰富游览方式，增强旅游功能。加强石浦古镇旅游深度开发，科学保护与利用古镇整体风貌、重点街区与重要节点，增强产品内涵。突出地方性、文化性、体验性，推进徐福文化、石浦古镇等自然文化资源申报国家遗产工作，形成一批具有国际国内影响力的品牌旅游项目。

（3）完善海洋旅游功能。加快海洋旅游配套设施建设，按照海上旅游交通“公交化”、“立体化”的要求，重点发展海上游船、游艇基地、通用航空俱乐部等高端滨海休闲旅游配套设施。加强旅游产业同文化产业、会展产业等的融合发展，健全旅游业发展的组织体系和服务体系，不断完善海洋旅游功能。充分利用象山港大桥经济圈效益和独特的海洋养生文化优势，以科学保护公共岸线资源为前提，大力发展海景房产建设。统一规划，整体开发，择优招商，形成租售并举的海景住房市场，促进景观房产业健康发展。重点在大目湾新城、石浦港区域和松兰山区域开发中高端旅游海景房产。

（二）工作举措

1. 规划方面

组织实施《象山县“十二五”工业发展规划》、《象山县旅游业“十二五”发展规划》、《象山县商贸流通业“十二五”发展规划》和《象山县海洋与渔业“十二五”发展规划》等。

2. 政策方面

一是编制象山海洋产业发展目录，结合象山县海洋产业情况、要素资源约束和生态环境容量，将海洋产业分为鼓励类、限制类和禁止类，引导发展创新能力和竞争力强、能源资源消耗少、经济社会效益好的海洋产业。二是争取税收优惠政策，出台促进海洋生态保护、科技研发创新、现代海洋产业健康发展的政策，对符合条件的小型微利企业减按20%的税率征收所得税。三是强化金融扶持政策，鼓励加大对海洋经济重点领域、重点项目、重点企业的信贷资金投放力度；搭建银企合作平台，建立海洋经济融资项目库，优先支持象山海洋核心产业、新优项目、重点工程的发展和建设；争取省市海洋经济新兴产业引导专项资金加大对象山海洋新兴产业、海洋现代服务业、临港先进制造业和现代海洋渔业的支持；充分发挥政府信用，积极争取境外金融机构和国际组织贷款、国内政策性贷款，扩大对海洋开发的投入。四是制定土地要素保障政策，重大海洋产业项目要积极争取国家和省级重点项目戴帽，下达单列用地指标；对符合海洋产业发展要求的项目用地将优先予以安排，对不符合发展要求的项目用地放缓供应。

（三）责任分工

表 3　发展现代海洋产业的责任分工

重点任务	建设内容	责任单位
发展现代海洋产业	培育发展先进海洋制造业与海洋新兴产业	由经信局牵头负责，海洋渔业局、财政局、科技局、国土资源局、环保局、各镇乡（街道）参与
	积极发展现代海洋服务业	由发改局牵头负责，财政局、经信局、交通运输局、港航局、金融办、商务局、口岸办、海洋渔业局、国土资源局、各镇乡（街道）参与
	提升发展现代渔业	由海洋渔业局牵头负责，财政局、科技局、国土资源局、各镇乡（街道）参与
	大力发展海洋旅游业	由风景旅游局牵头负责，发改局、财政局、海洋渔业局、国土资源局、环保局、各镇乡（街道）参与

七、推进海岛分类开发与保护

（一）工作重点

立足海岛自然条件，科学规划、合理利用，把海岛建设成为海洋经济新的增长点。

1. 滨海旅游岛

以檀头山岛、对面山岛、花岙岛、崇岛、旦门山岛、大羊屿、牛栏基岛等为重点，充分发挥海岛资源组合优势，坚持“一岛一主题、一岛一策”开发模式，因岛制宜，统筹各岛联动发展，着力发展休闲度假、海洋文化、海鲜美食、康体运动等特色旅游。严格保护海岛自然人文景观，统一管理、合理开发，实现海岛旅游资源的可持续利用。檀头山岛要发挥原生态自然环境和独特的沙滩旅游资源，建设游艇俱乐部、休闲度假酒店、沙滩露营、海滨浴场等功能性项目。花岙岛要利用海上石林自然风景和海防文化人文景观，推进整体规划开发，发展休闲观光、海上运动和海鲜餐饮。对面山岛要发挥距离本岛较近和面积较大的优势，建设游艇俱乐部、运动娱乐设施。崇岛、旦门山岛和大漠山岛等要依托优越的海洋生态资源和“岩、滩、景”等旅游资源，在保护海岛森林植被和自然景观的前提下，加强旅游基础设施建设，合理开发海岛旅游娱乐项目，重点发展休闲度假、海上运动为主的海岛旅游。

2. 港口物流岛

以东屿山岛、西屿山岛为重点，着力发展集装箱或散货储运、中转等港口物流功能，辅以分拨配送、增值加工等功能。统筹规划岸线、航道和锚地开发，坚持深水深用和节约使用。对于干线航道上的岸线资源，优先用于公用码头建设，对于利用方向尚不明确的岸线，应予以预留，避免深水浅用、多占少用。东屿山岛要利用毗邻外海的优越通航条件，加强港口码头、仓储设施建设，建设国家战略物资储备中转基地。西屿山岛要利用岛屿间前沿水深条件和一定的深水岸线资源优势，重点培育发展仓储、中转、配送等功能。

3. 清洁能源岛

以南田岛、高塘岛等为重点，根据国家、省、市规划的战略部署，在科学发展新兴核电产业，有序开发近海风能、潮汐能、生物质能等海洋可再生能源的基础上，从海岛实际出发，创新整体开发模式，科学进行综合利用。

4. 现代渔业岛

以南田岛、东门岛等为重点，着力发展休闲渔业、远洋捕捞等功能，重点建设特色民俗渔文化村，充分体现海岛特色和文化底蕴。充分利用南田岛现有基础，加快现代化远洋渔港配套设施建设，加强渔业捕捞的专业人才队伍建设，组建现代化的远洋船队，完善配套服务体系，发展远洋捕捞业和海产品冷冻保鲜及深度加工业，建设国家远洋渔业进出口贸易、深加工及船队后勤补给基地。充分挖掘东门岛渔文化资源，完善旅游服务设施，加快特色渔村建设，培育一批以渔文化为题材的旅游专业户，重点发展海鲜餐饮、休闲渔业、文化体验等项目，打造现代渔文化休闲基地。

5. 海洋生态岛

以韭山列岛、渔山列岛等为重点，保护海岛及其周边海域的海洋生态环境、海洋生物与非生物资源，维护海岛水域和陆域生态系统的原始性。严禁在生态保护岛上进行任何工程开发活动，在不影响海洋生态保护主体功能的基础上，适度开展科普教育、科研考察等低强度的利用活动。韭山列岛为国家级自然保护区，以保护大黄鱼、曼氏无针乌贼、珍稀鸟类等生物资源和海洋生态环境重点，加大海洋生态保护的投入，完善海洋生态环境的管理，加强海洋生态环境的监控能力，有效改善和提高海洋生态环境。渔山列岛为国家级海洋生态特别保护区，重点保护贝藻类资源和原生态岛礁及生物资源。

专栏8　2020年前重点海岛分类开发一览表

海岛类型	行政区	建设内容
滨海旅游岛	石浦镇	檀头山岛（11.03 km^2）、铜头岛（0.86 km^2）、萝卜山岛（0.29 km^2）、牛栏基岛（0.83 km^2）、对面山岛（4.4 km^2）
	爵溪街道	大岩洞岛（0.11 km^2）、大平岗岛（1.15 km^2）、羊背山岛（0.45 km^2）
	涂茨镇	道人山岛（1.3 km^2）
	丹东街道	大漠山岛（0.9 km^2）、大羊屿（0.25 km^2）
	高塘岛乡	花岙岛（12.62 km^2）
	新桥镇	崇　岛（1.83 km^2）
	东陈乡	旦门山岛（0.97 km^2）、布袋山岛（0.34 km^2）
港口物流岛	涂茨镇	东屿山岛（1.51 km^2）
	涂茨镇	西屿山岛（0.43 km^2）
清洁能源岛	鹤浦镇	南田岛（84.38 km^2）
	高塘岛乡	高塘岛（39.11 km^2）
	石浦镇	屏风山岛（0.22km^2）
	墙头镇	海山屿（0.01km^2）
现代渔业岛	鹤浦镇	南田岛（84.38 km^2）
	石浦镇	东门岛（1.86 km^2）
海洋生态岛	爵溪街道	韭山列岛（7.24 km^2）
	石浦镇	渔山列岛（2 km^2）

（二）工作举措

1. 规划方面

编制《象山县重要海岛开发利用与保护规划》，积极推进南田岛、高塘岛、花岙岛、檀头山岛、对面山岛、东门岛等海岛的建设，同时按要求编制相应规划的环评报告。

2. 政策方面

加大用地用海政策支持。调整海岛地区的土地和围填海政策，综合开发利用滩涂资源，争取国家核减或允许探索动态调整海岛基本农田保护任务和耕地保有量，增加建设用海围填海计划指标。对列入国家、浙江省和宁波市重点的海岛基础设施项目，争取享受国家、浙江省和宁波市重点建设项目的用地政策。争取上级部门在分配海岛围填海指标时给予象山县倾斜，所上缴的海域使用金留省市部分，以项目形式全额支持象山海岛经济发展。

加大财政税收政策支持。积极争取国家、省、市海洋经济发展专项资金向象山海岸带和无居民海岛整治修复、海洋生态保护和海岛基础设施建设倾斜。争取省、市海洋新兴产业引导专项资金加大对象山海岛新兴产业、现代服务业的支持。争取加大对海岛地区税收政策的支持力度，实行“以岛养岛”政策，享受浙江省海岛县（市）优惠政策，对海岛地区经认定的高新技术企业实行减按15%的税率征收所得税，并享受在计算应纳税所得额时加计扣除研究开发经费和符合条件的固定资产加速折旧的政策。充分发挥税收政策的引导作用，积极贯彻和落实促进海岛生态保护、科技研发创新、现代海洋产业健康发展的税收优惠政策。对从事国家非限制和非禁止行业，符合条件的海岛小型微利企业，减按20%的税率征收所得税。

加大对外开放政策支持。在海岛海洋产业、科技、教育等领域内开展与有关国家和地区的交流合作，大力引进资金、先进技术和海洋人才。加强与内陆地区的合作，创新涉海项目引进和开发机制，参照“飞地工业”的模式，实行资源和利益共享的合作机制，支持内陆地区企业参与象山海岛临港产业和码头开发项目。加快海岛对台开放进程，在促进两岸贸易投资便利化上先行先试，创新港口口岸查验协调机制，不断优化口岸服务环境，争取设立高塘岛对台综合保税区，探索实行更加开放、便利的海关特殊监管政策。

3. 体制机制方面

强化组织领导和综合管理。发挥象山县海洋经济工作领导小组及其办公室的作用，加强县海经办力量，建立和完善发改、海洋、建设、规划、国土、环保等部门协作的议事、协调机制，确保对海岛建设重大事项决策的科学化、民主化。各级各部门要按照职能分工，研究制订海岛建设具体的实施措施，并及时加以落实推进。进一步加强部门协作，做到互通信息、职能联动、资源共享、项目共管。各级各部门要把海岛建设列入重要议程，建立健全领导干部重大工程联系制度。进一步探索建设项目联动审批制度，对项目的选择、研究、评审、监管等重大事项要积极邀请相关部门参与，取得各部门的支持，推动部门协作持续深入开展。

加大开发建设体制机制创新。扩大海岛开发自主权，积极引导民间资本参与投资，实行“以岛养岛”的财政政策，通过土地储备中心或成立海岛开发建设投资公司，盘活城市存量资产，促进海岛土地、岸线优势资源的升值和开发，为加快海岛开发建设筹集资金。实行开放性准入政策，放宽限制，降低门槛，大胆招商引资。大力推进股权筹资等方式，使各种社会资金以股份制形式参与海岛建设。对已建成的一些项目如旅游风景区等，作为重点招商项目推出招商经营，通过实施经营权转让，多渠道筹措建设资金。切实改善投资环境，加大对外招商引资力度，加快海岛建设利用外资步伐。在政策允许的前提下，用足用好在土地使用、地方税收、电力及电价、水资源利用、银行信贷等方面政策措施，为海岛建设创造良好的投资环境。

（三）责任分工

表 4　推进海岛分类开发与保护的责任分工

重点任务	建设内容	责任单位
推进海岛分类开发与保护	打造滨海旅游岛、港口物流岛、清洁能源岛、现代渔业岛、海洋生态岛	由发改局牵头负责，海洋渔业局、经信局、风景旅游局、石浦渔港旅游开发管委会、港航局、环保局、海事处、各镇乡（街道）参与

八、加强海洋生态环境保护

（一）工作重点

加强国家级海洋生态保护区建设，科学高效利用海洋资源，强化海洋污染综合防治和海洋生态修复，分析、预测和评估试验区建设对海洋生态环境可能造成的影响，切实提高海洋经济可持续发展能力。

1. 加强国家级海洋生态保护区建设

组织实施《韭山列岛国家级海洋生态自然保护区总体规划》，保护生物多样性、海洋渔业资源与景观旅游资源，保障海洋湿地生态系统以及生物资源的永续利用，成为生态系统完整、结构稳定、各类资源持续发展、综合效益不断提高的海洋生态自然保护区。严格落实《宁波市渔山列岛国家级海洋生态特别保护区管理办法》，逐步改善保护区的生态环境，提高保护区内的生物多样性，促使保护区内繁衍的重要渔业资源得以保护、恢复和可持续利用，维持海洋生态系统的良性循环，成为独具海岛风情，生态、经济、社会效益统一的海洋特别保护区。完善保护区管理机构与组织架构，形成保护意识较强、业务素质较高的保护区管理队伍。加强海洋生态保护区水生野生动物和重要渔业种质资源保护，扩大增殖放流规模，促进资源养护工作的规范化、常态化，扩大主要保护对象的种群数量，保障生物多样性得到进一步恢复和丰富。建设海洋科研基地和海洋科普教育基地。

2. 加强海湾湿地生态系统保护

试验区湿地分布面积大、资源丰富、类型众多，是黑脸琵鹭、雁鸭类、黑嘴端凤头燕鸥等珍稀鸟类的重要活动区域，是全球候鸟迁徙的主要通道及越冬栖息地，在生物多样性保护中占有重要地位。以保护与恢复为导向，以加强湿地保护宣传教育、建立完善的湿地监测体系为抓手，提高全社会的湿地保护意识，加强湿地综合管理，着力加强韭山列岛自然保护区湿地、象山港海岸湿地保护，建设西沪港省级湿地公园，重点保护水鸟栖息地和迁徙停歇地，有效保护水生生物，努力恢复湿地的自然特性和生态功能，逐步扭转海湾自然湿地面积减少和功能下降的局面，建设成为浙江省湿地生物多样性保护的重点地区。

3. 科学高效建设“海洋牧场”

建设象山港、韭山列岛、渔山列岛三大海洋牧场试验区，到2015年，海洋牧场建设区面积达50平方千米，带动周边海域资源保护与恢复，辐射海区超过500平方千米，基本形成集海洋环境保护、渔业资源增殖、农牧化养殖、海上休闲游钓等功能于一体的“海洋牧场”框架。通过人工鱼礁建设、大型藻类移植、贝类底播增殖、资源增殖放流等方式，建立高效碳汇的生态体系，改善和再建渔场环境，形成环境友好型的海洋牧区。

4. 强化海洋污染综合防治

以海洋功能区划为依据，建立和健全海洋环境保护规划管理体系。严格执行海区沿岸产业准入规定，严格控制现有陆源污染源的扩散和新污染源的产生，实行断面排污总量控制。加大工业、生活、养殖业等陆源污染物综合治理和达标排放力度，完成国家和省市下达的污染物减排任务。控制临港工业对海洋的污染，尤其要控制富含营养盐（氮和磷）的污水排放量，预防赤潮发生。加大海洋面源污染管理和防控，加强港口作业和船舶工业污染防治，实施近岸海域排污总量控制计划。加快建设海洋环境监测预警体系。加强部门协作，加大涉海工程环境监管和近海生态环境建设，在入海污染源联合监控、海洋污染协同治理、重大海洋污染事件防范应对、海洋生态修复建设、涉海环境联合执法、废弃物海洋倾倒监管等领域开展广泛合作。

5. 加强海洋生态修复

优化禁渔休渔制度，加大水生生物增殖放流力度，加强重点海域生态休养生息，加快生物多样性修复。建立象山港海洋渔业种质资源与濒危物种特别保护区、象山港海岸湿地保护区，维护重点港湾、湿地的水动力和生态环境，确保海洋生态系统的良性循环。

（二）工作举措

1. 规划方面

积极落实《象山港区域保护和利用规划纲要》、《宁波市海洋牧场建设规划》，组织实施《渔山列岛国家级海洋特别保护区总体规划》、《韭山列岛国家级海洋生态自然保护区总体规划》、《象山县海洋环境保护“十二五”规划》、《象山县环境保护“十二五”规划》。

2. 政策方面

积极落实浙江省《关于加强海洋生态保护的意见》，建立海洋生态环保专项资金和海洋生态损害补偿赔偿资金制度。将沿江、沿海排污企业纳入排污费收取范围，适当提高排污收费标准，保障部分资金用于象山海域的生态补偿、污染治理和生态环境保护。积极争取国家资金，建设渔山列岛国家级海洋生态特别保护区和韭山列岛国家级海洋生态自然保护区。

3. 体制机制方面

积极落实《浙江省人民政府关于进一步完善生态补偿机制的若干意见》，重点完善海洋生态补偿机制，涉海产业和环保准入机制，以及海洋生态环境监测、控管、预警及危机处理机制。

（三）责任分工

表5　加强海洋生态环境保护的责任分工

重点任务	建设内容	责任单位
加强海洋生态环境保护	建设韭山列岛国家级海洋生态自然保护区	由海洋渔业局牵头负责，环保局、海事处、科技局、爵溪街道参与
	建设渔山列岛国家级海洋生态特别保护区	由海洋渔业局牵头负责，环保局、海事处、科技局、石浦镇参与
	加强海湾湿地生态系统保护	由农林局牵头负责，环保局、海洋渔业局、各镇乡（街道）参与
	建设海洋牧场	由海洋渔业局牵头负责，发改局、科技局、环保局、海事处、港航局、有关镇乡（街道）参与
	强化海洋污染治理	由海洋渔业局牵头负责，环保局、科技局、海事处、港航局、有关镇乡（街道）参与

九、繁荣发展海洋文化

（一）工作重点

贯彻落实党的十七届六中全会精神，以中国海洋论坛和中国开渔节为重要平台，进一步挖掘和弘扬海洋文化，丰富文化内涵，提升人文素养，增强海洋文明意识，推动文化大发展大繁荣，创建浙江省海洋文化建设示范区。

1. 优化海洋文化功能结构

以建设海洋文化强县为方向，整合海洋文化资源要素，全面打造五大文化功能区块。北部象山港海湾养生休闲区主要是利用象山港大桥建成后的便利条件，开发越窑青瓷、滩涂湿地等文化资源，在象山港沿岸建设海湾养生文化休闲区。西部佛教文化区重点开发泗洲头镇灵岩山佛教风景区和西周镇蒙顶山佛教观光风景区。南部渔文化展示区主要以石浦渔港文化游览区为中心，扩展至周边地区。中部影视文化产业区以松兰山海滨度假区和象山影视城为核心，涵盖周边区域，打造影视文化休闲产业基地。东部运动休闲区以渔山岛、道人山岛、檀头山、花岙岛等海岛为主，积极发展国际海钓、康体养生等，打造东部沿海具有较强影响力的海洋康体运动胜地。

2. 建设国家海洋渔文化生态保护区

加强海洋渔文化发展载体建设，开辟一条海洋文化走廊，兴建一个海洋文化教育基地，建造一批海洋文化城雕，演绎一台海洋文化主题剧，创作一批在全省乃至全国具有较大影响的文化精品，打响海洋渔文化品牌。加强国家非物质文化遗产保护，挖掘海洋文化内涵，传承海洋文明。全面建设环石浦港渔文化旅游设施，完成石浦渔港古城一期改造，开发建设渔港古城二期、东门渔村，建设中国渔文化博物馆等海洋文化活动场所和主题公园。创新办好中国海洋论坛、中国开渔节、石浦“三月三·踏沙滩”民俗节、象山海鲜美食节等节庆活动。推动海洋文化与休闲度假、高端人居、餐饮娱乐等产业融合发展。

3. 创建海洋特色国家影视文化产业基地

以场景为表、产业为里、文化为魂“三位一体”发展为引领，以场景生活化、生活艺术化、艺术娱乐化、活动趣味化、旅游互动化为方法，以全方位满足剧组拍摄和全天候服务游客为目标，优化功能空间，凸显资源特色，增强影视体验，加大品牌营销，建设成为影视文化创作集聚区和文化产业转型升级示范区。坚持因地制宜、强化特色与错位发展，促进影视文化产业发展与海洋资源开发联动，引进影视拍摄制作公司和相关文化产业项目，打造一批以海洋景观和海洋文化为主题的作品，创建具有海洋特色的影视产业基地。

4. 打造海洋科教创新基地

坚持以项目为依托，以合作为纽带，加大海洋经济高层次人才柔性引进力度。定期编制海洋经济重点产业紧缺人才目录，加大对列入目录的重点产业紧缺人才引进和培育力度。加强涉海类学校和专业建设，推进宁波市水产技术学校与海洋高职院校开展“五年一贯制”为主要形式的联合办学，发展中高职一体化职业教育。大力推广以企业为主体、校企联合的培养模式，重点发展中等职业技术教育，培养海洋经济发展所需产业工人。推进省级以上科研机构在象山设立海洋科研基地、院士和博士后工作站，吸引一批境内外高等院校、科研院所落户或参与研发，推进成果转化。

专栏9　海洋（海岛）人才统筹开发四大计划

海洋文化人才开发：引进和培养一批富有创意、善于创业的文化创意人才和具有国际视野、勇于开拓的文化产业经营管理人才，造就一支高层次文化专业人才队伍，支撑具有象山特色的文化事业和文化产业快速发展。大力挖掘和培养一批公共文化人才，积极支持民间文化艺术人才发展。

海洋旅游人才开发：重点抓好旅游行政管理人才、旅游企业经营人才和旅游职业技能人才的培养，围绕“蓝、绿、古”三色旅游，建设各具特色的旅游人才培训基地。积极引进优秀旅游人才，建立旅游人才资源库。

海洋新兴产业人才开发：以政府为主导、企业为依托、产业为载体，大力推行“人才＋项目＋团队”引才模式，联合科研院所和各类高校，储备引进一批具有自主创新能力的优秀人才。

临港装备制造业人才开发：利用模具制造等产业人才基础，开展专业和技能培训，加强与高等学校、科研机构合作，培育高级技工、特种技能的带头人。聘用科研院校、大专院校的高级技术人才、设计人才和管理人才，实施“海外工程师”等海外引智项目，有目标的引进海外临港装备制造业相关方面的高层次人才。

（二）工作举措

1. 规划方面

积极落实《浙江省“十二五”文化发展规划》、《宁波市“十二五”文化发展规划》，组织实施《海洋渔文化（象山）生态保护实验区总体规划》、《象山县“十二五”海洋文化发展规划》、《宁波影视文化产业区发展规划》。

2. 政策方面

一是加大引进和培养海洋（海岛）创新创业人才。对带技术、带项目、带资金来象山从事海洋（海岛）经济活动的创业人才，给予5万～10万元的创业启动资金资助；定期编制海洋经济重点产业紧缺人才目录，并对列入目录的重点产业紧缺人才在引进和培育上加大政府投入；实施大学毕业生和各类优秀人才购买限价房等优惠政策，促进创业创新人才集聚。二是加大影视产业政策扶持，积极鼓励民间资本投资影视文化产业，引导民间资本参与影视拍摄、影视制作、作品发行、文化创意、影视服务等产业，吸引省广电集团、市广电集团等在象山注册落户企业，努力推进影视文化产业集聚发展。

3. 体制机制方面

创新投资运营模式。充分发挥公共财政在公共海洋文化事业中的主渠道作用，重点投入重大海洋文化设施和公益性海洋文化项目。对政府主办的重大海洋文化项目和活动实行公开招标，择优承办，加强审计监督。拓宽海洋文化建设投入渠道，动员社会力量投入海洋文化建设，对社会力量兴建海洋文化旅游设施，给予优惠出让土地，减免部分规费。公益性海洋文化设施可采用出让冠名权、经营权的方式进行市场化运作。

（三）责任分工

表 6 繁荣发展海洋文化的责任分工

重点任务	建设内容	责任单位
弘扬海洋文化	建设国家海洋渔文化生态保护区	由文广新闻出版局牵头负责，财政局、规划局、住建局、海洋渔业局、石浦渔港旅游开发管委会、盐务局、有关镇乡（街道）参与
	打造海洋科教创新基地	由人社局牵头负责，科技局、教育局、财政局参与

十、加快推进海洋基础设施建设

（一）工作重点

根据海洋经济发展的目标要求，统筹交通、水利、土地、能源、防灾减灾等重大基础设施网络布局，提高海洋经济发展承载能力。

1. 完善交通基础设施

一是加快对外交通连接。确保象山港大桥及连接线工程、戴港至中心城区快速通道、黄避岙高速互通连接线 2012 年底同步建成通车。积极推进三门湾大桥及接线工程，加快建成环象山港一级公路及石浦、新桥、东陈等高速互通连接线，形成“一轴一环五连”骨干路网。二是优化内部交通组织。加快建设盛宁线丹城至西泽段、沿海南线蒋家湾至下洋墩、环石浦港陆岛交通工程等一批一级公路，全面实现农村公路网络化，健全完善交通场站等配套设施，推进县域内部交通与骨干路网的有机对接，着力构建陆域半小时交通圈。三是谋划推进铁路轨道交通。积极推进甬台温象山铁路支线建设，完善宁海三门湾区域至石浦港区域交通网络，促进宁波三门湾区域统筹开发。谋划推进宁波轨道交通延伸至象山的相关前期工作。

2. 提高水资源保障能力

一是增强水资源供应能力。加强水资源保护和合理开发，加快水调配工程建设，全面建成城乡“二区五片”供水网络，形成城乡联网、镇村联网、村级标准化水站三级供水体系。推进沿海和海岛地区蓄水工程，建设象山 10 万吨级海水淡化项目。二是提高水资源利用效率。加强水资源统一调配，实行最严格的水资源管理制度，完善水资源有偿使用制度。健全总量控制与定额管理相结合的用水管理制度，做好多水源供水系统和应急水源工程建设。加强节水工程建设，大力推广中水回用，加大破旧供水管网改造力度，提高水资源综合利用效率。

3. 加强能源保障能力

一是完善能源输送网络。积极推进新电网建设和乡村、海岛等旧电网改造，提高区域电网网架供电能力，保障供电安全。积极推进宁波—象山天然气管网工程建设，加快建设城区供气网络，扩大天然气利用覆盖率。二是增强能源供给保障。改善能源供应结构，加快新能源和再生能源开发，构建电网、气网、油网三大能源网络，形成安全、清洁、高效的能源保障体系。推广应用风能、太阳能、生物质能和地热能等新型清洁能源，提高可再生能源利用水平。

4. 提升海洋防灾减灾水平

一是健全海洋防灾减灾预警预报体系。开展海洋灾害风险排查，组织实施风暴潮、海啸风险评估与区划，明确海洋灾害重点防御区，合理布局海洋经济发展空间。建立近岸海洋灾害观测系统，建设海洋信息实时采集、传输、处理及可视化立体网络，提高海洋综合观测能力和海洋灾害精细化预警报能力。建立与省市有效对接的海洋灾害应急指挥平台和信息快速分发系统，建立遍及重要公共区域和沿海乡村的海洋灾害预警信息显示终端。编制海洋灾害应急预案，实施灾害应急预案动态管理。开展台风、寒潮大风、海雾等灾害性天气精细化预报预测，加强气候变化对沿海生态、社会、经济的潜在影响评估。二是推进堤防和渔港等改造升级。完善海堤强化加固工程，加快沿海围垦区海堤建设，强化沿海平原防洪排涝设施配套，增强流域和区域防洪排涝能力。完善沿海防护林、防洪御潮和高标准城市防洪体系，继续推进标准渔港建设，加强季节性避风渔港或港湾维护与管理，保障渔民生命财产安全。加强涉塘涉堤建设项目的安全监管，确保海堤安全。三是构筑安全生产和海上船舶应急救助体系。完善海上安全生产和船舶应急救助预案，推进船舶溢油、化学品泄漏或爆炸等事故监测及应急救助设施建设，健全海上重大污染突发事故应急体系，不断提高航海保障、海上救生和救助服务水平。建立海洋生态安全防护体系，加强灾后生态损害评估和修复工作。建立海事、海警、海洋、渔业、海上搜救等部门间的协调合作与应急机制，加强船舶安全管理和装备建设，提升对无动力船的救助能力，强化海运、渔业生产安全和治安保障。

5. 建设智慧海洋信息网

一是完善现代信息系统。积极开展下一代互联网、新一代移动通信网、数字电视网等先进网络的试验与建设，加强公共信息网络共建共享，推进“三网”融合。实施数字海洋工程，建立海洋空间基础地理信息系统，完善海洋信息服务系统。加快发展电子政务和电子商务，率先建成“数字象山”。二是增强现代信息服务能力。适度采用微波和卫星通信手段，作为沿海和海岛地区光缆传输的重要补充、保护和应急手段，提高海上作业和海上救助通讯保障水平。加快物联网成熟技术在港口、物流、航运等领域的应用推广。建设近海海洋信息基础平台、海洋综合管理信息系统，逐步完成构建“数字海洋”空间数据基础设施系统，重点突破“数字海洋”建设所急需的支撑技术。

（二）工作举措

1. 规划方面

组织实施《象山县"十二五"重大建设项目规划》、《象山县水利发展"十二五"规划》、《象山县电网"十二五"规划》、《象山县综合交通"十二五"发展规划》、《象山县信息产业发展规划》、《象山县水资源保护与开发利用规划》、《象山县防灾减灾规划》等。

2. 政策方面

争取把海岛海陆交通集疏运体系建设纳入到国家、省市交通和港口规划。争取国家、省重大基础设施项目建设的资金补助力度。争取国家和省帮助和支持开展铁路上岛、通用机场等相关前期工作。制定出台推动清洁能源发展的政策意见、水资源利用与保护的政策意见、加强海洋灾害防治工作的政策意见、加强标准渔港管理的政策意见等。增加土地供给总量，建设用地增减挂钩指标优先用于基础设施建设。

3. 体制机制方面

按照"政府引导、市场运作"的思路，加大投融资体制改革力度，引入市场化运行机制，充分调动社会力量，多形式、多渠道、多方位筹集建设资金，投入基础设施建设。加强政策扶持力度，加强对交通、水利、市政等基础设施建设的投资和扶助。改变政府以拨款方式直接投资基础设施建设的模式，按照"谁投资、谁决策、谁受益、谁承担风险"的原则，有序推进基础设施产业化经营，把实物形态转化为价值形态回笼资金，所得收益投入基础设施再建设。构筑以政府投入为引导、社会投入为支撑的可持续投资体系，制定切实可行的鼓励社会性资金投资基础设施建设的各种优惠政策，加快社会性资金投入到基础设施领域。

（三）责任分工

表7 加快推进海洋基础设施建设的责任分工

重点任务	建设内容	责任单位
推进海洋基础设施建设	建设交通基础设施	由交通运输局牵头负责，发改局、规划局、国土资源局参与
	强化水资源保障	由水利局牵头负责，发改局、财政局参与
	强化沿海和海岛能源保障	由发改局牵头负责，供电局、经信局参与
	建设防灾减灾设施	由水利局牵头负责，财政局、气象局、海洋渔业局、环保局、海事处参与
	建设智慧海洋信息网	由经信局牵头负责，财政局、信息办、规划局、海洋渔业局参与

十一、强化保障措施

为实现规划确定的目标和任务，各级各部门必须突出科学发展主题和加快转变经济发展方式主线，认真履行规划管理职责，合理配置公共资源，有效引导社会资源，保障规划有效实施。

（一）健全组织领导

发挥象山县海洋经济工作领导小组及其办公室的作用，加强县海经办力量，强化综合协调和战略决策功能，加强海洋经济发展战略研究与谋划，协调解决海洋经济发展中面临的重大事项和问题，开展海洋经济运行监测与评估，加强对规划实施情况的跟踪分析和督促检查。象山县各级各部门要充分认识实施海洋经济发展战略的重大意义，按照职能分工，研究制订具体的实施措施，并及时加以落实推进。

（二）建立健全项目推进机制

编制《象山县“十二五”海洋经济重大建设项目计划》，安排符合海洋经济发展方向和要求，具有重大带动作用的基础设施、生态保护和海洋新兴产业等重点建设项目。积极推进项目前期工作特别是政府主导的重大基础设施和公共服务项目前期工作。加大项目引资力度，吸引世界“五百强”企业、中央企业、民营资本投资海洋经济重大项目，积极组织一批收益稳定的基础设施项目通过公开发行股票、可转换债券、企业债券等方式募集建设资金。有关职能部门要主动做好服务工作，帮助协调解决困难和问题，推动项目早日竣工。

（三）建立健全要素保障机制

深化与海洋经济发展相关的用地、用海、水资源、电力等要素价值政策改革，营造优惠价格环境。完善耕地和基本农田保护补偿机制，积极探索建立重大建设项目统筹补充耕地机制和市场化补充耕地机制，保障生态和重点产业项目用地。积极推进沿海及海岛地区水利建设，鼓励海水直接利用和海水淡化工程，全面开展节水型社会建设。加快建设沿海及海岛地区电力设施，发展海洋风能等清洁能源，优化变电站所布局，建设智能化配电环网。

（四）建立健全工作推进机制

明确工作分工，落实工作责任，将各级各部门推进海洋经济的工作任务列入年度工作考核内容。不断完善县海洋经济工作领导小组办公室工作机制，建立健全联络制度、督促检查机制和考核激励机制。强化综合协调，及时解决推进中的实际问题。

关于印发《宁波市休闲渔业船舶审批管理规定（试行）》的通知

文号：甬海办〔2012〕32 号　发布机构：宁波市海洋与渔业局

生效时间：2012－06－15

各县（市）、区海洋与渔业局，局属有关单位，局机关有关处室：

《宁波市休闲渔业船舶审批管理规定（试行）》已经局长办公会议审议通过，现印发给你们，请按照要求，认真贯彻执行。

第一章　总　则

第一条　为加强宁波市休闲渔业船舶的审批管理，规范审批程序和手续，促进休闲渔业安全、有序、健康地发展，根据《浙江省渔港渔业船舶管理条例》、《浙江省休闲渔业船舶管理办法》规定，结合本市实际，制定本规定。

第二条　本规定适用于本市行政区域内申请新建、更新改造、购置休闲渔业船舶从事休闲渔业的经营单位。

第三条　本规定所指的休闲渔业船舶是指从事水上垂钓、捕捞、采集等与渔业有关的休闲游乐活动的船舶，不包括排、筏、浮具。

第四条　休闲渔业船舶的新建、更新改造、购置实行许可制度，由县（市）、区渔业行政主管部门负责审核，市渔业行政主管部门负责审批。

第五条　鼓励捕捞渔船转产转业，申请新建休闲渔业船舶指标。

第六条　休闲渔业船舶核定载客人数一律不得超过 12 人。

第七条　象山港内休闲渔业船舶的主机功率不得超过 44.1 千瓦。

第八条　市渔业行政主管部门根据国家有关产业政策和休闲渔业发展情况，对本市休闲渔业船舶实行总量控制。

第九条　休闲渔业船舶经营单位应当为休闲渔业船舶办理渔业船舶检验、登记、捕捞许可证书。休闲渔业船舶检验、安全监督管理按照《浙江省休闲渔业船舶检验管理规定》、《浙江省休闲渔业船舶管理办法》等有关规定执行。

第十条　县（市）、区渔业行政主管部门应当会同旅游、交通、海事、公安边防等部门划定所辖水域的休闲渔业作业区域，报市渔业行政主管部门备案。象山港内休闲渔业作业区域由市渔业行政主管部门会同有关部门划定。

休闲渔业船舶不得跨县（市）、区水域运营。

第二章　休闲渔业船舶指标申请条件

第十一条　休闲渔业船舶必须企业化经营并纳入船舶所在地乡（镇）、村渔船管理。休闲渔业船舶经营单位应当按照有关规定设立安全生产管理机构或配备专职安全生产管理人员，制定安全生产管理制度，落实安全生产责任制。

第十二条　休闲渔业船舶经营单位应当在本地工商行政管理部门注册登记获得企业法人营业执照，且具备旅游业务服务资质。

个人不得申请休闲渔业船舶指标。

第十三条　申请休闲渔业船舶指标（新建、更新改造、购置）应当具备下列基本条件：

（一）船舶营运性质明确，符合当地渔民转产转业及经济发展的实际需要；

（二）休闲渔业船舶同旅游主管部门审批的休闲项目相配套；

（三）新建、更新改造的休闲渔业船舶应在渔船检验机构认可的船厂建造或更新改造；

（四）拟购休闲渔业船舶技术资料齐全，符合营运和适航的要求；

（五）船舶安全管理组织落实；

（六）有相应的休闲渔业作业区域。

第三章　休闲渔业船舶指标审批程序

第十四条　休闲渔业船舶指标申请实行预审制度。

申请休闲渔业船舶指标的经营单位（以下称申请人）提交以下资料，向县（市）、区渔业行政主管部门提出预申请。

（一）宁波市休闲渔业船舶指标申请书（样式见附件一）；

（二）县（市）、区旅游主管部门或当地人民政府指定的有关部门签发的项目批准文书；

（三）申请报告（包括休闲渔业船舶新建、更新改造、购置计划及从事休闲活动的作业类型及渔具渔法等相关内容）；

（四）休闲渔业船舶停靠上下客的地点及休闲渔业作业区域图；

（五）企业法人营业执照原件和复印件；

（六）拟转产转业捕捞渔船的渔业船舶检验证书、渔业船舶国籍证书、渔业船舶所有权证书和渔业捕捞许可证书原件及复印件（实行捕捞渔船转产转业，申请新建休闲渔业船舶的）；

（七）拟淘汰休闲渔业船舶的渔业船舶检验证书、渔业船舶国籍证书、渔业船舶所有权证书和渔业捕捞许可证书原件及复印件（淘汰休闲渔业船舶，申请新建休闲渔业船舶的）；

（八）拟更新改造休闲渔业船舶的渔业船舶检验证书、渔业船舶国籍证书、渔业船舶所有权证书和渔业捕捞许可证书原件及复印件（申请更新改造休闲渔业船舶的）；

（九）拟购置休闲渔业船舶的渔业船舶检验证书、渔业船舶国籍证书、渔业船舶所有权证书、渔业捕捞许可证书和卖方企业法人营业执照原件和复印件（申请购置休闲渔业船舶的）。

经审查符合条件的，由县（市）、区渔业行政主管部门出具初审意见，并将初审意见和申请材料报送市渔业行政主管部门。其中前款（五）~（九）项提供经县（市）、区渔业行政主管部门盖章确认的复印件。

市渔业行政主管部门对申报材料进行预审查后，出具同意或不同意预申请的预审意见。不同意预申请的，应当说明理由，并告知申请人享有依法申请行政复议或者提起行政诉讼的权利。

第十五条　预审意见同意休闲渔业船舶指标预申请的，申请人向县（市）、区渔业行政主管部门补交以下材料：

（一）捕捞渔船的拆解、销毁或处理证明和渔业船舶检验证书、渔业船舶国籍证书注销证明以及渔业捕捞许可证书原件（实行捕捞渔船转产转业，申请新建休闲渔业船舶的）；

（二）休闲渔业船舶的拆解、销毁或处理证明和渔业船舶检验证书、渔业船舶国籍证书注销证明以及渔业捕捞许可证书原件（淘汰休闲渔业船舶，申请新建休闲渔业船舶的）；

（三）买卖双方签订的渔业船舶买卖合同书（申请购置休闲渔业船舶的）；

（四）申请人与当地政府与签订的海洋休闲渔业安全责任书。

第十六条　县（市）、区渔业行政主管部门应当在受理之日起20日内对申请人提交的申请材料进行审核、出具审核意见，并将审核意见和第十五条要求的申请材料报送市渔业行政主管部门。

第十七条　市渔业行政主管部门自收到申报材料之日起20日内对申请材料进行审核，符合条件的，签发《宁波市休闲渔业船舶指标批准书》（样式见附件二）。不符合条件的，依法告知申请人。

第十八条　申请人凭《宁波市休闲渔业船舶指标批准书》办理休闲渔业船舶新建、更新改造或购置手续，并向有关部门申请办理渔船检验、登记和渔业捕捞许可证书。

第四章　渔业捕捞许可证审批

第十九条　休闲渔业船舶必须持有市渔业行政主管部门核发的《宁波市休闲渔业船舶捕捞许可证》（样式见附件三）。经营单位应当按照许可证核定的作业方式、作业区域、渔具数量从事休闲渔业活动。

经营单位不得使用禁用的渔具和方式从事休闲渔业活动，不得在许可证核定的休闲渔业作业区域外从事休闲渔业活动。

渔业捕捞许可证必须随船携带，并接受渔业行政执法人员的检查。

第二十条 市渔业行政主管部门依据保护和合理利用渔业资源，维护专业捕捞渔民的合法权利，有利于作业结构调整的原则，核定休闲渔业船舶的作业方式、作业区域、渔具数量。

第二十一条 休闲渔业船舶渔业捕捞许可证首次申请、重新申请、换发、补发以及年度审验按照农业部《渔业捕捞许可管理规定》和《浙江省捕捞许可办法》规定执行。县（市）、区渔业行政主管部门负责渔业捕捞许可证申请审核，市渔业行政主管部门负责审批。

第五章 附 则

第二十二条 本规定所称的休闲渔业船舶“新建”是指新建造，包括新增及捕捞渔船转产转业或淘汰休闲渔业船舶后，再建造休闲渔业船舶；“更新改造”是指通过更新主机或对船体和结构进行改造改变休闲渔业船舶主机功率、作业方式、主尺度或总吨位。

第二十三条 休闲渔业船舶国籍证书和所有权证书申请表及证书样式依照农业部有关规定执行。

第二十四条 本规定由市渔业行政主管部门负责解释。本规定未尽事宜，按农业部《渔业捕捞许可管理规定》、《浙江省捕捞许可办法》和《浙江省休闲渔业船舶管理办法》有关规定执行。

第二十五条 本规定自2012年6月15日起施行。

附件略。

关于印发《宁波市渔业辅助船舶审批管理规定》的通知

文号：甬海办〔2012〕67 号　发布机构：宁波市海洋与渔业局

生效时间：2012－12－01

各县（市）、区海洋与渔业局，局属有关单位，局机关有关处室：

《宁波市渔业辅助船舶审批管理规定》已经局长办公会议审议通过，现印发给你们，请按照要求，认真贯彻执行。

2012 年 10 月 29 日

宁波市渔业辅助船舶审批管理规定

第一条　为加强宁波市渔业辅助船舶的审批管理，规范审批程序和手续，维护渔业生产正常秩序，保障渔业生产者合法权益，促进渔业经济发展，根据《浙江省渔港渔业船舶管理条例》、《浙江省渔业辅助船舶安全管理办法》规定，结合本市实际，制定本规定。

第二条　本规定所称的“渔业辅助船舶”是指除捕捞船、养殖船、远洋渔业辅助船、公务船、休闲渔船外的其他为渔业生产服务的船舶，包括水产运销船、冷藏加工船、油船等。

第三条　本规定适用于本市行政区域内渔业辅助船舶新建、改造、购置的审批管理。

第四条　渔业辅助船舶的新建、改造、购置渔业辅助船舶实行许可制度。按照下列规定分级审批。

（一）市渔业行政主管部门负责主机功率 183.8 千瓦及以上的渔业辅助船舶新建、改造、购置许可；

（二）县（市、区）渔业行政主管部门负责主机功率未满 183.8 千瓦的渔业辅助船舶新建、改造、购置许可。

第五条　市渔业行政主管部门对本市和各县（市、区）渔业辅助船舶实行总量控制，并根据渔业生产发展情况适时调整。

第六条　新建、改造、购置以及购置并新建、购置并改造渔业辅助船舶的审批条件是：

（一）申请人身份证或企业法人营业执照载明的住址在本市行政区域内；

（二）渔业辅助船舶实行企业化经营或挂靠有船舶安全管理能力的渔业企业，并纳入船舶所在地乡（镇）、村渔船管理；

（三）船舶营运性质明确，符合渔业生产的实际需要；

（四）新建渔业辅助船舶应选择渔业船舶检验部门认可的设计单位设计；

（五）新建、改造渔业辅助船舶应在渔船检验机构认可的船厂制造或改造；

（六）拟购渔业辅助船舶技术资料齐全，符合营运和适航的要求；

（七）船舶安全管理组织落实。

第七条　新建、改造、购置以及购置并新建、购置并改造渔业辅助船舶的审批实行预审制度。

申请新建、改造、购置以及购置并新建、购置并改造渔业辅助船舶的，申请人应当向县（市、区）渔业行政主管部门提交以下材料：

（一）申请报告及《宁波市渔业辅助船舶指标申请书》（样式见附件 1）；

（二）申请人为企业的，提供企业法人营业执照、法定代表人身份证复印件（核验原件）；申请人为自然人的，提供身份证、渔业辅助船舶挂靠协议以及所挂靠企业的企业法人营业执照、法定代表人身份证复印件（核验原件）；

（三）申请改造、购置、购置并新建、购置并改造或淘汰渔业辅助船舶后新建的，还需提供渔业船舶检验证书、渔业船舶国籍证书、渔业船舶所有权证书、捕捞辅助船许可证书复印件（核验原件）；

（四）渔业辅助船舶所属企业或所挂靠企业与当地政府签订的渔业安全生产责任书复印件（核验原件）。

县（市、区）渔业行政主管部门对申请人递交的申请材料进行审查，对由本部门负责审批的渔业辅助船舶，出具预审意见；对由市渔业行政主管部门审批的渔业辅助船舶，经审查符合条件的，在《宁波市渔业辅助船舶指标申请书》提出初审意见，并将申请材料报送市渔业行政主管部门。其中前款（二）～（四）项提供经县（市、区）渔业行政主管部门盖章确认的复印件。

市渔业行政主管部门对报送的申请材料进行审查并出具预审意见。不同意申请的，书面告知申请人并说明理由。

第八条　预审同意新建（指新增）或改造渔业辅助船舶申请的，市或县（市、区）渔业行政主管部门按审批权限签发《宁波市渔业辅助船舶指标批准书》（样式见附件2）。

预审同意购置、购置并新建或购置并改造渔业辅助船舶申请的，申请人向县（市、区）渔业行政主管部门补交卖方身份证或企业法人营业执照、渔业船舶交易合同书复印件（核验原件）；预审同意淘汰渔业辅助船舶后新建、购置并新建渔业辅助船舶申请的，申请人还应当向县（市、区）渔业行政主管部门补交渔业辅助船舶拆解、销毁或处理证明和渔业船舶检验证书、渔业船舶国籍证书注销证明以及捕捞辅助船许可证书原件。

第九条　县（市、区）渔业行政主管部门应当在收到补交材料之日起10日内审查完毕，对符合条件并由本部门负责审批的渔业辅助船舶，签发《宁波市渔业辅助船舶指标批准书》；对符合条件并由市渔业行政主管部门审批的渔业辅助船舶，将申请材料报送市渔业行政主管部门。

第十条　市渔业行政主管部门在收到补交材料之日起10日内审核完毕，对符合条件的，签发《宁波市渔业辅助船舶指标批准书》。不同意申请的，书面告知申请人并说明理由。

第十一条　申请人凭《宁波市渔业辅助船舶指标批准书》办理渔业辅助船舶新建、改造、购置、购置并新建或购置并改造手续，并向有关部门申请办理渔船检验、登记和捕捞辅助船许可证。

第十二条　本规定所称的渔业辅助船舶“新建”是指新建造，包括新增或淘汰渔业辅助船舶后，再建造渔业辅助船舶；渔业辅助船舶“改造”是指通过更新主机或对船体和结构进行改造改变渔业辅助船舶主机功率、主尺度或总吨位；渔业辅助船舶“购置并新建”是指对购置的渔业辅助船舶进行淘汰并建造渔业辅助船舶；渔业辅助船舶“购置并改造”是指对购置的渔业辅助船舶进行改造。

第十三条　本规定由市渔业行政主管部门负责解释。本规定未尽事宜，按农业部《渔业捕捞许可管理规定》和《浙江省渔业辅助船舶安全管理办法》有关规定执行。

第十四条　本规定自2012年12月1日起施行。2002年11月18日印发的《宁波市海洋渔业辅助船（运销船）审批管理暂行规定》同时废止。

附件略。

宁波市水生生物增殖放流实施办法（试行）

发布时间：2010－12－14

一、总则

第一条　为了更好地贯彻落实《中华人民共和国渔业法》、《中国水生物资源养护行动纲要》和农业部《水生生物增殖放流管理规定》，进一步规范宁波市渔业资源增殖放流工作，实现生态效益、社会效益和经济效益相统一的总目标，根据有关法规和规章的要求，结合宁波实际，制定本实施办法。

第二条　增殖放流活动遵循“政府主导，统一管理；公开公平，透明运行；分类评估，专项验收”的原则。

第三条　宁波市增殖放流活动的工作流程是：设立增殖放流区——制订放流计划——苗种采购（公示、招标）——确定供苗单位——现场验收——效果评价——制订下一年度放流计划。

二、市级水生生物增殖放流区的设立

第四条　为了给增殖放流水产苗种提供一个优良的索饵、生长、栖息的空间，确保增殖放流的效果，拟设立宁波市水生生物增殖放流区。同时，鼓励和支持各县（市）区设立县级水生生物增殖放流区。

第五条　市级放流区所在县（市）区渔业主管部门，必须制定严格的管理措施和管理制度，对禁渔期、禁渔区和禁止作业的渔具渔法作出明确的规定并予以公告。

第六条　宁波市水生生物增殖放流区设立的重点水域是：水产种质资源保护区；海洋自然保护区；人工鱼礁区；因政府决定取缔或限制水产养殖或者水产资源灭失的传统渔业水域；饮用水水源地通过增殖放流来实现保水、洁水功能的公共水域；其他通过增殖放流来改善江河湖库海生态环境、保护和修复渔业资源的公共水域；

第七条　政府主导的、公益性的、有规模的慈善放生等增殖放流活动，必须在已设立的水生生物增殖放流区进行。试验性放流除外。

三、放流计划与苗种采购

第八条　市局在每年 12 月底前，制定下一年度增殖放流计划，根据财力状况、各增殖放流区的功能定位、效果评估结果和放流申请，确定下一年度放流种类、数量、放流区等，计划应当进行科学论证和征求各方意见，并向社会公示。

第九条 用于增殖放流的亲体、苗种等水生生物应当是本地种。苗种应当是本地种的原种或者子一代，确需放流其他苗种的，应当通过省级以上渔业行政主管部门组织的专家论证；放流苗种能规模化生产，放流技术可行；有较高的回捕率，放流后能产生一定的经济、生态和社会效益。

第十条 增殖放流所用种苗应通过公开招标方式采购。市局要根据批准的放流计划，及时发布年度“人工增殖放流苗种招标告示”。

第十一条 供苗单位确定与价格控制。

1. 供苗单位确定

参加竞标的苗种供应厂家，必须具备独立法人主体资格和水产苗种生产经营资质，其提供的放流品种的种质必须符合农业部或本省规定的放流种质要求，放流前应出具苗种种质检测及病害检疫报告，确保放流苗种健康无病害、无禁用药物残留。

为避免放流风险，每一放流品种的苗种原则上应由 2 家及以上苗种生产单位提供；并充分考虑路途、天气状况、运输条件等因素，保证放流苗种运输成活率。

2. 价格控制

苗种供应单位通过公开招投标方式确定的，一般采用经评审的合理低价法。具体方法是：

（1）以招标书所列主要放流品种苗种参考价或当地实际供苗最高价为最高限价组织招投标，所报价格高出最高限价的为无效标；

（2）计算出所有有效标投标报价的算术平均值为中标参考价，中标参考价四舍五入保留至 3 位小数，单位为：元/尾（只）；

（3）将中标参考价乘以 0.9 作为最低中标价（四舍五入保留至 3 位小数），从最低中标价开始，在所有符合条件的投标单位中，由低到高确定 3 家单位为预中标人；若出现报价相同的中标候选人时，则用随机抽签的办法确定预中标人；

（4）由评标小组对预中标人进行综合评分，最终确定 2 ~ 3 家为中标人，正式放流前，若各中标单位都有能力按协议规定提供足额苗种数量，则由各中标单位平均承担供苗任务，直至该中标单位协议最高供苗数额；

（5）中标人所报价格低于中标参考价的，以中标人所报价格为其中标价；中标人所报价格高于中标参考价的，以中标参考价为其中标价。

如某一品种只有不足 3 家苗种供应单位参加竞标，则以议标方式确定供苗单位和价格。议标应优先选择资质符合要求、信誉良好、管理规范、技术力量强、种质有保障的苗种生产单位，并适当考虑就近就地的原则。

通过招标和议标产生的苗种供应单位，其承担的苗种生产种类、数量、价格等须经社会公示，无异议后签订《增殖放流苗种生产协议书》。对弄虚作假者，取消其增殖放流资格。

四、放流管理

第十二条　苗种生产单位必须按照签订的《增殖放流苗种生产协议书》内容和各类苗种相应的技术标准实地组织生产，保证苗种质量、数量和供应时间，并区别品种、体形和运输时间等采取不同的包装、运输方式，保障放流苗种安全、准时运抵放流地点。

第十三条　在实施增殖放流之前，各“水生生物增殖放流区”的归口管理部门要主动做好接收放流苗种的准备工作，在放流区周边一定范围内发布增殖放流通告，设置禁渔休渔期限与作业类型，加强增殖资源保护，确保增殖放流效果；积极动员放流区捕捞渔民和周边群众共同参与增殖放流管理工作。

第十四条　增殖放流现场监督。放流时，应至少有市增殖放流行政监督组和放流实施组成员各1人在场，作为苗种接收方的放流区应指派代表到供苗现场参与验收；并应积极邀请渔民、中小学生、社会团体和新闻媒体等参加，主动接受社会监督。苗种质量检测、规格测定、计数等具体放流工作，应严格按照《渔业资源增殖放流技术操作手册》执行。

第十五条　经现场验收并放流完毕，现场验收组应填写《渔业资源增殖放流情况确认表》，由供苗单位、接苗单位、现场验收组的代表签字确认。

五、效果评价

第十六条　渔业资源人工增殖放流跟踪调查与效果评估工作，海洋部分由海洋与渔业研究院负责，放流水域所在地的市、县渔业行政主管部门应当积极协助；内陆部分由放流水域所在地的县（市）区海洋与渔业行政主管部门负责，海洋与渔业研究院给予协助指导。应当通过对标志放流苗种的定期回捕和标本测制等实际数据以及所在水域或海区渔获物情况的社会调查，准确反映各放流水域增殖种类生长情况和资源恢复、变化情况，提出跟踪调查与效果评估报告，并在每年11月30日前报市局相关部门。

第十七条　市局相关部门根据放流效果评价结论，筛选放流种类与规格，不断优化调整增殖放流方案，提出下一年度放流计划。

六、资金筹措与管理

第十八条 水生生物增殖放流主要体现为生态效益、社会效益及渔民利益，初期以社会公益型为主，大部分资金由财政投入，市局设立渔业资源增殖放流专项资金，实行专款专用、专项管理。

第十九条　增殖放流专项资金来源：1. 农业部渔业资源增殖放流项目资金；2. 市财政渔业资源增殖放流补助资金；3. 海域使用等征收的渔业资源补偿费；4. 放流

区捕捞许可拍卖所得；5. 社会募集。

第二十条　增殖放流专项资金主要使用范围：1. 放流苗种的采购及苗种的运输；2. 放流效果调查评估、标志放流等费用；3. 市级增殖放流区和水产种质资源保护区建设，主要用于设立永久性标志、资源调查、宣传、专家咨询等。

第二十一条　市级以上“增殖放流区”的放流经费支出由市局统一管理，根据现场验收组填写的《渔业资源增殖放流情况确认表》和供苗单位开具的发票，按规定程序支付。

第二十二条　为了鼓励和支持县级“增殖放流区”的放流活动，市局将视财力情况在增殖放流专项资金中给予一定的配套补助，补助办法：一是投放苗种：按确定的补助金额，由市局统一采购苗种放流；二是下拨资金：按市局一般项目管理，并接受本实施办法指导。

七、附则

第二十三条　本办法自发文之日起实施。

宁波市渔山列岛国家级海洋生态特别保护区管理办法

宁波市人民政府令 第 189 号

《宁波市渔山列岛国家级海洋生态特别保护区管理办法》已经 2011 年 10 月 26 日市人民政府第 112 次常务会议审议通过，现予发布，自 2012 年 1 月 1 日起施行。

市长 刘 奇

二〇一一年十一月一日

第一条 为了保护渔山列岛国家级海洋生态特别保护区的生态环境，促进海洋经济发展，根据《中华人民共和国海洋环境保护法》、《中华人民共和国海岛保护法》、《中华人民共和国海域使用管理法》等法律、法规的规定，制定本办法。

第二条 渔山列岛国家级海洋生态特别保护区的规划、建设、保护和利用，适用本办法。

本办法所称渔山列岛国家级海洋生态特别保护区（以下简称保护区），是指北纬 28°57′00″，东经 122°16′00″；北纬 28°57′00″，东经 122°18′00″；北纬 28°53′00″，东经 122°18′00″；北纬 28°50′00″，东经 122°13′00″；北纬 28°52′00″，东经 122°13′00″五点连线之间的区域。

第三条 市和象山县海洋行政主管部门负责渔山列岛国家级海洋生态特别保护区的规划、建设、保护和利用工作。

渔山列岛国家级海洋生态特别保护区管理机构（以下简称保护区管理机构）负责规划、建设、保护和利用的具体工作。

第四条 市和象山县人民政府依法设立海洋生态保护专项资金，用于保护区的规划、建设、保护和利用等管理活动。

第五条 象山县人民政府应当组织规划、建设、国土资源、旅游、海事、交通、公安等管理部门及有关的利益相关者建立保护区管理协调机制，共同推进保护区的生态和资源保护工作。

第六条 保护区总体规划是保护区开展规划、建设、保护和利用活动的依据。

保护区总体规划编制应当遵循资源可持续利用、与社会经济发展相协调、体现综合效益的原则，明确海洋特别保护区发展目标、功能分区、保护措施、重点建设项目。

保护区管理机构组织编制保护区总体规划，经市人民政府审核后，报国家海洋行政主管部门批准并组织实施。

保护区管理机构应当建立保护区总体规划实施的保障机制，定期组织评估保护区总体规划的实施情况，研究、分析总体规划实施中的问题；经评估确定需要修订总体规划的，报经原审批机关批准后组织实施。

第七条 保护区管理机构应当根据有关技术标准，定期组织实施保护区内的社会经济状况、资源开发利用现状调查和生态环境监测、监视和评价工作。

第八条 保护区实行功能分区管理。保护区管理机构应当根据保护区生态环境的特点和管理需要，划分重点保护区、适度利用区、生态与资源恢复区和预留区。

重点保护区、适度利用区、生态与资源恢复区和预留区的具体范围、保护对象、保护措施通过保护区总体规划予以确定。

第九条 重点保护区、适度利用区、生态与资源恢复区和预留区应当符合下列管理要求。

（一）在重点保护区内禁止实施与重点保护区保护无关的工程建设活动；

（二）在适度利用区内可以适度利用海洋资源，实施与保护区保护目标相一致的生态型资源利用活动；

（三）在生态与资源恢复区内可以采取适当的人工生态整治与修复措施，恢复海洋生态、资源；

（四）在预留区内可以适度利用海洋资源，但不得改变区内的自然生态条件。

第十条 任何单位和个人不得擅自改变保护区内海岸、海底地形地貌及其他自然生态环境条件；确需改变的，应当经科学论证后，报有批准权的海洋行政主管部门批准。

第十一条 保护区内的海洋工程建设项目、海岸工程建设项目应当符合保护区总体规划，经海洋行政主管部门环境影响评价和海域使用权审批后，按照法律、法规有关规定办理相关手续。

第十二条 根据保护区生态环境资源特点，在适度利用区可以从事下列活动：

（一）生态养殖业、增殖业；

（二）人工繁育海洋生物物种；

（三）生态旅游业；

（四）休闲渔业、海钓；

（五）无害化科学试验；

（六）捕捞业。

第十三条 因科学研究、技术推广等原因需要引进外来物种的，由保护区管理机构组织论证，依法报有关部门批准后实施。

第十四条　在保护区内建设科学试验基地或者从事科学研究、教学及其相关活动的，不得破坏海洋生态环境。

第十五条　象山县海洋与渔业行政主管部门应当根据保护区内渔业资源的状况，核定允许从事捕捞的区域范围、渔业资源品种或类型、可容纳的捕捞船舶总数、捕捞方式、捕捞时间，并定期向社会公告。

第十六条　依据保护区总体规划，保护区内可以从事经营性开发利用活动的，保护区管理机构应当依照有关法律法规和保护区管理制度采用公开招标方式授权企业经营，并与企业签订特许经营协议。

保护区内的海洋资源实行有偿使用，有偿使用收入应当用于保护区的保护、管理和有关权利人损失的补偿。

第十七条　保护区内游客、海钓者、海钓船舶和游艇实行总量控制制度。

总量控制的具体办法由象山县人民政府另行制定，报市海洋行政主管部门同意后由象山县人民政府组织实施。

第十八条　保护区内开展海钓、游艇等经营活动，经营单位应当组织进行安全性评价，制定安全管理措施，落实安全生产责任制。

第十九条　保护区管理机构应当设置重点保护区、适度利用区、生态与资源恢复区、预留区和领海基点的界碑、标志物和保护设施。

第二十条　禁止在保护区内进行下列活动：

（一）狩猎、放牧；

（二）炸鱼、毒鱼、电鱼；

（三）采拾鸟卵；

（四）擅自采集、加工、销售、运输和携带野生动植物及矿物质制品；

（五）破坏保护区设施；

（六）直接向海域排放污染物或超标排放污染物；

（七）未经批准在保护区内采石、挖砂、围海、填海。

第二十一条　违反本办法第十条、第十四条规定的，对保护区造成破坏的，由海洋行政主管部门依照《中华人民共和国海洋环境保护法》、《中华人民共和国海岛保护法》、《浙江省海洋环境保护条例》的规定进行处罚。

第二十二条　违反本办法第十一条规定的，由海洋行政主管部门依照《中华人民共和国环境影响评价法》、《中华人民共和国海域使用管理法》、《防治海洋工程建设项目污染损害海洋环境管理条例》等法律、法规的有关规定进行处罚。

第二十三条　违反本办法第十三条规定的，由海洋行政主管部门依照《浙江省海洋环境保护条例》的有关规定进行处罚。

第二十四条　违反本办法第十八条规定的，依照《中华人民共和国安全生产法》的有关规定进行处罚。

第二十五条 违反本办法第二十条规定的，由海洋行政主管部门依照《中华人民共和国海洋环境保护法》、《中华人民共和国海岛保护法》、《中华人民共和国海域使用管理法》的有关规定进行处罚。

第二十六条 违反本办法规定，破坏保护区生态给国家造成重大损失的，依照《中华人民共和国海洋环境保护法》的规定，由行使海洋环境监督管理权的部门代表国家对责任者提出损害赔偿要求。

第二十七条 本办法中下列用语的含义。

（一）重点保护区，是指领海基点、具有军事用途等涉及国家海洋权益和国防安全的区域和珍稀濒危海洋生物物种、经济生物物种的栖息地，以及具有一定代表性、典型性和特殊保护价值的自然景观、自然生态系统和历史遗迹为主要保护对象的区域，包括伏虎礁领海基点保护区、平虎礁海藻种质资源保护区、渔山列岛岛礁资源保护区。

（二）适度利用区，是指根据自然属性和开发现状，可供人类适度利用的海域或海岛区域，包括南、北渔山海岛生态旅游区、北渔山大澳浅海生态养殖区。

（三）生态与资源恢复区，是指生态比较脆弱、生态与其他海洋资源遭受破坏需要通过有效措施得以恢复、修复的区域，包括南、北渔山潮间带贝藻资源恢复区、北渔山东北侧海域人工鱼礁增殖放流区、大白礁海域海珍品底播增殖区。

（四）预留区，是指渔山列岛国家级海洋生态特别保护范围内除重点保护区、生态与资源养护区和适度利用区以外的区域。

第二十八条 本办法自 2012 年 1 月 1 日起施行。

后　记

为落实党中央和国务院战略部署，国家海洋局按照国务院关于国家海洋事业发展规划纲要的批复要求，建立全国海洋经济运行监测与评估系统。作为国家系统建设的支撑，宁波市海洋经济运行监测与评估系统得到国家海洋局的大力支持，2012年初，宁波市海洋与渔业局根据国家海洋局批复的《宁波市海洋经济运行监测与评估系统项目2012年实施方案》，开展了全市海洋经济运行监测与评估系统建设项目的实施。

2012年12月，宁波市海洋与渔业局牵头组织成立了由宁波市政府发展研究中心、宁波市经济与信息委员会、宁波市城市职业技术学院、宁波市职业技术学院等单位的20多位专家组成的“2012年度宁波市海洋经济发展报告”课题组。课题由农贵新、冯辉强两位同志具体组织实施，并根据海洋经济运行监测与评估的需要，课题组共分为十个专项课题小组。

2013年1月，课题组正式启动，各专项课题小组在收集大量资料的基础上，经过多次讨论、论证、修改，完成了宁波市海洋经济发展报告。2013年5月30日，宁波市海洋与渔业局在宁波组织召开《2012年度宁波市海洋经济发展报告》专家评审会，主要就课题总报告进行评审，参会代表有国家海洋信息中心、浙江省海洋与渔业局、宁波市发展与改革委员会、宁波市统计局等有关专家以及各县（市）区海洋与渔业局负责人，评审专家组一致同意通过评审验收。

各专项课题小组根据评审专家的意见，对报告作了进一步修改完善，最终形成了一个总报告和九个分报告。课题报告由宁波市政府发展研究中心研究三处负总责，其中总报告《2012年度宁波市海洋经济发展报告》由农贵新、林青松负责；分报告《2012年度宁波市海岛利用发展报告》和《2012年度宁波市海域利用发展报告》由周雅静负责，《2012年度宁波市海洋渔业发展报告》由何静、覃吉星负责，《2012年度宁波市临港产业发展报告》由杨世兵负责，《2012年度宁波市港航服务体系发展报告》由周维琼负责，《2012年度宁波市海洋服务业发展报告》由舒卫英负责，《2012年度宁波市海洋新兴产业发展报告》由农晓丹负责，《2012年度宁波市宁波海洋重大项目发展报告》由韦风涛、张小兰负责。

2013年8月，宁波市海洋与渔业信息监测中心组织课题成果汇编出书。汇编工作由农贵新和冯辉强牵头，具体工作由宁波市职业技术学院学报编辑部负责。

本书在汇编过程中，得到了国家海洋信息中心、浙江省海洋与渔业局、宁波市政府发展研究中心、宁波市统计局、宁波市发展与改革委员会等有关部门的大力支持，在此表示衷心感谢！我们对乐舜卿、忻佩忠、林桂芳、吴鸣春、程勇、王萌萌等汇编工作人员的辛勤付出表示诚挚的谢意。

编 者

2013 年 12 月 22 日